Elemente der Mathematik

EdM

Bayern
5. Schuljahr

Herausgegeben von
Heinz Griesel
Helmut Postel
Friedrich Suhr
Werner Ladenthin
Matthias Lösche

Schroedel
westermann

Elemente der Mathematik

EdM

Bayern 5

Herausgegeben von
Prof. Dr. Heinz Griesel, Prof. Helmut Postel, Friedrich Suhr, Werner Ladenthin, Matthias Lösche

Bearbeitet von
Lutz Breidert, Gabriele Dybowski, Dr. Beate Goetz, Reinhard Kind, Werner Ladenthin, Matthias Lösche, Kerstin Schäfer, Thomas Sperlich, Friedrich Suhr, Prof. Dr. Hans-Georg Weigand, Ulrike Willms

Für Bayern bearbeitet von
Anke Frantzke, Gunnar Leuner, Dr. Markus Mann, Jan Neuendorf, Annett Rauch-Weise, Andrea Schellmann, Dr. Robert Strich, Martin Weber, Prof. Dr. Hans-Georg Weigand, Michael Werner

Der Schülerband ist auch als digitales Schulbuch erhältlich.
Für dieses Unterrichtswerk sind umfangreiche Unterrichtsmaterialien entwickelt worden:
Lösungen: Best.-Nr. 87541
Arbeitsheft: Best.-Nr. 87542
BiBox: Best.-Nr. 87565

westermann GRUPPE

Druck A[1] / Jahr 2017
Alle Drucke der Serie A sind inhaltlich unverändert.

Redaktion: Lena Schenk, Claus Peter Witt
Umschlagentwurf: LIO Design GmbH, Braunschweig
Innenlayout: JANSSEN KAHLERT Design & Kommunikation GmbH, Hannover
Illustrationen: Dietmar Griese, Laatzen
Zeichnungen: Schlierf, Type & Design, Lachendorf; Langner & Partner, Hemmingen
Druck und Bindung: westermann druck GmbH, Braunschweig

PS 87540

Auf den Punkt gebracht   Im Blickpunkt

Auf den Punkt gebracht   Im Blickpunkt

Anhang

◎ Auf den Punkt gebracht   Im Blickpunkt

Über dieses Buch

Elemente der Mathematik ist auf der Basis des LehrplanPLUS für das Gymnasium in Bayern entwickelt worden. Die Entwicklung der mathematischen Kompetenzen der Schülerinnen und Schüler erfolgt in enger Vernetzung zur Entwicklung ihrer Persönlichkeit sowie mit Bezug zu den schulart- und fächerübergreifende Bildungs- und Erziehungszielen sowie zur Alltagskompetenz und zur Lebensökonomie.

Die Lerninhalte werden so dargestellt, dass der Erwerb der prozessbezogenen und inhaltsbezogenen Kompetenzen in enger Verzahnung miteinander erfolgt; dabei werden vielfältige Möglichkeiten zur Differenzierung und Individualisierung im Unterricht angeboten. Elemente der Mathematik ermöglicht eine breite Palette unterschiedlichster schülerorientierter Unterrichtsformen: Beim gemeinsamen Entdecken, Erforschen, Beschreiben und Erklären erfahren die Schülerinnen und Schüler, dass nicht nur die Lösung eines Problems, sondern auch der Lösungsweg wichtig und dass dabei insbesondere die Analyse von Fehlern hilfreich ist. Stets werden den Unterrichtenden konkrete Hilfen an die Hand gegeben, um solche problem- und handlungsorientierte Lernsituationen zu schaffen, in denen die Lernenden altersangemessen ihr mathematisches Wissen möglichst eigenständig entwickeln und strukturieren können.

Zu den Lerninhalten

Aus den im LehrplanPLUS angegebenen prozessbezogenen Kompetenzen und den in den Gegenstandsbereichen genannten inhaltsbezogenen Kompetenzen wurde folgende Themenabfolge für Klasse 5 entwickelt:

Kapitel 1 Natürliche Zahlen und Größen – Fachlehrplan M5 1.1 und M5 4.1
Anknüpfend an die Grundschule wird der betrachtete Zahlenraum der natürlichen Zahlen erweitert. Die Darstellung von Zahlen in Stellenwertsystemen und mit römischen Zahlzeichen sowie mithilfe von Diagrammen führt zu einer vertieften Einsicht. Bei den Größen Länge, Masse und Zeitspanne wird der Messprozess deutlich herausgestellt.

Kapitel 2 Rechnen mit natürlichen Zahlen und Größen – Fachlehrplan M5 1.2, M5 3 und M5 4.1
Bei den Grundrechenarten werden Zusammenhänge sowie Rechengesetze herausgearbeitet und ein flexibler Umgang mit ihnen geschult. Ferner wird das schriftliche Rechnen über den Zahlenraum der Grundschule hinaus erweitert. Anwendungsaufgaben mit Größen werden integriert behandelt.

Kapitel 3 Geometrische Figuren und Lagebeziehungen – Fachlehrplan M5 2
Die Entwicklung geometrischer Grundbegriffe erfolgt ausgehend von im Alltag vorkommenden Figuren; an geeigneten Stellen werden dynamische Geometrie-Systeme als Hilfsmittel eingesetzt.

Kapitel 4 Ganze Zahlen – Rechnen mit ganzen Zahlen – Fachlehrplan M5 1 und M5 3
Ausgangspunkt ist die einfachste Verwendung der ganzen (insbesondere der negativen) Zahlen in der Umwelt sowohl bei der Beschreibung von Zuständen als auch von Zustandsänderungen. Die ganzen Zahlen werden so weit wie möglich aus diesen Umweltbezügen heraus entwickelt.

Kapitel 5 Flächeninhalte – Fachlehrplan M5 4.2
Die Erarbeitung einer angemessenen inhaltlichen Vorstellung vom Flächeninhalt und von seinem Messen im Sinne des Auslegens wird deutlich hervorgehoben. Einen weiteren Schwerpunkt bilden anschauliche Vorstellungen von den Maßeinheiten und ihren Zusammenhängen.

Zum methodischen Aufbau

1. Jedes Kapitel beginnt mit einer **Einstiegsseite**, die an die Erfahrungen der Schülerinnen und Schüler anknüpft und erste Aktivitäten zur Thematik ermöglicht. Diese Seite eignet sich für einen offenen Einstieg und gibt einen Ausblick auf das Thema des Kapitels.
An die Einstiegsseite schließt sich ein **Lernfeld** mit verschiedenen offenen und reichhaltigen Lerngelegenheiten an: In unterschiedlichen Problemsituationen können die Schülerinnen und Schüler zentrale Inhalte und Verfahren auf eigenen Lernwegen durch Anknüpfen an Alltags- und Vorerfahrungen selbstständig und häufig handlungsorientiert entdecken. Der Aufbau eigener Vorstellungen und die Bearbeitung einer Vielfalt von Lösungsansätzen werden gefördert durch die Anregung, diese Lernfelder in der Regel in Partner- und Gruppenarbeit zu bearbeiten. Der Austausch über das Problem mit dem Partner bzw. in der Gruppe sowie der Bericht über die Erfahrungen in der ganzen Klasse fördern insbesondere prozessbezogene Kompetenzen wie Problemlösen sowie Argumentieren und Kommunizieren.

2. Die folgenden **Lerneinheiten** bieten eine Möglichkeit zur systematischen Behandlung der Kapitelinhalte – je nach Vorgehen in der Lerngruppe können Teile davon auch in die Bearbeitung der Lernfelder integriert werden. Jede Lerneinheit beginnt mit einem offenen **Einstieg** (ohne Lösung im Buch), der die Schüler(innen) zu einer eigenständigen Problembearbeitung und -lösung anregt. Es kann sich eine **Aufgabe** mit **Lösung** oder eine **Einführung** anschließen, die alternativ oder ergänzend die Thematik bearbeiten. Durch ihre sorgfältige, schülergerechte Darstellung eignen sie sich sowohl zum eigenständigen Erarbeiten als auch zum Herausstellen von Problemlösestrategien. Es folgen **weiterführende Aufgaben,** die im Unterricht in aller Regel erst nach einer erfolgten Festigung der zuerst behandelten Inhalte an einigen Übungsaufgaben thematisiert werden sollten. Sie dienen der Abrundung und Weiterführung der Theorie. Ihr Thema wird den Unterrichtenden in einer Überschrift genannt. In aller Regel sollten weiterführende Aufgaben im Unterricht bearbeitet werden und nicht als Hausaufgaben gestellt werden.
Die im Lernprozess erarbeiteten Ergebnisse werden häufig in einer **Information** zusammengefasst. In ihr werden auch Begriffe eingeführt und Ausblicke gegeben. Wesentliche Inhalte werden dabei optisch deutlich in einem Kasten mit einem roten Rahmen hervorgehoben. Hier wird großer Wert auf prägnante, altersgemäße Formulierungen gelegt, die auch beispielgebunden sein können.
Die folgenden **Übungsaufgaben** sind unter besonderer Berücksichtigung des Erwerbs sowohl der inhaltsbezogenen als auch der prozessbezogenen Kompetenzen konzipiert worden. Sie dienen zur Festigung des Gelernten, der operativen Durcharbeitung und der Vernetzung der Lerninhalte mit denen früherer Themen; dabei sind überall offene Aufgaben integriert. Zum nachhaltigen Kompetenzerwerb wird konsequent das Analysieren typischer Schülerfehler und entsprechendes Argumentieren und Kommunizieren gefordert. Auch die Übungsaufgaben ermöglichen Unterricht in vielfältigen schülerbezogenen Aktivitäten, bis hin zu Partnerarbeit und Teamarbeit sowie Spielen.
Zur **Differenzierung im Unterricht** sind die Übungsaufgaben in drei Niveaus gegliedert worden: Aufgaben zur Festigung des Gelernten sind nicht gekennzeichnet. Aufgaben, die eine weiter gehende Vernetzung zu anderen Lerninhalten erfordern, sind an unterstrichenen Aufgabennummern zu erkennen. Aufgaben, die die Selbstständigkeit und Problemlösefähigkeit in besonderer Weise herausfordern, sind durch eine rote Aufgabennummer gekennzeichnet.

Die große Anzahl der Aufgaben ermöglicht es den Unterrichtenden, eine auf ihre Lerngruppe zugeschnittene Auswahl zu treffen.

3. Abschnitte mit der Überschrift **Vermischte Übungen** finden sich an den Stellen eines Kapitels, an denen eine besonders starke Vernetzung der bisher erworbenen Kompetenzen angebracht ist.

4. Eingestreut in die Übungsaufgaben finden sich in regelmäßigen Abständen Fragestellungen unter der Überschrift **Das kann ich noch!** zum Reaktivieren des bisher erworbenen Grundwissens.

5. Am Kapitelende folgt dann der fakultative Abschnitt **Aufgaben zur Vertiefung**, der neben einer Vernetzung auch eine Ergänzung des Lehrstoffes auf einem erhöhten Niveau zum Ziel hat.

6. Den Kapitelabschluss bilden die Abschnitte **Das Wichtigste auf einen Blick** und **Bist du fit?**, in denen in besonderer Weise die erworbenen Grundqualifikationen zusammengestellt und getestet werden. Die Lösungen dieser Aufgaben sind im Anhang des Buches angegeben, sodass sie von den Schülerinnen und Schülern gut zum eigenständigen Üben für eine Klassenarbeit verwendet werden können.

7. Unter der Überschrift **Im Blickpunkt** () werden innermathematische, aber insbesondere auch fachübergreifende, komplexere Themen, die von besonderem Interesse sind und in engem Zusammenhang mit dem Lerninhalt des Kapitels stehen, als Ganzes behandelt. Zur Förderung der fachlichen Kompetenz des Problemlösens sind einige dieser Abschnitte als Forschungsaufträge formuliert. Die Blickpunkte gehen häufig über die obligatorischen Inhalte des LernplanPLUS hinaus; sie eignen sich auch zur Differenzierung und Förderung von eigenständigen Schüleraktivitäten.

8. Um Schüler und Schülerinnen im eigenständigen Erarbeiten mathematischer Themen zu schulen, enthält jedes Kapitel eine Lerneinheit **Zum Selbstlernen**, in der das Thema so aufbereitet ist, dass es von den Lernenden ganz selbstständig bearbeitet werden kann.

9. An geeigneten Stellen werden unter der Überschrift **Auf den Punkt gebracht** () bisher erworbene prozessbezogene Kompetenzen akzentuiert zusammengefasst. Die Behandlung dieser Abschnitte leistet einen entscheidenden Beitrag für einen nachhaltigen Kompetenzerwerb.

Symbole

1. Dieser Arbeitsauftrag ist für die Bearbeitung in Partnerarbeit konzipiert.
2. Dieser Arbeitsauftrag ist für die Bearbeitung durch eine Gruppe aus mehreren Schülerinnen und Schülern konzipiert.
3. Unterstrichene Aufgabennummern kennzeichnen Aufgaben, die eine weitergehende Vernetzung zu anderen Lerninhalten erfordern.
4. Rote Aufgabennummern kennzeichnen Aufgaben, die die Selbstständigkeit und Problemlösefähigkeit der Schülerinnen und Schüler in besonderer Weise herausfordern.
5. Blaue Aufgabennummern (und Überschriften) kennzeichnen Zusatzstoffe.

In den Einheiten zum Selbstlernen kennzeichnet dieses Symbol einen Auftrag.

1. Natürliche Zahlen und Größen

Zum Vergleichen von Größenangaben verwendet man Zahlen. Sowohl bei Einwohnerzahlen als auch bei Entfernungen können dabei große Zahlen vorkommen.

→ Vergleiche die rechts angegebenen Entfernungen miteinander.

→ Vergleiche die rechts angegebenen Einwohnerzahlen für das Jahr 2015 miteinander.

→ Wie kann man solche großen Einwohnerzahlen und Entfernungen bestimmen?

In diesem Kapitel ...

erfährst du, wie wir beliebig große Zahlen schreiben können, obwohl wir nur 10 Ziffern zur Verfügung haben. Weiterhin erweiterst du dein Wissen über das Messen und Angeben von Längen, Massen und Zeiten.

Lernfeld: Zählen und Zahlen veranschaulichen

Überall große Zahlen

Viele Artikel in Zeitschriften oder Zeitungen enthalten Zahlenangaben.

- ➔ Wählt eine Zeitschrift oder eine Zeitung aus. Sucht Zahlenangaben heraus.
- ➔ Welche Zahlen sind mit Ziffern, welche mit Buchstaben geschrieben? Könnt ihr alle Zahlen lesen? Überlegt gemeinsam Vor- und Nachteile der verschiedenen Schreibweisen.
- ➔ Welche großen Zahlen findet ihr? Kennt ihr noch größere Zahlen?
- ➔ Gestaltet ein Plakat mit einigen dieser Zahlen, das ihr im Klassenraum aushängt.

Wie schwer sind eure Schulrucksäcke?

Bestimmt kennt ihr das Gefühl, dass an manchen Schultagen der Schulrucksack besonders schwer ist, an anderen erscheint euch der Rucksack *kinderleicht*.

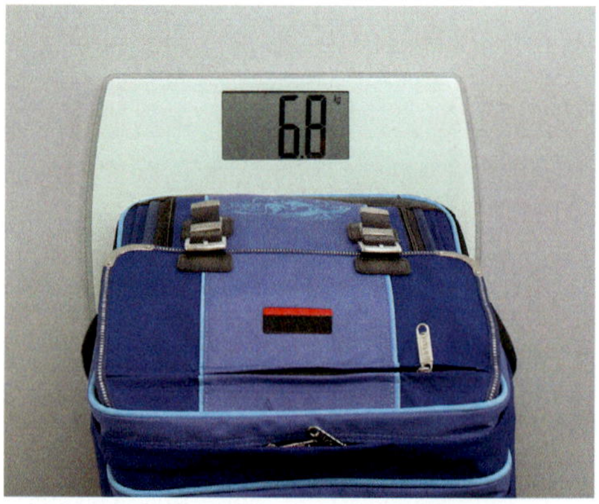

- ➔ Wiegt eure Schulrucksäcke und vergleicht mit den Empfehlungen von Medizinern. Diese könnt ihr zum Beispiel im Internet nachschlagen.
- ➔ Untersucht, ob ihr unnötige Dinge in die Schule mitgebracht habt. Gestaltet ein Plakat mit Tipps, wie man Schulrucksäcke füllen kann, damit sie möglichst leicht sind. Hängt es im Klassenraum aus.

Spiel: Wer hat die höchste Hausnummer?

Fertigt eine Tabelle mit 3 Spalten an. Jeder Mitspieler würfelt mit einem Würfel dreimal und entscheidet nach jedem Wurf, in welche der 3 Spalten er sein Ergebnis eintragen möchte. Es entsteht eine dreistellige Zahl. Wer die größte Zahl in seiner Tabelle stehen hat, gewinnt.
Abwandlung der Spielregeln:
Ihr könnt auch „Wer hat die kleinste Hausnummer?“ spielen. Dann gewinnt, wer die kleinste Zahl in seiner Tabelle stehen hat.

- ➔ Entscheidet euch für eine Spielregel. Spielt das Spiel mehrere Male. Überlegt dann gemeinsam, welches Vorgehen (Strategie) Gewinn versprechend ist.
- ➔ Gestaltet gemeinsam ein schönes Plakat mit Tipps für die verschiedenen Spielregeln.

1.1 Große Zahlen – Stellenwerttafel

Einstieg

Lest euch den folgenden Text aus einem Biologiebuch vor. Wechselt die Rolle von Leser und Zuhörer nach jedem Satz, in dem eine Zahl vorkommt.

Termiten – Große Familien in Erdhügeln

Auf der ganzen Welt gibt es rund 2500 Termitenarten, die meisten davon in Afrika. Aber auch in Asien, Australien, Amerika und Südeuropa sind Termiten zu finden. Seit etwa 150 000 000 Jahren krabbeln sie über die Erde. Die Arten unterscheiden sich in der Ernährungsweise, der Farbe, der Größe sowie in der Art und Form ihrer Baue. Eines aber haben alle gemeinsam, sie alle bilden Staaten, Insektenstaaten. Ein Termitenstaat besteht aus einem Königspaar und seinen Nachkommen: Larven, Nymphen, Arbeiter und Soldaten, insgesamt bis zu 3 000 000 Tiere. Die Königin legt täglich bis zu 43 000 Eier.
Von Zeit zu Zeit gibt es bei den Termiten ein ganz besonderes Ereignis, das Ausschwärmen. Bis zu 400 000 geflügelte Geschlechtstiere, also fruchtbare Männchen und Weibchen, die von den Arbeitern herangezüchtet wurden, verlassen den Bau, um einander zu finden und ein neues Termitenvolk zu gründen.

Aufgabe 1

Große Zahlen
In einem fernen Land lebte einmal ein König, dessen Tochter sehr traurig war. Er suchte im ganzen Land jemanden, der seine Tochter heilen und zum Lachen bringen konnte.
Eines Tages kam Mula und versprach, die Königstochter innerhalb von zwei Wochen zu heilen.
Er forderte als Lohn für den ersten Tag 1 Taler, für den 2. Tag 10 Taler und für jeden weiteren Tag 10-mal so viele Taler wie für den vorherigen Tag.
Der König willigte ein und Mula brachte die Königstocher zum Lachen.
Welchen Lohn musste der König am Ende zahlen?

Lösung

Wir notieren zunächst den Lohn für jeden einzelnen Tag in Talern (siehe rechts).
Bei jedem weiteren Tag, also jeder Verzehnfachung, muss eine weitere Null angehängt werden.
Am 14. Tag ist der Lohn eine 1 mit 13 Nullen. Der Gesamtlohn ist eine Zahl aus 14 Einsen. Die Tochter des Königs konnte lachen, der König aber wurde arm.

1. Tag:		1	
2. Tag:	1 · 10 =	10	1 Null
3. Tag:	10 · 10 =	100	2 Nullen
4. Tag:	100 · 10 =	1 000	3 Nullen
5. Tag:	1000 · 10 =	10 000	4 Nullen
...	...	...	...
14. Tag:		10 000 000 000 000	13 Nullen
Gesamtlohn:		11 111 111 111 111	Taler

Information

(1) Namen für große Zahlen

Wir schreiben unsere Zahlen mit den zehn Ziffern 0, 1, 2, 3, 4, 5, 6, 7, 8 und 9; dabei benutzen wir die **Stufenzahlen** *Eins* (E), *Zehn* (Z), *Hundert* (H) und *Tausend* (T).
Für größere Zahlen benötigen wir Zahlwörter für weitere Stufenzahlen:

1 Million	= 1 000 Tausender =	1 000 000
1 Milliarde	= 1 000 Millionen =	1 000 000 000
1 Billion	= 1 000 Milliarden =	1 000 000 000 000
1 Billiarde	= 1 000 Billionen =	1 000 000 000 000 000
1 Trillion	= 1 000 Billiarden =	1 000 000 000 000 000 000
1 Trilliarde	= 1 000 Trillionen =	1 000 000 000 000 000 000 000

Tausend:	*3 Nullen*
Million:	*6 Nullen*
Milliarde:	*9 Nullen*
Billion:	*12 Nullen*

Deutsch	Englisch
Million	million
Milliarde	billion, auch thousand million
Billion	trillion, auch million million

Verwendete Abkürzungen: Million – Mio., Milliarde – Mrd., Billion – Bill.
Beim Übersetzen großer Zahlwörter ins Englische muss man aber aufpassen (siehe links).

Basis (griech.) Grund

(2) Schreibweise mithilfe von Zehnerpotenzen

Es gilt: $100 = 10 \cdot 10$. Statt $10 \cdot 10$ schreibt man auch 10^2.
10^2 heißt eine **Potenz von 10** oder auch **Zehnerpotenz**.

Basis — Exponent (Hochzahl)

$$10^2 = 10 \cdot 10$$

Genauso schreiben wir

$1000 = 10 \cdot 10 \cdot 10 = 10^3$
$10000 = 10 \cdot 10 \cdot 10 \cdot 10 = 10^4$
$100000 = 10 \cdot 10 \cdot 10 \cdot 10 \cdot 10 = 10^5$
$1000000 = 10 \cdot 10 \cdot 10 \cdot 10 \cdot 10 \cdot 10 = 10^6$
$10000000 = 10 \cdot 10 \cdot 10 \cdot 10 \cdot 10 \cdot 10 \cdot 10 = 10^7$
$100000000 = 10 \cdot 10 \cdot 10 \cdot 10 \cdot 10 \cdot 10 \cdot 10 \cdot 10 = 10^8$

Wir stellen fest: Bei den Zehnerpotenzen gibt der Exponent die Anzahl der Nullen hinter der 1 an. Deshalb hat man auch vereinbart: $10^1 = 10$ und $10^0 = 1$.

(3) Stellenwertsystem - Stellenwerttafel

Große Zahlen lassen sich leichter überblicken, wenn man sie in eine **Stellenwerttafel** einträgt.

Billionen			Milliarden			Millionen			Tausender			Hunderter	Zehner	Einer	Gelesen
10^{14}	10^{13}	10^{12}	10^{11}	10^{10}	10^9	10^8	10^7	10^6	10^5	10^4	10^3	10^2	10^1	10^0	
							1	2	5	6	3	4	5	0	12 Millionen 563 Tausend 450
					2	0	0	0	0	4	8	0	0	0	2 Milliarden 48 Tausend
		7	0	6	7	0	0	0	0	0	0	0	0	0	7 Billionen 67 Milliarden

Häufig begnügt man sich damit, Zahlen mit vielen Ziffern in Dreierpäckchen (von rechts nach links) zu gliedern. Man lässt einen kleinen Zwischenraum: 37 000 000 000 000.
Wir können die großen Zahlen, wenn ihre Endziffern Nullen sind, auf veschiedene Arten schreiben: $37000000000000 = 37$ Billionen $= 37 \cdot 10^{12}$

(4) Zehnersystem

Jede Stufenzahl ist 10-mal so groß wie die vorherige. Deshalb sprechen wir vom Zehnersystem **(Dezimalsystem)**.

Zehntausender (ZT)	Tausender (T)	Hunderter (H)	Zehner (Z)	Einer (E)
10^4	10^3	10^2	10^1	10^0

$\cdot 10$ $\cdot 10$ $\cdot 10$ $\cdot 10$ $\cdot 10$

dezimal (lat.) auf die Grundzahl 10 bezogen

Weiterführende Aufgabe

Nachfolger – Unbegrenztheit der natürlichen Zahlen

2. a) Nenne eine Zahl; dein Partner soll die nächstgrößere Zahl nennen. Tauscht die Rollen dreimal.

b) Jakob hat auf einen Zettel hundert Neunen hintereinander geschrieben. Er behauptet: „Das ist die größte natürliche Zahl, die es gibt.“ Was meinst du dazu? Begründe deine Antwort.

> Die Zahlen 1, 2, 3, 4, 5, …, die wir zum Zählen benutzen, heißen **natürliche Zahlen**. Zu jeder noch so großen natürlichen Zahl kann man eine nachfolgende Zahl (den **Nachfolger**) finden. Daher kann man ohne Ende weiter zählen.
> Die Menge der natürlichen Zahlen ist unbegrenzt: $\mathbb{N} = \{1, 2, 3, 4, \ldots\}$.
> Trotzdem reichen zum Schreiben die zehn Ziffern aus.
>
> Die Zahl 0 gehört nicht zur Menge der natürlichen Zahlen:
> $0 \notin \mathbb{N}$, gelesen *0 ist nicht Element der Menge* $\mathbb{N}$.
>
> Alle natürlichen Zahlen bilden zusammen mit der 0 die Menge $\mathbb{N}_0 = \{0, 1, 2, 3, 4, \ldots\}$.
> Es gilt $0 \in \mathbb{N}_0$, gelesen *0 ist Element der Menge* $\mathbb{N}_0$.
>
> Allgemein kann man in einer Menge verschiedene Dinge zusammenfassen. Diese Dinge bezeichnet man als die **Elemente** der Menge.

Übungsaufgaben

3. Arbeite mit deinem Nachbarn zusammen. Einer liest die Zahlen vor, der andere kontrolliert. Wechselt die Rolle nach jeder Zahl.

a)	b)	c)	d)
2 000 000	800 523	40 864	301 496
200 000 000	50 400 000	10 904 016 000	1 234 567
3 000 000 000 000	1 490 000 000	612 724 816	9 876 543

4. Die Kontinente der Erde sind nicht nur verschieden groß, sondern auch sehr unterschiedlich besiedelt. Schreibe die Einwohnerzahlen vollständig mit Ziffern.

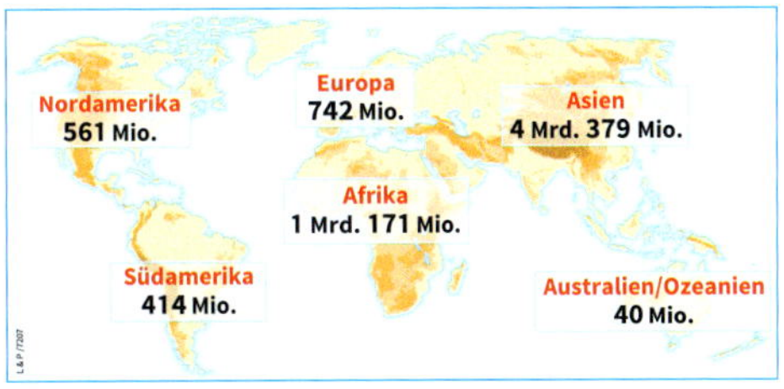

5. Schreibe die Zahlen vollständig mit Ziffern. Überlege zunächst, wie viele Ziffern die Zahl hat.

a) 34 Millionen
28 Billionen

b) 7 Milliarden
10 Milliarden

c) 370 Billionen
318 Trillionen

d) 6 Millionen 432 Tausend
1 Million 37 Tausend

6. Schreibe die Zahlen mit Ziffern. Gliedere sie in Dreierpäckchen.

a) dreihundertzwanzigtausend
drei Millionen
einundfünfzig Milliarden
fünfhundertdreißig Millionen
siebenhundert Billionen

b) siebenundsechzig Billiarden
drei Milliarden fünfzig Millionen
fünfhundertdreiundzwanzig Milliarden
dreizehn Millionen zwanzigtausend
drei Billionen zwanzig Millionen

Eine Stellenwerttafel kann dir helfen!

7. Diktiert euch abwechselnd jeweils fünf Zahlen, die mindestens sechsstellig sind. Vergleicht anschließend, ob sie richtig aufgeschrieben wurden.

8. Bei manchen Kaufverträgen oder Quittungen muss der Geldbetrag auch in Worten eingetragen werden. Damit ist es schwieriger, eine Eintragung zu fälschen.

a) Schreibe die Zahlen mit Ziffern:
(1) zweihundertsieben
(2) eintausenddreihundert
(3) neunzehntausendvierundfünfzig
(4) zehntausendzehn

b) Schreibe in Worten: (1) 87 (2) 756 (3) 5 622 (4) 19 989 (5) 1 449 500

Autohaus Sienbesten
Kaufvertrag

Käufer:	Autohaus Sienbesten
Verkäufer:	Monika Mustermann
Gegenstand:	Fahrzeug mit amtl. Kennzeichen WÜ – XY 145
Kaufpreis:	8 700 €
in Worten:	achttausendsiebenhundert

9. Was gibt die Ziffer 7 an, wenn sie an der angegebenen Stelle steht?
a) 4. Stelle b) 9. Stelle c) 11. Stelle d) 7. Stelle e) 5. Stelle

10. Notiere und lies die
a) siebenstellige Zahl aus lauter Vieren;
b) neunstellige Zahl aus lauter Siebenen;
c) elfstellige Zahl aus lauter Einsen;
d) zwölfstellige Zahl aus lauter Fünfen.

11. Wie lautet die kleinste [größte] Zahl mit a) 5 Stellen; b) 6 Stellen; c) 10 Stellen? Erläutere deine Überlegungen.

12. Gib an, wie viele Nullen du benötigst, um die Zahl mit Ziffern zu schreiben.
a) achtzig Millionen
b) dreihundertfünftausend
c) dreiundvierzig Millionen siebentausend
d) neun Millionen neuntausendneun

13. Es gibt Geräte, die Ziffernräder haben, mit denen gezählt wird, z. B. Stromzähler. Schau dir seine Arbeitsweise an.
a) Gib jeweils den Nachfolger der Zahl an.
(1) 19 999 (2) 89 898 (3) 990 999 (4) 99 899 999 (5) 9 191 919 (6) 88 888 999
b) Erläutere, welche der obigen Aufgaben du einfach findest.

14. Wie viele Tetrapaks wurden seit 2000 recycelt? Schreibe als Zehnerpotenz.

15. Oft findet man in Zeitungen, Zeitschriften, Büchern, … Aussagen, in denen große Zahlen vorkommen. Wählt euch ein interessantes Sachgebiet aus. Erstellt ein Plakat, auf dem ihr solche Informationen präsentiert.

16. Beschreibe den Unterschied zwischen den Mengen $\mathbb{N}$ und $\mathbb{N}_0$.

17. Max geht von einer zweistelligen Zahl aus. Er bildet den Nachfolger, dann das Doppelte. Mia geht von der gleichen Zahl wie Max aus. Sie bildet das Doppelte, dann den Nachfolger.
a) Vergleiche beide Ergebnisse. Versuche deine Feststellungen zu erklären.
b) Welches ist jeweils die größte Zahl, von der Max bzw. Mia ausgehen können, damit das Ergebnis wieder eine zweistellige Zahl ist? Begründe deine Antwort.
c) Führe ähnliche Untersuchungen für Vorgänger und Doppeltes durch.

1.2 Römische Zahlzeichen

Ziel

Unsere Ziffern 0, 1, 2, 3, 4, 5, 6, 7, 8, 9 sind erst seit ungefähr 500 Jahren in Europa verbreitet. Sie stammen aus Indien und wurden von den Arabern nach Europa gebracht. Daher werden sie auch *arabische Ziffern* genannt. Vorher wurden in Europa die Zahlzeichen der Römer benutzt. Die römischen Zahlzeichen werden mit Großbuchstaben geschrieben. Du findest sie noch heute, z. B. auf einigen Uhren und an alten Gebäuden.
Hier lernst du, wie man Zahlen mit römischen Zahlzeichen schreibt.

Zum Erarbeiten

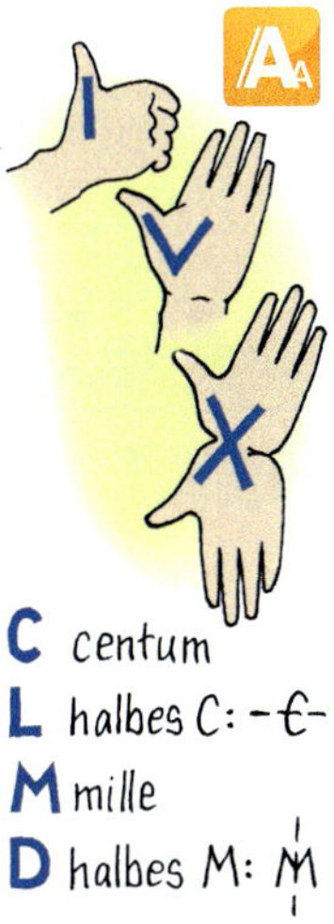

Umwandeln einer in römischer Schreibweise geschriebenen Zahl

Betrachte die Uhr oben und ergänze die nebenstehende Tabelle in deinem Heft. Gib an, welche römischen Zahlzeichen du erkennst. Nenne auch Regeln, wie man diese Zahlzeichen zum Schreiben von Zahlen zusammensetzt. Vergleiche deine Überlegungen mit der folgenden Information.

Mit arabischen Ziffern geschriebene Zahl	1	2
Mit römischen Zahlzeichen geschriebene Zahl	I	II

Römische Zahlzeichen:	I	V	X	L	C	D	M
	1	5	10	50	100	500	1000

(1) Steht ein Zahlzeichen rechts von einem Zahlzeichen mit gleichem oder höherem Wert, so werden die Werte der Zahlzeichen addiert.
(2) Steht ein Zahlzeichen links von einem Zahlzeichen mit höherem Wert, so wird der kleinere Wert von dem größeren subtrahiert.

Beispiele:
XI = X + I = 11
IX = X − I = 9

Gib die Nummern der folgenden Comic-Hefte mit arabischen Ziffern an.

Band XVI

Band XXIV

Band XIX

→ Bei der Zahl XVI steht rechts von X das Zeichen V mit kleinerem Wert und rechts davon das Zeichen I mit noch kleinerem Wert. Also wird addiert: XVI = 10 + 5 + 1 = 16.

→ Bei der Zahl XXIV steht das Zeichen I links von dem Zeichen V mit größerem Wert.
Es wird also von dem Wert für V subtrahiert und nicht zu dem Wert des links von ihm stehenden Zeichens X addiert: XXIV = 10 + 10 + 5 − 1 = 24.
Entsprechend erhält man: XIX = 10 + 10 − 1 = 19.

Umwandeln einer mit arabischen Ziffern geschriebenen Zahl

Die Schreibweisen IV und IX für 4 und 9 sind Beispiele für die Regel (3). Sie haben sich erst im Laufe der Zeit im Mittelalter entwickelt. Sie sind nicht immer beachtet worden.

(3) Die Zeichen I, X und C stehen bei einer Zahl höchstens dreimal hintereinander.
(4) Von einem Zahlzeichen kann nur das jeweils nächstkleinere der Zeichen I, X oder C subtrahiert werden.

Beispiele:
nicht IIII, sondern IV
möglich XC,
aber nicht IC

A Schreibe die Zahlen 2135 sowie 1494 mit römischen Zahlzeichen.

→ Durch Zerlegung erhalten wir:
2135 = 2000 + 100 + 30 + 5 = 1000 + 1000 + 100 + 10 + 10 + 10 + 5, also 2135 = MMCXXXV
Bei der Zahl 1494 müssen wir beachten: 400, 90 und 4 werden jeweils gebildet durch Voranstellen eines Zahlzeichens mit kleinerem Wert vor einem Zeichen mit höherem Wert:
400 = CD, 90 = XC, 4 = IV, also 1494 = MCDXCIV.

Zum Üben

1. Schreibe mit arabischen Ziffern.
a) XXXVII; CXXV; DCCLII; MCCCXXVI; MDCLXVI; MDCCLXXIII
b) XLII; XXIV; XXXIX; XCIII; XCIV; MCMXIX; MCMXLIX

2. a) Das Foto zeigt das alte Museum in Berlin. Das Baujahr ist in römischer Zahlschreibweise angegeben. Schreibe es mit arabischen Ziffern.
b) Bei einem Fachwerkhaus ist als Baujahr MDCCXCIV in einen Balken eingekerbt. Schreibe mit arabischen Ziffern.

3. Erkunde, wo du sonst noch mit römischen Zahlzeichen geschriebene Zahlen findest.

4. Wie ist der Spielstand im Comic rechts?

5. Schreibe die Zahlen mit römischen Zahlzeichen.
a) von 1 bis 20 b) 33; 66; 85; 821; 625; 1 872

6. Welches ist die größte, welches die kleinste Zahl, die man nur mit den Zahlzeichen (1) X und L; (2) M und C; (3) C, X und V schreiben kann?

7. a) Gehe aus von der Ziffer 5. Welche Bedeutung hat die Ziffer 1, wenn du sie
(1) links von der 5 notierst; (2) rechts von der 5 notierst?
Vergleiche mit der römischen Schreibweise, indem du vom Zeichen V ausgehst und
(3) links davon das Zeichen I notierst; (4) rechts davon das Zeichen I notierst.
b) Notiere rechts von der Ziffer 5 zwei Ziffern 1 und vergleiche damit, dass du in der römischen Schreibweise rechts vom Zeichen V zwei Zeichen I notierst.
c) Das Zehnersystem ist ein Stellenwertsystem. Wie ist das bei der römischen Schreibweise?
d) Überlege dir Nachteile der römischen Schreibweise.

8. Man kann die römischen Zahlzeichen mit Streichhölzern darstellen. Rechts siehst du zwei Aufgaben. Welches Streichholz muss man umlegen, damit die Rechnung stimmt?

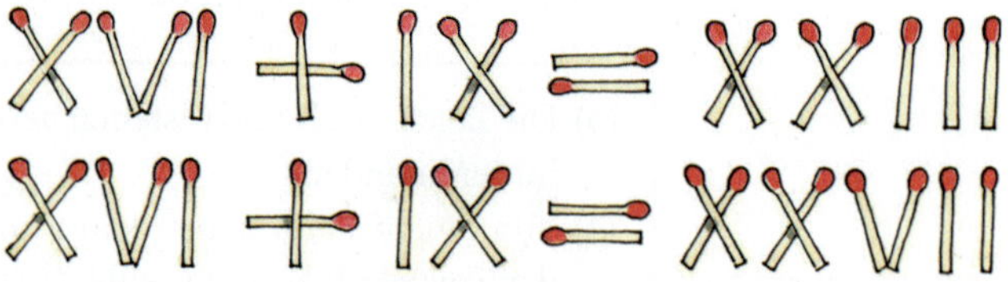

1.3 Anordnen und Runden natürlicher Zahlen

1.3.1 Vergleichen und Ordnen – Zahlenstrahl

Einstieg 

An vielen Gegenständen des täglichen Lebens findet ihr Skalen zum Ablesen.

a) Betrachtet die rechts abgebildeten Gegenstände, die eine Skala haben. Lest auf jeder Skala die angezeigte Zahl ab. Wozu benutzt man die Gegenstände?

b) Nennt weitere Beispiele für Skalen in eurem Alltag.

c) Bei manchen Skalen sind nicht alle Skalenstriche mit Zahlen beschriftet. Überlegt Vor- und Nachteile dieser Beschriftung.

Aufgabe 1

Zahlenstrahl

Die natürlichen Zahlen kann man auf dem Zahlenstrahl veranschaulichen.
Der Zahlenstrahl beginnt bei null.
Die Abstände zwischen zwei benachbarten natürlichen Zahlen sind immer gleich groß.

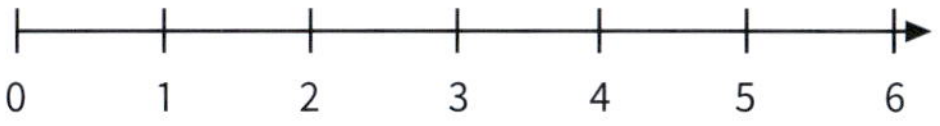

Die Richtung des Zahlenstrahls zeigen wir durch eine Pfeilspitze an; sie zeigt in Richtung der größer werdenden Zahlen.

a) Zeichnest du einen Zahlenstrahl wie oben in dein Heft, so kommst du nicht weit.
Zeichne je einen geeigneten Zahlenstrahl, auf dem man
(1) die Zahlen 40; 55; 80; (2) die Zahlen 600; 350; 900 eintragen kann.

b) Welche Zahlen liegen auf dem Zahlenstrahl links von 150, welche liegen rechts von 100?

Lösung

a) Verkleinert man den Abstand zweier benachbarter natürlicher Zahlen, dann kann man auch größere Zahlen eintragen. Wir verändern den *Maßstab* für unseren Zahlenstrahl.

Abstand zwischen benachbarten Zahlen: 1 cm

Abstand zwischen benachbarten Zahlen: 1 mm

Abstand zwischen benachbarten Zehnerzahlen: 1 mm

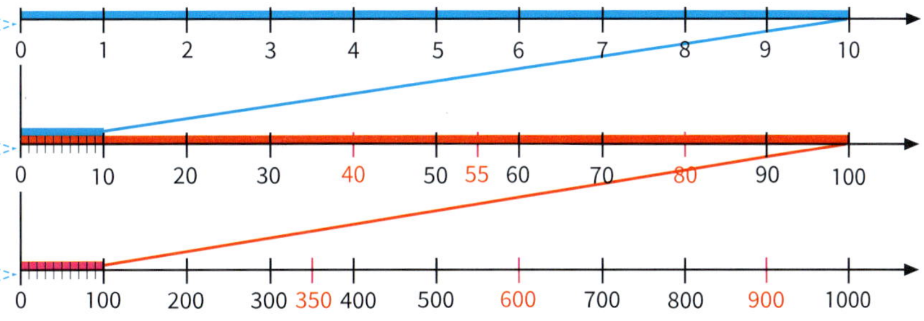

Der Abstand zweier benachbarter natürlicher Zahlen, die *Einheit* des Zahlenstrahls, kann sehr klein werden. Daher gibt man häufig an, wie viele Einheiten 1 cm ergeben.

Beim ersten Zahlenstrahl haben wir für 1 Einheit 1 cm gewählt.
Beim zweiten Zahlenstrahl haben wir für 10 Einheiten 1 cm gewählt.
Beim dritten Zahlenstrahl haben wir für 100 Einheiten 1 cm gewählt.

b) Links von 150 befinden sich auf dem Zahlenstrahl die Zahlen, die kleiner als 150 sind.
Rechts von 100 liegen die Zahlen, die größer als 100 sind.

Information

Kleiner und größer bei natürlichen Zahlen

Natürliche Zahlen können wir hinsichtlich der Größe vergleichen.
Sind die Zahlen verschieden, so gibt es zwei Möglichkeiten:
(a) *47 ist kleiner als 72*, in Zeichen: $47 < 72$.
(b) *72 ist größer als 47*, in Zeichen: $72 > 47$.
Am Zahlenstrahl bedeutet:
$47 < 72$: Die Zahl 47 liegt am Zahlenstrahl links von der Zahl 72.
$72 > 47$: Die Zahl 72 liegt am Zahlenstrahl rechts von der Zahl 47.

Die Spitze des Zeichens < bzw. > zeigt auf die kleinere Zahl.

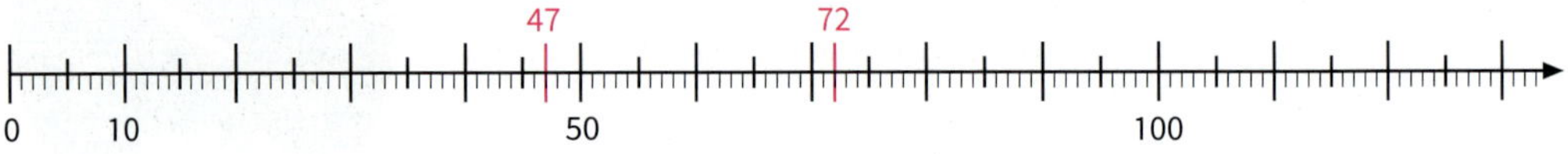

Übungsaufgaben

2. Auf dem Zahlenstrahl sind Zahlen durch rote Pfeile markiert. Schreibe die Zahlen auf.

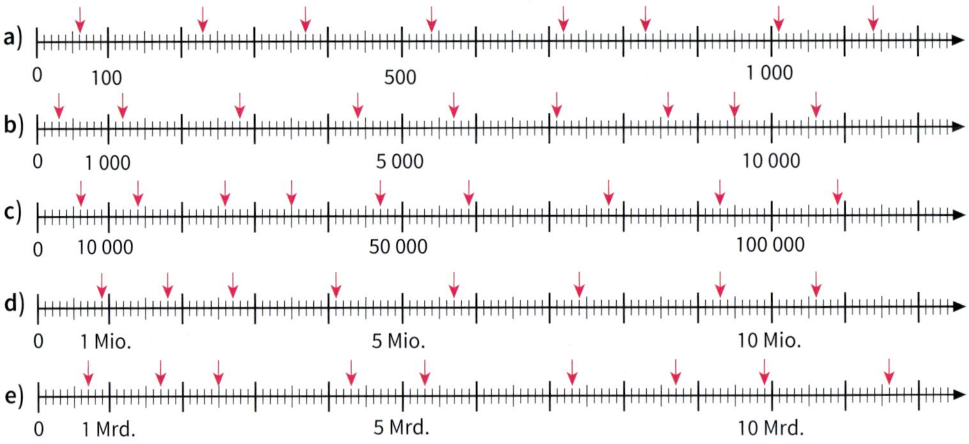

3. Zeichne einen Zahlenstrahl, auf dem folgende Zahlen genau eingetragen werden können.
a) 60; 75; 130; 144 **b)** 700; 1 300; 1 450; 1 750 **c)** 4 200; 8 500; 7 900; 800

4. **a)** Die Zahl 720 soll auf dem Zahlenstrahl dargestellt werden. Max wählt Strahl (1), Anna Strahl (2). Erkläre, wie die beiden vorgehen müssen, um die richtige Stelle zu finden.

(1)
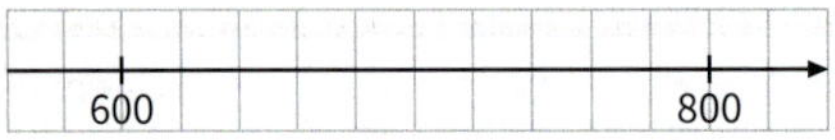

(2)
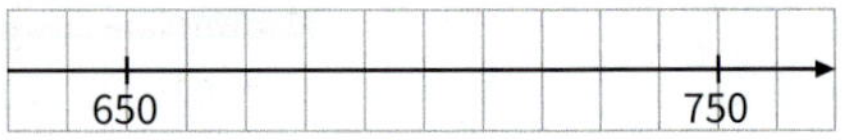

b) Prüfe, ob die Zahl 720 richtig eingezeichnet ist. Begründe und korrigiere gegebenenfalls im Heft.

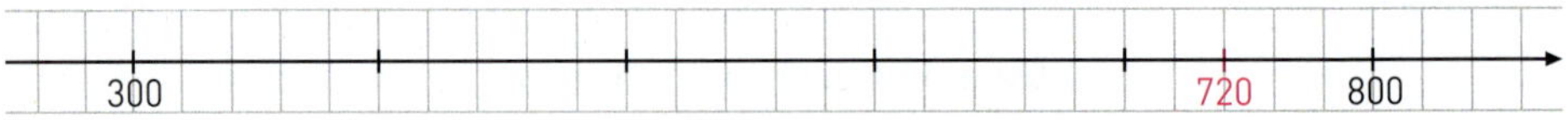

Das kann ich noch!

A) Wie viele Würfel benötigst du, um den Körper zu bauen?

1)

2)

3)
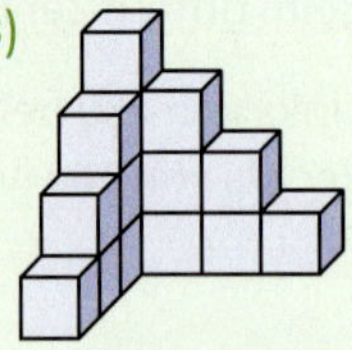

4)

5. a) Die Erde ist etwa 4 Milliarden 560 Millionen Jahre alt. Der Zeitstrahl zeigt die Entwicklung des Lebens. Lies ab, in welchem Alter der Erde die einzelnen Lebewesen entstanden sind.

b) In der obigen Darstellung scheint der Mensch erst heute entstanden zu sein. Anhand von Knochenfunden kann man belegen, wann Frühformen des Menschen gelebt haben. Ordne die Frühformen des Menschen.

c) Stelle die Daten aus Teilaufgabe b) auf einem geeigneten Zahlenstrahl dar.

Frühform des Menschen	Alter
Früher homo sapiens	300 000
Homo erectus	1 800 000
Cro-Magnon	40 000
Neandertaler	130 000
Homo habilis	2 300 000

6. Übertrage in dein Heft und setze für ▢ das passende Zeichen (< oder >) ein.

a) 2 385 ▢ 2 367
b) 998 ▢ 989
c) 1010 ▢ 1001
d) 8 375 024 ▢ 8 375 042
e) 67 003 ▢ 67 013
f) 3 759 333 ▢ 375 933
g) 152 191 233 ▢ 152 191 322
h) 94 533 408 ▢ 94 453 499
i) 12 865 745 ▢ 12 856 745

7. Ordne die Zahlen nach der Größe. Überlege dir, mit welcher Zahl du beginnst.

a) 3 658; 3 750; 3 121; 6 570; 3 715
b) 92 590; 9 295; 920 000; 92 900; 9 950
c) 46 640; 44 660; 6 460; 66 040; 406 400
d) 171 250; 4 150 000; 314 571; 49 350; 757 170

8. Anzahl der Fluggäste auf Flughäfen in der Bundesrepublik Deutschland im Jahr 2014:

Hamburg	14 760 280	Leipzig-Halle	2 328 341	Frankfurt/Main	59 566 132
Bremen	2 773 129	Düsseldorf	21 850 489	Nürnberg	3 257 348
Hannover	5 291 882	Köln/Bonn	9 450 493	Saarbrücken	398 128
Berlin Tegel	20 688 016	Dresden	1 760 408	Stuttgart	9 718 438
Münster-Osnabrück	894 390	Erfurt-Weimar	226 586	München	39 700 515
Dortmund	1 965 723	Frankfurt-Hahn	2 447 140		

a) Ordne die Flughäfen nach der Anzahl der Fluggäste. Markiere Flughäfen mit mehr als 10 Mio. Fluggästen im Heft.

b) Stellt einander weitere geeignete Fragen und beantwortet sie.

9. Vergleicht man drei oder mehr natürliche Zahlen miteinander, kann man sie in Form einer *Ungleichungskette* aufschreiben, z. B. $13 < 25 < 31$.
Hieran kannst du ablesen: $13 < 25$, $25 < 31$ und $13 < 31$.

a) Schreibe in Form einer Ungleichungskette.
(1) 27; 38; 15; 86 (2) 528; 32, 31; 198 (3) 599; 426; 472 (4) 783; 79; 7 625

b) Markus schreibt auf: $29 < 38 > 25$. Warum ist eine solche Schreibweise unbrauchbar?

10. a) Schreibe kurz mit den Zeichen < oder >.
(1) 31 ist kleiner als 49 und 49 ist kleiner als 76.
(2) 123 ist größer als 105 und 105 ist größer als 88.
(3) 52 liegt zwischen 29 und 61.
(4) 104 ist kleiner als 112 und 121 ist größer als 112.
b) Drücke in Worten aus:
(1) 14 < 34 < 44 (2) 55 > 31 > 29 (3) 56 < 67 < 76

11. Wähle von den nebenstehenden Kärtchen einige aus und lege sie so nebeneinander, dass du
a) die größtmögliche siebenstellige Zahl bildest;
b) die kleinste fünfstellige Zahl bildest;
c) eine vierstellige Zahl ohne gerade Ziffern bildest.
Beschreibe deine Überlegungen.

12. Welche drei Ziffern musst du streichen, dass aus 386 397 112 eine möglichst große sechsstellige Zahl entsteht? Notiere die Zahl im Heft und begründe.

13. a) Welche Zahl liegt genau in der Mitte zwischen den eingetragenen Zahlen?

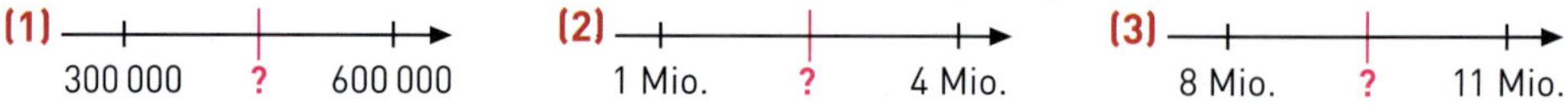

b) Gib zwei Zahlen an, in deren Mitte (1) 5; (2) 84; (3) 119; (4) 1 liegt.
c) Ergänze so im Heft, dass 27 in der Mitte liegt zwischen (1) 25 und ▢; (2) ▢ und 30.
d) Lasse sagt: „Die Mitte zwischen zwei natürlichen Zahlen ist immer eine natürliche Zahl." Untersuche diese Aussage.

14. Gib an, wie viele Zahlen gemeint sind. Begründe deine Überlegung.
a) 35; 36; 37; 38; 39; 40; …; 57; 58
b) 64; 66; 68; 70; 72; ….; 86; 88
c) 35; 42; 49; 56; …; 91; 98; 105
d) 145; 150; 155; 160; …, 430; 435; 440

15. Die Müllers haben fünf Kinder, alles Jungen: Jan, Max, Felix, Paul und Nico.
Felix und Paul sind jünger als Max. Jan ist älter als Nico und jünger als Max.
Paul ist älter als Jan und Felix ist jünger als Nico.
Bestimme die Reihenfolge der Jungen vom Ältesten zum Jüngsten.

1.3.2 Runden von Zahlen – Bilddiagramme

Einstieg In zwei verschiedenen Zeitungen wurde über die Anzahl der Haushalte mit Haustieren berichtet.

Tiere	Anzahl
Katzen	7 900 000
Hunde	4 900 000
Nagetiere	3 450 000
Vögel	2 550 000

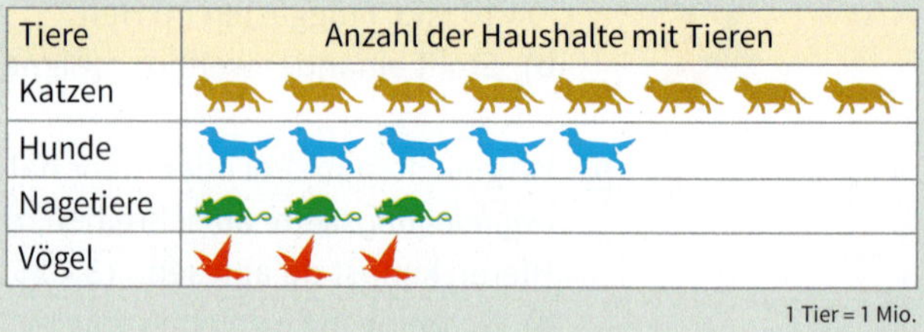

a) Vergleicht beide Darstellungen. Nennt Vor- und Nachteile.
b) Beschreibt, wie man eine Darstellung aus der anderen erhalten kann.

Aufgabe 1

Für Einwohnerzahlen kann man *Bilddiagramme* zeichnen; dabei werden die Zahlen *gerundet*.

a) Vergleiche die Anzahl der Figuren für Dortmund und Dresden mit den Einwohnerzahlen:
Dortmund: 575 944   Dresden: 530 754
Warum wurde für Dortmund im Bilddiagramm eine Figur mehr als für Dresden gezeichnet?

b) Ermittle, wie viele Figuren man für die folgenden Einwohnerzahlen braucht.
Nürnberg: 498 876
Hamburg: 1 746 342
Stuttgart: 604 297
München: 1 407 836

c) Welches Problem ergibt sich bei genau 250 000 Einwohnern?

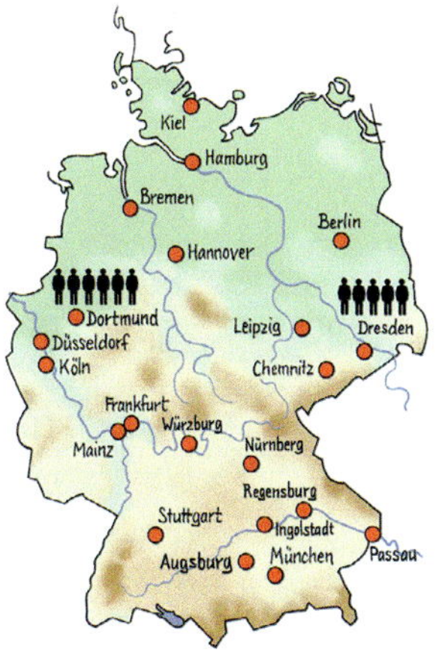

1 Person = 100 000 Einwohner

Lösung

a) Jede Figur bedeutet 100 000 Einwohner. Das Diagramm gibt die Einwohnerzahl nicht genau, sondern auf Hunderttausender gerundet an. Die Einwohnerzahl von Dortmund liegt zwischen 500 000 und 600 000. Sie liegt jedoch dichter an 600 000, weil 75 944 mehr als die Hälfte von 100 000 ist. Also zeichnet man 6 Figuren.
Die Einwohnerzahl von Dortmund wird also *aufgerundet*: 575 944 ≈ 600 000.
Die Einwohnerzahl von Dresden liegt ebenfalls zwischen 500 000 und 600 000, jedoch dichter an 500 000, weil 30 754 weniger als die Hälfte von 100 000 ist. Also zeichnet man 5 Figuren. Die Einwohnerzahl von Dresden wird also *abgerundet*: 530 754 ≈ 500 000.

≈ bedeutet: ist ungefähr

b) Runde die Zahlen zuerst auf volle Hunderttausender:
Nürnberg: 498 876 ≈ 500 000, also 5 Figuren
Hamburg: 1 746 342 ≈ 1 700 000, also 17 Figuren
Stuttgart: 604 297 ≈ 600 000, also 6 Figuren
München: 1 407 836 ≈ 1 400 000, also 14 Figuren

c) 250 000 liegt genau in der Mitte von 200 000 und 300 000. Für solche Fälle hat man vereinbart, dass dann aufgerundet wird: 250 000 ≈ 300 000.

Information

Oft ist es nicht erforderlich, eine Zahl ganz genau anzugeben. Dann kann man die Zahl auf eine bestimmte Stelle (z. B. Zehner, Hunderter, ...) **runden**. Gehe dabei so vor:

Bei 0, 1, 2, 3, 4 **ab**runden; bei 5, 6, 7, 8, 9 **auf**runden

(1) Suche die Rundungsstelle.

(2) Ist die Ziffer rechts von der Rundungsstelle *kleiner als 5*, so wird abgerundet. Dabei bleibt die Ziffer an der Rundungsstelle erhalten. Alle Ziffern rechts davon werden 0.

(3) Ist die Ziffer rechts von der Rundungsstelle *5 oder größer als 5*, so wird aufgerundet. Dabei wird die Ziffer an der Rundungsstelle um 1 erhöht. Alle Ziffern rechts davon werden 0.

Beispiele:

Runden auf **Hunderter**:
1 737 ≈ 1 700
Rechts von der Rundungsstelle steht eine 3. Hier muss man abrunden.

Runden auf **Tausender**:
76 980 ≈ 77 000
Rechts von der Rundungsstelle steht eine 9. Hier muss man aufrunden.

Übungsaufgaben

2. a) Runde auf Zehner [Hunderter]: 97; 194; 248; 329; 28 563; 264 999; 4 783 969
b) Runde auf Tausender [Zehntausender]: 8 951; 25 499; 24 999; 4 785 934; 1 878 049
c) Runde auf Millionen [Hunderttausender]: 6 142 718; 3 433 100; 2 295 000; 5 453 640

3. Das Bilddiagramm zeigt, wie viele Handyverträge es in Deutschland gab. Notiere in einer Tabelle die gerundeten Anzahlen.

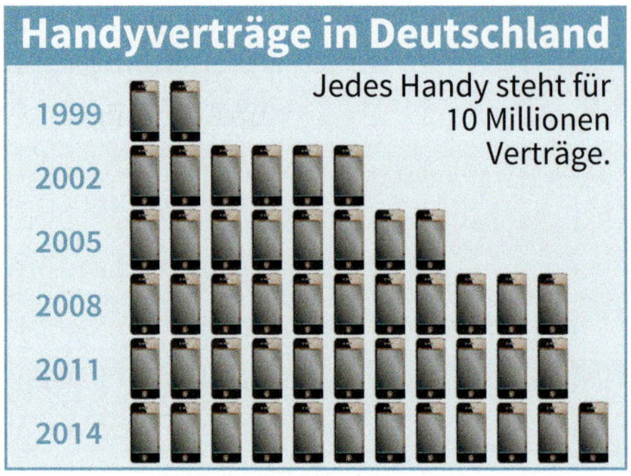

4. Tim rundet 2 548 auf Hunderter. Dazu geht er schrittweise vor: Er rundet zunächst auf Zehner: 2 550. Diese gerundete Zahl rundet er auf Hunderter: 2 600.
Was meint ihr dazu?

5. Zeichne ein Bilddiagramm der Einwohnerzahlen 2013 in europäischen Millionenstädten.

Berlin	3 422 000	London	8 417 000	Paris	2 273 000	St. Peterburg	5 162 000
Hamburg	1 746 000	Madrid	3 207 000	Prag	1 243 000	Warschau	1 724 000
Kiew	2 869 000	Moskau	11 972 000	Rom	2 868 000	Wien	1 794 000

6. a) Bei einem Bundesliga-Fußballspiel waren 43 000 Zuschauer. Diese Zahl ist auf Tausender gerundet. Gib an, wie viele Zuschauer es mindestens, wie viele es höchstens waren.

b) Für ein anderes Fußballspiel wird im Radio die Zuschauerzahl 28 600 genannt, im Fernsehen hingegen 29 000. Erkläre, wie es zu diesen verschiedenen Angaben kommen kann. Gib an, wie viele Zuschauer mindestens und wie viele höchstens beim Spiel waren.

7. Wie heißen die größte und die kleinste Zahl, die beim Runden
a) auf Zehner 130 ergeben;
b) auf Hunderter 4 500 ergeben;
c) auf Tausender 30 000 ergeben;
d) auf Zehntausender 350 000 ergeben?

8. a) In welchen der folgenden Fälle darf man runden? Begründe deine Entscheidung.
(1) In unserem Dorf wohnen heute 748 Personen.
(2) Peter hat die Telefonnummer 73 85 46.
(3) Der größte Reisebus der Firmer Anker hat 54 Sitzplätze.
(4) Das Johanneum hat 1 076 Schülerinnen und Schüler.
(5) Das Flugzeug hat eine Flughöhe von 10 300 Meter.
(6) Der Mond umkreist die Erde in einer Entfernung von 384 000 km.
(7) Mike hat die Kleidergröße 152.

b) Hier kann es sinnvoll sein, zu runden oder auch nicht zu runden. Erläutere.
(1) Im Fußballstadion waren 21 367 zahlende Zuschauer.
(2) Familie Meier kauft ein Auto für 18 424 €.

9. Ravi besucht in den Weihnachtsferien seine 62 Jahre alte Oma in Neu-Delhi. Neu-Delhi ist Teil der indischen Metropole Delhi und hat 249 998 Einwohner. Am Abreisetag fährt Ravis Vater ihn zum 134 km entfernten Flughafen. Um 13.15 Uhr startet die mit 376 Passagieren besetzte Boeing 747 mit der Flugnummer 1683 zu ihrem 6 116 km weiten Flug. Nach langen 7 Stunden und 23 Minuten auf einer durchschnittlichen Flughöhe von 10 678 km hat Ravi wieder festen Boden unter den Füßen. Erleichtert schließt er seine Oma in die Arme. Bei ihr und 12 weiteren Verwandten wird er nun 13 schöne, erlebnisreiche Ferientage verbringen.

a) Der obige Text enthält viele Zahlen. Schreibe die Geschichte neu, indem du überall dort sinnvoll rundest, wo es möglich ist.

b) Ergänze Ravis Geschichte aus Teilaufgabe a) um ein Ferienerlebnis.
Gib dabei alle Zahlen genau an und lass anschließend deinen Sitznachbarn entscheiden, wo Runden sinnvoll ist und wo nicht.

10. Ein Sportverein hat 453 Mitglieder. Zu ihrer Verteilung auf die Sportarten erschien in der Vereinszeitung ein Bilddiagramm. Gib an, was du aus ihm ablesen kannst.

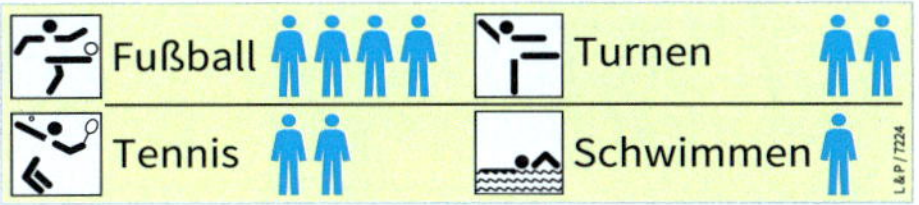

11. **Bayerns Schulen**

Im Schuljahr 2014/15 besuchten 1 269 689 Schülerinnen und Schüler allgemeinbildende Schulen in Bayern, davon 420 117 Grundschulen, 202 810 Hauptschulen, 235 632 Realschulen, 53 423 Förderzentren, 339 164 Gymnasien, 18 543 sonstige Schulen.

Stelle die Daten aus dem Zeitungsartikel mittels eines geeigneten Bilddiagramms dar.

12. Luis sagt: „Ich habe rund 6 € in meiner Tasche." Lilly sagt: „Ich habe rund 7 € in meinem Geldbeutel." Beide haben auf Euro gerundet. Bestimme, wie viel Geld Lilly
(1) mindestens mehr; (2) höchstens mehr als Luis haben kann.

13. Wenn man die Zahl 7 342 auf 7 300 rundet, begeht man einen *Rundungsfehler*; in unserem Beispiel beträgt dieser 42.

a) Runde die folgenden Zahlen und gib den Rundungsfehler an:
(1) auf Zehner: 34; 285; 5 628; 35; 592; 239 543
(2) auf Hunderter: 385; 2 675; 29 522; 967 321; 435 211; 666 356

b) Hier ist der Rundungsfehler angegeben. Wurde auf Zehner, Hunderter, Tausender oder Zehntausender gerundet? Welche Zahl könnte die ursprüngliche Zahl gewesen sein?

	Gerundete Zahl	Rundungsfehler
(1)	370	4
(2)	2 600	37
(3)	1 200	5

	Gerundete Zahl	Rundungsfehler
(4)	3 000	236
(5)	340 000	4 558
(6)	2 300	50

c) Wie groß kann der Rundungsfehler beim Runden auf
(1) Zehner; (2) Hunderter; (3) Tausender höchstens sein? Begründe.

1.4 Größen und ihre Einheiten

1.4.1 Geld und seine Einheiten

Einstieg

Schätze, wie viel Geld du im Moment in deinem Geldbeutel hast.

Information

(1) Einheitentabelle des Geldes – Kommaschreibweise

In Deutschland und vielen anderen Ländern Europas ist seit dem 1. Januar 2002 der Euro das gesetzliche Zahlungsmittel. Kleinere Geldbeträge werden in Cent angegeben. Es gilt: 1 € = 100 ct. Man notiert Preise mit gemischten Einheiten meistens mit einem Komma.

Euro				Cent		Schreibweisen
T	H	Z	E	Z	E	
		1	4	9	9	14 € 99 ct = 14,99 € = 1 499 ct
	2	7	4	7	0	274 € 70 ct = 274,70 € = 27 470 ct
			0	0	7	0 € 7 ct = 0,07 € = 7 ct
1	8	0	0	1		1 800 € 10 ct = 1 800,10 € = 180 010 ct

(2) Geschichte des Geldes

Früher wurden als Zahlungsmittel z. B. Muscheln, Schmuck, Rinder, Kamele, Ziegen, Felle, … verwendet. Die Lyder (in der heutigen Türkei) benutzten im 8. Jahrhundert vor Christi Geburt erstmals Geldmünzen zum Zahlen. Erst im Mittelalter wurden auch Scheine (Banknoten) als Geld eingeführt. Sie hatten den großen Vorteil, dass sie leichter als Münzen zu transportieren waren. Im Mittelalter gab es auch viele verschiedene Einheiten für das Geld, z. B. Heller, Kreuzer, Schilling, Groschen, Batzen, Pfund, Taler, Dukaten. Im süddeutschen Raum war ein Kreuzer 8 Heller oder 4 Pfennige wert. Für 4 Kreuzer bekam man einen Batzen, für 60 Kreuzer einen Gulden.

Übungsaufgaben

1. **a)** Nennt Gegenstände, die folgende Preise haben könnten:

(1) 0,99 € (3) 25,99 € (5) 16 900 €
(2) 9,99 € (4) 499 € (6) 380 000 €

b) Warum werden Preise oft mit „99“ hinter dem Komma angegeben?

2. Schreibe in der kleineren bzw. größeren Geldeinheit: 4 €; 200 ct; 143 €; 17 400 ct

3. Schreibe erst mit gemischten Einheiten und dann mit einem Komma:
199 ct; 19 ct; 9 ct; 909 ct

4. Schreibe in Cent: 4,14 €; 40,04 €; 18 € 80 ct; 8 € 8 ct; 0,01 €; 0,10 €

5. Max sagt: „Mein T-Shirt hat 19,5 € gekostet.“ Notiere den Preis in der üblichen Schreibweise.

6. Seit dem 9. Jahrhundert war das englische Pfund unterteilt in 20 Schilling und jeder Schilling in 12 Pence. Erst am 15. Februar 1971 erfolgte eine Umstellung auf das Dezimalsystem: 1 Pfund ist seitdem unterteilt in 100 Pence. Überlegt, welche Gründe für eine solche Umstellung sprechen.

1.4.2 Messen von Längen – Längeneinheiten

Einstieg

Schätzt die Länge und Breite des Klassenraumes; die Breite und Höhe der Tür; Länge, Breite und Dicke verschieden großer Hefte.
Messt dann genau und vergleicht mit euren Schätzungen. Beschreibt, wie ihr vorgegangen seid.

Einführung

Meter (griech.) μέτρου Maß, Länge

(1) Messen in m, dm und cm

Das Tafellineal ist genau 1 m lang. Beim Messen einer größeren Länge legt man es mehrfach aneinander. Häufig benötigt man aber auch kleinere Einheiten auf dem Lineal.

Das 1 Meter lange Tafellineal ist in 10 gleich lange Abschnitte eingeteilt. Jeder dieser Abschnitte hat die Länge 1 Dezimeter (1 dm).

Jede Dezimeter-Strecke ist wiederum in 10 gleich lange Abschnitte unterteilt. Die Länge eines jeden solchen kleineren Abschnitts ist 1 Zentimeter (1 cm).
Die Längeneinheiten m, dm und cm kann man übersichtlich in einer Einheitentabelle zusammenstellen. Sie hilft dabei, die Längen zu notieren:

Schreibweise mit gemischten Einheiten

6 m 35 cm = 6 m 3 dm 5 cm
6 m 35 cm = 6,35 m
6 m 35 cm = 635 cm

Einheitentabelle:

m	dm	cm
6	3	5

(2) Messen in cm und mm

Damit man auch kleine Strecken genau messen kann, ist auf dem Lineal jede Zentimeterstrecke in 10 Millimeterstrecken unterteilt.

Das Messer dieses Bleistiftanspitzers ist 2 cm 4 mm lang.
Es gilt: 2 cm 4 mm = 24 mm

Einheitentabelle:

cm	mm
2	4

Dies kann man auch in der Einheitentabelle rechts erkennen.
In der Kommaschreibweise notiert man statt der gemischten Einheiten auch: 2 cm 4 mm = 2,4 cm

(3) Messen in km und m

Rechts siehst du ein Streckenhäuschen an einer Bahnstrecke; auf ihm ist eine Entfernung in Kilometer (km) angegeben. Eine Strecke von 1 km Länge ist 1 000-mal so lang wie eine Strecke von 1 m Länge.

Die Längenangabe 20,843 km bedeutet mit gemischten Einheiten 20 km 843 m. Dafür kann man kurz auch 20 483 m schreiben (siehe Einheitentabelle rechts).

Die Längenangabe 4,8 km auf dem Wegweiser links ist eine verkürzte Schreibweise. Will man diese Länge in gemischten Einheiten angeben, so muss man noch zwei Nullen in der Einheitentabelle ergänzen. Es gilt somit:
4,8 km = 4,800 km = 4 km 800 m = 4 800 m

Einheitentabelle:

km			m		
H	Z	E	H	Z	E
	2	0	8	4	3
		4	8	0	0

Information

(1) Übersicht über die Längeneinheiten

1 km	$\xrightarrow[\cdot 1000]{:1000}$	1 m	$\xrightarrow[\cdot 10]{:10}$	1 dm	$\xrightarrow[\cdot 10]{:10}$	1 cm	$\xrightarrow[\cdot 10]{:10}$	1 mm

1 km = 1 000 m   1 m = 10 dm   1 dm = 10 cm   1 cm = 10 mm

Beachte auch: 1 m = 100 cm; 1 m = 1 000 mm

Das Umwandeln von Längen kann mithilfe einer Einheitentabelle erfolgen.

	km				m						
	T	H	Z	E	H	Z	E	dm	cm	mm	Schreibweisen
				7	4	2	1				7 km 421 m = 7,421 km = 7 421 m
				0	3	6					0 km 360 m = 0,36 km = 360 m
							3	0	4		3 m 4 cm = 3,04 m = 304 cm
									5	7	5 cm 7 mm = 5,7 cm = 57 mm

So kannst du dir die Längen zu den Maßeinheiten vorstellen:

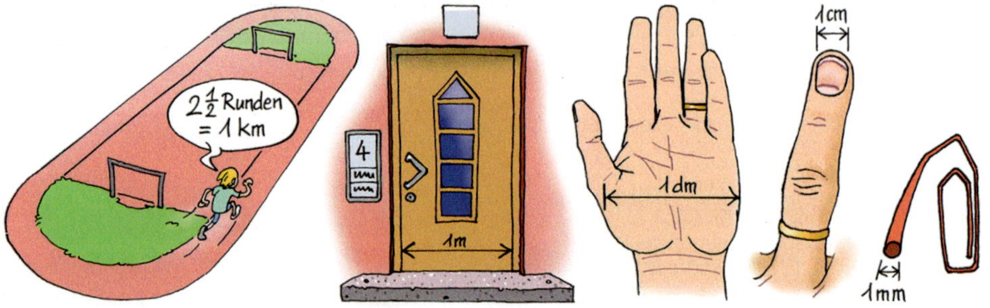

(2) Alte Längeneinheiten

Urmeter

Früher hat man noch mit „natürlichen Längenmaßen" gemessen, z.B.: *1 Zoll* (etwa 2,5 cm); *1 Spanne* (etwa 22 cm bis 28 cm); *1 Elle* (etwa 55 cm bis 65 cm); *1 Fuß* (etwa 25 cm bis 39 cm); *1 Schritt* (etwa 70 cm bis 80 cm).

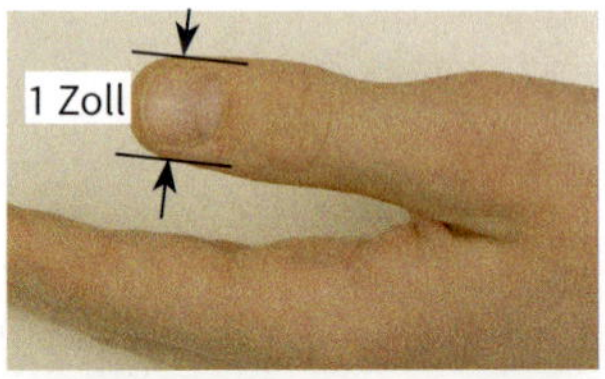

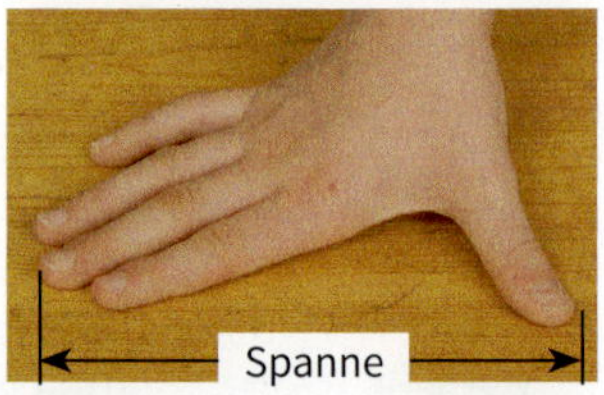

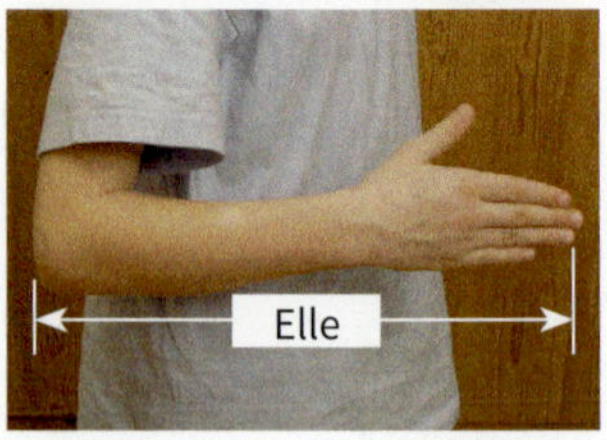

Da aber die Körpermaße der Menschen sehr unterschiedlich sind, wurden auch unterschiedlich große Ellen verwendet. Allein in Deutschland gab es über 100 verschiedene Ellenmaße.

Der Ursprung der Längeneinheit Meter ist der Beschluss der französischen Nationalversammlung, ein einheitliches Längenmaß zu definieren. Ursprünglich wurde seine Länge mithilfe der Größe der Erde festgelegt. Schon 1735 hatte die Pariser Akademie zwei Expeditionen nach Peru und Lappland geschickt, um die Erde genau zu messen. 1793 legt der Nationalkonvent dann das Meter als den zehnmillionsten Teil der Entfernung auf der Erde vom Pol zum Äquator fest. Links siehst du den *„Urmeterstab"*, der 1799 aus den Edelmetallen Platin und Iridium hergestellt wurde. Seine Länge wurde als 1 m festgelegt. Dies wurde auch beibehalten, als genauere Messungen des Erdumfangs erfolgten. Der *Urmeter* wird noch heute in Paris aufbewahrt. Heutzutage wird der Meter aber mithilfe physikalischer Größen genauer festgelegt.

Übungsaufgaben

1. In welcher Längeneinheit gibt man zweckmäßig an:
(1) die Höhe eines Baumes,
(2) die Länge eines Bleistiftes,
(3) die Breite einer Straße,
(4) die Dicke einer Musik-CD,
(5) die Tiefe eines Flusses,
(6) die Länge eines Wanderweges für 2 Stunden,
(7) den Durchmesser einer Musik-CD,
(8) die Breite einer Tür,
(9) die Länge deines Schulweges,
(10) die Breite einer Briefmarke?

2. Schätze die Längen der unten abgebildeten Insekten (ohne Fühler). Miss dann genau.

Hornisse

Blattlaus

Honigbiene

Marienkäfer

Ohrwurm

Spiel (3 oder mehr Spieler)

3. Ein Spieler markiert 2 Punkte auf einem Blatt. Alle Mitspieler schätzen den Abstand der beiden Punkte und notieren ihren Schätzwert. Jetzt wird gemessen. Die Abweichungen der Schätzwerte vom Messwert (in mm) werden als Minuspunkte für jeden notiert.
Danach markiert der nächste Spieler 2 neue Punkte usw.

4. Gib die Länge in der nächstkleineren Einheit an.

a)	b)	c)	d)
7 km	17 dm	999 m	8 dm
4 cm	625 m	88 cm	7,5 km
39 m	80 cm	300 km	21 cm

60 cm = 600 mm
12 km = 12 000 m

5. Gib die Länge in der nächstgrößeren Einheit an.

a)	b)	c)	d)
50 mm	50 cm	5 000 m	70 dm
200 mm	3 000 cm	60 000 m	140 dm
3 500 mm	7 400 cm	50 m	1 300 dm

80 cm = 8 dm
250 mm = 25 cm

6. Schreibe ohne Komma mit gemischten Einheiten und wandle um.

a)	b)	c)	d)
7,5 cm	23,04 m	7,256 km	0,703 km
27,8 cm	16,5 m	20,005 km	7,3 km
0,5 cm	0,05 m	11,4 km	7,03 km

6,35 m = 6 m 35 cm
= 635 cm

7. Trage die Längenangaben in eine Einheitentabelle ein. Notiere auch jede Länge in der kleineren Einheit sowie in der größeren Einheit in der Kommaschreibweise.

a)	b)	c)	d)
4 dm 1 cm	17 m 8 cm	20 km 50 m	2 m 30 cm
50 cm 6 mm	4 km 319 m	1 dm 8 mm	9 km 2 m

8. Schreibe in der in Klammern angegebenen Längeneinheit.

a)	b)	c)	d)
5 m (cm)	40 000 m (km)	5 km 700 m (km)	7 600 m (km)
4 m (mm)	3 000 cm (m)	2 m 8 cm (m)	3 400 m (cm)
2 dm (mm)	7 000 mm (m)	1 m 3 mm (m)	300 dm (cm)

9. Kontrolliere Julias Hausaufgaben. Korrigiere gegebenenfalls in deinem Heft.

a) 6 m 2 cm = 620 cm
b) 2 km 300 m = 2,3 km
c) 5 m 1 cm = 5,1 m
d) 0,5 m = 5 cm
e) 8 km 60 m = 8,6 km
f) 4 m 1 cm = 4,01 cm

10. Gib die Längen mit gemischten Einheiten an.

Football

Football-Spielfeld

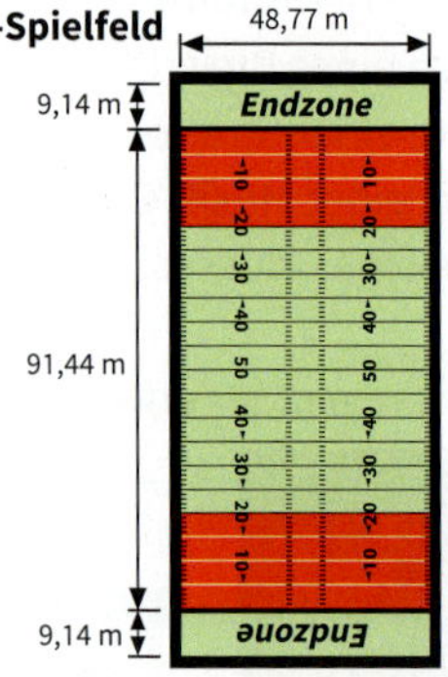

Olympia-Marathonstrecken	
1896	24,85 km
1900	40,26 km
1904	40 km
1908	42,195 km
1912	40,2 km
1920	42,75 km
seit 1924	42,195 km

11. a) Rechne in die in Klammern angegebene Einheit um.

(1) 2 430 m (km) (3) 37 dm (m) (5) 8,1 dm (cm)
(2) 7,3 km (m) (4) 2,9 cm (mm) (6) 0,7 m (dm)

b) Erkläre Aylins Vorgehen bei den folgenden beiden Hausaufgaben.

(1) 6,85 m = 6 m 85 cm ≈ 7 m *(2) 17 415 m ≈ 17 000 m = 17 km*

c) Runde auf die in Klammern angegebene Einheit.

(1) 69 cm (dm) (4) 61 mm (cm) (7) 6,81 m (dm)
(2) 2 315 m (km) (5) 157 dm (m) (8) 250 cm (m)
(3) 339 cm (m) (6) 2931 mm (m) (9) 34,5 cm (dm)

Eiffelturm

12. a) (1) Runde auf volle km: 3 448 m; 5 501 m; 8 194 m; 1 753 m; 6 499 m; 803 m
(2) Runde auf volle m: 651 cm; 929 cm; 1 249 cm; 963 cm; 2 350 cm; 6492 cm
(3) Runde auf volle cm: 135 mm; 73 mm; 5 341 mm; 716 mm; 361 mm; 1555 mm

b) (1) Der Eiffelturm in Paris ist 325 m hoch, die Höhe ist auf volle m gerundet. Wie hoch kann der Eiffelturm tatsächlich sein?
(2) Die Höhe eines Zimmers wird mit 248 cm angegeben; sie ist auf volle cm gerundet. Wie hoch kann das Zimmer tatsächlich sein?

13. Bei einem Auto werden Länge, Breite und Höhe in mm angegeben.

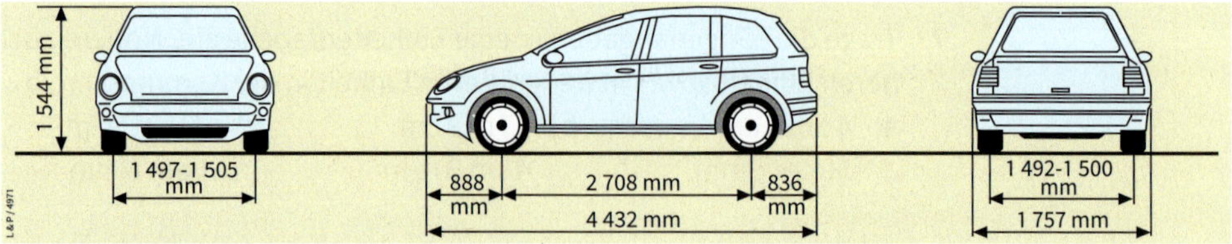

a) Gib die Maße des Autos in m an.

b) Lisa hat die Maße des Autos ihrer Eltern auf cm genau gemessen:
L = 475 cm; B = 170 cm; H = 143 cm.
Welche Längen in mm könnten es sein?

14. Ordne die folgenden Längen der Größe nach und notiere als Ungleichungskette; beginne mit der größten Länge:
13 cm; 40 mm; 2 dm; 1 dm 8 cm; 1 dm; 9 cm 8 mm; 0,5 dm

15. Übertrage in dein Heft und setze das richtige Zeichen (<, =, >).

a) 300 dm ■ 31 m; c) 60 000 mm ■ 60 m; e) 420 dm ■ 9 m

b) 31 500 m ■ 29 km; d) 645 000 cm ■ 5 km; f) 80 000 mm ■ 80 m

16. Ordne die Sprungleistungen der Größe nach.

17. Ein Turm aus zehn 2-Euro-Münzen ist 2 cm hoch und 25 mm breit. Ermittle:

a) Welche Höhe hätte ein Turm von 148 dieser Münzen?
Wie viele Münzen bräuchte man für einen Turm von 60 cm Höhe?

b) Der Weltrekord im Hochsprung der Frauen 2015 liegt bei 2,09 m.
Wie viele Münzen bräuchte man, um diese Höhe aufzuschichten?

c) Der Weltrekord im Weitsprung der Männer 2015 liegt bei 8,95 m.
Wie viele Münzen müsste man für diese Strecke nebeneinander legen?

1.4.3 Messen von Massen – Masseneinheiten

Einstieg Zu jedem Gegenstand findet ihr einen Schätzwert für seine Masse. Ordne passend zu.

Einführung

Im Alltag sagt man Gewicht statt Masse. Physikalisch sind es verschiedene Größen.

(1) Messen in kg und g

Die Deutsche Post AG schreibt vor, dass ein Päckchen höchstens eine Masse von 2 kg haben darf. Wie schwer ist das Päckchen auf der Waage?
Wir betrachten die Wägestücke auf der Waage. Die Masse des Päckchens beträgt 1 kg 750 g.
Es ist also nicht zu schwer.

Es werden hier die Einheiten *Kilogramm* (kg) und *Gramm* (g) verwendet. 1 000 Wägestücke zu je 1 Gramm haben ebenso viel Masse wie ein Wägestück von einem Kilogramm.

Die Masse des Päckchens ist in der Einheitentabelle rechts angegeben.
Man kann die Masse in verschiedenen Schreibweisen angeben:
1 kg 750 g = 1 750 g = 1,750 kg

kg	g		
E	H	Z	E
1	7	5	0

(2) Messen in g und mg

Eine empfindliche Waage zeigt die Masse eines Goldringes an. Der Ring hat eine Masse von etwas mehr als 3 Gramm.
Die Angabe rechts vom Komma bezieht sich auf die kleinere Einheit Milligramm (mg).
Die Kommaschreibweise bedeutet mit gemischten Einheiten:
3,245 g = 3 g 245 mg = 3245 mg
Dieses kann man auch in der Einheitentabelle rechts erkennen.

g	mg		
E	H	Z	E
3	2	4	5

(3) Messen in t und kg

Auf dem Foto links siehst du, wie ein Lkw gewogen wird.
Rechts siehst du das Ergebnis. Er hat eine Masse von mehr als 1000 kg.
Anstelle von 1000 kg verwendet man auch eine größere Einheit: 1 Tonne (t).
Die Kommaschreibweise bedeutet mit gemischten Einheiten:
9,300 t = 9 t 300 kg = 9300 kg
Dieses kann man auch in der Einheitentabelle rechts erkennen.

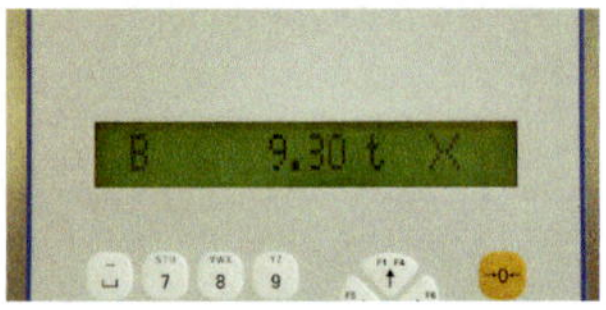

t	kg		
E	H	Z	E
9	3	0	0

Information

(1) Übersicht über die Masseneinheiten

1 t = 1 000 kg   1 kg = 1 000 g   1 g = 1 000 mg

Bei Massen: Umrechnungszahl 1 000

Die Einheitentabelle hilft dir beim Umrechnen von Masseneinheiten.

t			kg			g			mg			
H	Z	E	H	Z	E	H	Z	E	H	Z	E	Schreibweisen
		2	3	4	5							2 t 345 kg = 2,345 t = 2 345 kg
		0	4	6								0,46 t = 460 kg
					2	5						2 kg 500 g = 2,5 kg = 2 500 g
					6	0	8	0				6 kg 80 g = 6,080 kg = 6 080 g
								9	8	7	6	9 g 876 mg = 9,876 g = 9 876 mg

So kannst du dir die Massen zu den Einheiten vorstellen:

1 Tonne

Pkw

1 Kilogramm

Paket Zucker

1 Gramm

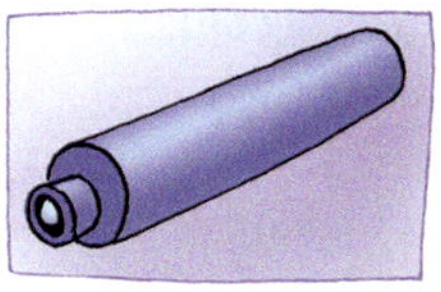

Tintenpatrone

1 Milligramm

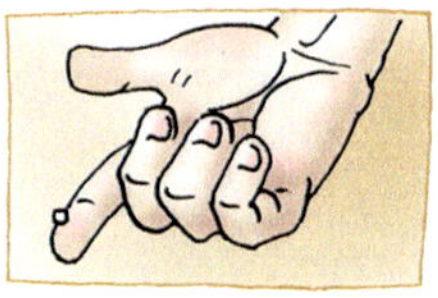

Zuckerkorn

Urkilogramm

(2) Zur Geschichte der Masseneinheiten

Der Unterschied zwischen Masse und Gewicht wurde in der Physik erst im 17. Jahrhundert herausgearbeitet. Im Altertum benutzten die Griechen und Römer *Talente* und *Drachmen* als Gewichtseinheiten: 6000 Drachmen bildeten 1 Talent (nach heutigem Maß 26,2 kg).
In Mitteleuropa wurde bis ins vorige Jahrhundert eine Reihe von Gewichtseinheiten verwendet: Ein *Pfund* hatte 16 *Unzen*, eine Unze 2 *Lot* und ein Lot 4 *Quent*. Das Pfund war aber nicht einmal in Deutschland einheitlich: Von 467,3 g in Sachsen bis 560 g in Bayern. Für den Handel über die Grenzen hinweg waren einheitliche Maßeinheiten erforderlich. Deshalb wurde die Vielfalt der Einheiten für das Gewicht im vorigen Jahrhundert abgeschafft.
Wir messen heute Massen in Kilogramm. Es wurde 1889 eingeführt. Ein Kilogramm entspricht der Masse von einem Liter Wasser. Ein Urkilogramm wurde aus Edelmetall hergestellt und wird heute noch in Paris aufbewahrt. Inzwischen arbeitet man an einem neuen Urkilogramm aus Silicium, da das ursprüngliche schon etwas an Masse verloren hat.

Übungsaufgaben

1. In welcher Einheit gibt man zweckmäßig die Masse an?
(1) Lkw (2) Flugzeug (3) Wassertropfen (4) Brief (5) Tisch (6) Pferd (7) Briefmarke (8) Apfel (9) Münze

2. Nennt Gegenstände (zum Beispiel aus dem Vorratsschrank oder einem Supermarkt), die folgende Massen haben:
(1) 100 g (2) 250 g (3) 500 g (4) 1 kg (5) 2 kg (6) 500 mg (7) 0,7 kg (8) 0,05 kg

3. Schreibe in der nächstkleineren Einheit.
a) 6 kg b) 3 g c) 12 t d) 108 kg e) 10 t f) 26 g g) 215 g h) 100 kg

4. Schreibe in der nächstgrößeren Einheit.
a) 60 000 kg b) 7 000 mg c) 24 000 g d) 125 000 kg e) 2 000 g

5. Gib in der kleineren Einheit und in der größeren Einheit in der Kommaschreibweise an.
a) 3 kg 700 g b) 5 kg 40 g c) 3 t 635 kg d) 6 t 17 kg e) 1 g 200 mg f) 1 g 3 mg g) 12 t 80 kg h) 126 kg 900 g i) 5 g 7 mg j) 1 kg 1 g

6. Schreibe ohne Komma mit gemischten Einheiten. Rechne dann in die kleinere Einheit um.

6,470 kg = 6 kg 470 g = 6470 g

a) 7,964 kg b) 7,064 kg c) 7,004 kg d) 66,8 t e) 23,200 t f) 23,05 t g) 7,364 g h) 13,289 g i) 76,981 g j) 7,8 kg k) 7,08 kg l) 7,008 kg m) 6,4 t n) 6,40 t o) 6,400 t

7. Notiere jede Masse in der kleineren und der größeren Einheit mit Kommaschreibweise.

a) 4 kg 325 g	**d)** 7 t 200 kg	**g)** 134 g 660 mg	**j)** 3 t 500 kg	**m)** 2 kg 75 g
b) 73 kg 80 g	**e)** 11 t 33 kg	**h)** 800 g 300 mg	**k)** 1 kg 50 g	**n)** 3 g 5 mg
c) 1 kg 9 g	**f)** 40 t 5 kg	**i)** 2 g 15 mg	**l)** 8 g 364 mg	**o)** 1 t 7 kg

8. Schreibe mit Komma in der in Klammern angegebenen Einheit.

a) 8 634 kg (t)	**c)** 329 g (kg)	**e)** 16 481 mg (g)	**g)** 40 kg (t)	**i)** 50 g (kg)
b) 800 kg (t)	**d)** 7 g (kg)	**f)** 600 g (kg)	**h)** 480 mg (g)	**j)** 7 kg (t)

9. Kontrolliere Janniks Hausaufgaben. Korrigiere gegebenenfalls in deinem Heft.

a) 3 kg 2 g = 32 g *c) 8 g 27 mg = 8270 mg* *e) 3 t 8 g = 3,008 g*
b) 5 t 100 kg = 5,1 t *d) 9 kg 384 g = 9384 kg* *f) 0,5 kg = 5 g*

10. Bei einem Flug nach Rom ist Handgepäck von höchstens 8 kg erlaubt. Charlotte überprüft mit einer digitalen Kofferwaage die Masse ihres Rucksacks.

a) Darf sie diesen als Handgepäck mitnehmen? Schreibe die Masse des Rucksacks mit der Einheit g.

b) Übertrage in dein Heft und setze für ■ das passende Zeichen (<, =, >) ein.

(1) 568 g ■ 586 g	**(3)** 0,5 g ■ 500 mg	**(5)** 20,1 kg ■ 20 985 g
(2) 1,3 kg ■ 995 g	**(4)** 2,3 t ■ 230 kg	**(6)** 9,1 kg ■ 9,100 kg

c) Ordne nach der Größe: 13 kg; 400 g; 1,3 kg; 0,003 kg; 100 kg; 700 kg; 1,5 t; 1 kg 500 g

11. Wie viel fehlt bis zur nächstgrößeren Einheit?

a) 750 g; 80 g; 9 kg; 301 kg; 500 mg; 99 g **b)** 50 mg; 750 mg; 125 g, 8 g; 1 kg; 128 kg

12.

Kolibri

Strauß

Blaumeise

Seeadler

Kolkrabe

a) Schätze die Masse der Vögel.

b) Die richtigen Massen sind 0,12 t; 1,5 kg; 1 600 mg; 3 800 g; 12 g
Kontrolliere deine Schätzung und ordne die Massen nach der Größe.

13. **a)** **(1)** Runde auf volle t: 7 619 kg; 12 499 kg; 3 299 kg; 824 kg; 9 831 kg
(2) Runde auf volle kg: 2 314 g; 624 g; 115 618 g; 3 701 g; 5 500 g
(3) Runde auf volle g: 4 605 mg; 10 725 mg; 8 462 mg; 1 095 mg; 9 633 mg

b) Wie groß kann die Masse tatsächlich sein?
(1) Die Ladung eines Lkws wird mit 3 t angegeben. Die Masse ist auf volle t gerundet.
(2) Die Masse eines Sacks Kartoffeln wird mit 25 kg (gerundet auf volle kg) angegeben.

14. Manche Personenwaagen runden auf volle 100 g. Fatima wiegt ihren kleinen Bruder an seinem ersten Geburtstag: 10,3 kg. Am nächsten Tag wiegt sie ihn wieder: 10,4 kg. Sie berichtet stolz: „Mein kleiner Bruder hat 100 g zugenommen." Was meinst du dazu?

15. a) Eine 1-Liter-Packung Multivitaminsaft hat eine Masse von 1 100 g. Die Masse des Saftes ist um 1 kg größer als die der Verpackung. Bestimme die Masse des Saftes und die der Verpackung.

b) Mario hat viele 2-g- und 5-g-Massestücke. Untersuche, welche Massen bis 50 g er damit mithilfe einer Balkenwaage bestimmen kann.

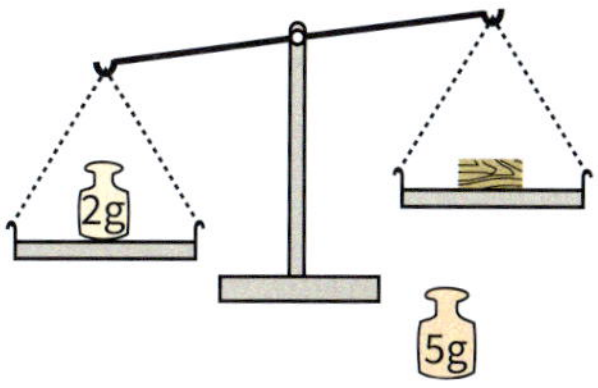

1.4.4 Zeitpunkte, Zeitspannen – Zeiteinheiten

Einstieg

Auf den Kalenderblättern findet ihr Informationen zu Sonnenaufgang und Sonnenuntergang in München. Verschafft euch damit weitere Informationen zum Vergleichen der angegebenen Tage.

Aufgabe 1

a) Ein ICE verlässt München um 12:47 Uhr und erreicht Würzburg um 15:10 Uhr. Wie lange dauert die Fahrt?

b) Um 15:21 Uhr fährt ein Anschlusszug von Würzburg nach Mainz. Er benötigt für die Strecke 1 Stunde und 43 Minuten. Wann kommt er dort an?

Lösung

a) Wir kennen die Abfahrtszeit 12:47 Uhr und die Ankunftszeit 15:10 Uhr als Zeitpunkte. Dazwischen liegt die gesuchte Zeitdauer (Zeitspanne).

12:47 Uhr —(+13 Minuten)→ 13:00 Uhr —(+2 Stunden)→ 15:00 Uhr —(+10 Minuten)→ 15:10 Uhr

2 Stunden 23 Minuten

Ergebnis: Die Fahrt dauert insgesamt 2 Stunde und 23 Minuten.

Man kann auch anders vorgehen.

b) Wir kennen den Zeitpunkt 15:21 Uhr als Abfahrtszeit.
Die gesuchte Ankunftszeit liegt um die Zeitspanne 1 Stunde und 43 Minuten später:

15:21 Uhr —(+1 Stunde)→ 16:21 Uhr —(+39 Minuten)→ 17:00 Uhr —(+4 Minuten)→ 17:04 Uhr

Ergebnis: Der Zug kommt um 17:04 Uhr in Mainz an.

Information

(1) Unterscheidung von Zeitpunkten und Zeitspannen

Man muss einen Zeitpunkt unterscheiden von einer Zeitspanne (*Zeitdauer*). Zwischen zwei **Zeitpunkten** liegt eine **Zeitspanne** (*Zeitdauer*). Auch die Angabe eines Datums kann als Zeitpunkt verwendet werden.

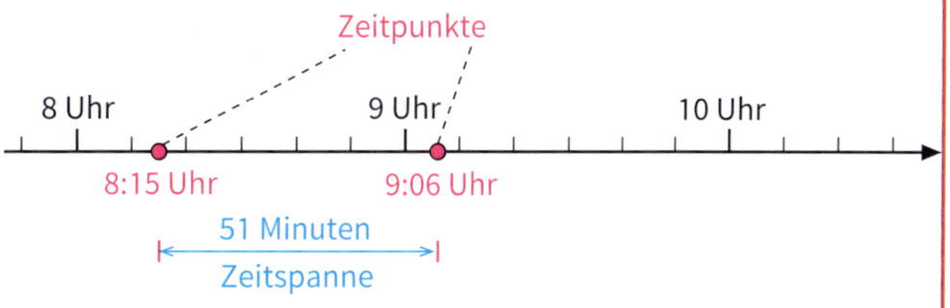

d für dies (lat.) Tag

h für hora (lat.) Stunde

(2) Einheiten von Zeitspannen – Abkürzungen – Umrechnungen

1 Tag = 24 Stunden	1 Stunde = 60 Minuten	1 Minute = 60 Sekunden
1 d = 24 h	1 h = 60 min	1 min = 60 s

Dosenförmige Taschenuhr (1510) von P. Henlein aus Nürnberg

(3) Zur Geschichte der Zeiteinheiten

Altersangaben in Jahren waren schon üblich, als man noch keinen Kalender kannte. Das Alter eines Menschen konnte daran gemessen werden, wie viele Winter er erlebt hatte. Für kürzere Vorgänge diente der Wechsel der Mondphasen sowie der tägliche Wechsel von hell und dunkel. Aber auch die Tageslänge ist für noch kürzere Abläufe ein zu grobes Maß. Daher teilten schon im Altertum die Ägypter die Tageslänge in zweimal 12 Stunden ein. Man benutzte zum Beispiel Sonnenuhren. Noch feinere Einteilungen der Zeitmaße in Minuten und Sekunden wurden erst mit dem Bau genauerer Uhren möglich. Die erste Taschenuhr der Welt konstruierte Peter Henlein.

(4) Grundprinzip des Messens

Bei allen Größen ist der Messvorgang gleich. Man vergleicht, wie oft eine festgelegte Vergleichsgröße (z. B. m, kg, s) in die zu messende Größe passt. Das Ergebnis wie z. B. 51 s gibt man mit einer Maßzahl und einer Maßeinheit an.

51 s
Maßzahl ↗ ↖ Maßeinheit

Übungsaufgaben

2. Welche Zeiteinheit ist für das Messen des Vorgangs sinnvoll?
(1) 100-m-Lauf (2) Winterschlaf eines Igels (3) Wachsen eines Baumes (4) Urlaubsreise (5) Singen eines Liedes (6) Abbrennen einer Kerze

3. *Testet euer „Zeitgefühl“:* Klatsche einmal mit den Händen. Wenn du meinst, dass eine Minute vergangen ist, klatsche noch einmal. Dein Nachbar misst die Zeitspanne. Um wie viel Sekunden hast du dich verschätzt? Jetzt tauscht ihr die Rollen. Vergleicht.

4. Rechne um in die Einheit, die in Klammern steht. Rechne im Kopf.
a) 20 h (min) b) 15 d (h) c) 540 min (h) d) 120 h (d) e) 2 h (s)

5. Rechne in die kleinere Einheit um.
a) 3 min 12 s b) 12 min 40 s c) 11 h 9 min d) 1 d 8 h e) 3 h 15 min

6. Schreibe mit gemischten Einheiten.
a) 65 s b) 75 min c) 28 h d) 63 h e) 306 min f) 108 s

7. a) Gib an, wie viel Minuten seit Mitternacht vergangen sind.
(1) 0:43 Uhr (2) 1:19 Uhr (3) 5:07 Uhr (4) 11:34 Uhr (5) 17:20 Uhr

b) So viel Minuten sind seit Mitternacht vergangen. Notiere die Uhrzeit.
(1) 55 min (2) 100 min (3) 203 min (4) 555 min (5) 1 111 min

8. Lena möchte ihre Freundin Aylin mit dem Zug in Berlin besuchen.
a) Wann muss sie spätestens abfahren, um noch vor 17 Uhr in Berlin anzukommen?
b) Ermittle die schnellste und die langsamste Verbindung.

Bahnhof	Tag	Zeit
Ulm Hbf	Do.	ab 08:23
Berlin Hbf (tief)	Do.	an 15:22
Ulm Hbf	Do.	ab 08:51
Berlin Hbf (tief)	Do.	an 15:22
Ulm Hbf	Do.	ab 09:04
Berlin Hbf (tief)	Do.	an 16:07

Bahnhof	Tag	Zeit
Ulm Hbf	Do.	ab 09:51
Berlin Hbf (tief)	Do.	an 16:22
Ulm Hbf	Do.	ab 10:04
Berlin Hbf (tief)	Do.	an 17:04
Ulm Hbf	Do.	ab 10:09
Berlin Hbf (tief)	Do.	an 17:19

9.

Montag-Freitag	6 - 17	18	19	20	
Rieth	10 22 34 46 58	10 23 38 53	8 23 38 53	8 23 38	
Rheinstraße	15 27 39 51	3 15 28 43 58	13 28 43 58	13 28 43	
Domplatz	21 33 45 57	9 21 34 49	4 19 34 49	4 19 34 49	
Anger	25 37 49	1 13 25 38 53	8 23 38 53	8 23 38 53	
Hauptbahnhof	27 39 51	3 15 27 40 55	10 25 40 55	10 25 40 55	
Kaffeetrichter	30 42 54	6 18 30 43 58	13 28 43 58	13 28 43 58	
Rheinhalle	34 46 58	10 22 34 47	2 17 32 47	2 17 32 47	2

Montag-Freitag	6 - 17	18	19	20
Rheinhalle	9 21 33 45 57	9 22 37 52	7 22 37 52	7 22 37
Kaffeetrichter	13 25 37 49	1 13 26 41 56	11 26 41 56	11 26 41
Hauptbahnhof	16 28 40 52	4 16 29 44 59	14 29 44 59	14 29 44
Anger	18 30 42 54	6 18 31 46	1 16 31 46	1 16 31 46
Domplatz	22 34 46 58	10 22 35 50	5 20 35 50	5 20 35 50
Rheinstraße	28 40 52	4 16 28 41 56	11 26 41 56	11 26 41 56
Rieth	33 45 57	9 21 33 46	1 16 31 46	1 16 31 46 1

a) Sarah und Ebru haben sich um 15:00 Uhr an der Haltestelle Hauptbahnhof verabredet. Sarah steigt am Domplatz ein und Ebru an der Haltestelle Kaffeetrichter. Welche Bahnen sollten sie nehmen? Wie lange sind beide unterwegs?

b) Vergleiche die Fahrzeiten zwischen den einzelnen hintereinander folgenden Stationen und nenne die zwei Stationen, zwischen denen die
(1) längste (2) kürzeste Fahrzeit liegt.

c) Felix möchte vom Hauptbahnhof mit einem Zug um 12:54 Uhr fahren. Er will 15 Minuten vorher dort sein. Welche Straßenbahn wird er an der Haltestelle Rieth nehmen?

10. Mathildas Freund Lennart reist nach Neuseeland. Sein Flugzeug startet in Frankfurt um 18:10 Uhr und landet 23 Stunden später in Auckland. Mathilda behauptet: „Dann kommt ihr ja gerade richtig zum Abendessen.“ Überprüfe ihre Aussage.

Zeitzonencheck - aktuelle Uhrzeit

Frankfurt: Samstag, 04.10.2014, 17:20 Uhr

Auckland: Sonntag, 05.10.2014, 04:20 Uhr

11. Ein Tennisspiel begann in Melbourne in Australien pünktlich um 16:20 Uhr nach ostaustralischer Zeit. Das Spiel wird im Fernsehen übertragen und endet nach mitteleuropäischer Zeit um 10:10 Uhr. Die Uhren in Melbourne gehen gegenüber den Uhren in Mitteleuropa um 9 Stunden vor. Stellt euch gegenseitig Fragen und beantwortet sie.

12. a) Wie alt sind diese berühmten Menschen geworden?

Johann Wolfgang v. Goethe
* 28.8.1749 Frankfurt a.M.
† 22.3.1832 Weimar

Clara Schumann
* 13.9.1819 Leipzig
† 20.5.1896 Frankfurt/M.

Marie Curie
* 7.11.1867 Warschau
† 4.7.1934 Passy (Frankreich)

Albert Einstein
* 14.3.1879 Ulm
† 18.4.1955 Princeton (USA)

b) Die Fußball-Legende Alfredo di Stefano, der mit Real Madrid fünfmal hintereinander den Europapokal der Landesmeister gewonnen hat, wurde am 4. Juli 1926 geboren. Er starb im Alter von 88 Jahren und 3 Tagen. Bestimme seinen Todestag.

c) Astrid Lindgren, eine der bekanntesten Kinderbuchautorinnen, starb am 28. Januar 2002 im Alter von 94 Jahren und 75 Tagen. Bestimme ihr Geburtsdatum.

13. Frau Stein und Frau Özgul machen gemeinsam Winterurlaub. Sie kommen am 25. Februar 2016 im Hotel an und reisen am 10. März 2016 wieder ab. Die Übernachtung im Doppelzimmer kostet 80 €. Ermittle, wie viel sie zusammen für die Übernachtung zahlen müssen.

14. Schätze, wie lange du benötigst, um von 1 bis zur Zahl 1 000 zu zählen. Erläutere deine Überlegungen.

Wie man große Zahlen veranschaulichen kann

Kleine natürliche Zahlen wie 1, 2, 3, 4 können wir uns leicht gegenständlich vorstellen. Bei großen Zahlen ist dies schwierig.

1. Obwohl hohe Gewinne sehr unwahrscheinlich sind, träumen Lottospieler davon, einmal einen großen Geldbetrag, wie etwa 1 000 000 €, zu gewinnen.

a) Stelle dir vor, der Lottogewinn würde in 1-Euro-Münzen ausgezahlt und die Münzen würden zu einem Turm gestapelt. Ein Stapel von 10 Münzen ist etwa 21 mm hoch. Wie hoch wäre der Turm?

b) Stelle dir vor, der Lottogewinn würde in 1-Cent-Münzen ausgezahlt und ebenfalls zu einem Turm gestapelt. Ein Stapel von 10 Münzen ist etwa 13 mm hoch. Wie hoch wäre der Turm? Vergleiche die Ergebnisse mit den Höhen in der Zeichnung.

2. a) Du könntest die Münzen auch nebeneinander legen, anstatt sie zu stapeln. Eine Kette von hundert 1-Euro-Münzen ist 2 325 mm lang. Bestimme, wie lang die gesamte Kette ist.

b) Du könntest die 1-Cent-Münzen nebeneinander legen. Eine Kette von hundert 1-Cent-Münzen ist 1 625 mm lang. Bestimme, wie lang die gesamte Kette ist.

c) Vergleiche die erhaltenen Längen mit dir aus dem Alltag bekannten Längen.

3. Wir denken uns den Gewinn in 1-Euro-Münzen oder in 1-Cent-Münzen ausgezahlt. Zehn 1-Euro-Münzen haben eine Masse von 76 g, zehn 1-Cent-Münzen eine von 22 g. Bestimme.

a) Welche Masse hat ein Berg von 1 Million 1-Euro-Münzen?

b) Welche Masse hat der in 1-Cent-Münzen ausgezahlte Lottogewinn?

c) Vergleiche die Ergebnisse mit der Masse von Gegenständen aus dem Alltag.

4. Ein Stapel aus einhundert 100-Euro-Scheinen ist 12 mm dick. Ein 100-Euro-Schein hat eine Masse ungefährt 1 g. Überlegt weitere Veranschaulichungen des Lottogewinns.

1.5 Maßstab

Einstieg

Unten siehst du einen Ausschnitt aus dem Stadtplan von Augsburg im Maßstab 1:15000 (gelesen: *eins zu fünfzehntausend*). Das bedeutet: 1 cm im Stadtplan entspricht 15000 cm, also 150 m in der Wirklichkeit. Stellt euch gegenseitig Fragen zur Länge von Wegen und beantwortet sie.

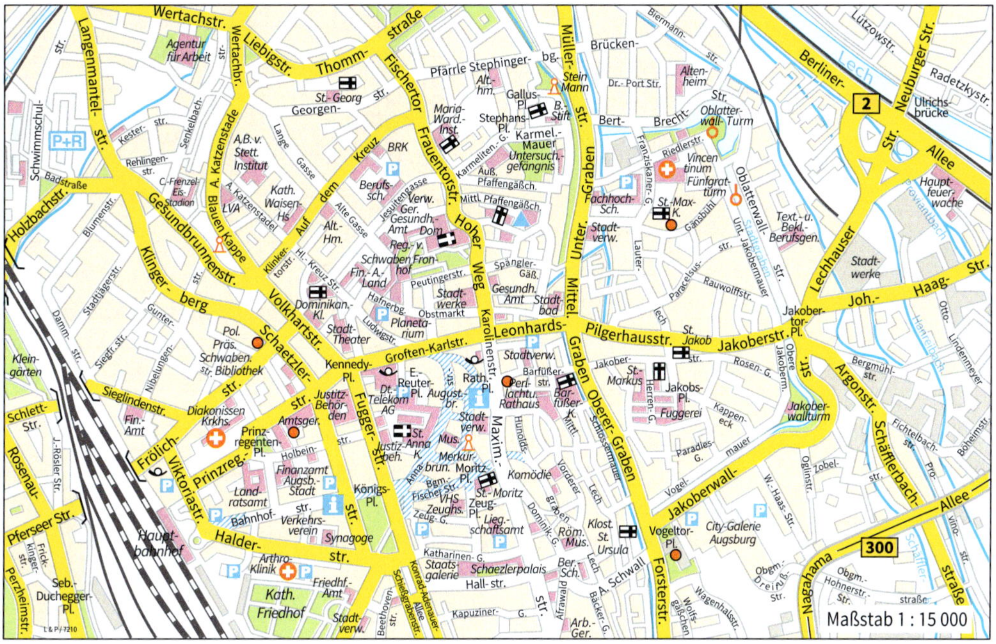

Aufgabe 1

Verkleinerte Darstellung

Julia bekommt im neuen Haus ein eigenes Zimmer. Der Architekt hat einen Plan des Zimmers gezeichnet.
Julias Vater sagt: „Das Zimmer ist im Maßstab 1:100 (gelesen: *eins zu hundert*) gezeichnet. Das bedeutet: 1 cm in der Zeichnung entspricht 100 cm (also 1 m) in der Wirklichkeit."

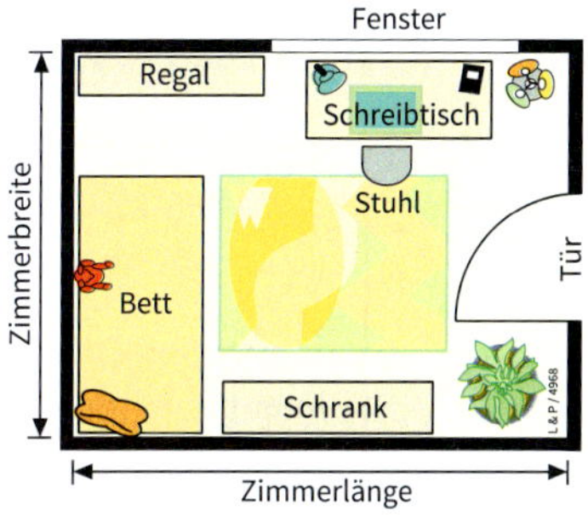

a) Julia möchte die Maße ihres Zimmers wissen. Ergänze ihre Tabelle in deinem Heft.

		Länge	Breite	Fensterbreite	Türbreite	Schreibtischlänge	Schranklänge	Bettbreite
Zeichnung	1 cm	4 cm						
Wirklichkeit	1 m	4 m						

b) Julia möchte eine größere Zeichnung von ihrem Zimmer haben. Ihr Vater sagt: „Du kannst es z. B. im Maßstab 1:50 zeichnen."
Lege zuerst eine Tabelle an; zeichne dann Julias Zimmer.

Lösung

a)

	Länge	Breite	Fensterbreite	Türbreite	Schreibtischlänge	Schranklänge	Bettbreite
Zeichnung	4 cm	3 cm	2 cm	1 cm	1,5 cm	1,7 cm	1 cm
Wirklichkeit	4 m	3 m	2 m	1 m	1,5 m	1,7 m	1 m

b) 1 cm in der Zeichnung entspricht 50 cm in der Wirklichkeit. 5 cm in der Zeichnung entsprechen dann $5 \cdot 50$ cm, also 250 cm = 2,50 m in der Wirklichkeit.
Ebenso erhält man die anderen Längen.

Zeichnung	Wirklichkeit
1 cm	50 cm
2 cm	1 m
8 cm	4 m
6 cm	3 m
4 cm	2 m
3 cm	1,5 m

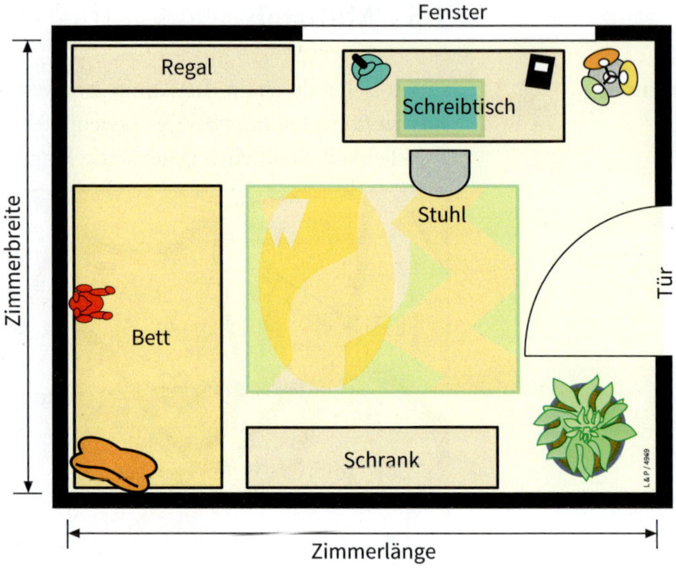

Weiterführende Aufgabe

Vergrößerte Darstellung

2. Man kann einen Maßstab auch benutzen, um Gegenstände vergrößert darzustellen. Im Bild rechts siehst du die Zahnräder einer Armbanduhr im Maßstab 3 : 1 (dreifach vergrößert). Die Abmessung auf dem Bild beträgt 42 mm.
Wie groß ist sie in der Wirklichkeit?

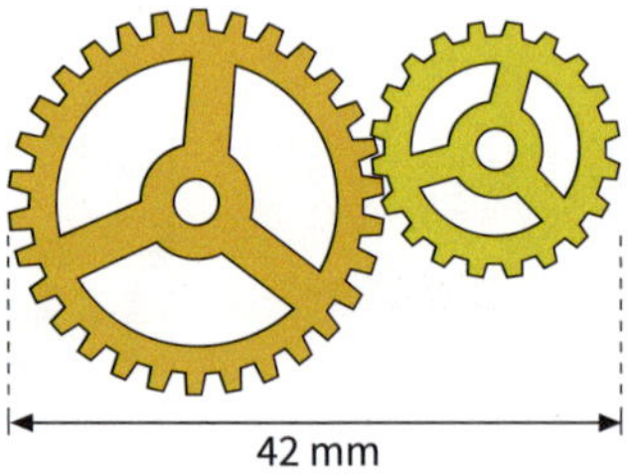

Information

Maßstab

Gegenstände werden oft verkleinert (oder vergrößert) dargestellt.

> Der **Maßstab** einer Zeichnung gibt an, wievielmal größer (oder kleiner) eine Strecke in Wirklichkeit als in der Zeichnung ist.
>
> 1 : 300 (gelesen: *eins zu dreihundert*) bedeutet: Jede Strecke ist in Wirklichkeit 300-mal größer als in der Zeichnung, d. h. 1 cm in der Zeichnung entspricht 300 cm in der Wirklichkeit.
>
> 5 : 1 (gelesen: *fünf zu eins*) bedeutet: Jede Strecke ist in Wirklichkeit 5-mal kleiner als in der Zeichnung, d. h. 5 cm in der Zeichnung entspricht 1 cm in der Wirklichkeit bzw. 1 cm in der Zeichnung entspricht 1 cm : 5 = 10 mm : 5 = 2 mm in der Wirklichkeit.

Übungsaufgaben

3. Für eine Ausstellung soll von einem Ortsteil ein verkleinertes Modell aufgebaut werden. Als Maßstab ist 1 : 200 gewählt worden, d. h. 1 cm am Modell entspricht 200 cm in der Wirklichkeit.
Bestimme die Abmessungen für das Modell des Flachdachbungalows.

4. Ein Rechteck ist 4 cm lang und 1,5 cm breit. Zeichne es im Maßstab **(1)** 2 : 1 **(2)** 3 : 1

5. Bestimme (1) die Länge, (2) die Breite des wirklichen Rechtecks.

a) Maßstab 1:50

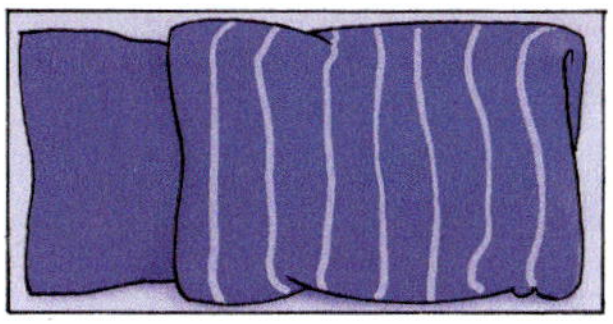

b) Maßstab 1:200

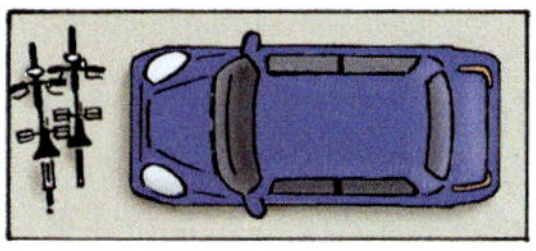

6. a) Das Modell eines Pkw hat im Maßstab 1:8 eine Länge von 56 cm. Berechne, wie lang der Pkw in Wirklichkeit ist.

b) Tim misst die Länge seines Modellautos: 25 cm. Er weiß, dass dieses Fahrzeug in Wirklichkeit 4,50 m lang ist. Ermittle, in welchem Maßstab das Modellauto hergestellt wurde.

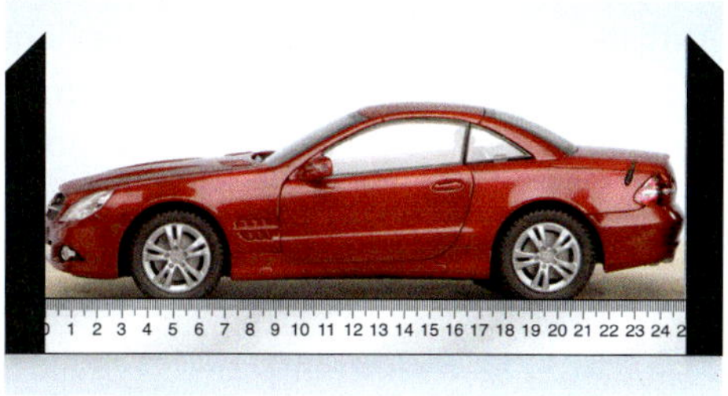

7. Ein Stadtplan hat einen Maßstab von 1:25 000 und eine Wanderkarte 1:50 000. Übertrage die Tabelle in dein Heft und fülle sie aus.

a) Stadtplan

Karte	Wirklichkeit
1 cm	250 m
5 cm	
8 cm	
	750 m
	4 km
	5 km

b) Wanderkarte

Karte	Wirklichkeit
1 cm	
4 cm	
6 cm	
	2 500 m
	5 km
	8 km

c) Straßenkarte

Karte	Wirklichkeit
1 cm	
8 cm	16 km
20 cm	
	10 km
	18 km
	25 km

8. Betrachte den Wasserfloh rechts.

a) Bestimme, wie lang die eingezeichnete Strecke in Wirklichkeit ist.

b) Bestimme, wie lang die Strecke wäre, wenn der Wasserfloh im Maßstab 10:1 dargestellt wäre.

Wasserflöhe

sind kleine Krebstiere, von denen es 400 Arten gibt, die sowohl im Süßwasser als auch im Meerwasser vorkommen.

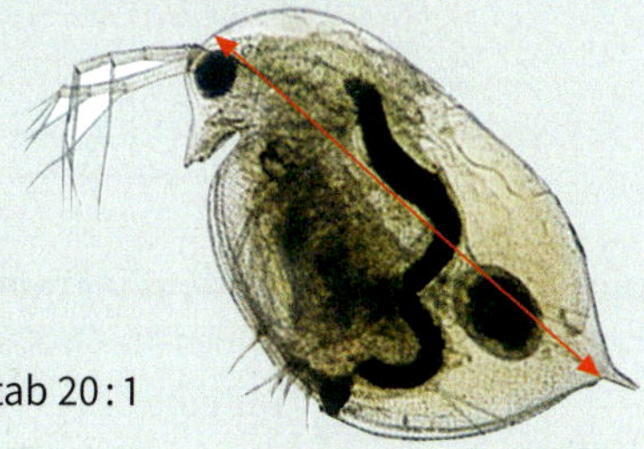

Maßstab 20:1

9. Besorgt euch eine Karte eures Ortes. Welchen Maßstab hat sie?
Wählt markante „Punkte" (z. B. Rathaus, Schwimmbad) eures Ortes. Bestimmt jeweils die Entfernung von eurer Schule.

10. Zeichne die beiden Figuren im Maßstab 2:1.

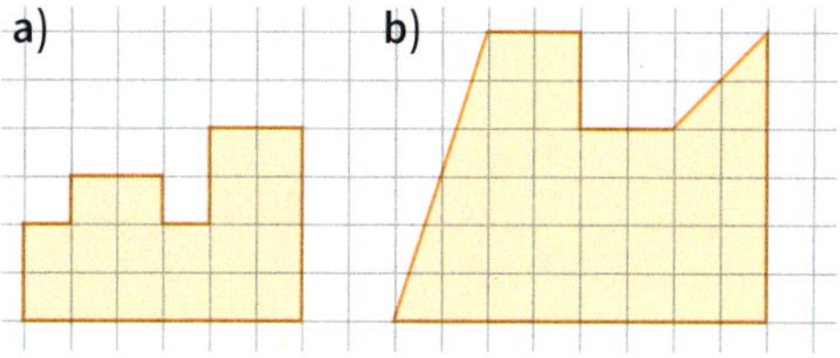

1.6 Maßstäbliches Darstellen von Größen: Säulendiagramme

Einstieg

Geburtsgewicht einiger Tierbabys in einem Zoo:

Gorilla	Schwein	Eisbär	Gazelle	Timberwolf
2043 g	1512 g	510 g	3075 g	515 g

Zeichne ein Säulendiagramm. Wähle 1 mm für 10 g in der Wirklichkeit.

Aufgabe 1

Im Erdkundeunterricht wurden die Nebenflüsse der Donau in Bayern behandelt.
Zeichne ein Säulendiagramm zur Veranschaulichung der Flusslängen.

Lösung

Der längste Fluss, der Inn, ist 517 km lang. Wollten wir im Säulendiagramm für jeden Kilometer einen Millimeter zeichnen, würde die Säule 517 mm, also 51,7 cm lang sein und nicht in das Heft passen. Daher zeichnen wir 1 mm für jeweils 10 km.
Dann müssen wir aber die Flusslängen zunächst auf 10 km runden.
Wir stellen die Ergebnisse übersichtlich in einer Tabelle zusammen und zeichnen das Säulendiagramm. Hier zeichnen wir die Säulen waagerecht.

Iller, Lech, Isar, Inn fließen rechts zur Donau hin, Altmühl, Naab und Regen kommen ihr von links entgegen.

Fluss	Länge	Gerundete Länge	Gezeichnete Säulenlänge
Iller	147 km	150 km	15 mm = 1,5 cm
Lech	264 km	260 km	26 mm = 2,6 cm
Isar	295 km	300 km	30 mm = 3,0 cm
Inn	517 km	520 km	52 mm = 5,2 cm
Altmühl	220 km	220 km	22 mm = 2,2 cm
Naab	165 km	170 km	17 mm = 1,7 cm
Regen	169 km	170 km	17 mm = 1,7 cm

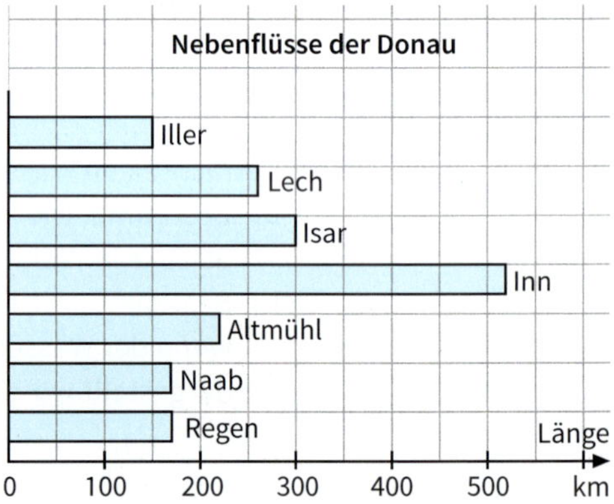

Information

Säulendiagramme werden gezeichnet, um verschiedene Größen anschaulich zu vergleichen. Mithilfe des größten vorkommenden Wertes überlegt man sich zunächst einen geeigneten Maßstab. Die Werte werden dann entsprechend gerundet und durch Säulen veranschaulicht.
Zeichnet man die Säulen waagerecht, so bezeichnet man das Säulendiagramm auch als **Balkendiagramm**.

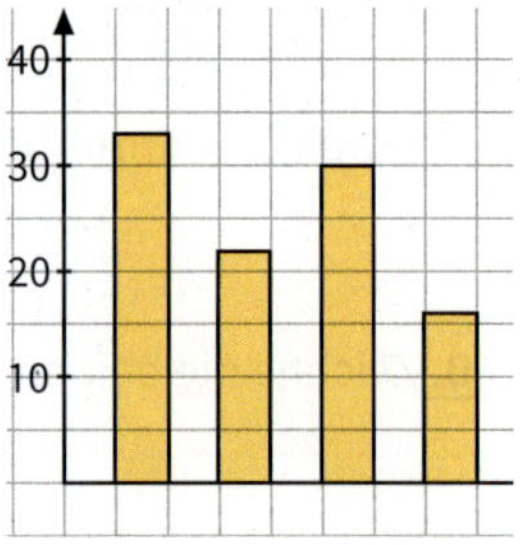

Säulendiagramm

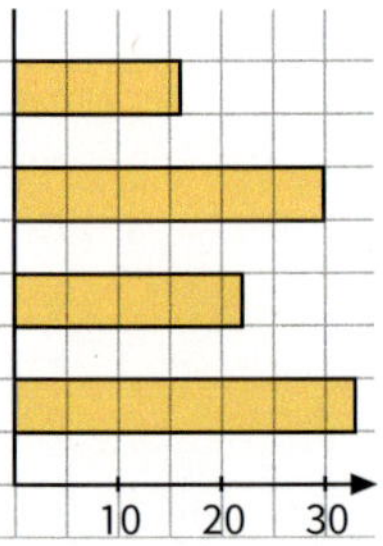

Balkendiagramm

Übungsaufgaben

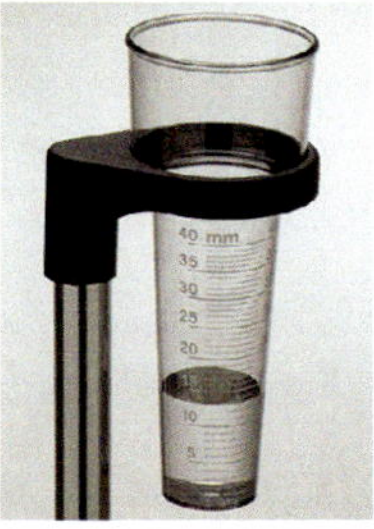

2. **a)** Das Säulendiagramm gibt an, wie viel Niederschlag (Regen, Schnee) durchschnittlich in Würzburg fällt.
1 mm Niederschlag bedeutet: Würde das Wasser nicht ablaufen, so würde es 1 mm hoch stehen.
Was kannst du dem Diagramm auf einen Blick entnehmen? Lies auch die einzelnen Monatswerte ab.

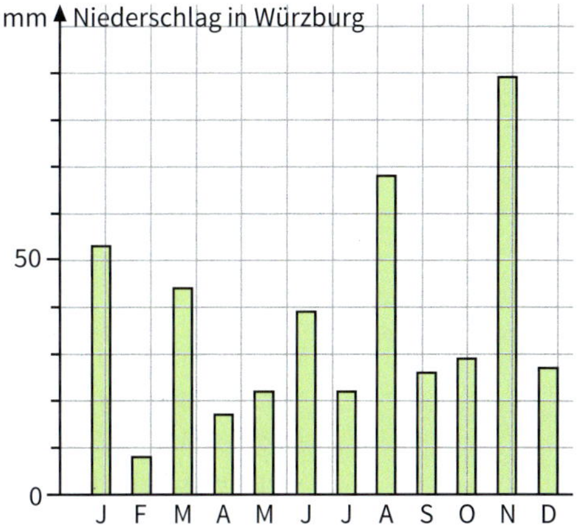

b) Zeichne ein Säulendiagramm für die durchschnittliche Niederschlagsmenge in München im Jahr 2015 (Niederschlag in mm).
Vergleiche auch mit Teilaufgabe a).

Jan.	Febr.	März	April	Mai	Juni	Juli	Aug.	Sept.	Okt.	Nov.	Dez.
66	11	37	68	142	95	22	48	43	57	61	20

3. **a)** Was kannst du dem Balkendiagramm auf einen Blick entnehmen? Lies auch genau ab.

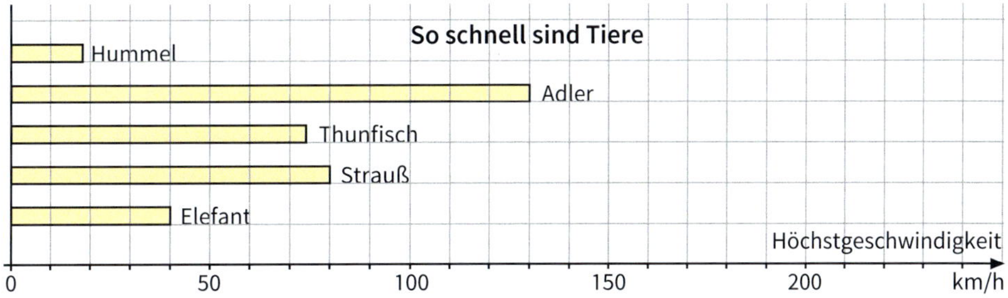

b) Stelle in einem Säulendiagramm dar, wie alt folgende Säugetiere werden können.

Elefant	70 Jahre	Esel	50 Jahre	Lama	15 Jahre
Eisbär	41 Jahre	Pferd	27 Jahre	Tiger	30 Jahre
Schwein	18 Jahre	Meerschweinchen	8 Jahre	Maus	4 Jahre
Igel	14 Jahre	Gorilla	60 Jahre	Feldhase	8 Jahre

4. Müll soll nach Sorten getrennt eingesammelt werden. In einer Stadt mit 100 000 Einwohnern fallen jährlich 6 500 Tonnen Verpackungsmaterial mit dem Hausmüll an. Veranschauliche die Verteilung auf die verschiedenen Müllsorten in einem Säulendiagramm.

Verpackungsmaterial landet auf dem Müll

Die Menge des Verpackungsmaterials in unserer Stadt ist nahezu unverändert.
Nach Angabe der städtischen Müllabfuhr waren es 6 500 Tonnen Müll, die auf die verschiedenen Verpackungsarten entfielen.

Glas	1 100 Tonnen	Metall	699 Tonnen
Kunststoffe	1 047 Tonnen	Holz	986 Tonnen
Papier/Karton	2 660 Tonnen	Sonstigens	8 Tonnen

Das kann ich noch!

A) Rechne im Kopf: **1)** 81 : 9 **2)** 81 : 3 **3)** 81 : 1 **4)** 54 : 2 **5)** 54 : 3 **6)** 54 : 6
Suche einen Zusammenhang zwischen den Ergebnissen.

Tabellenkalkulation und Diagramme

kalkulieren (lat.) berechnen

Eine Tabelle besteht aus mehreren Feldern, die man Zellen nennt. Die Zeilen der Tabelle werden mit 1, 2, 3, … nummeriert, die Spalten mit den Buchstaben A, B, … bezeichnet. Eine Zelle kann man dann durch die Angabe der Zeile und der Spalte angeben.
In der Abbildung hat eine Klasse eingegeben, wie viele Mitschüler(innen) in den einzelnen Monaten Geburtstag haben. In der Abbildung ist die Zelle B5 hervorgehoben. Die Zelle B5 ist in Spalte B die Zeile 5.
Um in eine Zelle Zahlen oder Texte einzugeben, wird zunächst mit der Maus oder mit den Pfeiltasten eine Zelle ausgewählt.

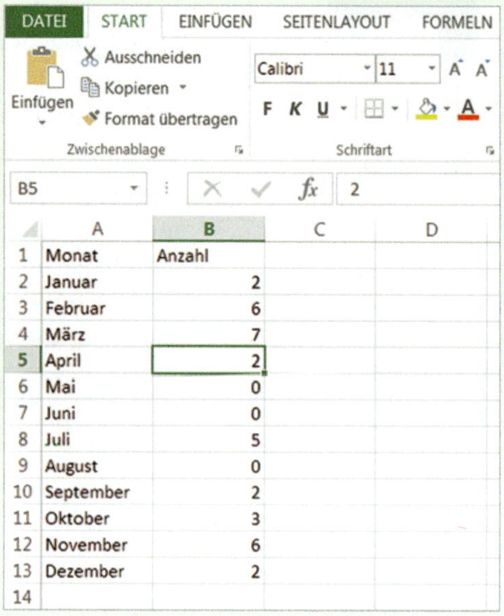

1. Dir fällt sicherlich auf, dass alle Worte linksbündig in der Tabelle ausgerichtet sind, während alle Zahlen rechtsbündig stehen. Das kannst du aber nach Belieben verändern (*formatieren*):
   So kannst du die Schriftart Arial verändern, die Schriftgröße 10, die Ausrichtung und die Farbe der Zelle oder die der Buchstaben und Zahlen A.
   Erstelle selber die Tabelle und ändere die Formatierung.

2. Nun wollen wir die gesammelten Daten zu den Geburtsmonaten im Säulendiagramm veranschaulichen. Markiere zunächst mit der Maus den Bereich von A1 bis B13, also die Spaltenbezeichnungen, die Monate und die Anzahlen. Über das Menü *Einfügen* kannst du nun einen Diagrammtyp auswählen, zum Beispiel hier ein Säulendiagramm.
   Wir wollen ein Säulendiagramm erstellen, also wähle den entsprechenden Diagrammtyp aus.

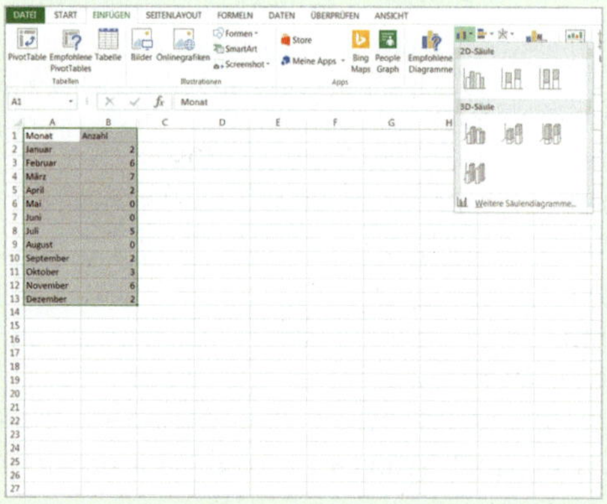

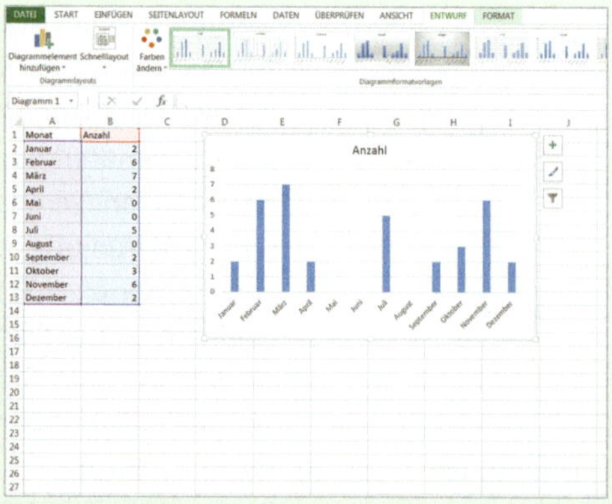

Wenn du das Diagramm mit der rechten Maustaste anklickst, erhältst du ein Menüfenster. Du kannst z. B. den Diagrammtyp noch ändern und auch noch andere Einstellungen verändern. Je nachdem wohin du klickst, erhältst du verschiedene Möglichkeiten. Auch mit den drei Feldern rechts vom Fenster erhältst du Auswahlmöglichkeiten, mit denen du das Diagramm verändern kannst. Probiere das aus.

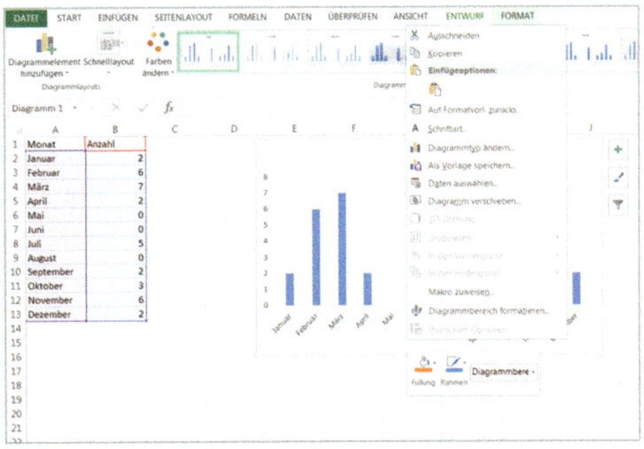

3. Starte eigene Umfragen in deiner Klasse und stelle die gesammelten Daten in Säulen- und Balkendiagrammen dar.

4. Unten siehst du drei Tabellen und drei Diagramme, die mit einem Tabellenkalkulationsprogramm erstellt wurden. Ordne die Diagramme den entsprechenden Tabellen zu und begründe deine Antwort.

Einkommen Auszubildende

Berufsgruppe	€
Bäcker	730
Drucker	708
Banken	631
Maurer	554
Tischler	389
Floristen	321
Friseure	313

Anzahl der Geburten

Jahr	Geburten
1997	812 173
1998	785 034
1999	770 744
2000	766 999
2001	734 475
2002	719 250
2003	706 721

Verpackungskonsum je Einwohner

Packstoff	kg
Papier/Pappe	6 193
Glas	3 202
Kunststoff	2 059
Weißblech	712
Flüssigkeitskarton	220
Aluminium	107
Sonstige	7

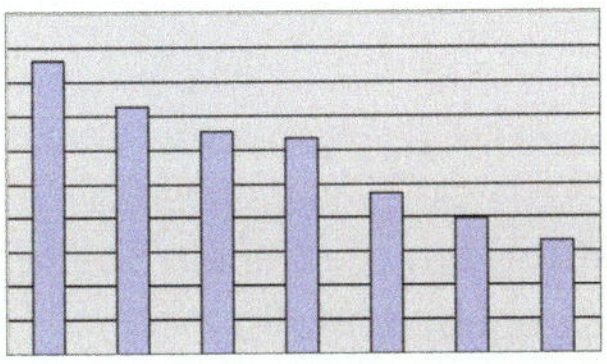

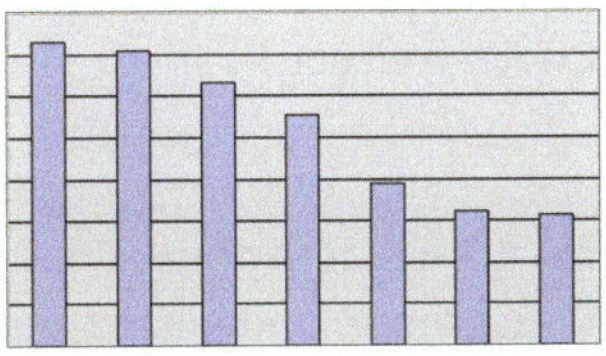

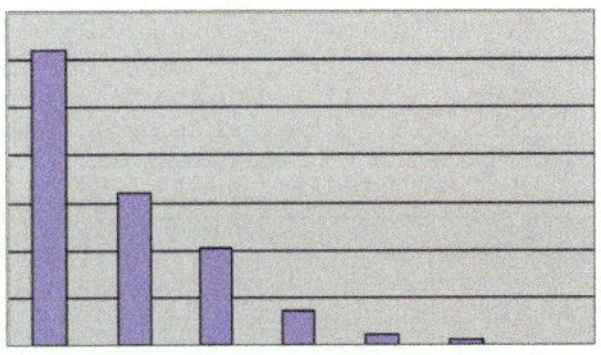

5. Ein Heimspiel von Borussia Dortmund kann von maximal 81 360 Zuschauern verfolgt werden, bei Hertha BSC Berlin im Olympiastadion sind es 74 021. Der FC Bayern München spielt zu Hause vor maximal 69 649 und der 1. FC Nürnberg vor 50 000 Zuschauern. Das Fritz-Walter-Stadion vom 1. FC Kaiserslautern mit einer Kapazität von 49 780 Zuschauern und die Arena vom FC Augsburg mit 30 660 Zuschauern zählen somit zu den kleineren Stadien.

a) Stelle die maximalen Zuschauerzahlen in einem Balkendiagramm dar.
b) Recherchiere die maximalen Zuschauerzahlen der übrigen Bundesligavereine und ergänze das Balkendiagramm.

Umgang mit Texten, Tabellen und Diagrammen

So behältst du Überblick in der Informationsflut!

Längere und schwierigere Texte kann man vorteilhaft in mehreren Schritten lesen:
1. Beim ersten Lesen hast du vielleicht noch nicht alles verstanden oder behalten. Mache dir aber dennoch klar, um welche Frage es geht.
2. Lies den Text nun noch einmal aufmerksam und gründlich. Kennst du alle Fremdwörter und Begriffe? Falls nicht, informiere dich darüber: Frage jemanden oder schlage in einem Lexikon nach oder suche im Internet.
3. Fasse nun das Wesentliche des Textes zusammen. Bei einem Text auf einem Arbeitsblatt kannst du manches durch Unterstreichen hervorheben. Bei Texten in Büchern solltest du wichtige Informationen auf einem Blatt Papier notieren.
4. Bei mathematischen Aufgaben ist oft folgende Gliederung hilfreich: Was ist gesucht? Was ist bekannt?

1. a) Lies den folgenden Text nach dem oben beschriebenen Vorgehen.

Der Seehund
Tauchen – eine Meisterleistung

Seehunde beherrschen alle möglichen Schwimm- und Tauchkünste. Sie können bis zu 200 Meter tief tauchen, 10 Minuten unter Wasser bleiben und sogar 30 Minuten lang auf dem Meeresgrund schlafen. Sie besitzen ein außergewöhnlich starkes Lungen- und Kreislaufsystem. Ihr Blut ist außerdem besonders reich an sauerstoffbindendem Hämoglobin, dem roten Blutfarbstoff. Das Hämoglobin ermöglicht den Tieren, lange unter Wasser zu bleiben, ohne zum Einatmen an die Wasseroberfläche zu müssen. Der Herzschlag verlangsamt sich beim Tauchen auf weniger als zehn Schläge pro Minute und das Herz selbst ist als Anpassung gegen den enormen Wasserdruck besonders breit und flach.

b) Kannst du aus dem obigen Text bestimmen, wie tief ein Seehund pro Minute tauchen kann? Begründe und bestimme dies gegebenenfalls.

2. Lies den Text. Er enthält sehr viele Zahlen, die man so kaum überblicken kann.
a) Lege eine Tabelle zu dem Text an.
b) Noch besser als in einer Tabelle überblickt man Daten in einer grafischen Darstellung. Zeichne ein Säulendiagramm zu der von dir erstellten Tabelle.

SEEHUNDBESTAND – Jedes Jahr werden sie vom Flugzeug aus gezählt: die bei Niedrigwasser auf den Sandbänken im Nationalpark Schleswig-Holsteinisches Wattenmeer ruhenden Seehunde. Der Bestand der Tiere erholt sich weiter: 2010 wurde die Rekordzahl 9720 gezählt. Im Jahr 2004 betrug die Anzahl 6044, ungefähr 1000 mehr als im Vorjahr mit 5038 Seehunden. Im Jahr 2002 waren bei einer Krankheitsepidemie ungefähr 3600 der 7534 im Jahr 2001 gezählten Tiere dem Seehundstaupe-Virus zum Opfer gefallen. Eine erste solche Epidemie noch größeren Ausmaßes gab es 1988, von der sich der Seehundbestand nur langsam erholte: Erst im Jahr 2000 hatte er wieder 6700 Tiere erreicht, nach einem kontinuierlichen Anstieg von 4548 im Jahr 1996, 5003 im Jahr 1997, 5568 im Jahr 1998.

Enthält ein Text viele Informationen mit Zahlen, so kann man diese oft besser überblicken, wenn man sie in einer Tabelle zusammenfasst oder ein Diagramm dazu zeichnet.

3. Stelle die Informationen aus dem folgenden Text übersichtlich dar.

„Wertloses“ Kleingeld von hohem Wert

In Finnland wurden bei der Euro-Einführung die 1-Cent- und 2- Cent-Münzen nur in geringer Auflage geprägt: 35 Mio. 1-Cent-, 23 Mio. 2-Cent- Münzen gegenüber 355 Mio. 5-Cent-, 285 Mio. 10-Cent, 190 Mio. 20-Cent, 72 Mio. 50-Cent, 60 Mio. 1-Euro- und 50 Mio. 2-Euro-Münzen. Zum Vergleich: In Portugal wurden bei der Einführung 40 Mio. 2-Euro-, 68 Mio. 1-Euro-, 152 Mio. 50-Cent-, 116 Mio. 20-Cent-, 220 Mio. 10-Cent-, 196 Mio. 5-Cent-, 272 Mio. 2-Cent- und 232 Mio. 1-Cent-Münzen geprägt. In Deutschland wurden bei der Einführung insgesamt viel mehr Münzen geprägt: 1 Mrd. 2-Euro-, 1 Mrd. 700 Mio. 1-Euro-, 1 Mrd. 600 Mio. 50-Cent-, 1 Mrd. 600 Mio. 20-Cent-, 3 Mrd. 300 Mio. 10-Cent-, 2 Mrd. 300 Mio. 5-Cent-, 1 Mrd. 800 Mio. 2-Cent- und 3 Mrd. 700 Mio. 1-Cent-Münzen.

In Finnland ist es Tradition, beim Bezahlen keine kleinen Münzen zu verwenden und stattdessen zu runden. Daher kommen finnische 1-Cent- und 2-Cent- Münzen im Alltag nicht vor. Ein Staatssekretär des finnischen Finanzministeriums erklärte sogar, dass diese kleinen Münzen oftmals weggeworfen würden, da sie praktisch keinen Wert hätten und auch von Banken nur gegen hohe Gebühren eingetauscht würden.
Seit 2002 können finnische 1-Cent- und 2-Cent-Münzen nur noch bei Münzhändlern zu hohen Preisen erworben werden: Sie kosten jeweils ca. 1 Euro.

4. Gib die Informationen aus dem folgenden Text zum Aufbau eines Bienenstaates mit eigenen Worten wieder. Kannst du ihm entnehmen, wie viele Bienen in einem Staat zusammenleben? Begründe und bestimme die Anzahl gegebenenfalls.

Bienen – Organisiertes Zusammenleben

Honigbienen leben in einem Staat. Die Gesellschaft der Honigbiene besteht aus drei in ihrem Körperbau unterschiedlichen Formen: der (weiblichen) Königin, den (männlichen) Drohnen und den Arbeiterinnen (sterilen Weibchen). Diesen Formen kommen im Bienenstaat unterschiedliche Funktionen zu; jede Form besitzt ihre eigenen speziellen Verhaltensweisen, die jeweils auf die Bedürfnisse des Volkes abgestimmt sind.

Die **Königin** ist die einzige sich fortpflanzende weibliche Biene im Bienenstock und somit Mutter sämtlicher Drohnen, Arbeiterinnen und zukünftiger Königinnen. Sie produziert täglich oftmals mehr als 1500 Eier, deren Masse dem ihres eigenen Körpers gleichkommt. In ihrem Körperbau unterscheidet sich die Königin auffallend von Drohnen und Arbeiterinnen. Ihr Körper ist langgestreckt, sie ist viel größer als eine Arbeiterin und hat einen langen, schlanken Hinterleib.

Arbeiterinnen übertreffen Drohnen stets an der Zahl. Im Frühjahr reicht die Zahl der Arbeiterinnen in einem Volk von 8000 bis 15000, im Frühsommer kann ihre Zahl mehr als 80000 betragen. Die Arbeiterinnen können sich nicht paaren und fortpflanzen; sie sondern Wachs ab, bauen Waben, sammeln Nektar, Pollen und Wasser, wandeln den Nektar in Honig um, säubern den Stock und verteidigen ihn, wenn nötig.

Die **Drohnen** der Honigbienen besitzen keinen Stachel und sind wehrlos; sie weisen auch keine Pollenkörbchen oder Wachsdrüsen auf. Ihre einzige Aufgabe besteht darin, sich mit neuen Königinnen auf dem Hochzeitsflug zu paaren. Unmittelbar nach der Paarung sterben die Drohnen.

1.7 Aufgaben zur Vertiefung

1. Wir schreiben unsere Zahlen im **Zehnersystem**. Im Zehnersystem werden 10 *Einer* zu einem *Zehner* zusammengefasst, 10 Zehner zu einem *Hunderter*, 10 Hunderter zu einem *Tausender* usw. Deshalb braucht man nur 10 Ziffern.
Ein Computer kann im Innern nur 2 Ziffern verarbeiten. Computer arbeiten daher im **Zweiersystem.** Wie kann man mit den zwei Ziffern 0 und 1 alle natürlichen Zahlen schreiben?

Dazu muss man schon
2 Einer zu einem *Zweier:*
2 Zweier zu einem *Vierer:*
2 Vierer zu einem *Achter:*
usw. zusammenfassen.

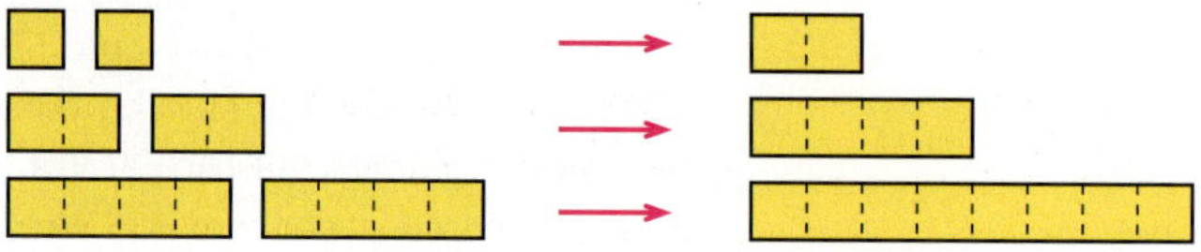

Rechts siehst du eine Darstellung der ersten sieben Zahlen im Zweiersystem.
1011 bedeutet im Zweiersystem (von links): 1 Achter, 0 Vierer, 1 Zweier, 1 Einer.
Um deutlich zu machen, dass dies eine Zahl im Zweiersystem sein soll, setzen wir das Zeichen ② dahinter, also: $1011_{②}$ (lies: eins – null – eins – eins).

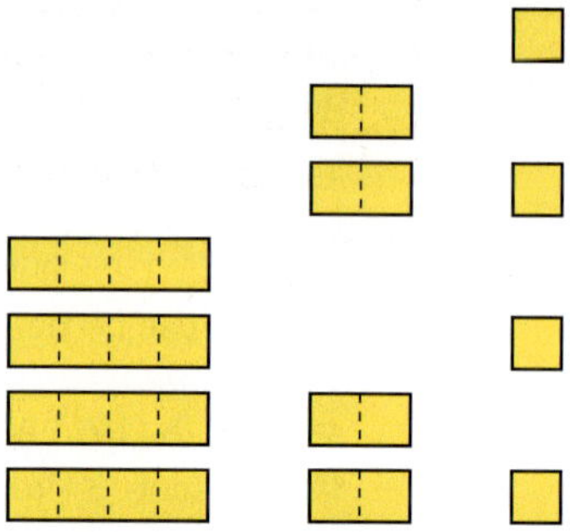

a) Schreibe im Zweiersystem alle Zahlen von:
(1) $1000_{②}$ bis $1111_{②}$
(2) $1000_{②}$ bis $10000_{②}$
(3) $1101_{②}$ bis $10111_{②}$
(4) $10000_{②}$ bis $100000_{②}$

b) Rechne in das Zehnersystem um.
(1) $10001_{②}$, $11010_{②}$
(2) $101010_{②}$, $101000_{②}$
(3) $10000011_{②}$, $1110011_{②}$
(4) $1100111_{②}$, $1000111_{②}$
(5) $1000101_{②}$, $1100101_{②}$

c) Rechne in das Zweiersystem um.
(1) 18 (2) 31 (3) 25 (4) 35 (5) 56 (6) 70 (7) 100 (8) 129 (9) 144

d) Vergleiche das Zweiersystem mit dem Zehnersystem und beschreibe, was ein Stellenwertsystem ausmacht.

2. Ein Lichtjahr ist keine Einheit für eine Zeitspanne, sondern eine Längeneinheit für sehr große Entfernungen. Ein Lichtjahr ist die Entfernung, die das Licht bei einer Geschwindigkeit von 300 000 Kilometern pro Sekunde in einem Jahr zurücklegt. Das sind fast 10 Billionen Kilometer.
Gib die im folgenden Text angegebenen Entfernungen in der Einheit km an.
Erläutere dann, warum man in der Astronomie auch die Längeneinheit Lichtjahr verwendet.

Unsere **Sonne** ist nur einer von vielen Sternen im Weltall. Sie gehört zu einer Anhäufung von Sternen, die man **Milchstraße** nennt. Diese Bezeichnung kommt daher, dass sie am nächtlichen Sternenhimmel wie ein milchig leuchtendes Band aussieht. Die Milchstraße ist wie andere Galaxien auch spiralig aufgebaut. Unsere Sonne befindet sich rund 26 700 Lichtjahre vom Zentrum der Milchstraße entfernt. Im Zentrum hat die Milchstraße eine Dicke von 10 000 Lichtjahren, ihr Durchmesser beträgt etwa 120 000 Lichtjahre.

Milchstraße

Das Wichtigste auf einen Blick

Große Zahlen

Im **Zehnersystem** werden die Zahlen mit den Ziffern 0, 1, …, 8, 9 geschrieben. In einer *Stellenwerttafel* lassen sich die Stufenzahlen Eins (E), Zehn (Z), Hundert (H) und Tausend (T) sowie für größere Zahlen: Million, Milliarde, Billion, Billiarde übersichtlich darstellen.

Beispiel: 23 490 287

Million		Tausend			H	Z	E
10^7	10^6	10^5	10^4	10^3	10^2	10^1	10^0
2	3	4	9	0	2	8	7

Natürliche Zahlen

Die Menge der natürlichen Zahlen ist $\mathbb{N} = \{1, 2, 3, 4, …\}$. Die natürlichen Zahlen lassen sich auf einem *Zahlenstrahl* veranschaulichen. Auf dem nach rechts gerichteten Zahlenstrahl liegt die kleinere zweier Zahlen links der größeren.

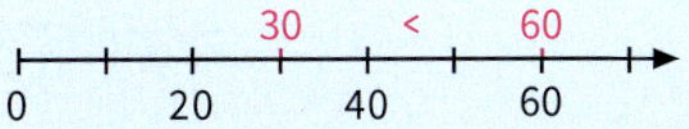

Anders gesagt: 60 > 30

Runden

Beim Runden auf Zehner musst du die Einer betrachten, beim Runden auf Hunderter die Zehner, beim Runden auf Tausender die Hunderter, …:
runde ab bei 0, 1, 2, 3, 4;
runde auf bei 5, 6, 7, 8, 9.

Beispiel:
2 735 gerundet:
auf Zehner: 2 740
auf Hunderter: 2 700
auf Tausender: 3 000

Größen und ihre Einheiten

Längen werden üblicherweise in den Einheiten 1 mm, 1 cm, 1 dm, 1 m und 1 km angegeben. Es gilt:

$$1\,\text{km} \underset{\cdot 1000}{\overset{:1000}{\rightleftarrows}} 1\,\text{m} \underset{\cdot 10}{\overset{:10}{\rightleftarrows}} 1\,\text{dm} \underset{\cdot 10}{\overset{:10}{\rightleftarrows}} 1\,\text{cm} \underset{\cdot 10}{\overset{:10}{\rightleftarrows}} 1\,\text{mm}$$

Beispiele:
5 m 7 dm 6 cm = 5,76 m
0 km 980 m = 0,980 km
47 cm = 4,7 dm = 0,47 m
0,82 km = 820 m = 8 200 dm

Massen werden üblicherweise in den Einheiten 1 mg, 1 g, 1 kg und 1 t angegeben. Es gilt:

$$1\,\text{t} \underset{\cdot 1000}{\overset{:1000}{\rightleftarrows}} 1\,\text{kg} \underset{\cdot 1000}{\overset{:1000}{\rightleftarrows}} 1\,\text{g} \underset{\cdot 1000}{\overset{:1000}{\rightleftarrows}} 1\,\text{mg}$$

5 t 675 kg = 5,675 t = 5 675 kg
13 g 256 mg = 13,256 g = 13 256 mg
0,498 t = 498 kg = 498 000 g
8 230 mg = 8,23 g = 0,00823 kg

Zeitspannen werden in Sekunden (1 s), Minuten (1 min), Stunden (1 h) und Tagen (1 d) angegeben.

Es gilt: $$1\,\text{d} \underset{\cdot 24}{\overset{:24}{\rightleftarrows}} 1\,\text{h} \underset{\cdot 60}{\overset{:60}{\rightleftarrows}} 1\,\text{min} \underset{\cdot 60}{\overset{:60}{\rightleftarrows}} 1\,\text{s}$$

1 d 6 h = 30 h = 1 800 min
540 min = 9 h
75 s = 1 min 15 s

Maßstab

Mit einem **Maßstab** beschreibt man Vergrößerungen, zum Beispiel 4 : 1, sowie Verkleinerungen, zum Beispiel 1 : 20 000.

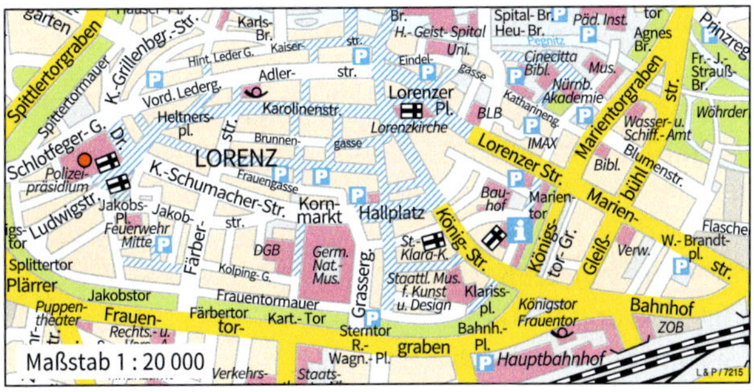

Beispiele:
Maßstab 4 : 1 bedeutet:
1 cm in der Wirklichkeit entspricht 4 cm in der Zeichnung.

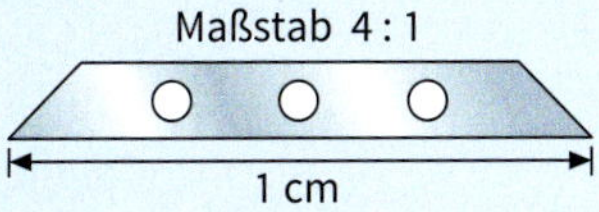

Maßstab 1 : 20 000 bedeutet:
1 cm in der Karte entspricht in der Wirklichkeit 20 000 cm = 200 m.

Bist du fit?

1. **a)** Gib den Vorgänger und den Nachfolger der Zahl an: **(1)** 999 999 **(2)** 1 019 900
b) Erläutere, warum die Menge der natürlichen Zahlen kein größtes, aber ein kleinstes Element hat.

2. Die sogenannte Schuldenuhr zeigt die Verschuldung Deutschlands an. Schreibe die auf der Schuldenuhr angezeigten Zahlen in Worten.

3. Vergleiche. Setze im Heft für ▪ das Kleiner- oder Größerzeichen.
a) 6 776 ▪ 6 767 **b)** 432 719 ▪ 432 723

4. **a)** Welche Zahlen sind rot markiert?

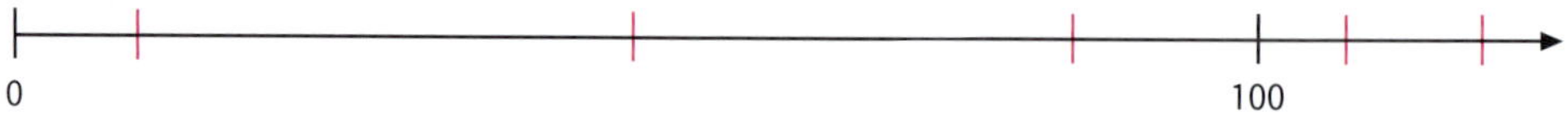

b) Trage im Heft die Zahlen 37, 49, 121, 152, 81 auf einem geeigneten Zahlenstrahl ein.

5. **a)** Runde
(1) 29 429 auf Hunderter; **(2)** 35 482 auf Tausender; **(3)** 831 624 auf Zehntausender.
b) Folgende Zahlen sind gerundet. Welche Zahlen können vor dem Runden gestanden haben? Nenne die kleinstmögliche und die größtmögliche Zahl.
(1) 3 400 auf Hunderter **(2)** 29 000 auf Tausender **(3)** 17 000 000 auf Millionen

6. Welche Zahl liegt in der Mitte zwischen **a)** 37 und 51; **b)** 310 und 380?

7. Sind die folgenden Aussagen richtig oder falsch? Begründe deine Antwort.
a) Null ist das kleinste Element der Menge der natürlichen Zahlen.
b) Die Menge der natürlichen Zahlen hat kein größtes Element.

8. Schreibe in der in Klammern angegebenen Einheit.

a) 11 km (m)	**b)** 93 kg (g)	**c)** 17 t (kg)	**d)** 0,05 km (m)	**e)** 12 h (min)
23 dm (m)	423 ct (€)	30 g (kg)	0,004 t (mg)	0,09 dm (mm)

9. Wie viel Zeit vergeht bis Mitternacht? **a)** 9:45 Uhr **b)** 0:37 Uhr **c)** 11:58 Uhr **d)** 20:15 Uhr

10. Der Maßstab einer Karte beträgt 1 : 200 000.
a) Auf der Karte werden die Längen 3 cm; 8,7 cm gemessen. Wie lang sind die Strecken in Wirklichkeit?
b) Wie groß erscheinen auf der Karte Entfernungen von 6 km und 10,8 km?
c) Der Weißensee auf der Karte rechts hat eine Länge von 2,4 km und eine Breite von 600 m. Ermittle den Maßstab der Karte. Beschreibe dein Vorgehen.

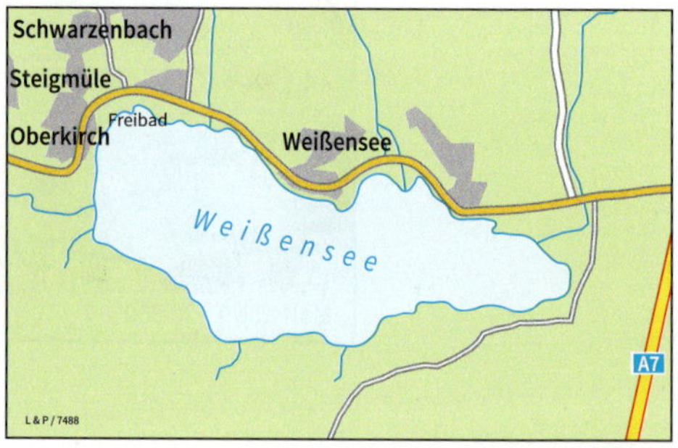

2. Rechnen mit natürlichen Zahlen und Größen

Im Alltag werden viele Größen mithilfe von natürlichen Zahlen angegeben.
Zur Beantwortung vieler Fragen müssen diese natürlichen Zahlen addiert, subtrahiert, multipliziert und dividiert werden.

Was und wie viel fressen Tiere pro Tag im Zoo?

Jeder Zoo benötigt täglich riesige Mengen an Futter. Im vergangenen Jahr haben unsere Zootiere 10 914 kg Äpfel, 14 945 kg Karotten und 11 275 kg Kohlrabi gefressen.
Unsere Mitarbeiter haben zudem 2 877 kg Rote Beete und 2 265 kg Kartoffeln sowie 2800 kg Sellerie an die Tiere verfüttert. Ein Elefant z. B. frisst täglich 100 kg Heu, 5 kg Möhren, 1 kg Hafer, 4 Brote, Obst, Pellets und Zweige. Ein Nashorn dagegen benötigt täglich nur 50 kg Heu, aber 5 kg Hafer, 3 kg Pellets, 2 kg Möhren und 1 kg Äpfel.

- Wie viel kg Futter nimmt ein Nashorn täglich zu sich?
- Ein Zoo hat 5 Nashörner. Wie viel Heu, Hafer, … wird täglich benötigt? Wie viel wird im ganzen Jahr benötigt?
- Der Zoo hat auch 9 Elefanten. Wie viel Heu wird täglich für die Nashörner und die Elefanten benötigt?
- Stellt weitere Fragen und beantwortet sie.

In diesem Kapitel …

beschäftigst du dich mit dem Rechnen mit natürlichen Zahlen und Größen, dessen Gesetzmäßigkeiten und Zusammenhängen.

Lernfeld: Mehr ... oder weniger?

Das Polyeder-Spiel

Philipp hat in seiner Spielesammlung verschiedene „Spielwürfel“ (sogenannte Polyeder):

Bei dem Spiel darf jeder Mitspieler mit jedem der fünf Würfel je einmal würfeln. Die erste geworfene Augenzahl ist der Startwert, die zweite geworfene Augenzahl wird von diesem Startwert subtrahiert, die dritte wieder addiert, die vierte subtrahiert, die fünfte addiert. Das Spiel hat derjenige gewonnen, der am Ende die höchste Punktzahl erreicht hat. Wirft man beim zweiten oder vierten Wurf eine Augenzahl, die größer ist als der aktuelle Punktestand, scheidet man aus.

➔ Habt ihr einen Vorschlag, in welcher Reihenfolge die Spieler ihre fünf Würfel werfen sollen? Probiert eure Vorschläge selbst aus.

Entdeckungen an Zahlenmauern

Die meisten von euch kennen aus der Grundschule Zahlenmauern. Falls jemand in deiner Klasse solche Zahlenmauern nicht kennt, erkläre am Beispiel rechts, wie man in ihnen rechnet.

	36	
16		20
9	7	13

➔ Trage im Heft die Zahlen in der unteren Reihe ein. Ergänze dann die fehlenden Zahlen darüber. Was ändert sich, wenn man die Reihenfolge der Zahlen in der unteren Reihe ändert? Wie viele Möglichkeiten gibt es hierfür? Wie musst du die Zahlen anordnen, um im Feld ganz oben das kleinst- bzw. größtmögliche Ergebnis zu erhalten?

9	13	7

➔ Das Ausfüllen einer Zahlenmauer ist besonders einfach, wenn alle Zahlen in der unteren Reihe bekannt sind. Übertrage die nebenstehenden Mauern in dein Heft. Kannst du sie auch ausfüllen?

	9	
		5
1		

	8	
3		
	2	

➔ Gibt es noch andere Aufgabentypen zum Ausfüllen von Zahlenmauern? Wie viele verschiedene Typen findet ihr? *Achtung:* Die Zahlenmauer kann man auf verschiedene Weisen vervollständigen. Probiert das in eurem Heft.

7		
3	4	

➔ An der rechts stehenden Zahlenmauer erkennen wir, dass 4 die kleinstmögliche Zahl in dem oberen Feld der Zahlenmauer ist. Welche Zahlenmauern gibt es mit der Zahl 5 [6; 7] an der Spitze? Wie viele verschiedene Zahlenmauern sind dies jeweils insgesamt?

	4	
2		2
1	1	1

2.1 Addieren und Subtrahieren

Einstieg

Ein Partner stellt eine Frage, die du mit den Informationen aus dem Zeitungsausschnitt rechnerisch lösen kannst. Beantworte die Frage. Danach stellst du deinem Partner eine Frage.

Mitgliederversammlung im TSV
Der Vorsitzende berichtete von Mitgliederzahl-Veränderungen: In der Fußballabteilung sind es jetzt 970 Mitglieder und somit 240 mehr als im Vorjahr. Leider hat die Handballabteilung jetzt nur noch 512 Mitglieder, 89 weniger als im Vorjahr.

Aufgabe 1

Addieren und Subtrahieren als entgegengesetzte Rechenarten
Zur Herbstkonzertwoche der Musikschule kamen 963 Besucher. Das waren 128 mehr als im Frühjahr. Dabei wurden 238 Programmhefte verteilt. Das waren 46 weniger als im Frühjahr. Wie kann man die Zahlen für die Frühjahrskonzerte berechnen?

Lösung

Wir veranschaulichen die Anzahlen durch Strecken.
Besucher:

☐ + 128 = 963
☐ $\xrightarrow{+128}$ 963, $\xleftarrow{-128}$
963 − 128 = 835

Programmhefte:

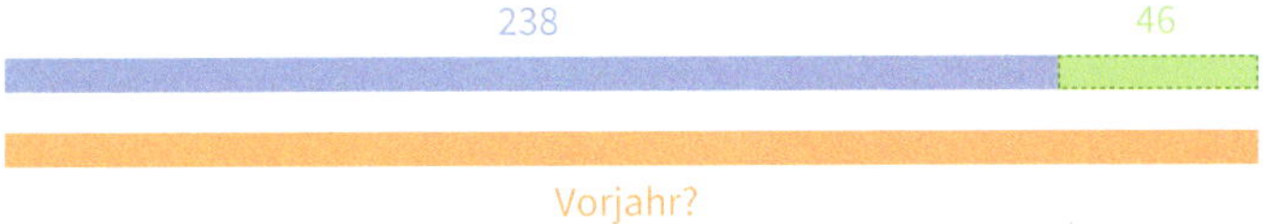

☐ − 46 = 238
☐ $\xrightarrow{-46}$ 238, $\xleftarrow{+46}$
238 + 46 = 284

Ergebnis: Zum Frühjahrskonzert kamen 835 Besucher. Es wurden 284 Programmhefte verteilt.

Information

Im Zusammenhang mit dem Addieren und Subtrahieren benutzt man Fachausdrücke.

Addition
217 + 63 nennt man die **Summe** der Zahlen 217 und 63. Das Ergebnis 280 nennt man den **Wert der Summe**.
217 und 63 heißen *Summanden*.

217	+	63	=	280
1. Summand		*2. Summand*		*Wert der Summe*

Subtraktion
374 − 52 nennt man die **Differenz** der Zahlen 374 und 52. Das Ergebnis 322 nennt man den **Wert der Differenz**.
374 heißt *Minuend*, 52 heißt *Subtrahend*.

374	−	52	=	322
Minuend		*Subtrahend*		*Wert der Differenz*

Merke: ***M*** vor ***S***

addieren hinzufügen
Summe Gesamtzahl
Summand hinzuzuzählende Zahl
subtrahieren abziehen
Differenz Unterschied
Minuend Zahl, von der etwas abgezogen wird
Subtrahend Zahl, die abgezogen wird

Weiterhin gilt:

Zusammenhang zwischen Addition und Subtraktion
Addition und Subtraktion sind *entgegengesetzte* Rechenarten.
(1) Das Addieren einer Zahl wird durch das Subtrahieren dieser Zahl rückgängig gemacht.
(2) Das Subtrahieren einer Zahl wird durch das Addieren dieser Zahl rückgängig gemacht.

43 $\xrightarrow{+17}$ 60, $\xleftarrow{-17}$

Weiterführende Aufgaben

Addition und Subtraktion von Größen

2. a) Im Bild ist ein Plan von Jans Zimmer dargestellt. Ermittle, wie viel Platz er noch zwischen Regal und Nachttisch hat.

b) Das Regal besteht aus einem 1,15 m hohen Unterschrank und einem 75 cm hohen Aufsatzteil. Ermittle, ob noch ein 65 cm hohes Aufsatzteil darüber passt. Das Zimmer ist 2,50 m hoch.

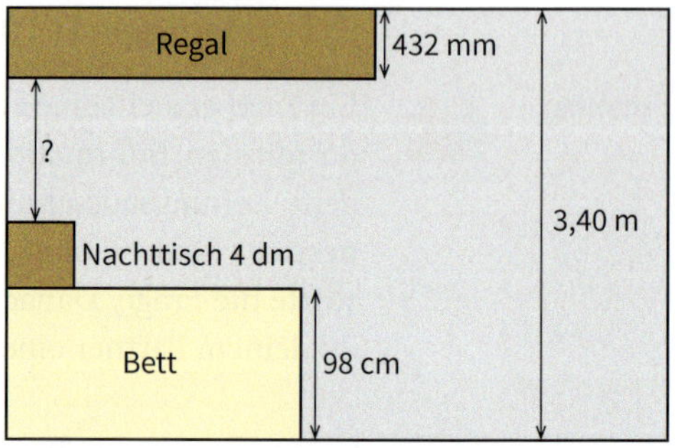

Lösen einfacher Gleichungen

3. a) Erkläre das Beispiel rechts zum Lösen eines Zahlenrätsels.

b) Löse ebenso folgende Zahlenrätsel:

(1) Welche Zahl musst du zu 250 addieren, um 470 zu erhalten?

(2) Von welcher Zahl musst du 38 subtrahieren, um 48 zu erhalten?

(3) Welche Zahl musst du von 242 subtrahieren, um 136 zu erhalten?

> Zahlenrätsel: Zu welcher Zahl musst du 81 addieren, um 200 zu erhalten?
> Gleichung: $\square + 81 = 200$
> Umkehraufgabe: $\square = 200 - 81$,
> also: $\square = 119$

Übungsaufgaben

4. Rechne im Kopf; notiere die Ergebnisse.

a) 42 + 37	d) 229 + 37	g) 138 − 26	j) 350 − 70	m) 685 + 45	p) 3 820 − 550
b) 69 + 11	e) 15 + 861	h) 297 − 62	k) 280 − 66	n) 600 + 5370	q) 5 100 − 250
c) 342 + 58	f) 78 + 411	i) 870 − 40	l) 483 − 38	o) 550 + 4800	r) 3 270 − 400

5. a) Beschreibe und vergleiche folgende Rechenwege. Findest du noch weitere?

b) Berechne geschickt.

(1) 1250 + 780	(3) 287 + 78	(5) 303 − 88	(7) 498 + 63
(2) 167 + 296	(4) 2520 − 150	(6) 427 − 98	(8) 903 − 58

6. Schreibe 91 auf fünf verschiedene Arten als (1) Summe; (2) Differenz.

7. Stelle zunächst eine geeignete Aufgabe und löse sie dann.

a) An einem Marktstand wurden an einem Dienstag 45 kg Tomaten verkauft, am folgenden Tag 17 kg mehr.

b) An dem gleichen Marktstand wurden am Samstag 71 kg Spargel verkauft, am folgenden Montag 34 kg weniger.

c) Am Freitag wurden an dem Marktstand 85 kg Kartoffeln verkauft, am Samstag 125 kg.

8. Beachte die Einheiten.

a) 5 € + 21 ct b) 794 g + 20 kg c) 3 d + 46 h d) 941 dm − 59 m e) 8 720 kg − 7 t

9. Erfinde selbst Rechengeschichten.

a) 43 kg + 19 kg
b) 55 € – 28 €
c) 203 km – 87 km
d) 24 min + 33 min

Differenz: 43 m – 27 m
Rechengeschichte: Tim ist ein guter Skispringer. Er schafft auf der Jugendschanze 43 m. Marc erreicht nur 27 m.
Wie viel Meter springt Tim weiter als Marc?
Rechnung: 43 m – 27 m = 16 m
Ergebnis: Tim springt 16 m weiter als Marc.

10. Dein Partner stellt eine Frage, die du mit den Informationen aus dem Zeitungsausschnitt unten rechnerisch lösen kannst. Beantworte die Frage. Danach stellst du eine Frage.

Neuer Bücherbus der Stadtbibliothek

Die Stadtbücherei informiert: Momentan kann man 745 CDs und 128 Hörbücher ausleihen. Das sind 212 CDs und 53 Hörbücher mehr als im letzten Jahr. Bei den Restbeständen von Musikkassetten sind nur noch 241 Kassetten vorhanden, also 73 weniger als im letzten Jahr.

11. a) Wie verändert sich der Wert der Summe zweier Zahlen, wenn man
(1) den ersten Summanden um 53 erhöht;
(2) den zweiten Summanden um 120 vermindert;
(3) den ersten und zweiten Summanden um je 70 erhöht;

b) Wie verändert sich der Wert der Differenz zweier Zahlen, wenn man
(1) den Minuenden um 72 vermindert;
(2) den Subtrahenden um 16 erhöht;
(3) den Minuenden und den Subtrahenden um je 41 erhöht?

c) Widerlege durch ein Gegenbeispiel: Der Wert einer Summe verdoppelt sich, wenn man einen Summanden verdoppelt.

12. Wähle die passenden Karten, um eine

a) (1) Summe; (2) Differenz mit möglichst großem Wert zu erhalten.
b) (1) Summe; (2) Differenz mit möglichst kleinem Wert zu erhalten.
c) Summe mit dem Wert größer als 200, aber kleiner als 400 zu erhalten.

13. Rechts siehst du, wie Valentin die Gleichung 132 – ▫ = 67 gelöst hat.

a) Erläutere sein Vorgehen.
b) Löse ebenso 239 + ▫ = 312.

132 – 60 = 72 > 67
132 – 70 = 62 < 67
132 – 65 = 67
also □ = 65

Auch x steht für eine gesuchte Zahl.

14. Bestimme die fehlende Zahl mithilfe einer Umkehraufgabe und notiere sie im Heft.

a) □ + 37 = 63
b) □ – 49 = 14
c) 54 – □ = 26
d) △ + 370 = 990
e) 40 + ○ = 760
f) □ – 440 = 440
g) ○ + 1100 = 4700
h) 7500 + □ = 8000
i) 2000 – ○ = 200
j) x – 123 = 456
k) 517 – x = 403
l) x + 238 = 559

15. Überprüfe die Rechnung durch Addieren. Berichtige jedes falsche Ergebnis.

a) 90 – 33 = 67
b) 100 – 55 = 45
c) 216 – 44 = 172
d) 357 – 32 = 325
e) 840 – 84 = 766
f) 9990 – 9090 = 900

Aufgabe: 38 – 14 = 24
Pfeilbild: $38 \underset{+14}{\overset{-14}{\rightleftarrows}} 24$
Probe: 24 + 14 = 38

16. Partner A notiert verdeckt eine dreistellige Zahl. Partner B nennt eine zweistellige Zahl und entscheidet, ob Partner A sie zu seiner verdeckten Zahl addieren oder subtrahieren soll. Partner A rechnet im Kopf und nennt sein Ergebnis. Partner B rechnet rückwärts und muss die von A notierte Zahl als Ergebnis erhalten. Danach werden die Rollen vertauscht.

Spiel (2 Spieler)

17. *Fünfzig gewinnt:* Einer der beiden Spieler nennt eine Zahl zwischen 1 und 10. Beide müssen anschließend abwechselnd eine der Zahlen 1, 2 oder 3 dazu addieren. Wer zuerst die Zahl 50 genau erreicht, hat gewonnen. Wie muss man die Zahlen wählen, um zu gewinnen? Begründe deine Antwort.

18. Wie teuer waren die Inlineskater vorher?

19. Tina fährt mit dem Fahrrad zur Schule. Für die Fahrt braucht sie etwa 15 Minuten. Das Abstellen und Abschließen des Fahrrades dauert etwa 5 Minuten.
Der Unterricht beginnt um 7:50 Uhr und endet nach der 6. Stunde. Tina möchte 10 Minuten früher in der Schule sein. Berechne, wann Tina von zu Hause wegfahren muss.

20. Links siehst du den Schneebericht eines Hüttenwirts. Stelle eine Frage und beantworte sie.
a) Nach den Schneefällen vom 17. 2. lagen insgesamt 54 cm Schnee.
b) Nach Tauwetter am 20. 2. war die Schneedecke nur noch 25 cm hoch.

21. Ein Intercity benötigt von München nach Augsburg 28 Minuten, das sind 3 Minuten mehr als ein Inter-City-Express und 15 Minuten weniger als ein Regional-Express benötigt. Welche Fahrzeit benötigt auf dieser Strecke der Regional-Express, welche der Inter-City-Express?

22. Rechne mit benachbarten Zahlen. Das Ergebnis steht im Feld darüber. Fülle im Heft aus.

a) Addiere.

430			
234			
130			
		37	

b) Subtrahiere.

25			
57			
	65		
260			

23. Überprüfe deine Antworten anhand von drei Beispielen:
a) (1) Addiere zwei gerade Zahlen. Ist das Ergebnis wieder eine gerade Zahl?
(2) Ist die Summe zweier ungerader Zahlen gerade oder ungerade?
b) Formuliere und beantworte eigene Fragestellungen und beantworte sie. Denke an Differenzen, mehr als zwei Zahlen, …

Das kann ich noch!

A) Marie sieht die Uhren in einem Spiegel eines Uhrengeschäftes. Wie spät ist es?

1) 

2) 

3) 

4) 

Magie und Mathe – Zauberquadrate erforschen

4	9	2
3	5	7
8	1	6

Aus schon über 2000 Jahre alten chinesischen Quellen wird unter dem Namen *Lo-Shu* das rechts abgebildete mathematische Muster überliefert. Das Muster soll magische Eigenschaften besitzen und die Menschen vor Krankheit, Armut und jedem anderen Unglück bewahren. Neun Symbole sind in drei Zeilen und drei Spalten angeordnet. Zählt man die Anzahl der Kreise in jedem Symbol, so erhält man das Zahlenquadrat links mit den Zahlen 1 bis 9.

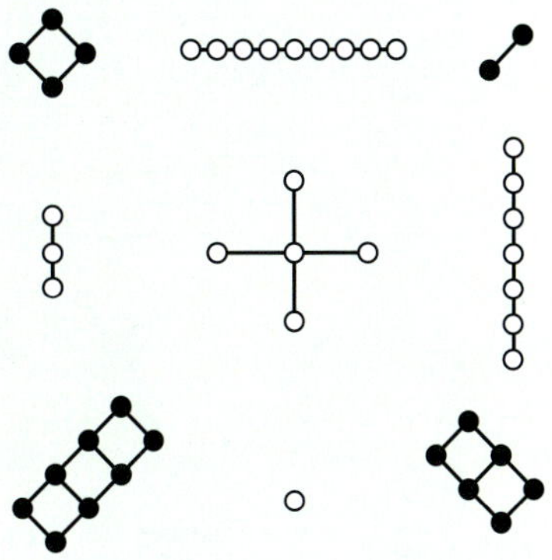

1. Berechne in diesem Zahlenquadrat die Summe der Zahlen aus jeder Zeile, aus jeder Spalte und aus jeder Diagonalen. Was stellst du fest?

> Ein Zahlenquadrat nennt man **magisches Quadrat** oder auch **Zauberquadrat**, wenn gilt: Die Summe der Zahlen aus jeder Zeile stimmt überein mit der Summe der Zahlen aus jeder Spalte und auch mit der Summe der Zahlen auf jeder der beiden Diagonalen.
> Der konstante Summenwert heißt **magische Zahl** oder Konstante des Quadrats.

2. In dem angegebenen Lo-Shu-Zauberquadrat treten alle natürlichen Zahlen von 1 bis 9 auf. Durch Vertauschen einiger dieser Zahlen kann man weitere Zauberquadrate mit der magischen Zahl 15 erzeugen. Gib drei weitere solcher Quadrate an.

3. a) Warum muss jedes Zauberquadrat mit den Zahlen 1 bis 9 die magische Zahl 15 haben? Berechne dazu die Summe der natürlichen Zahlen von 1 bis 9.
b) Warum muss die Zahl 5 bei einem solchen Zauberquadrat unbedingt in der Mitte stehen?
Addiere dazu in einem dieser Zauberquadrate alle Zahlen aus den beiden Diagonalen, aus der mittleren Zeile und der mittleren Spalte.

4. Ausgehend vom Lo-Shu-Quadrat hat Marc nebenstehendes Quadrat entwickelt.

40	90	20
30	50	70
80	10	60

a) Überprüfe, ob ein Zauberquadrat vorliegt und gib die magische Konstante an. Wie ist Marcs Zauberquadrat entstanden?
b) Kannst du Zauberquadrate mit neun verschiedenen natürlichen Zahlen angeben, die die magische Zahl 120 haben? Begründe.
c) Mit dem Verfahren von Marc kannst du kein Zauberquadrat mit neun verschiedenen natürlichen Zahlen und der magischen Zahl 33 herstellen. Begründe, warum.
d) Stelle ein solches Quadrat auf andere Weise her.
e) Maria meint: „Es gibt unendlich viele Zauberquadrate mit drei Zeilen und drei Spalten, in denen neun verschiedene natürliche Zahlen auftreten.“ Was meinst du dazu?

Schon seit 1 000 Jahren haben Mathematiker den Aufbau der magischen Quadrate genauer untersucht und derartige Quadrate mit mehr als drei Zeilen und drei Spalten konstruiert. Diese nennt man *magische Quadrate höherer Ordnung*. Sie wurden den damals bekannten Himmelskörpern (Mond und Planeten) zugeordnet und die Astrologen sahen in ihnen magische Kräfte, die gegen bestimmte Krankheiten helfen sollten.

Der Nürnberger Künstler Albrecht Dürer (1471–1528) hat im Jahre 1514 unter dem Eindruck des Todes seiner Mutter in seinem Kupferstich „Melancholie" ein magisches Quadrat der Ordnung 4, das dem Jupiter gewidmet war, mit den natürlichen Zahlen 1, 2, …, 16 eingearbeitet.

Die Schreibweise der Ziffern zu Dürers Zeiten unterscheidet sich teilweise von unserer heutigen Schreibweise.

5. a) Wenn man die natürlichen Zahlen von 1 bis 16 addiert, so erhält man 136 als Summe. Wie groß muss deshalb die magische Konstante beim „Dürer-Quadrat" sein?

b) Stelle das „Dürer-Quadrat" in unserer Ziffernschreibweise dar. Unklare Ziffern können mithilfe der Eigenschaften des Zauberquadrats bestimmt werden.

6. Übertrage in dein Heft und ergänze die folgenden lückenhaften Zauberquadrate, in denen die natürlichen Zahlen von 1 bis 16 auftreten:

7	1	14	
16	10		
9	15		
		11	

2			
		4	1
8	5		12
11		6	

1	14		4
		6	
		10	5
13			16

2.2 Schriftliches Addieren und Subtrahieren

Ziel

Sind mehrstellige Zahlen für das Kopfrechnen zu groß, so kann man die Rechnungen schriftlich ausführen. Hier wiederholst du das schriftliche Addieren und Subtrahieren.

Zum Erarbeiten

Schriftliches Addieren – Überschlag

A Ein Fernfahrer muss auf einer Lieferfahrt durch Europa folgende Route fahren:
Paris – Lissabon – Wien – Stuttgart. Von dort aus fährt er zurück an den Stammsitz der Firma in München. Mit einem Routenplaner ermittelt er nebenstehende Entfernungen.
Um abzuschätzen, wie lange er für die Fahrt auf dieser Route braucht, benötigt er nur die ungefähre Länge dieser Route.
Führe im Kopf einen Überschlag durch.

→ Für einen Überschlag runden wir die Entfernungen auf volle 100 km. Damit erhalten wir als Überschlag für die Gesamtstrecke:
1 800 km + 2 900 km + 600 km = 5 300 km

A Um mit seinem Arbeitgeber abzurechnen, muss er die genaue Länge der Route kennen. Berechne sie.

→ Die genaue Summe ermitteln wir durch schriftliches Addieren; dabei verwenden wir nur die Maßzahlen.

	1	7	5	3
+	2	8	8	5
+		6	4	1
	2	1		
	5	2	7	9

Wir addieren:

die Einer:	1 + 5 + 3 = 9,	also 9 Einer
die Zehner:	4 + 8 + 5 = 17,	also 7 Zehner und 1 Hunderter als Übertrag
die Hunderter:	1 + 6 + 8 + 7 = 22,	also 2 Hunderter und 2 Tausender als Übertrag
die Tausender:	2 + 2 + 1 = 5,	also 5 Tausender

Ergebnis: Die Route von Paris über Lissabon nach Stuttgart ist 5 279 km lang.

Schriftliches Subtrahieren

A Am Ende der Fahrt in München zeigt sein Fahrtenschreiber, dass er insgesamt 5 504 km gefahren ist. Wie lang war die Leerfahrt von Stuttgart nach München?

→ Für die Berechnung der Leerfahrt muss die Summe der Einzelstrecken von der Gesamtstrecke subtrahiert werden: Wir kennen schon die Summe der Einzelstrecken (5 279 km) und subtrahieren diese von 5 504 km.
Zunächst führen wir einen Überschlag durch: 5 500 – 5 300 = 200
Bei der schriftlichen Rechnung ziehen wir Stelle für Stelle ab, angefangen bei den Einern.

	5	5	0	4
–	5	2	7	9
		2	2	5

9 Einer lassen sich nicht von 4 Einern subtrahieren.
Wir entbündeln einen Zehner in 10 Einer (Strich!); da kein Zehner vorhanden ist, entbündeln wir einen Hunderter in 10 Zehner (Strich!).
14 Einer minus 9 Einer ist gleich 5 Einer.
10 Zehner minus 1 Zehner minus 7 Zehner ergibt 2 Zehner.
5 Hunderter minus 1 Hunderter minus 2 Hunderter ist gleich 2 Hunderter.
5 Tausender minus 5 Tausender ist gleich 0 Tausender.

Ergebnis: Die Leerfahrt von Stuttgart nach München ist 225 km lang.

Schriftliches Addieren von Größen mit Komma

Lea kauft ein Sweatshirt für 27,49 € und ein T-Shirt für 9,79 €. Wie viel kostet das zusammen?

→ Wir notieren die Summanden Komma unter Komma untereinander. Dann addieren wir wie bei natürlichen Zahlen, da wir uns vorstellen, in der Einheit Cent zu rechnen. Anschließend setzen wir das Komma im Ergebnis.
Ergebnis: Lea muss 37,28 € bezahlen.

	2	7,	4	9
+		9,	7	9
	1	1	1	
	3	7,	2	8

Schriftliches Subtrahieren von Größen mit Komma

Lea hat vor diesem Einkauf 52,13 € im Portmonee. Wie viel hat sie danach noch?

→ Wir subtrahieren wie bei natürlichen Zahlen und setzen das Komma im Ergebnis.
Ergebnis: Nach diesem Einkauf hat Lea noch 14,85 € im Portmonee.

	5	2,	1	3
−	3	7,	2	8
	1	4,	8	5

Zum Üben

1. Addiere schriftlich. Mache zunächst eine Überschlagsrechnung.

a) 24 866 + 83 195
b) 3 157 824 + 2 406 137
c) 8 221 + 759 + 3 070
d) 7 685 + 7 717 + 7 405 + 6 898
e) 67 588 + 6 880 + 55 227 + 548

2. Welche Ergebnisse sind falsch? Entscheide ohne schriftlich zu rechnen.

(1)		7	5	2	0	5	(2)			3	5	5	(3)		8	1	7	0	3	1
	+		4	9	9	3		+		3	9	0	7		+		9	9	5	6	2
	+	1	0	4	1	7		+	1	1	0	9	8		+	3	0	4	5	8	9	3
		9	0	6	1	1			1	5	3	6	0			4	0	6	2	4	8	6

Vergiss den Überschlag nicht!

3. Addiere schriftlich.

a) 256 + 467 + 494 + 587
b) 889 + 264 + 453 + 778
c) 584 + 1 302 + 1 459 + 829
d) 1 279 + 388 + 1 462 + 1 371
e) 2 207 + 5 007 + 8 086 + 1 108
f) 70 859 + 10 278 + 1 091 + 2 722

4. a) 3 825 − 1 184 b) 2 380 − 2 076 c) 2 421 − 1 702 d) 8 491 − 3 142 e) 87 824 − 23 250 f) 79 063 − 13 501

5. Mache zunächst einen Überschlag. Berechne schriftlich. Überprüfe den Ergebnis kritisch.

a) 13 243 546 + 97 867 564
b) 44 444 444 + 66 666 666
c) 1 049 283 + 50 020 104 + 50 020 104 + 39 002 010
d) 999 999 + 99 999 + 9 999 + 999 + 99 + 9

6. Mache zuerst einen Überschlag. Berechne schriftlich. Überprüfe dein Ergebnis kritisch.

a) 131 243 546 − 97 867 564
b) 11 222 111 − 8 999 888
c) 32 000 000 − 502 670
d) 3 503 053 − 3 503 053

7. Lara und Marc haben 5 723 − 1214 − 597 auf verschiedene Weise berechnet. Erläutere.

Lara		
	5723	4509
	− 1214	− 597
	4509	3912

Marc		
	1214	5723
	+ 597	− 1811
	1811	3912

8. Auffallende Ergebnisse:

a) 468 000 – 2 913 – 78 305 – 126 522

b) 77 812 – 19 321 – 4 288 – 3 088

c) 681 300 – 1 021 407 – 9 – 683 – 4 880

d) 1 000 000 – 6 389 – 440 255 – 108 912

9. Ermittle mit einem Überschlag, welches der drei angegebenen Ergebnisse richtig ist.

a) 54 321 + 87 654 Ergebnis: 114 975, 141 975 oder 162 975

b) 7 654 321 – 456 789 Ergebnis: 797 532, 700 532 oder 719 532

10. Ende letzten Jahres hatte ein Werk 829 175 Personenwagen vom Typ „Speedy“ hergestellt. Die Fertigstellung des millionsten „Speedy“ soll besonders gefeiert werden. Wie viele Wagen müssen noch vom Band laufen, bis gefeiert werden kann?

11. Berechne schriftlich mit Komma.

a) Marie hat 27,13 € in ihrem Portmonee und möchte ein T-Shirt zu 9,95 €, ein Buch zu 7,99 € und eine CD zu 8,49 € kaufen. Reicht das Geld?

b) Im Baumarkt werden von einer Teppichbodenrolle Stücke zu 4,15 m, 5,80 m, 3,45 m und 6,20 m verkauft. Wie viel Teppichboden wurde insgesamt verkauft?

c) Ein Versandbuchhändler packt in einen 350 g schweren Karton Bücher zu 1,230 kg, 764 g, 1,564 kg. Wie schwer wird das Paket?

12. Stelle deinem Partner eine geeignete Frage. Anschließend tauscht ihr die Rollen.

a) Herr Schmitz muss 353 km auf der Autobahn zurücklegen. Nach 168 km verlässt er sie wegen einer Vollsperrung. Auf der Landstraße fährt er einen Umweg von 18 km.

b) Herr Mertes hat 879,13 € auf seinem Konto. Nachdem ihm sein Autoradio gestohlen worden ist, überweist ihm seine Versicherung einen Betrag von 376,45 €. Für Kauf und Einbau des neuen Radios muss er 459,99 € überweisen.

c) Eine dreitägige Radfernfahrt geht über insgesamt 646 km. Am ersten Tag werden 188 km gefahren, die zweite Etappe geht über 245 km.

d) Familie Schneider fährt mit dem Pkw in den Urlaub. Die zulässige Gesamtmasse des Autos beträgt 1,6 t. Der leere Wagen hat eine Masse 1,045 t. Frau Schneider wiegt 62 kg, Herr Schneider 81 kg und die beiden Kinder 27 kg und 44 kg, dazu noch 78 kg Gepäck.

13. Auf einer Wanderkarte sind die Längen einzelner Wege in Meter angegeben.

a) Peter und seine Mutter möchten vom Parkplatz P über E den kürzesten Weg nach B gehen. Wie lang ist dieser Weg?

b) Die Klasse 5 b der Goethe-Schule startet beim Parkplatz eine Radtour. Dabei soll kein Weg ausgelassen und nur einer doppelt gefahren werden. Gib einen solchen Weg an und berechne seine Länge.

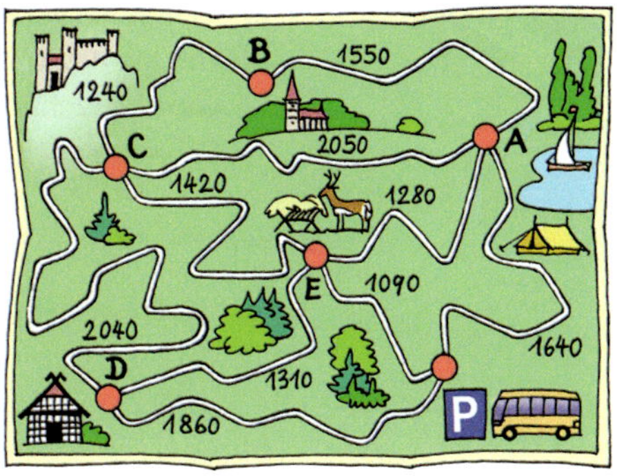

14. Eine Ferienanlage zählte im Jahre 2015 während der Hauptsaison 125 832 Übernachtungen. In der Vorsaison waren es 37 187 und in der Nachsaison 28 518 Übernachtungen. Stelle geeignete Fragen und rechne.

15. Wie lang ist die gesamte Werrabrücke der Bahnstrecke Hannover – Würzburg?

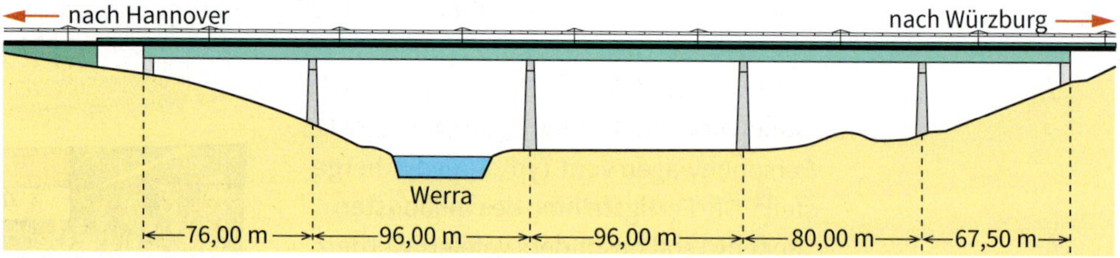

16. In der Tabelle siehst du die bayerischen Städte mit mehr als 100 000 Einwohnern (Stand Dezember 2013).

a) Berechne, wie viele Menschen insgesamt in diesen Städten leben.

b) Um wie viel ist die Einwohnerzahl Münchens größer als die von Nürnberg?

c) Wie viele Einwohner haben die Städte der „Metropolregion Nürnberg“, zu der Nürnberg, Erlangen und Fürth gehören, zusammen?

d) Wie viele Einwohner fehlen Würzburg, um auf Platz 4 der Liste zu stehen?

Stadt	Einwohnerzahl
München	1 407 836
Nürnberg	498 876
Augsburg	276 542
Regensburg	140 276
Ingolstadt	129 698
Würzburg	124 698
Fürth	119 808
Erlangen	105 624

17. Melanie und Markus wollen das Snow-Board „Super-Tec 2000“ mit den passenden Schuhen kaufen. Sie vergleichen die Preise verschiedener Händler.

Händler	A	B	C	D
Snow-Board	194,75 €	189,95 €	173,25 €	223,80 €
Schuhe	89,90 €	114,95 €	107,50 €	99,50 €

a) Melanie möchte beide Teile beim selben Händler kaufen. Wo wird sie kaufen?

b) Markus möchte möglichst preisgünstig einkaufen. Wo wird er kaufen?

c) Stelle weitere Fragen und beantworte sie.

18. Für ein Fußballspiel wurden 22 500 Eintrittskarten bereitgestellt. Im Vorverkauf wurden in der ersten Woche 3 145 Karten verkauft, in der zweiten sogar 9 802.

a) Berechne, wie viele Karten nach dem Vorverkauf noch übrig bleiben.

b) Heide und Silke kaufen ihre Karten (siehe links) an der Kasse kurz nacheinander. Wie viele Besucher haben in der Zwischenzeit eine Eintrittskarte gekauft? Schreibe auch die Nummern dieser Eintrittskarten auf.

19. Hier sind Zahlen weggewischt. Schreibe die Rechnung vollständig im Heft auf.

a) 572; 4□; + 3□8; = □82

b) □□□□; − 607; = 584

c) 8□5; + 756; + □6□; = □079

d) 2234; − □□□□; = 367

e) □30; + 63□; + 776; = □6□5

f) 302□; − 4□5; = 2613

g) 88□; + □82; + 676; = □7□7

h) 55□0□; − □□9□7; = 21144

i) □634; + 62□4; + 35□; = 9□32

j) 1□00□; − 4□10; = □17□3

20. Für einen Zoo wurden folgende Besucherzahlen ermittelt:

Januar	22 459	Juli	175 356
Februar	36 506	August	96 059
März	78 091	September	72 528
April	145 912	Oktober	92 735
Mai	128 559	November	22 420
Juni	123 798	Dezember	14 765

Stellt euch geeignete Aufgaben und löst sie.

21. Entscheide, ob die Aussage richtig ist, und begründe deine Antwort.

a) Die Summe von drei verschiedenen dreistelligen Zahlen ist nie größer als 3 000.

b) Die Differenz aus einer vierstelligen Zahl und einer dreistelligen Zahl liegt immer zwischen 9 und 9 000.

c) Wenn man vier verschiedene vierstellige Zahlen addiert, erhält man nie 4 949.

22. Löse die Gleichung mithilfe einer Umkehraufgabe

a) □ + 487 = 613
b) 739 − △ = 536
c) ○ − 372 = 253
d) 1 513 − □ = 743
e) x + 1 712 = 2 001
f) x − 2 314 = 1 959
g) 512 057 − □ = 331 512
h) ○ + 20 714 = 653 407
i) △ − 981 412 = 20 161
j) 7 465 318 − x = 3 707 596
k) x − 5 008 007 = 12 417 806
l) x + 28 715 296 = 3 351 607

23. a) Erstelle eine vollständig ausgefüllte Additionsmauer mit vier Steinen in der untersten Reihe. Zerschneide sie in die einzelnen Steine und gib diese deinem Partner. Er soll die Mauer wieder richtig aufbauen. Anschließend tauscht ihr die Rollen.

b) Überlegt anschließend gemeinsam: Welche Überlegungen helfen beim Zusammenbauen der Mauer?

24. Übertrage die Rechenmauer links in dein Heft. In der Mauer soll jeder „Oberstein“ die Summe der beiden „Untersteine“ enthalten.

a) Max verteilte die Zahlen 1, 2, 3, 4, 5 in der untersten Reihe so, dass er als oberste Zahl die kleinstmögliche erhielt. Gib eine mögliche Verteilung an. Welche Zahl steht dann ganz oben?

b) Maxi verteilte die Zahlen 1, 2, 3, 4, 5 in der untersten Reihe so, dass sie als oberste Zahl die größtmögliche erhielt. Gib eine mögliche Verteilung an. Welche Zahl steht dann ganz oben?

25. Familie Oetzmann möchte ein neues Auto kaufen. Das Auto soll höchstens 19 000 € kosten. Von den angebotenen Sonderausstattungen sind die angekreuzten von Interesse. Stelle zunächst mit einem Überschlag fest, ob das Auto mit der gewünschten Ausstattung weniger als 19 000 € kostet. Falls das nicht der Fall ist, mache einen Vorschlag, auf welche Ausstattung verzichtet werden könnte.
Berechne danach den genauen Preis.

MURENA T 3.5

Basismodell **15.999,- €**

Sonderausstattung gegen Aufpreis:

○ Klimaanlage	1.160,- €
☒ Automatisch geregelte Klimaanlage	1.559,- €
☒ Elektrisches Glasschiebedach	816,- €
☒ Leichtmetallfelgen	621,- €
☒ Metallic-Lackierung	329,- €
○ Sonderlackierung schwarz	155,- €

Berechnungen mithilfe einer Tabellenkalkulation

Du hast schon gesehen, wie man mithilfe eines Tabellenkalkulations-Programmes Diagramme erstellen kann. Eine noch wichtigere Anwendung ist jedoch das automatische Durchführen von Berechnungen.

1. Eine Bäckereikette möchte die Abrechnung ihrer 4 Bäckereigeschäfte zusammenfassen. Erstelle zunächst folgende Tabelle mit einer Tabellenkalkuation.

B4

	A	B	C	D	E	F	G
1	**Bäckerei**	**Berta**	**Claudia**	**Dani**	**Elfi**	**Bäckereikette**	
2	**Einnahmen**	**18000**	**20000**	**17000**	**14000**		
3	**Ausgaben**	**14000**	**19500**	**17000**	**14000**		
4	**Gewinn**						
5							

Berechnungen müsen mit einem Gleichheitszeichen beginnen.

Im Feld B4 soll der Gewinn der Bäckerei Berta berechnet werden. Den Gewinn kannst du leicht berechnen, indem du die Ausgaben von den Einnahmen subtrahierst. Gibst du in Feld B4 ein 18000 – 14000, so schreibt das Programm diese Differenz so in das Feld, berechnet sie aber nicht. Damit das Programm eine Berechnung durchführt, muss die Eingabe mit einem Gleichheitszeichen beginnen. Schreibst du also = 18000 – 14000 in das Feld B4, so schreibt das Programm 4000 in das Feld, nachdem du ENTER eingibst oder in ein anderes Feld wechselst. Das Programm hat also die Berechnung für dich durchgeführt.
Änderst du nun aber die Einnahme in Feld B2 auf 20000 ab, so ändert sich der Gewinn in Feld B4 nicht automatisch. Du müsstest neu rechnen lassen.
Dies kannst du vermeiden, indem du für Feld B4 folgende Anweisung vereinbarst:
„Nimm den Wert aus der Zelle B2, subtrahiere davon den Wert aus der Zelle B3 und schreibe das Ergebnis in Zelle B4".
In Kurzform gibt man für diesen Befehl in Zelle B4 ein: =B2–B3. Nach dem Drücken der ENTER-Taste erscheint in der Zelle B4 der Gewinn und in der Eingabezeile siehst du die dazugehörige Formel.

B4 =B2-B3

	A	B	C	D	E	F	G
1	**Bäckerei**	**Berta**	**Claudia**	**Dani**	**Elfi**	**Bäckereikette**	
2	**Einnahmen**	**18000**	**20000**	**17000**	**14000**		
3	**Ausgaben**	**14000**	**19500**	**17000**	**14000**		
4	**Gewinn**	**4000**					
5							

Für die anderen Bäckereien soll auch der Gewinn berechnet werden. Damit du den Berechnungs-Befehl nicht noch dreimal eingeben musst, kannst du ihn in die anderen Felder kopieren: Klicke mit der Maus die Zelle B4 an. Der Zellzeiger hat in der unteren rechten Ecke einen dicken Punkt. Klicke nun mit der linken Maustaste auf diesen dicken Punkt, er wird zu einem Kreuz.

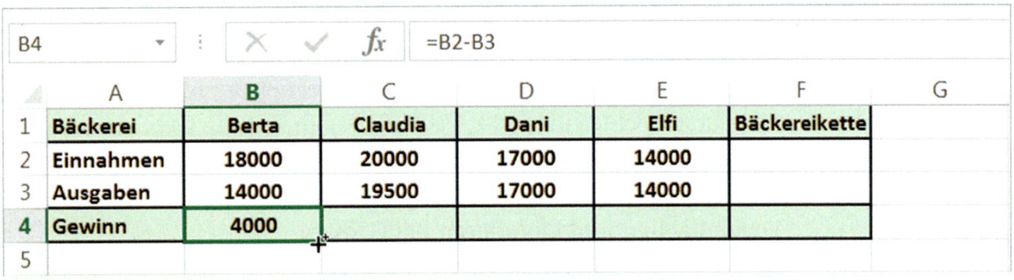

	A	B	C	D	E	F	G
1	Bäckerei	Berta	Claudia	Dani	Elfi	Bäckereikette	
2	Einnahmen	18000	20000	17000	14000		
3	Ausgaben	14000	19500	17000	14000		
4	Gewinn	4000					
5							

Ziehe nun mit der Maus bei festgehaltener linker Maustaste den Cursor auf die Zelle C4 und es erscheint das Ergebnis.

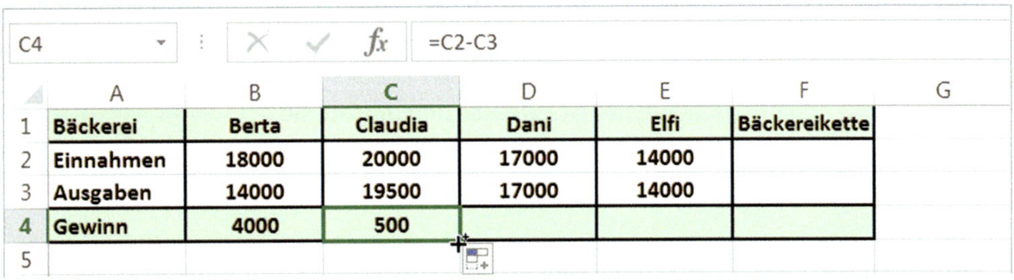

	A	B	C	D	E	F	G
1	Bäckerei	Berta	Claudia	Dani	Elfi	Bäckereikette	
2	Einnahmen	18000	20000	17000	14000		
3	Ausgaben	14000	19500	17000	14000		
4	Gewinn	4000	500				
5							

In der Eingabezeile der Zelle C4 steht nun die Formel, die du sonst von Hand eingegeben hättest. Wenn also =B2−B3 in der Zelle B4 steht, merkt sich das Tabellenkalkulations-Programm in Wirklichkeit: Hole dir den Wert aus der Zelle, die zwei Zellen über mir steht und subtrahiere davon den Wert, der direkt über mir steht. Das Programm speichert also nicht, wo die Werte stehen, sondern wie man dort hinkommt. Das nennt man *relative Adressierung*. Beim Loslassen der Maustaste wird bei manchen Programmen noch ein Auswahlfenster angezeigt. Man kann auswählen, ob man nur die Formel oder auch die Zellenformate (Schrift, Farbe, ...) übernehmen möchte.
Fülle auf die gleiche Weise die Zellen D4 und E4 mit deinem Programm aus.

Summe(B_2:E_2) bedeutet: Die Werte in den Zellen B_2, C_2, D_2 und E_2 werden addiert.

2. In der Zelle F5 sollen die Gesamteinnahmen berechnet werden. Hierzu müssen die Werte in B2 bis E2 aufsummiert werden, indem du eingibst: =B2+C2+D2+E2. Noch günstiger ist der Befehl =SUMME(B2:E2), der sich insbesondere bei mehreren Summanden anbietet.

a) Führe die Berechnung mit deinem Programm durch.

b) Berechne auch die Gesamtausgaben und den Gesamtgewinn.

c) Verändere anschließend Werte für einzelne Einnahmen oder Ausgaben und kontrolliere die daraus von der Tabellenkalkulation berechneten Werte.

3. Abschließend kannst du die Tabelle in einem Diagramm darstellen lassen.

4. Ein Blumenladen rechnet monatlich Einnahmen und Ausgaben ab. Werte die Daten aus.

Monat (in €)	Jan.	Feb.	Mär.	Apr.	Mai	Jun.	Jul.	Aug.	Sep.	Okt.	Nov.	Dez.
Einnahmen (in €)	12 314	16 427	17 511	23 067	19 412	17 409	16 273	11 075	13 907	15 771	21 507	25 696
Ausgaben (in €)	8 620	11 401	13 406	16 596	13 097	11 956	13 995	8 513	9 717	11 090	15 673	16 912

2.3 Multiplizieren und Dividieren

2.3.1 Zusammenhang zwischen Multiplizieren und Dividieren

Einstieg

a) Pascal bekommt 8 kleine Tüten Gummibärchen zu je 15 g. Wie viel g Gummibärchen bekommt er insgesamt?
b) Helena hat eine 750-g-Packung Lakritzen und möchte gleichmäßig große Tüten für sich und ihre vier Freundinnen abfüllen. Wie viel bekommt jede?
c) Marie möchte eine 520-g-Packung Kaudragees in Geschenkbeutel zu 40 g abfüllen. Wie viele Geschenkbeutel erhält sie daraus?

Aufgabe 1

Vervielfachen und Dividieren bei Größen

a) Frederick kauft für kleine Weihnachtsgeschenke 8 Tüten Früchtetee zu je 70 g. Wie viel Tee kauft er insgesamt?
b) Mia will 1 200 g Tee für ihre Freunde gleichmäßig in 4 Tüten umfüllen. Wie viel Tee muss sie in jede Tüte füllen?
c) Lisa kauft 800 g Ceylontee und möchte sie gleichmäßig in Beutel zu je 50 g verteilen. Wie viele Beutel benötigt sie?

Lösung

a) 8 Tüten zu je 70 g wiegen zuammen 8-mal so viel wie eine Tüte.
Rechnung: $8 \cdot 70\,g = 560\,g$
Ergebnis: Frederick kauft 560 g Tee.

b) 1 200 g Tee sollen auf 4 Tüten verteilt werden. Jede Tüte soll gleich viel Tee enthalten.
Rechnung: $1\,200\,g : 4 = 300\,g$
Ergebnis: In jeder Tüte sind 300 g Früchtetee.

c) Die Gesamtmenge von 800 g muss in Teile zu je 50 g aufgeteilt werden.
Rechnung: $800\,g : 50\,g = 16$
Ergebnis: Es werden 16 Beutel benötigt.

Information

multiplizieren vervielfältigen
Produkt das Erzeugte
Faktor derjenige, der etwas tut
dividieren (zer-)teilen
Quotient Ergebnis einer Division
Dividend die zu teilende Zahl
Divisor die teilende Zahl

Eine Summe mit gleichen Summanden kann man als Produkt schreiben, z. B.: $14 + 14 + 14 = 3 \cdot 14$

Multiplikation

$6 \cdot 57$ nennt man das **Produkt** der Zahlen 6 und 57. Das Ergebnis 342 nennt man den **Wert des Produktes**.
Die Zahlen 6 und 57 heißen *Faktoren*.

6	·	57	=	342
1. Faktor		*2. Faktor*		*Wert des Produkts*

Division

272 : 4 nennt man den **Quotienten** der Zahlen 272 und 4. Das Ergebnis 68 nennt man den **Wert des Quotienten**.
Die Zahl 272 heißt *Dividend*, die Zahl 4 heißt *Divisor*.

272	:	4	=	68
Dividend		*Divisor*		*Wert des Quotienten*

Dividend vor Divisor d vor s

Multiplizierst du eine Masse mit einer Zahl, so erhältst du eine Masse.
Dividierst du eine Masse durch eine Zahl, so erhältst du eine Masse.
Dividierst du eine Masse durch eine Masse, so erhältst du eine Zahl.
Entsprechendes gilt für Geldwerte, Längen und Zeitspannen.

Aufgabe 2

Multiplikation und Division als entgegengesetzte Rechenarten

Ein Computerladen feiert sein 10-jähriges Bestehen. In der Jubiläumsanzeige steht über diesen Zeitraum:

a) Wie viele Programmpakete wurden vor 10 Jahren angeboten?

b) Wie viel kostete das preisgünstigste Programmpaket vor 10 Jahren?

Lösung

Gesucht ist in beiden Fragen die Ausgangsgröße vor 10 Jahren. Wir erhalten sie, indem wir die angegebene Veränderung rückgängig machen, also rückwärts rechnen.

a) *Anzahl vor 10 Jahren*

Anzahl vor 10 Jahren → ▢ $\xrightarrow{\cdot 4}$ 260 ; 260 $\xrightarrow{:4}$ ▢

Rechnung: $260 : 4 = 65$

Ergebnis: Vor 10 Jahren wurden 65 Programmpakete angeboten.

b) *Preis vor 10 Jahren*

Preis vor 10 Jahren → ▢ $\xrightarrow{:3}$ 137 ; 137 $\xrightarrow{\cdot 3}$ ▢

Rechnung: $137 \cdot 3 = 411$

Ergebnis: Vor 10 Jahren kostete das preisgünstigste Programmpaket 411 €.

Information

Zusammenhang zwischen Multiplikation und Division

Multiplikation und Division sind entgegengesetzte Rechenarten.

(1) Das Multiplizieren mit einer natürlichen Zahl wird durch das Dividieren durch diese Zahl wieder rückgängig gemacht.

(2) Das Dividieren durch eine natürliche Zahl wird durch das Multiplizieren mit dieser Zahl wieder rückgängig gemacht.

6 $\xrightarrow{\cdot 8}$ 48 ; 48 $\xrightarrow{:8}$ 6

Weiterführende Aufgabe

Rechnen mit der Null

3. Das Rechnen mit der Null fällt manchmal schwer. Mache daher bei den Divisionsaufgaben jeweils die Probe durch Multiplizieren. Was ergibt

a) $0 \cdot 4$; **b)** $0 : 4$; **c)** $4 : 0$; **d)** $0 : 0$?

Information

Rechnen mit der Null

Beim Rechnen mit der Null gibt es einige Besonderheiten.

(a) Wenn ein Faktor 0 ist, so ist der Wert des Produkts 0.

(b) Wenn man 0 durch eine andere Zahl als 0 dividiert, so erhält man als Ergebnis 0.

(c) Durch 0 kann man *nicht* dividieren.

Beispiele: $3 \cdot 0 = 0$; $0 \cdot 5 = 0$; $0 : 7 = 0$

Übungsaufgaben

4. Im Baumarkt werden Tapetenrollen zu 13 € das Stück angeboten. Herr Meyer und Frau Özuan kaufen je 5 dieser Rollen und bezahlen an verschiedenen Kassen.
Vergleiche die beiden Kassenzettel und erläutere die beiden Rechnungen.

5. **a)** Schreibe als Produkt, berechne auch.
(1) $8+8+8+8+8+8$ (2) $15+15+15+15$ (3) $3+3+3+3$
b) Schreibe $7\cdot4$, $3\cdot9$, $6\cdot2$, $5\cdot1$, $13\cdot8$, $4\cdot4$ jeweils als Summe. Berechne dann ihre Werte.

6. **a)** Beschreibe und vergleiche die folgenden Rechnungen. Findest du noch weitere?

b) Berechne geschickt.

(1) $7\cdot16$	(3) $3\cdot170$	(5) $42:3$	(7) $321:3$	(9) $56\,000:700$
(2) $3\cdot48$	(4) $5\cdot2\,400$	(6) $112:4$	(8) $1\,500:50$	(10) $990\,000:90$

7. Prüfe deine Rechenfertigkeit. Rechne im Kopf.

a) $8\cdot24$	c) $78:6$	e) $6\cdot74$	g) $135:5$	i) $6\cdot207$	k) $936:9$
b) $6\cdot37$	d) $84:7$	f) $7\cdot63$	h) $132:6$	j) $7\cdot215$	l) $856:8$

8. Für Eintrittskarten wurden bei einer Schulveranstaltung am 17. März um 18 Uhr insgesamt 150 € eingenommen. Jede Karte kostete 6 €. Wie viele Personen haben teilgenommen?

9. **a)** Lukas ist mit seinem Rad im ersten halben Jahr 2 400 km gefahren. Berechne, wie viel km er im Durchschnitt pro Monat gefahren ist.
b) Pro Tag fährt er für den Hin- und Rückweg zur Schule insgesamt 13 km. Berechne:
(1) Wie viel km fährt er in einer Woche?
(2) Wie viel fährt er in einem Jahr, wenn er die Strecke an insgesamt 190 Tagen fährt?

10. Die Laufbahn eines Stadions hat eine Länge von 400 m. Wie viele Runden muss
(1) ein 10 000-m-Läufer; (2) ein 5 000-m-Läufer zurücklegen?

11. Ein Kopierer benötigt für jede Kopie 2 Sekunden. Ein Drucker schafft 5 Seiten pro Minute.
a) Berechne, wie viel Minuten jedes Gerät für 100 Seiten benötigt.
b) Berechne, wie viele Kopien man mit jedem Gerät in einer Stunde anfertigen kann.

12. Kontrolliere die Rechnungen und erläutere die enthaltenen Fehler:

a) $56\,m : 14\,m = 4\,m$ b) $20\cdot300\,g = 6\,kg$ c) $15\cdot6\,h = 90$

13. Sina, Tim und Janina trainieren für die Stadtmeisterschaften im Schwimmen. Im Training durchschwimmen sie die Bahnen sehr gleichmäßig.

a) Sina benötigt für eine Bahn 37 s. Sie schwimmt 8 Bahnen im gleichen Tempo. Berechne, wie lange sie dafür benötigt.

b) Janina schwimmt die gleiche Strecke in 5 min 36 s. Berechne, wie lange sie für eine Bahn benötigt.

c) Tim benötigt für eine Bahn 32 s. Berechne, wie viele Bahnen er in 6 min 24 s schwimmt.

14. Stelle deinem Partner eine geeignete Frage. Anschließend tauscht ihr die Rollen.

a) Eine Ameise ist 3 mg schwer und kann das 20-fache ihrer Masse stemmen.

b) Ein Floh ist 2 mm groß und kann mit einem Sprung das 170-fache seiner Körpergröße zurücklegen.

c) Katharina legt jeden Tag auf dem Schulweg für Hin- und Rückweg zusammen 5 km mit dem Fahrrad zurück. Sie fährt an insgesamt 190 Tagen zur Schule.

d) Imke und Kathrin vergleichen die Preise für eine Flugreise. Die Eltern von Imke haben 2 100 € für 7 Tage, die Eltern von Kathrin 2 900 € für 10 Tage bezahlt.

15. Ein Baumstamm von 12 m Länge soll in Stücke zu je 120 cm Länge zersägt werden. Jeder Schnitt dauert 30 s. Ermittle, wie lange gesägt werden muss.

16. Erfinde selbst Rechengeschichten zu folgenden Produkten bzw. Quotienten.

a) 60 g : 2 g	f) 25 kg · 8
b) 3 m · 6	g) 3 d : 6 h
c) 5 · 45 min	h) 12 · 15 cm
d) 3 m : 15 cm	i) 15 · 5 s
e) 30 € : 5 €	j) 8 km : 5

Quotient: 60 g : 30
Rechengeschichte: Inga muss Hustentee trinken. Auf der Dose liest sie:
„Inhalt 60 g Teepulver. Reicht für 30 Tassen."
Wie viel Tee muss man für 1 Tasse nehmen?
Rechnung: 60 g : 30 = 2 g
Ergebnis: Man muss 2 g Teepulver nehmen.

17. Ein Bürgermeister berichtet über die Veränderungen in seiner Gemeinde:

(1) In der Innenstadt gibt es 412 Schulkinder. Das sind nur halb so viele wie vor 5 Jahren.

(2) In Neubaugebieten gibt es 378 Schulkinder. Das sind dreimal so viele Schulkinder wie vor 5 Jahren.

Wie viele Schulkinder gab es vor 5 Jahren im Innenstadtbereich, wie viele Schulkinder in den Neubaugebieten?

18. Lukas ist an seinem dritten Geburtstag 1,02 m groß und wiegt 15,4 kg. Damit hat sich seine Größe seit seiner Geburt verdoppelt. Er wog sogar fünfmal so viel wie bei der Geburt. Stelle geeignete Fragen und beantworte sie.

19. Mache die Probe mithilfe der entgegengesetzten Rechenart. Berichtige, wenn es nötig ist.

a) 405 : 5 = 81
b) 434 : 7 = 69
c) 279 : 9 = 32
d) 220 : 4 = 55

Aufgabe: 288 : 8 = 36
Pfeilbild: 288 $\xrightarrow{:8}$ 36, 36 $\xrightarrow{\cdot 8}$ 288
Probe: 36 · 8 = 288

20. a) An der Tafel sind einige Zahlen ausgewischt. Welche waren es? Notiere sie im Heft.

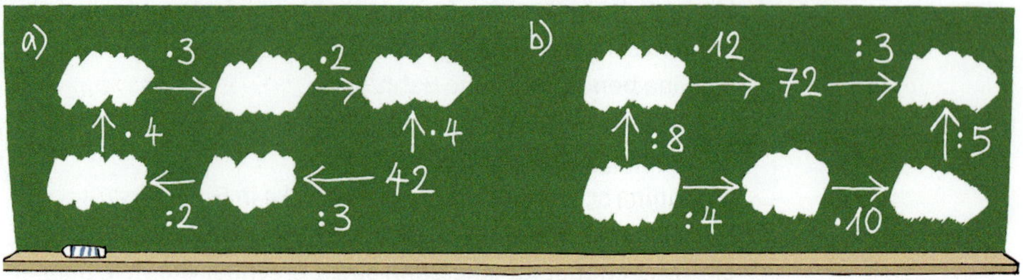

b) Jeder erstellt ein unvollständiges Rechengitter wie an der Tafel oben. Der Partner ergänzt die fehlenden Zahlen.

21. Welche Zahl kann man einsetzen? Notiere dazu eine Umkehraufgabe im Heft.

a) □ : 12 = 8 **b)** ○ · 9 = 189 **c)** 18 · △ = 108
d) △ · 15 = 195 **e)** ○ : 13 = 7 **f)** □ : 6 = 21
g) □ : 15 = 5 **h)** △ · 17 = 51 **i)** 11 · ○ = 132
j) ○ : 12 = 9 **k)** 14 · △ = 84 **l)** □ : 15 = 8
m) 18 · x = 126 **n)** 63 : x = 9 **o)** 54 : x = 18

22. a) Eine Zahl wurde mit 15 multipliziert. Das Ergebnis ist 90. Wie lautet die Zahl?
b) Eine Zahl wurde durch 8 dividiert. Das Ergebnis ist 9. Wie lautet die Zahl?
c) Die Zahl 6 wurde mit einer Zahl multipliziert. Das Ergebnis ist 54. Wie lautet die Zahl?
d) 72 wurde durch eine Zahl dividiert. Das Ergebnis ist 9. Wie lautet die Zahl?

23. Berechne, wenn möglich.

a) 1 · 9 **b)** 0 · 9 **c)** 9 · 9
d) 10 : 1 **e)** 0 : 10 **f)** 10 : 10
g) 0 + 0 **h)** 1 : 0 **i)** 1 + 1
j) 1 – 1 **k)** 0 · 0 **l)** 0 + 1
m) 1 : 1 **n)** 1 – 0 **o)** 0 · 1
p) 0 : 0 **q)** 0 · 275 **r)** 1 · 1

24. Fülle, soweit möglich, die Lücken im Heft aus.

a) □ · 12 = 12 **b)** 80 · □ = 0 **c)** □ · 1 = 0 **d)** 0 · □ = 24
e) □ : 1 = 19 **f)** 25 : □ = 1 **g)** □ : 8 = 0 **h)** 15 : □ = 0
i) 60 + □ = 60 **j)** □ + 33 = 33 **k)** 0 : □ = 0 **l)** □ : 0 = 7
m) □ – 48 = 0 **n)** 72 – □ = 72 **o)** □ – 25 = 1 **p)** □ – 30 = 30

25. Berechne. Achte auf die Einheiten und erkläre, welche Einheit das Ergebnis hat.

a) 5 · 40 min **b)** 5 · 1,5 dm **c)** 40 m : 400 **d)** 25 · 5 s
e) 3 m 5 dm · 6 **f)** 30 t : 1 000 **g)** 25 · 5 min **h)** 2 kg : 40 g
i) 270 km : 6 **j)** 267 g : 3 g **k)** 123 m · 5 **l)** 304 min : 8 min
m) 392 t : 7 **n)** 115 € : 5 € **o)** 3 m 5 cm · 5 **p)** 31 dm 2 cm : 4

26. Pro Tag sollen etwa 60 mg Vitamin C aufgenommen werden. Wie viele Portionen vom Müsli rechts müsste man an einem Tag essen? Wie viel g Müsli sind das?

27. Ein Gartenweg ist 18 m lang. Es liegen dort 24 Platten hintereinander.
a) Wie lang ist jede einzelne Platte?
b) Der Weg soll mit 60 cm langen Platten erneuert werden. Wie viele Platten werden benötigt?

28. Ein Automobilwerk verlädt Kleinwagen. Auf einen Waggon passen 12 Autos. In einer Woche verlassen sechs Züge mit jeweils 27 Waggons das Werk. Wie viele Pkw sind das?

29. Schreibe **(1)** 96 als Produkt zweier Zahlen; **(2)** 120 als Produkt dreier Zahlen. Gib mehrere Möglichkeiten an.

30. Wie ändert sich der Wert eines Produktes aus zwei Faktoren,
- a) wenn ein Faktor verdoppelt wird;
- b) wenn beide Faktoren verdoppelt werden;
- c) wenn der eine Faktor verdoppelt, der andere halbiert wird?

31. Wie ändert sich der Wert eines Quotienten, wenn man
- a) den Dividenden verdoppelt;
- b) den Divisor verdoppelt;
- c) den Dividenden und den Divisor verdoppelt;
- d) den Divisor halbiert;
- e) den Divisor und den Dividenden halbiert;
- f) den Dividenden verdoppelt und den Divisor halbiert?

2.3.2 Schriftliches Multiplizieren

Einstieg

In einem Montagewerk für Sonnenkollektoren werden täglich 1745 Kollektoren produziert. Wie viele Kollektoren werden
- **a)** in einer Woche mit 5 Arbeitstagen produziert;
- **b)** in einem Jahr mit 235 Arbeitstagen produziert?

Aufgabe 1

Multipliziere schriftlich: **a)** 394 · 7 **b)** 417 · 38
Mache zunächst einen Überschlag. Runde dabei so, dass du im Kopf rechnen kannst.

Lösung

a) *Überschlag:* 400 · 7 = 2800
Wir multiplizieren schriftlich:

H	Z	E		
3	9	4	·	7
	2	7	5	8

Einer: 7 · 4 = 28
Zehner: 7 · 9 + 2 = 65
Hunderter: 7 · 3 + 6 = 27
Tausender: 2

b) *Überschlag:* 400 · 40 = 16000
Rechnung:

4	1	7	·	3	8	
	1	2	5	1		Bedeutet 417 · 30
		3	3	3	6	Bedeutet 417 · 8
	1	5	8	4	6	

Übungsaufgaben

2. Multipliziere schriftlich. Mache zuerst einen Überschlag.

a) 423 · 3 c) 3416 · 8 e) 8143 · 7 g) 476 · 50 i) 2513 · 400 k) 4860 · 80
b) 146 · 7 d) 7093 · 6 f) 9628 · 6 h) 702 · 60 j) 3518 · 600 l) 1930 · 40

3. Multipliziere schriftlich. Mache zuerst einen Überschlag.

a) 32 · 14 c) 45 · 35 e) 760 · 62 g) 445 · 87 i) 23 · 471 k) 83 · 709
b) 54 · 64 d) 39 · 76 f) 564 · 54 h) 807 · 46 j) 31 · 746 l) 16 · 817

4. Finde den Fehler und beschreibe ihn im Heft.

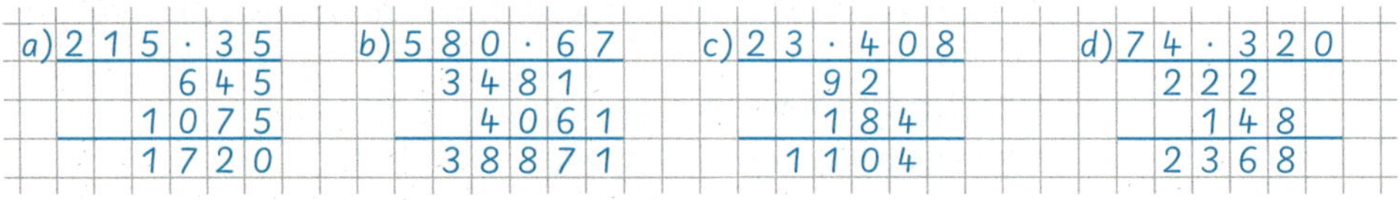

5. Multipliziere schriftlich. Mache zunächst einen Überschlag.

a) 111 · 333 c) 75 · 1246 e) 102 030 · 55 g) 23 589 · 342
b) 8822 · 355 d) 2242 · 5050 f) 7050 · 321 h) 102 405 · 2123

6. Ermittle mit einem Überschlag, welches der drei Ergebnisse richtig ist.

a) 5019 · 304 Ergebnis: 15 256 486, 725 776 oder 1 525 776
b) 3412 · 8497 Ergebnis: 8 991 764, 28 991 764 oder 971 714

7. Die Treppe zum Keller eines Hauses hat 16 Stufen. Jede Stufe ist 19 cm hoch und 60 cm breit. Finde heraus, wie tief ist der Keller ist.

8. Multipliziere in der Rechenmauer nebeneinander stehende Zahlen. Rechne so lange im Kopf, wie es geht.
Vervollständige die Mauern im Heft. Wie lautet die oberste Zahl?

a)

b)

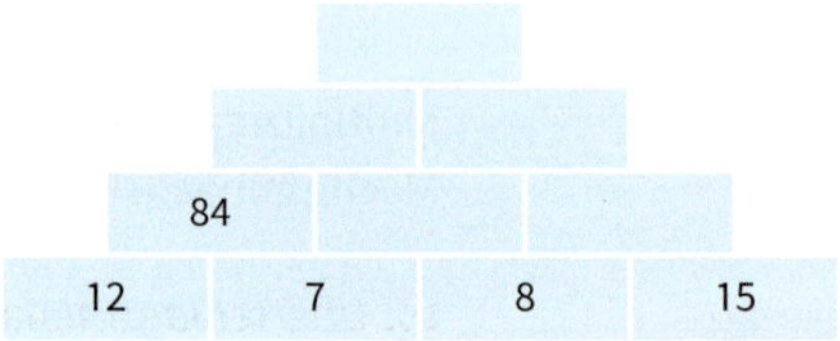

9. Die Firma verschenkte 587 Stühle im Wert von jeweils 17 €. Stimmt die Angabe auf dem Plakat?

10. Das Herz eines 11-jährigen schlägt durchschnittlich 85-mal in der Minute. Stelle geeignete Fragen und beantworte sie.

11. Auf der Strecke von München nach Passau fährt der erste Inter-City-Express morgens um 7 Uhr, der letzte um 19 Uhr. Dazwischen verkehren die Züge im zweistündigen Abstand. Jeder ICE hat 12 Personenwaggons. In jedem Waggon können 106 Fahrgäste befördert werden.
Stelle selbst geeignete Fragen und beantworte sie.

12. Ein Rundkurs eines Radrennens ist 12 km lang; er soll 15-mal durchfahren werden. Die Rennleitung geht davon aus, dass die Radfahrer im Durchschnitt 35 km in der Stunde fahren.
Dauert das Rennen nach dieser Einschätzung länger als 6 Stunden?

13. Bei den Bundesliga-Heimspielen eines bayrischen Fußballvereines beträgt der durchschnittliche Eintrittspreis etwa 40 €. Sein Stadion verfügt über insgesamt 75 024 Plätze.

a) Berechne die Höhe der Einnahmen aus dem Ticketverkauf in einem Bundesligaspiel, wenn das Stadion ausverkauft ist.
b) Wie hoch sind die Einnahmen pro Saison bei 17 Heimspielen, wenn die Tickets in jedem Spiel ausverkauft sind?
Überschlage zunächst und berechne anschließend.

14. Berechne. Achte auf die Einheiten.

a) 25 · 45 min	c) 40 m : 250	e) 40 km 50 m · 20 dm	g) 258 · 35 g
b) 242 · 3,5 cm	d) 30 kg : 125	f) 2,34 m : 30	h) 2 568 m : 24

15. Die Masse der Samen des Johannisbrotbaumes beträgt durchschnittlich 200 mg.
Diese Masse verwendet man als Maßeinheit *1 Karat* beim Wägen von Edelsteinen.
Wie viel Karat hat ein Edelstein, dessen Masse
a) genau 4 g beträgt;
b) genau 1 200 mg beträgt?

16. Ein Pfefferkorn hat eine Masse von durchschnittlich etwa 40 mg.
Ermittle, wie viele Pfefferkörner sich in einem 50-kg-Sack Pfeffer befinden.

17. a) Ein Kaufmann füllt 6 kg Tee in Tüten zu je 75 g. Wie viele Tüten erhält er?
b) Es sind 190 Tüten mit je 65 g Tee vorrätig. Wie viel Tee ist das zusammen?
c) 4 kg sollen auf 160 Tüten gleichmäßig verteilt werden. Wie viel g enthält dann jede Tüte?

≙ *bedeutet: entspricht*

18. In den englischsprachigen Ländern werden im Alltag immer noch andere Längeneinheiten benutzt als bei uns.
Gib die Längen in der Einheit m an.

a) 12 miles	c) 700 miles
b) 19 000 feet	d) 1 500 feet

10 inch	≙	254 mm
100 yard	≙	9 144 cm
1 mile	≙	1 609 m
1 000 feet	≙	305 m

19. Eine Toilettenspülung verbraucht etwa 5 Liter Wasser. Bei Müllers läuft sie 17-mal am Tag.

a) Berechne, wie viel Liter Wasser das in einem Jahr sind.

b) Familie Meier hat eine Toilettenspülung mit Spartaste. Dabei werden jeweils 3 l Wasser zur Spülung benutzt. Berechne, wie viel Liter Wasser pro Jahr weniger verbraucht werden.

c) Schätze, wie viel Liter Wasser deine Familie an einem Wochenende für die Toilettenspülung verbraucht.

20. Fülle die Lücken in deinem Heft mit den richtigen Ziffern aus.

a)	b)	c)	d)	e)
3■ · ■5	4■ · 3■	64 · ■■	■■ · 23	4■3 · ■7
74	1■7	3■0	■4■	2■15
■■■	■■4	■4	■■■	2■■1
■25	■■■■	3■6■	1■56	24111

2.3.3 Schriftliches Dividieren

Einstieg

Ein Getränkehersteller produziert stündlich 18 300 Flaschen Mineralwasser. Diese werden in Kisten zu 12 Flaschen ausgeliefert.
Wie viele Kisten werden dafür benötigt?

Aufgabe 1

Wiederholung: Schriftliches Dividieren durch eine einstellige Zahl

Beim Börsenspiel „Daxopoly" haben 6 Spieler gemeinsam 2 310 Euro verdient. Bei diesem Spiel gibt es 1 000-, 100- und 10-Euro-Scheine, sowie 1-Euro-Münzen.
Der Geldbetrag wird mit den Scheinen rechts ausbezahlt. Erkläre, wie du beim gerechten Aufteilen des Geldbetrages vorgehst.

Lösung

2 Tausender können wir so nicht an 6 Spieler verteilen. Wir wechseln sie in 20 Hunderter, sodass wir nun insgesamt 23 Hunderter an 6 Spieler zu verteilen haben. Jeder von ihnen erhält 3 Hunderter.
Dann sind 18 Hunderter verteilt und wir haben 5 Hunderter übrig. Um auch diese zu verteilen, wechseln wir sie in 50 Zehner. Wir haben dann insgesamt 51 Zehner. Jeder der 6 Spieler erhält 8 Zehner.
Dann sind 48 Zehner verteilt und 3 Zehner können so nicht verteilt werden. Wir wechseln diese in 30 Einer-Münzen. Davon erhält jeder der 6 Spieler 5 und der Verdienst ist ohne Rest verteilt.
Dieses Vorgehen kann man auch kürzer als schriftliche Division 2 310 : 6 notieren.

	T	H	Z	E			H	Z	E
	2	3	1	0	: 6 =		3	8	5
−	1	8			← ·6 (3)				
		5	1						
	−	4	8		← ·6 (8)				
			3	0					
		−	3	0	← ·6 (5)				
				0					

	2	3	1	0	:	6	=	3	8	5	
−	1	8									
		5	1				*Probe:*				
	−	4	8				3	8	5	·	6
			3	0				2	3	1	0
		−	3	0							
				0							

Ergebnis: Jeder der 6 Spieler erhält 385 Euro. Wenn wir dieses Ergebnis überprüfen möchten, können wir multiplizieren.

Aufgabe 2 **Dividieren durch eine zweistellige Zahl – Dividieren mit Rest**

Zwei Lottotippgemeinschaften haben an einem Wochenende beide je 5 966 € gewonnen. Der Gewinn soll gleichmäßig verteilt werden, wobei nur volle Euro-Beträge ausgezahlt werden. Der Rest verbleibt in der Kasse.
Wie viel Euro bekommt jeder, wenn
a) eine Tippgemeinschaft aus 19 Personen,
b) die andere Tippgemeinschaft aus 14 Personen besteht?

Mache vorher eine Überschlagsrechnung. Überprüfe das Ergebnis durch eine Probe.

Lösung

a) Man muss 5 966 € durch 19 dividieren.
Eine mögliche Überschlagsrechnung lautet: 6 000 € : 20 = 300 €
Jeder erhält rund 300 €.
Den genaueren Betrag ermitteln wir durch *schriftliches Dividieren* der Zahlen.

	T	H	Z	E		H	Z	E
	5	9	6	6	: 19 =	3	1	4
–	5	7			← · 19			
		2	6					
–		1	9		← · 19			
			7	6				
		–	7	6	← · 19			
				0				

	5	9	6	6	:	1	9	=	3	1	4	
–	5	7										
		2	6			Probe:						
	–	1	9				3	1	4	·	1	9
			7	6					3	1	4	
		–	7	6					2	8	2	6
				0					5	9	6	6

Ergebnis: Jeder der 19 Teilnehmer dieser Lottotippgemeinschaft erhält 314 €.

b) Man muss 5 966 € durch 14 dividieren.
Eine mögliche Überschlagsrechnung lautet hier 6 000 € : 15 = 400 €.
Den genaueren Betrag ermitteln wir wieder durch *schriftliches Dividieren* der Zahlen.

	T	H	Z	E		H	Z	E
	5	9	6	6	: 14 =	4	2	6
–	5	6			← · 14			
		3	6					
–		2	8		← · 14			
			8	6				
		–	8	4	← · 14			
				2				

5	9	6	6	:	1	4	=	4	2	6	R	2
5	6											
	3	6			Probe:							
–	2	8			4	2	6	·	1	4		
		8	6				4	2	6			
	–	8	4				1	7	0	4		
			2				5	9	6	4		
		5	9	6	4	+	2	=	5	9	6	6

Bei dieser Divisionsaufgabe bleibt ein Rest von 2, der sich nicht mehr durch 14 dividieren lässt.
Ergebnis: Jeder der 14 Teilnehmer dieser Lottotippgemeinschaft erhält 426 €. In der Kasse bleiben 2 €.

Information

Beim Dividieren musst du besonders auf die 0 achten.

(1) 4807 : 23 = 209
```
 4807 : 23 = 209
−46
  20
 − 0
  207
 −207
    0
```
Beim Verteilen von 20 Zehnern erhält jeder 0.

(2) 51068 : 17 = 3004
```
51068 : 17 = 3004
−51
  00
 − 0
   06
  − 0
    68
   −68
     0
```
0 Hunderter sind zu verteilen.

(3) 12420 : 54 = 230
```
12420 : 54 = 230
−108
  162
 −162
   00
  − 0
    0
```
Nach den Zehnern folgen Einer.

Übungsaufgaben

3. Berechne. Kontrolliere dein Ergebnis durch eine Probe.

a) 615 : 5 **c)** 2416 : 8 **e)** 4518 : 9 **g)** 1680 : 30 **i)** 194810 : 70 **k)** 102000 : 300
b) 1284 : 3 **d)** 1575 : 7 **f)** 1626 : 6 **h)** 54450 : 90 **j)** 100020 : 60 **l)** 803600 : 200

4. Jeder der beiden Partner berechnet die Divisionsaufgaben seines Zettels, anschließend wird getauscht und der Partner kontrolliert durch Multiplikation.

a)

Partner A	Partner B
255 : 17	966 : 23
512 : 32	966 : 42
288 : 24	952 : 28
252 : 42	851 : 37

b)

Partner A	Partner B
8856 : 72	20017 : 37
18249 : 77	19968 : 32
5712 : 68	11748 : 89
11760 : 48	49707 : 63

5. Wo steckt der Fehler? Berichtige im Heft.

a)
```
 14985 : 37 = 45
−148
   185
  −185
     0
```

c)
```
 3447 : 47 = 73 R 9
−3297
  150
 −141
    9
```

b)
```
 23940 : 63 = 38
−189
   504
  −504
     0
```

d)
```
 25530 : 58 = 44 R 1
−232
  233
 −232
    1
```

6. Aus einem Metallstab sollen 32 mm lange Stücke als Träger für Regalbretter geschnitten werden.
Wie viele solcher Träger erhält man, wenn der Stab
a) 2,08 m, **b)** 1,50 m lang ist?
Überschlage zunächst, berechne dann genau.

7. Mache erst einen Überschlag; rechne dann schriftlich.

1521 : 39 ≈ 1600 : 40 = 40

a) 1235 : 13 **e)** 1344 : 21 **i)** 3403 : 41
b) 996 : 12 **f)** 1826 : 22 **j)** 4899 : 69 **m)** 4712 : 62 **p)** 24231 : 591
c) 1170 : 15 **g)** 1568 : 28 **k)** 5396 : 76 **n)** 7387 : 83 **q)** 92196 : 234
d) 1216 : 19 **h)** 2871 : 29 **l)** 4505 : 53 **o)** 9794 : 83 **r)** 850796 : 454

8. Ein Verein bestellt für seine 72 Mitglieder T-Shirts mit dem Vereinslogo zu einem Gesamtpreis von 1 152 €. Nach dem Zugang von 9 weiteren Mitgliedern muss der Verein die Bestellung erhöhen. Ermittle, welcher Betrag zusätzlich aufgewandt werden muss.

9. Überprüft, ob die Aufgabe richtig gerechnet wurde. Manchmal reicht auch ein Überschlag. Erklärt euch eure Überlegungen gegenseitig.

a) 1539 : 19 = 41	e) 3648 : 76 = 48	i) 19968 : 78 = 156
b) 1127 : 23 = 49	f) 4316 : 83 = 42	j) 14364 : 342 = 32
c) 2698 : 71 = 58	g) 7938 : 42 = 170	k) 34563 : 123 = 461
d) 5642 : 62 = 81	h) 24966 : 73 = 342	l) 15360 : 512 = 36

10. Dividiere mit Rest, führe auch die Probe durch.

a) 487 : 4	d) 347 : 20	g) 973 : 30	j) 200 : 15	m) 874 : 15
b) 368 : 6	e) 685 : 30	h) 758 : 80	k) 378 : 18	n) 855 : 22
c) 425 : 7	f) 400 : 90	i) 904 : 90	l) 198 : 21	o) 1 072 : 37

11. Stelle geeignete Fragen und beantworte sie.

a) 770 Flaschen Apfelsaft und 550 Flaschen Traubensaft sollen in Kästen für je zwölf Flaschen versandt werden.

b) Die Klassen 5 a und 5 b planen einen gemeinsamen Ausflug. Übernachtung und Verpflegung kosten insgesamt 1 256 €. Für den Bus müssen 520 € bezahlt werden. In der Klasse 5 a sind 23 Schülerinnen und Schüler, in der 5 b sind 25 Schülerinnen und Schüler.

c) Jacob backt Muffins und füllt den Teig in eine Form für 12 Muffins.

Muffin-Rezept

Zutaten

250 g Mehl
250 g Butter
150 g Zucker/Zimt-Gemisch
4 große Eier (je 70 g)
1 Teelöffel Backpulver (4 g)
4 Esslöffel Milch (20 g)

12. Beim Handballspiel kostet eine Einzelkarte für den Stehplatz 6 €, eine Sitzplatzkarte 9 €. Für die 17 Spiele der Saison gibt es aber auch Saisonkarten zu 95 € für einen Stehplatz und zu 140 € für einen Sitzplatz. Robert kann aber nicht jedes Spiel sehen.
Ab wie viel Spielbesuchen lohnt sich eine Saisonkarte?

13. Im Verkehrsfunk wird gemeldet: „Vor der Anschlussstelle Fünfort 11 km Stau." Finde heraus, wie viele Autos ungefähr auf dem zweispurigen Autobahnabschnitt im Stau sind.
Hinweis: Du benötigst eine weitere Angabe. Schätze sie.

Das kann ich noch!

A) Die 5. Klassen wurden nach ihrer Lieblingsfarbe befragt.

1) Was kannst du dem Diagramm „auf einen Blick" entnehmen?
2) Notiere die Ergebnisse in eine Tabelle.
3) Wie viele Schülerinnen und Schüler wurden befragt?

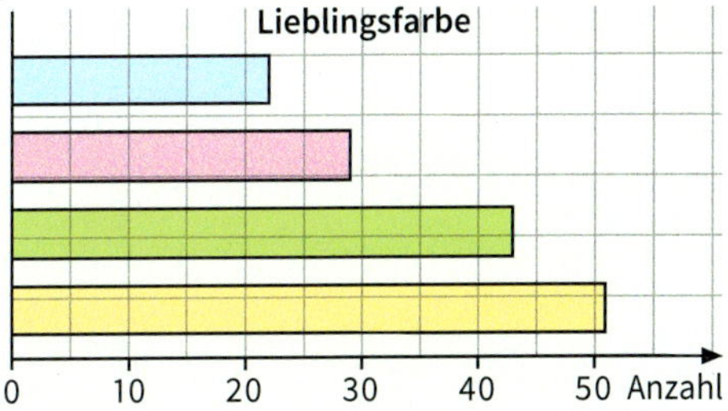

14. a) Der Planet Venus benötigt 225 Tage, um einmal um die Sonne zu kreisen. Er legt dabei 680 400 000 km zurück. Berechne, wie viel km er in einer Stunde zurücklegt.

b) Ein Satellit macht um die Erde 12 Umdrehungen in 24 Stunden. Berechne, wie lange er für 7 Umläufe benötigt. Wie viele Umläufe schafft er in 50 Stunden?

15. Für ein Fußballspiel wurden 4 000 Sitzplatzkarten und 12 000 Stehplatzkarten zum Verkauf angeboten. 1 250 Sitzplatzkarten und 3 220 Stehplatzkarten blieben übrig.
Insgesamt wurden 111 470 € eingenommen. Für eine Stehplatzkarte waren 9 € zu bezahlen. Stelle geeignete Fragen und beantworte sie.

16. Landwirt Egen hat 34 Kühe. Im Laufe eines Jahres liefert jede Kuh im Mittel in 10 Monaten zweimal 12 Liter Milch am Tag.

a) Wie hoch ist die gesamte Milchproduktion von Landwirt Egen im Laufe eines Jahres?

b) Für 1 kg Käse benötigt man ungefähr 9 Liter Milch. Wie viel Käse kann Landwirt Egen monatlich herstellen?

c) Das „Allgäuer Braunvieh" ist eine spezielle Rasse, von der es insgesamt 670 000 Tiere gibt, darunter 340 000 Milchkühe. Stelle geeignete Fragen und rechne.

d) Erkundige dich, wie teuer ein Liter Milch ist und wie viel die Landwirte für einen Liter bekommen. Schätze mit diesen Angaben die Jahreseinkünfte, die Landwirt Egen aus dem Verkauf seiner Milch bezieht.

Spiel
(4 bis 6 Spieler)

17. *Super 60:* Jeder Spieler hat zu Beginn 10 Punkte. Dann wird reihum gewürfelt. Wirft ein Spieler eine Zahl, durch die sich seine Punktzahl ohne Rest dividieren lässt, dann muss er dividieren; lässt sich seine Punktzahl nicht durch die gewürfelte Zahl dividieren, dann multipliziert er damit.

Beispiel: Wirft er eine 5, dann rechnet er $10 : 5 = 2$. Seine neue Punktzahl ist dann 2.
Wirft er eine 3, dann rechnet er $3 \cdot 10 = 30$. Seine neue Punktzahl ist dann 30.

Der Spieler notiert sich seine neue Punktzahl, dann würfelt der nächste Spieler.
Gewonnen hat, wer als erster mehr als 60 Punkte erreicht hat.

Abwandlung der Spielregel: Man kann auch mit einer anderen Punktzahl als 10 starten.

18. Übertrage ins Heft und fülle die Lücken mit den richtigen Ziffern aus.

a) (1)
```
  3578
+  192
+4316
+■■■■
------
  9320
```
(2)
```
  5841
- ■■■■
------
  1629
```
(3)
```
  2■13
+  4■7
+■21■
+   57
------
  4543
```
(4)
```
  ■265
-  3■7
------
  7■18
```

b) (1)
```
278·2■
------
  ■■■
  ■■78
------
  ■■■■
```
(2)
```
314·2■
------
   628
  12■6
------
  ■5■■
```
(3)
```
■■■·■3■
-------
6■■
  471
   ■■■■
-------
  ■■■■9
```
(4)
```
■■■·538
-------
■■■■
  2202
   ■■■■
-------
 ■■■■■■
```

c) (1)
```
411075:■■■=2■4■
-350
 610
-525
  857
 -■■■
  1575
 -1575
     0
```
(2)
```
■■■■■■:■■■=■■5■
-■■■
 312■
-■920
  ■■80
  -1■2■
    2■5■
   -■■■■
       0
```

Schätzen und Überschlagen

Ganz genau? – Nicht immer nötig!

1. a) Schätze
(1) die Höhe des Turmes;

(2) das Alter der Menschen auf dem Foto;

(3) die Anzahl der Pinguine;

(4) die Anzahl der Menschen.

b) Beschreibe, wie du jeweils vorgegangen bist.

Oftmals kann man eine Größe oder Anzahl nicht genau bestimmen, oder es ist gar nicht nötig, ihren genauen Wert zu kennen. Dann kann man schätzen. Dazu gibt es mehrere Möglichkeiten:

Beim Schätzen einer Größe (z.B. Länge, Masse oder Zeitspanne) vergleicht man die gesuchte Größe mit einem bekannten Wert.

Beispiel:
Der Brief hat ungefähr so viel Masse wie zwei Pakete Butter, also 500 g.

Beim Schätzen einer Anzahl von Gegenständen kann man das Ganze in gleich große Teile einteilen. Dann zählt man nur einen dieser Teile aus und vervielfacht anschließend.

Beispiel:
Auf der Fensterscheibe sind ungefähr $16 \cdot 25$, also 400 Wassertropfen.

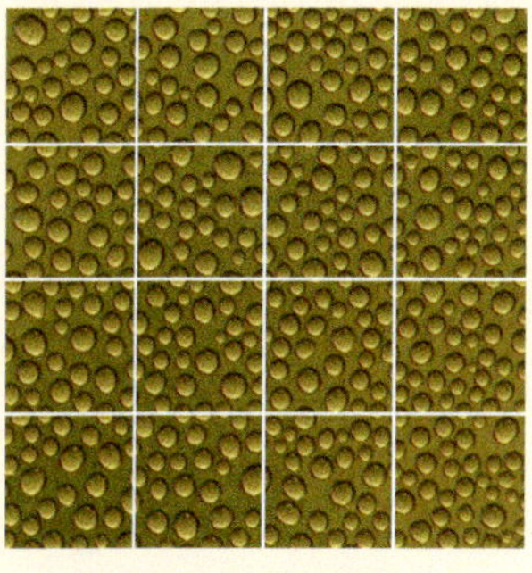

2. a) Überschlage:

(1) Reichen 10 € aus, um zwei Tafeln Schokolade zu 0,98 €, eine Tüte Kartoffelchips zu 1,48 €, drei Flaschen Cola zu 1,69 € und 2 Päckchen Kaugummi zu 0,69 € zu kaufen?

(2) Auf der Autobahn beträgt die Richtgeschwindigkeit $130\,\frac{\text{km}}{\text{h}}$. Hamburg und München sind 800 km voneinander entfernt. Welche Zeit sollte man für eine Autobahnfahrt von Hamburg nach München einplanen?

(3) Bist du schon eine Million Stunden alt?

b) Erläutere folgende Zusammenfassung an eigenen Beispielen.

> Manchmal ist es nicht nötig, das Ergebnis einer Rechnung genau zu bestimmen, da man nur den ungefähren Wert wissen möchte. Dann kann man einen Überschlag durchführen. Dazu ändert man die Zahlen vor der Rechnung so ab, dass man bequem mit ihnen im Kopf rechnen kann.
>
> *Beispiel:* $3981 \cdot 21 \approx 4000 \cdot 20 = 80000$ ← Ungefähr richtig
>
> 4000: Zu groß; 20: Zu klein

3. Jessica und Sebastian möchten wissen, wie viele Buchstaben man wohl benötigt, um das Buch „Jim Knopf und Lukas der Lokomotivführer“ von Michael Ende zu drucken: „Hunderttausend oder vielleicht sogar eine Million?“. Der Text des Buches beginnt auf Seite 3 und endet auf Seite 252. Unten siehst du einen kleinen Ausschnitt der Seite 79.

> Den ganzen Vormittag über herrschte in der kaiserlichen Bibliothek die größte Aufregung. Die Bibliothek bestand aus siebenmillionendreihundertundneunundachtzigtausendfünfhundertundzwei Büchern. Sämtliche gelehrten Männer Mandalas waren damit beschäftigt, alle diese Bücher in höchster Eile durchzulesen. Sie hatten nämlich den Auftrag, schnellstens herauszufinden, was die Bewohner der Insel Lummerland am liebsten zu Mittag essen und wie man es kocht.

4. a) Berechne nicht genau; überschlage, zwischen welchen Zahlen das Ergebnis liegt.

(1) $4637 + 74589$ (2) $21345 - 5978$ (3) $453 \cdot 337$ (4) $8395 : 73$

b) Betrachte noch einmal die Beispiele aus Teilaufgabe a): Erläutere, wie du jeweils die Zahlen abändern musst, um einen zu kleinen Wert [zu großen Wert] für das Ergebnis zu erhalten.

5. Christine und Florian wohnen an einer stark befahrenen Straße. Vom Fenster ihrer Wohnung aus können sie die vorbeifahrenden Autos zählen. An einem Werktag zählen sie
in der Zeit zwischen 14:10 Uhr und 14:30 Uhr insgesamt 336 Autos;
in der Zeit zwischen 16:20 Uhr und 16:35 Uhr insgesamt 281 Autos;
in der Zeit zwischen 19:20 Uhr und 19:50 Uhr insgesamt 147 Autos.

a) Woher kommt es, dass die Ergebnisse so unterschiedlich sind?

b) Schätze, wie viele Autos vorbeifahren, und zwar in der Zeit zwischen

(1) 14 Uhr und 15 Uhr; (2) 16 Uhr und 17 Uhr; (3) 19 Uhr und 20 Uhr.

c) Wie sinnvoll ist es, aus den Zahlenwerten aus Teilaufgabe b) auf die Anzahl der in 24 Stunden vorbeifahrenden Autos zu schließen? Was käme wohl heraus?

d) In der Zeitung stand: Pro Tag fahren 17 352 Autos vorbei. Ist diese Angabe sinnvoll?

6. Überschlagt, wie viele Schüler und Schülerinnen eure Schule hat. Beschreibt euer Vorgehen. Erkundigt euch anschließend nach dem genauen Wert.

2.4 Schlussrechnung

Einstieg

Dominik möchte nicht 3 kg, sondern 5 kg dieser Äpfel kaufen. Wie viel muss er bezahlen?
Welche Voraussetzung müsst ihr machen, um den Preis zu berechnen?

Einführung

Sophie hat ihre Freundinnen zum Mittagessen eingeladen und will ihr Lieblingsessen kochen.
Wie viel Sechskorn muss sie für 7 Personen abwiegen?
Sophie überlegt: Das Rezept legt für jede Person die gleiche Menge einer Zutat zugrunde. Für doppelt so viele Personen benötigt man also die doppelte Menge der Zutaten.
Da 7 kein Vielfaches von 4 ist, muss man aber mit einem Zwischenschritt vorgehen.

Sechskorn-Frikadellen mit Kartoffeln und Brokkoli

Zutaten (4 Personen):
140 g Sechskorn,
600 ml Gemüsebrühe,
4 Eier, 4 Zwiebeln,
Kräutersalz,
400 g Brokkoli,
8 Kartoffeln, Pfeffer, Koriander, gehackter Schnittlauch, 20 g Mandelblättchen
Zubereitung:

Sophie rechnet in 3 Schritten:

4 Personen benötigen 140 g.
1 Person benötigt 140 g : 4 = 35 g.
7 Personen benötigen 35 g · 7 = 245 g.

Darstellung in einer Tabelle:

Personenzahl	Sechskornmenge (in g)
4	140
1 (:4)	35 (:4)
7 (·7)	245 (·7)

Ergebnis: Für 7 Personen werden 245 g Sechskorn benötigt.

Solche Aufgaben heißen **Dreisatzaufgaben**, da man die drei Zeilen der Tabelle als drei Sätze lesen kann.

Weiterführende Aufgaben

Dreisatz auch mit umgekehrter Fragestellung

1. 250 g lose verkaufter Bonbons kosten 3,00 €.
Löse folgende Aufgaben mithilfe einer Tabelle im Heft.
(1) Wie viel kosten 600 g dieser Bonbons?
(2) Wie viel Bonbons kann man für 10,50 € kaufen?

Bonbonmenge	Preis
250 g	300 ct
600 g	▢ ct
▢ g	1 050 ct

Unterschiedliche Lösungswege bei Dreisatzaufgaben

2. Malte hat für 16 Klebebildchen 2,40 € bezahlt.
Wie viel kostet 12 dieser Klebebildchen?
Vervollständige und vergleiche die Rechenwege von Anna und Bert.

Anna

Anzahl	Preis
16	240 ct
: 16 → 1	
· 12 → 12	

Bert

Anzahl	Preis
16	240 ct
: 4 → 4	
· 3 → 12	

Lösungsverfahren für Dreisatzaufgaben

Löse die Aufgabe mit einer Tabelle:

- Trage das gegebene Wertepaar und den dritten bekannten Wert ein.
- Suche einen geeigneten Hilfswert.
- Fülle die Lücken aus.

Darstellung in einer Tabelle:

Benzin-Volumen (in l)	Preis (in ct)
40	6 720
: ■ → ■	■ (: ■)
· ■ → 51	■ (· ■)

Doppelt so viel Benzin kostet doppelt so viel.

Übungsaufgaben

3. Bestimme die übrigen Zutaten des Rezeptes in der Einführung auf Seite 80 für 7 Personen.

4. Bei einem Gewitter sieht man den Blitz fast sofort und hört den Donner erst etwas später. Der Schall benötigt nämlich 3 s, um einen Kilometer zurückzulegen.

a) Ermittle, wie viele Sekunden nach dem Blitz man den Donner hört, wenn das Gewitter 5 km entfernt ist.

b) Ermittle, wie weit das Gewitter ungefähr entfernt ist, wenn man den Donner 9 s [12 s, 18 s] nach dem Aufleuchten des Blitzes hört.

5. Die drei Fußbälle in einem Ballnetz haben zusammen eine Masse von 1 290 g. Berechne, welche Masse 5 [12, 18] Bälle haben. Stelle deinen Lösungsweg strukturiert dar.

6. Bestimme, wie viel von jeder Zutat im Rezept rechts für 20 Personen jeweils zu verwenden ist. Ein Partner überschlägt, der andere rechnet genau. Tauscht die Rollen bei jeder Zutat.

Mandelcremespeise

Zutaten (6 Personen):
600 ml Milch
300 ml Sahne
150 g abgezogene Mandeln
120 g Zucker
60 g Reismehl
etwas Mandelextrakt sowie halbierte, ungesalzene Pistazien nach Belieben

7. Man benötigt 2 Minuten, um ein 12-l-Gefäß zu füllen. Bestimme, wie lange man benötigt, um ein 8-l-Gefäß [24-l-Gefäß, 100-l-Gefäß] zu füllen. Begründe.

8. Eine Henne braucht zum Ausbrüten von 6 Eiern 21 Tage. Bestimme, wie lange eine Henne benötigt, um 3 [4; 5] Eier auszubrüten. Begründe deine Überlegung.

9. Herrn Meiers neuer Pkw verbraucht 5 Liter Benzin auf 100 km.

a) Ermittle, wie weit er mit einer Tankfüllung von 32 Litern kommt.
Ermittle, wie weit er mit der halben Tankfüllung kommt.

b) Herr Meier weiß, dass seine Tankreserve 3 Liter Benzin beträgt. Berechne, wie weit er noch kommt, nachdem die Reserveleuchte zu leuchten begonnen hat.

Pergola, die, früher Säulengang, heute auch Überdachung zwischen Haus und Garage

10. Familie Richter renoviert ihre Terrasse und den Weg ums Haus.

a) Herr Richter verlegt neue Betonplatten auf der Terrasse. 17 Platten haben eine Masse von 510 kg. Ermittle, welche Masse 12 Platten haben. Eine Palette mit Betonplatten trägt die Aufschrift 1 320 kg. Berechne, wie viele Platten das sind.

b) Frau Richter will entlang des Weges Rosen pflanzen. Sie hat für 12 Pflanzen 96 € bezahlt. Um auch noch an der Terrasse Rosen zu pflanzen, kauft sie 5 Pflanzen nach. Berechne, wie viel sie insgesamt ausgegeben hat.

c) Die Pergola ist 6 m lang. Herr Richter hat die ersten 20 cm in 20 Minuten gestrichen. Bestimme, wie lange seine Arbeit noch dauert.

11. Marc hat 250 g Haselnusskerne auf dem Markt gekauft und dafür 2 € bezahlt. Neele behauptet: „Das ist aber teuer. Ich habe im Supermarkt einen 200-g-Beutel gekauft und 32 Cent weniger bezahlt!“ Was meinst du dazu?

12. Ein Fuhrunternehmer soll 180 t Erde abtransportieren. Mit 18 Fuhren hat er schon 108 t Erde abgefahren. Bestimme, wie viele Fuhren für den Rest noch erforderlich sind.

13. Ein Schüler legt 100 m in 15 s zurück. Wie lange benötigt er für 1 km? Begründe.

14. Ein Förderband belädt einen Lkw mit 3 000 kg Kies in 12 min. Ermittle:

a) Wie lange dauert es, bis der Lkw voll beladen ist, wenn er maximal 14 t laden darf?

b) Wie lange würde das Beladen dauern, wenn das Band 2 000 kg in 6 Minuten schafft?

15. Die Währungen in einem Online-Rollenspiel sind Juwelen und Goldmünzen, welche man durch Erfolge im Spiel erwerben kann. Juwelen können gegen Münzen umgetauscht werden (und umgekehrt): 12 Juwelen kosten 360 Goldmünzen.

a) Berechne, wie viele Goldmünzen du für 7 [150, 2 310] Juwelen bezahlen musst.

b) Berchne, wie viele Goldmünzen du für 5 [260, 3 500] Juwelen bekommst.

16. Familie Weigl bestellt 1 500 l, Familie Schmidt 2 500 l Heizöl. Ermittle die Rechnungsbeträge und erläutere deine Überlegungen ausführlich.

17. In einem Fantasy-Spiel wird mit Rubinen gezahlt.

a) Auf dem Markt werden Pfeile angeboten:
6 Pfeile kosten 168 Rubine. Bestimme, wie viel Rubine kosten 5 [32, 120] Pfeile?

b) Lars kann 420 Rubine für 6 Euro oder 1 500 Rubine für 25 Euro kaufen. Was rätst du ihm?

18. Eine Schulklasse mit 24 Personen hat während einer Klassenfahrt 3 Tage mit Vollpension in der Jugendherberge übernachtet und dafür 1 908 € bezahlt.
Eine andere Klasse mit 30 Personen möchte nun in derselben Jugendherberge einen fünftägigen Aufenthalt buchen. Erläutere das Vorgehen rechts zur Bestimmung der Kosten und vervollständige die Tabelle im Heft. Welche Voraussetzung ist dabei gemacht worden?

Anzahl der Personen	Anzahl der Tage	Kosten (in €)
24	3	1 908
24	1	
24	5	
1	5	
30	5	

2.5 Terme – Rechengesetze

2.5.1 Regeln für das Berechnen von Termwerten

Einstieg

Frau Weyer geht mit ihrer Klasse ins Schwimmbad. An der Kasse bezahlt sie mit einem 100-€-Schein.

a) Wie viel Wechselgeld erhält sie? Notiere den Rechenweg in einer einzigen Aufgabe.

b) Hättest du die Kartenverteilung auch so vorgenommen? Denke auch an den Fall, dass die Klasse mehrmals ins Schwimmbad geht.

Aufgabe 1

Beschreibung eines Rechenweges durch einen Term

(1)

Sport Maier	
Trikot	49,00
Shorts	37,00
Total	86,00
Gegeben	122,00
Zurück	36,00

Leon hat für ein Sportgeschäft einen Gutschein über 122 €. Er kauft sich dafür ein neues Fußballtrikot für 49 € und eine passende Fußballhose für 37 €. Leon erhält an der Kasse den abgebildeten Bon.

(2) Herr Simon ist Trainer einer Volleyballmannschaft und möchte für die 6 Mitglieder neue bedruckte T-Shirts zu je 17 € kaufen. In der Mannschaftskasse sind 180 €. Wie viel Geld bleibt nach dem Kauf in der Kasse?

a) Schreibe zu beiden Aufgaben zunächst die einzelnen Rechenschritte auf.

b) Schreibe den Rechenweg jeweils mithilfe einer einzigen Aufgabe. Setze das, was zuerst berechnet wird, in Klammern.

Lösung

Wie auch viele Kassen lassen wir die Einheit Euro im Folgenden weg und notieren die Rechenwege nur mit Zahlen.

a) (1) Die Kasse addiert die Preise zu einem Gesamtpreis (Total). Dann wird der Gesamtpreis vom Guthaben subtrahiert.

1\. Schritt: $49 + 37 = 86$
2\. Schritt: $122 - 86 = 36$

(2) Wir berechnen zunächst die Kosten für die T-Shirts. Dann werden diese Kosten von dem Betrag in der Mannschaftskasse subtrahiert.

1\. Schritt: $6 \cdot 17 = 102$
2\. Schritt: $180 - 102 = 78$

b) Wir notieren den Rechenweg jeweils als eine einzige Aufgabe.

(1) $122 - (49 + 37)$
$= 122 - 86$
$= 36$

Ergebnis: Leon erhält 36 € Rückgeld.

(2) $180 - (6 \cdot 17)$
$= 180 - 102$
$= 78$

Ergebnis: In der Kasse verbleiben 78 €.

Information

(1) Term – Klammern – Gliederungsbaum – Vorrangregeln

Du kannst einen Rechenweg in Form einer einzigen Aufgabe aufschreiben. Eine solche Aufgabe wie zum Beispiel $180 - (6 \cdot 17)$ heißt *Term*.
Die Berechnung des Werts eines Terms wird schrittweise ausgeführt. Was zuerst berechnet werden soll, wird in Klammern gesetzt. Sind keine Klammern gesetzt, rechnest du von links nach rechts.
Einen Term kannst du auch durch einen Rechenbaum und einen Gliederungsbaum darstellen.

Berechnung:

$180 - (6 \cdot 17)$
$= 180 - 102$
$= 78$

Rechenbaum:

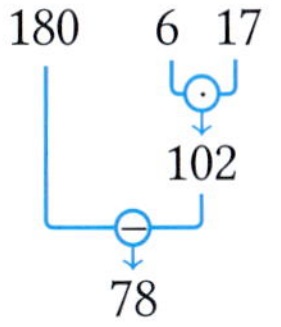

Gliederungsbaum:

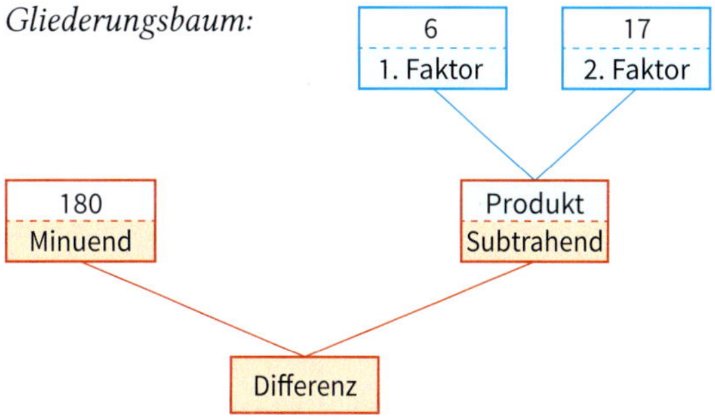

Um Klammern einzusparen, vereinbart man, dass Punktrechnung ($\cdot$ und :) vor Strichrechnung (+ und –) ausgeführt werden soll. Man schreibt statt $180 - (6 \cdot 17)$ auch kürzer $180 - 6 \cdot 17$.

Ein **Term** gibt einen Rechenweg an. Als Ergebnis der Rechnung erhält man eine Zahl, den **Wert des Terms**. Bei der Berechnung musst du folgende Regeln beachten.

Vorrangregeln
- Was in Klammern steht, muss zuerst berechnet werden.
- Punktrechnung geht vor Strichrechnung.
- Wenn nicht anders geregelt, rechnet man von links nach rechts.

Beispiele:

$35 - (8 + 7)$ (Klammer zuerst)
$= 35 - 15$
$= 20$

$35 - 2 \cdot 8$ (Punkt vor Strich)
$= 35 - 16$
$= 19$

$48 : 12 : 2$ (Von links nach rechts)
$= 4 : 2$
$= 2$

(2) Richtiger Gebrauch des Gleichheitszeichens

Berechnet man den Wert eines Terms, so muss man darauf achten, dass das Gleichheitszeichen richtig gebraucht wird.

$2 \cdot (8 + 7) - 17 = 2 \cdot 15 - 17$
$= 30 - 17$
$= 13$

Richtiger Gebrauch des Gleichheitszeichens: Vor und hinter dem Gleichheitszeichen stehen Terme mit demselben Wert.

~~$2 \cdot (8 + 7) - 17 = 2 \cdot 15 = 30 - 17 = 13$~~ (Wert: 30; Wert: 13)

Falscher Gebrauch des Gleichheitszeichens: Daher wurde die Rechnung durchgestrichen.

Richtiger Gebrauch des Gleichheitszeichens
Der Wert der Terme links und rechts von dem Gleichheitszeichen muss derselbe sein.

Weiterführende Aufgaben

Teilterme von Termen

2. Die Reihenfolge zur Berechnung eines Termwerts kann man nicht nur in einem Gliederungsbaum darstellen, sondern auch gut verdeutlichen, wenn man ihn in Teilterme gliedert. Die zuletzt ausgeführte Rechenart legt die Art des Terms fest. Der Term oben ist somit eine Summe. Gliedere entsprechend.

$110 : 5 + (13 - 8) \cdot 7$
Quotient Differenz
Produkt
Summe

$110 : 5 + (13 - 8) \cdot 7$
$= 22 + 5 \cdot 7$
$= 22 + 35$
$= 57$

a) $97 - 21 - 5$ b) $(83 + 16) : 3 - 4 \cdot 8$ c) $(180 : 90 - 9) \cdot (23 - 14)$

Wortform von Termen

3. Stelle zunächst den Term auf und berechne dann seinen Wert.

Wortform: Subtrahiere von 97 die Summe der Zahlen 28 und 17.
Term: $97 - (28 + 17)$

a) Addiere zu 44 den Quotienten der Zahlen 328 und 41.
b) Subtrahiere die Differenz aus dem Minuenden 43 und dem Produkt der Zahlen 3 und 7 als Subtrahenden.

Ineinander geschachtelte Klammern

4. Berechne.

Innere Klammer zuerst!

$550 - [(200 - 25) + 55]$
$= 550 - [175 + 55]$
$= 550 - 230$
$= 320$

a) $740 - [120 - (67 - 47)]$ c) $[400 - (300 - 100)] : 2$
b) $482 - [13 \cdot (6 + 4)]$ d) $516 - [(62 + 49) : 37]$

Übungsaufgaben

5. Beachte die Klammern bei der Berechnung des Termwerts.

a) $712 - (72 - 12)$ d) $293 + (73 - 23)$ g) $844 - (27 - 19) - (83 - 50)$
b) $712 - (72 + 12)$ e) $293 + 73 - 23$ h) $844 - 27 - 19 - 83 - 50$
c) $712 - 72 - 12$ f) $293 - (73 - 23)$ i) $844 - (27 + 19) + (83 - 50)$

6. Gliedere den Term und schreibe dann die Berechnung der Termwerte korrekt auf.

a) $8 + 72 : 8$ d) $12 + 78 : 6$ g) $84 : 12 + 91 : 7$ j) $135 : 45 - 48 : 16$
b) $36 + 24 : 6$ e) $105 - 45 : 15$ h) $12 \cdot 8 + 14 : 7$ k) $117 - 17 \cdot 5 + 25$
c) $84 : 7 - 7$ f) $45 : 3 + 12 : 2$ i) $78 : 6 - 2 \cdot 5$ l) $123 + 27 \cdot 3 - 2$

7. Überprüfe, ob ein richtiger Gebrauch des Gleichheitszeichens vorliegt. Berichtige im Heft, falls nötig.

a) $(43 - 17) + (88 - 12)$
$= 26 + 76$
$= 102$

b) $78 : 6 + 5 - 2 \cdot 3$
$= 13 + 5$
$= 18 - 2 \cdot 3$
$= 18 - 6$
$= 12$

c) $[33 - (4 + 23) - 5] + 6$
$= 33 - 27$
$= 6 - 5$
$= 1 + 6$
$= 7$

8. Herr Maier darf seinen Pkw mit 320 kg beladen. Er selbst bringt 78 kg auf die Waage, sein Sohn 31 kg. Dazu kommen noch die Koffer mit einer Masse von 37 kg. Schreibe jeweils einen Term und berechne.

a) Wie viel darf noch eingeladen werden?
b) Dürfen noch 6 Wasserkisten zu jeweils 12 kg, und eine Marmorplatte mit ungefähr 40 kg zugeladen werden?

9. Beim Biathlon benötigt eine Läuferin für die reine Laufstrecke 57 Minuten und 30 Sekunden. Für jeden Schuss auf die 10 Scheiben braucht sie durchschnittlich 10 Sekunden. Wie lange ist sie insgesamt unterwegs, wenn sie auch noch zwei Strafrunden zu je 35 Sekunden laufen muss? Schreibe auch einen einzigen Term.

10. Von einem 10-m-Stab werden zwei Stücke zu je 1,60 m und drei Stücke zu je 80 cm abgeschnitten. Der Rest wird in zwei gleich große Teile geteilt. Stelle den Term auf und berechne, wie lang jedes Teil ist.

11. Erfinde selbst eine Rechengeschichte zu den angegebenen Termen.

a) $13 + 4 \cdot 7$ b) $(100 - 40) : 3$ c) $(16 - 12) \cdot 8 + 56$ d) $(38 - 14) : 3 - 5$

12. Berechne und vergleiche. Gliedere die Terme und gib ihre Art an.

$20 \cdot (7 - 2)$; $20 \cdot 7 - 2$; $20 - (7 \cdot 2)$; $20 - 7 \cdot 2$; $(20 - 7) \cdot 2$, $(20 - 7 \cdot 2)$

13. a) Schreibe zu dem Gliederungsbaum einen Term und berechne seinen Wert im Heft.

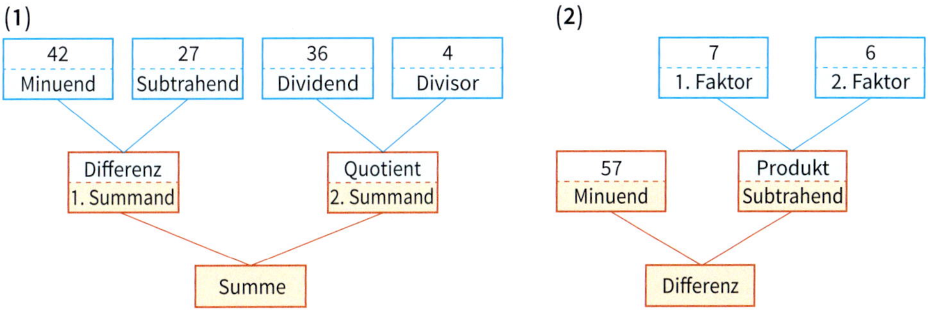

b) Erstelle selbst einen Term und tausche mit deinem Nachbarn. Berechnet die Termwerte.

14. Zeichne den Gliederungsbaum zum Term und berechne den Wert des Terms.

a) $(716 - 230) + (179 - 96)$ b) $5 \cdot (4 + 3) - 10$ c) $(14 - 9) \cdot (4 + 16) - 3$

15. Stelle einen Term auf und berechne seinen Wert.

a) Addiere zum Produkt der Zahlen 24 und 4 die Zahl 18.
b) Multipliziere die Summe der Zahlen 48 und 67 mit der Zahl 20.
c) Dividiere die Summe der Zahlen 54 und 18 durch die Differenz der Zahlen 26 und 14.
d) Subtrahiere von der Summe der Zahlen 38 und 72 das Produkt der Zahlen 17 und 6.
e) Multipliziere den Quotienten mit dem Dividenden 320 und dem Divisor 16 mit der Differenz, deren Subtrahend 16 und deren Minuend 32 ist.
f) Subtrahiere die größte vierstellige Zahl, in der keine 9 vorkommt von der kleinsten sechsstelligen Zahl, in der keine Ziffer doppelt auftritt.

16. Gliedere den Term und schreibe ihn in der Wortform auf. Berechne auch seinen Wert.

a) $37 + (48 - 12)$ b) $(51 - 15) : 12$ c) $(19 - 7) \cdot (7 + 5)$ d) $(150 - 98) - (100 - 49)$

17. Berechne den Wert des Terms. Achte auf die Klammern. Gib seine Art an.

a) $482 - [72 - (50 - 20)]$ b) $700 - [300 - (200 - 100)] \cdot 2$ c) $800 : [600 - (2 \cdot 350 - 300)]$

18. Erkläre Tim, welche Fehler er bei den Berechnungen gemacht hat.

a) $86 - 27 + 3$
$= 86 - 30$
$= 56$

b) $79 - 9 \cdot 8$
$= 70 \cdot 8$
$= 560$

c) $86 - (23 - 9)$
$= 63 - 9$
$= 54$

d) $45 - [2 \cdot (7 + 5) - 2]$
$= 45 - 2 \cdot 12 - 2$
$= 45 - 2 \cdot 10$
$= 25$

19. a) $2637 - \{(178 + 199) - [289 - (168 - 89) - 123] + 271\}$
b) $1\,001 - [795 - (567 - 276)] + (615 - 456)$
c) $10\,007 - \{317 - [289 - (286 - 97)]\} - 36 + 164$
d) $10\,002 - \{788 - [895 - (467 - 247)]\} - (815 - 451)$

20. Lege die Kärtchen links so aneinander, dass sie einen Term ergeben. Achte darauf, dass die Subtraktion ausführbar ist. Bilde verdeckt einen Term und sage deinem Partner nur das Ergebnis. Er soll den Term mit den Kärtchen aufbauen. Tauscht auch die Rollen.

21. Hier sind Klammern vergessen worden. Übertrage in dein Heft und füge an den richtigen Stellen Klammern ein.
a) $6 + 4 \cdot 3 = 30$ b) $70 - 50 - 10 + 3 = 33$ c) $200 : 50 - 10 + 8 = 13$

22. Setze im Heft ein Klammerpaar so, dass das Ergebnis eine möglichst große [kleine] Zahl ist.
a) $2 + 2 \cdot 2 - 2$ b) $9 - 2 \cdot 3 - 2$ c) $2 \cdot 6 - 3 \cdot 2$ d) $6 + 15 : 1 + 4$

23. Setze im Heft im Term $460 - 172 + 126 : 9 - 6$ Klammern, sodass
a) eine Summe entsteht und berechne dann den Wert des Terms;
b) ein Quotient entsteht und berechne dann den Wert des Terms.

24. Setze im Heft im Term $372 - 81 + 126 \cdot 28 + 31$ so Klammern, dass der Wert des Terms
a) möglichst groß wird; b) möglichst klein wird.

25. Begründe deine Antwort, ohne den Termwert jeweils zu berechnen.
a) Wie verändert sich der Wert des Terms $(225 - 172) - (64 + 37) + 100$
(1) wenn du jede Zahl um 4 verkleinerst; (2) wenn du jede Zahl um 3 erhöhst?
b) Wie verändert sich der Wert des Terms $(1500 - 500) - (20 - 10)$
(1) wenn du jede Zahl um 2 erhöhst; (2) wenn du jede Zahl verdoppelst.

26. Gegeben ist der Term $573 \cdot 3 - (1020 - 2 \cdot 100 + 367)$.
a) Gliedere den Term und gib die Art des Terms an.
b) Berechne der Wert des Terms.
c) Ändere eine Zahl im Term so, dass der Wert des Terms 1 000 [100, 0] ist.
d) Ändere zwei Zahlen im Term so, dass der Wert des Terms 1 000 [100, 0] ist.

27. Ist der Wert des Terms größer, kleiner oder gleich, wenn man alle Klammern weglässt? Begründe.
a) $10\,513 - (2\,520 + 413)$
b) $8\,712 - (980 - 470)$
c) $(3\,702 - 490) - 2\,015$
d) $(12\,456 - 1\,246) + 4\,512$
e) $(10\,430 - 5\,018) - (4\,012 - 2\,901)$
f) $3\,250 - [1\,402 - (777 + 138)]$

2.5.2 Kommutativgesetze und Assoziativgesetze

Einstieg

a) Wie teuer ist die Winterausrüstung?
Berechnet geschickt.

b) Eine Wasserkiste enthält 12 Flaschen. Wie viele Flaschen sind insgesamt auf der Palette? Findet verschiedene Rechenwege. Vergleicht in der Klasse, wie ihr vorgegangen seid.

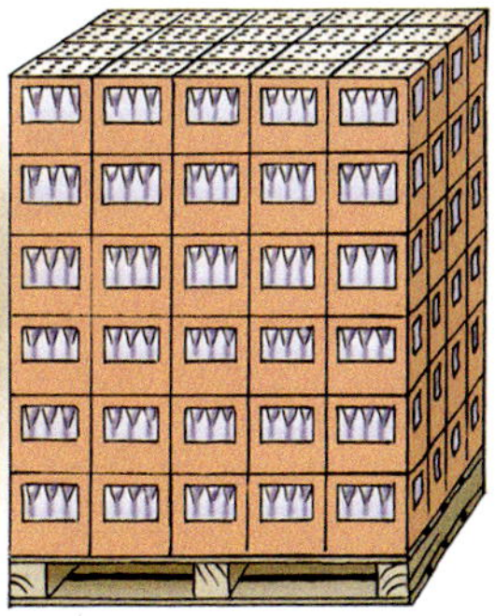

Aufgabe 1

Verwenden von Rechengesetzen beim vorteilhaften Rechnen

Tom und Tina rechnen die Aufgaben geschickt im Kopf.

a) Notiere die Rechenwege ausführlich.

b) Findest du noch geschicktere Rechenwege?

Lösung

a) Eigentlich müssten Tom und Tina die Aufgaben von links nach rechts rechnen. Das ist aber ungünstig für das Rechnen im Kopf.

Tom hat eine andere Reihenfolge gewählt und zunächst die letzten beiden Summanden addiert.

$173 + 283 + 27$
$= 173 + (283 + 27)$ (Klammern um 283 und 27.)
$= 173 + 310$
$= 483$

Tina hat eine andere Reihenfolge gewählt und zunächst die letzten beiden Faktoren multipliziert.

$125 \cdot 5 \cdot 8$
$= 125 \cdot (5 \cdot 8)$ (Zuerst $5 \cdot 8$ berechnen.)
$= 125 \cdot 40$
$= 5000$

b) Tom kann auch zunächst die letzten beiden Summanden tauschen und dann von links nach rechts rechnen.

$173 + 283 + 27$
$= 173 + 27 + 283$ (283 und 27 wurden vertauscht.)
$= 200 + 283$
$= 483$

Tina kann auch zunächst die letzten beiden Faktoren tauschen und dann von links nach rechts rechnen.

$125 \cdot 5 \cdot 8$
$= 125 \cdot 8 \cdot 5$ ($8 \cdot 125$ lässt sich gut rechnen.)
$= 1000 \cdot 5$
$= 5000$

Information

(1) Kommutativgesetze (Vertauschungsgesetze)

Die Reihenfolge für die Berechnung eines Termwerts ist durch die Vorrangregeln festgelegt. Aber in besonderen Fällen darfst du, so wie Tom und Tina, auch anders vorgehen:
Tom hat in Lösung b) zwei Summanden vertauscht, Tina vertauscht zwei Faktoren. Bei einer Summe und bei einem Produkt ist das immer möglich, ohne dass sich der Wert der Summe oder des Produkts ändert.
Diese Rechengesetze nennt man Kommutativgesetze oder Vertauschungsgesetze.

kommutativ (lat.)
vertauschbar

Kommutativgesetze

Kommutativgesetz der Addition
In einer Summe darf man die Reihenfolge der Summanden vertauschen.
Denke dir natürliche Zahlen anstelle von a und b. Stets gilt:
a + b = b + a

Beispiel: 34 + 78 = 78 + 34

Kommutativgesetz der Multiplikation
In einem Produkt darf man die Reihenfolge der Faktoren vertauschen.
Denke dir natürliche Zahlen anstelle von a und b. Stets gilt:
a · b = b · a

Beispiel: 3 · 5 = 5 · 3

Begründung der Kommutativgesetze
Wir begründen die Kommutativgesetze an *einem* Zahlenbeispiel, aber dieselbe Begründung ist für alle Zahlen möglich.

Kommutativgesetz der Addtition

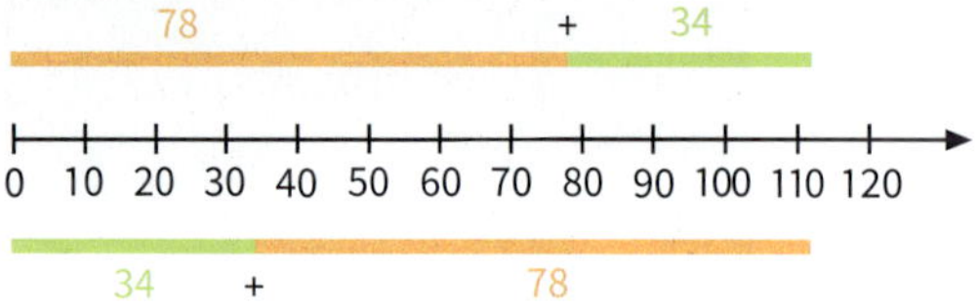

Legt man am Zahlenstrahl zwei Strecken, zum Beispiel für die Zahlen 78 und 34, aneinander, so ergibt sich unabhängig von der Reihenfolge der Strecken die gleiche Gesamtlänge.

Kommutativgesetz der Multiplikation

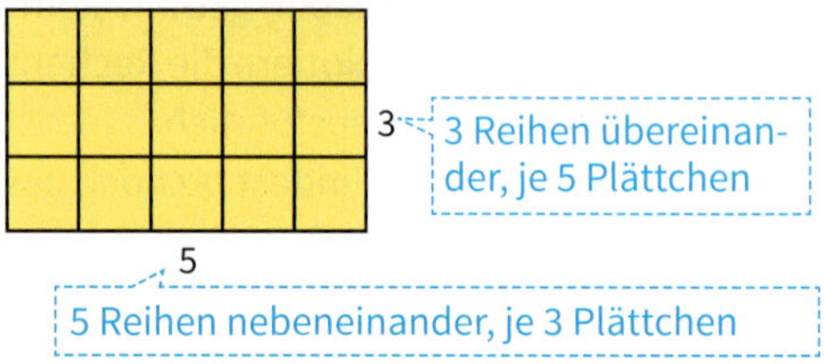

Die Anzahl der quadratischen Plättchen im Bild oben kann man auf zweierlei verschiedene Weise bestimmen.

(2) Assoziativgesetze (Verbindungsgesetze)
In der Lösung der Aufgabe 1 sind Tom und Tina von der durch den Term festgelegten Berechnungsreihenfolge auch abgewichen, indem sie nicht von links nach rechts gerechnet haben. Bei einer Summe und bei einem Produkt ist das immer möglich, ohne dass sich der Wert der Summe oder des Produkts ändert. Dieses Rechengesetz nennt man das Assoziativgesetz oder Verbindungsgesetz.

assoziativ (lat.)
verbindend

Assoziativgesetze

Assoziativgesetz der Addition
In einer Summe aus drei oder mehr Summanden darf man beliebig Klammern setzen. Der Wert der Summe ist von der Stellung der Klammern unabhängig.
Denke dir natürliche Zahlen anstelle von a, b und c. Stets gilt:
(a + b) + c = a + (b + c)
Man darf die Klammern auch weglassen:
a + b + c

Beispiel:
(21 + 18) + 34 = 21 + (18 + 34) = 21 + 18 + 34

Assoziativgesetz der Multiplikation
In einem Produkt aus drei oder mehr Faktoren darf man beliebig Klammern setzen. Der Wert des Produkts ist von der Stellung der Klammern unabhängig.
Denke dir natürliche Zahlen anstelle von a, b und c. Stets gilt:
(a · b) · c = a · (b · c)
Man darf die Klammern auch weglassen:
a · b · c

Beispiel:
(3 · 5) · 2 = 3 · (5 · 2) = 3 · 5 · 2

Begründung der Assoziativgesetze

Wir begründen die Assoziativgesetze an *einem* Zahlenbeispiel, aber dieselbe Begründung ist für alle Zahlen möglich.

Assoziativgesetz der Addtion

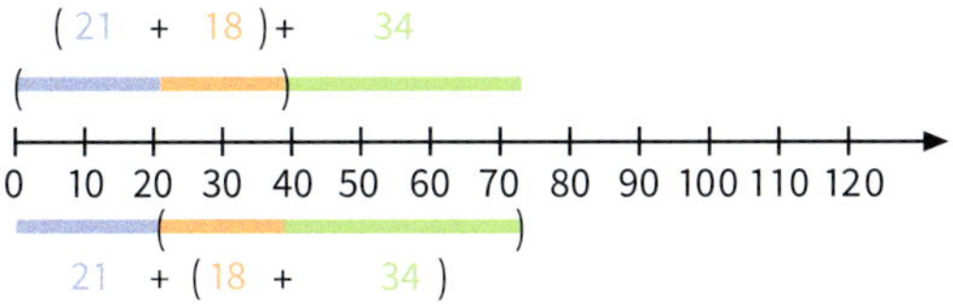

Ob man zuerst die Strecken für die Zahlen 21 und 18 zusammensetzt oder zuerst die Strecken für die Zahlen 18 und 34 zusammensetzt, das Ergebnis ist dasselbe.

Assoziativgesetz der Multiplikation

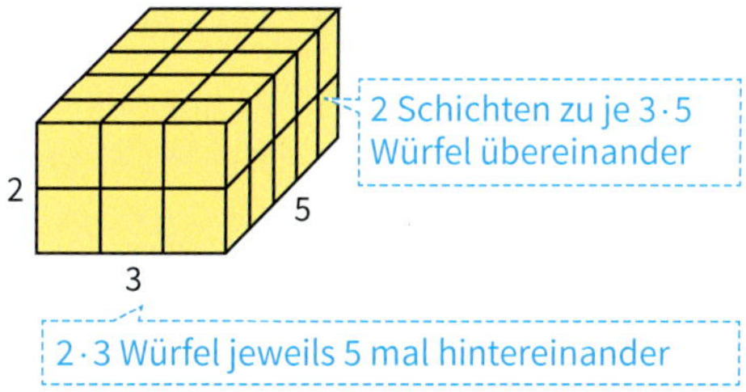

Die Anzahl der Würfel im Bild oben kann man auf verschiedene Weisen bestimmen.

Weiterführende Aufgabe

Günstige Reihenfolge der Faktoren zum vorteilhaften schriftlichen Multiplizieren

2. Multipliziere jeweils in der angegebenen Reihenfolge. Welche Reihenfolge ist günstiger? Woran liegt das?

(1) 33·572	**(2)** 374·12	**(3)** 128·3007	**(4)** 1011·99
572·33	12·374	3007·128	99·1011

Information

Beim schriftlichen Multiplizieren ist es häufig vorteilhaft, *die* Zahl als 2. Faktor zu schreiben,
- bei der *gleiche* Ziffern vorkommen;
- die *weniger* Stellen als die andere Zahl hat;
- bei der *Nullen* als Ziffern auftreten.

Übungsaufgaben

3. Rechne im Kopf. Beachte dabei Rechenvorteile.

a) 25 + 38 + 62	**d)** 42 + 58 + 87	**g)** 134 + 29 + 71	**j)** 3 Mio. + 15 Mio. + 27 Mio.
b) 21 + 54 + 79	**e)** 47 + 153 + 38	**h)** 168 + 46 + 44	**k)** 18 Mrd. + 32 Mrd. + 15 Mrd.
c) 65 + 57 + 253	**f)** 219 + 27 + 54	**i)** 234 + 69 + 566	**l)** 138 Mio. + 1 Mrd. + 62 Mio.

4. Rechne im Kopf. Beachte Rechenvorteile.

a) 5·19·2	**d)** 5·31·20	**g)** 8·5·7·2	**j)** 5·13·5·4
b) 2·79·5	**e)** 11·8·5	**h)** 5·13·3·2	**k)** 4·5·25·20
c) 2·7·50	**f)** 25·7·4	**i)** 2·7·4·50	**l)** 8·40·125·5

5. Beschreibt, wie man durch Anwenden von Rechengesetzen vorteilhaft im Kopf rechnen kann. Findet dazu auch eigene Beispiele.

Das kann ich noch!

A) Der Eisenbahnwagen ist im Maßstab 1 : 200 gezeichnet. Wie hoch und wie lang ist er in Wirklichkeit? Bestimme die Höhe und Breite eines Fensters bzw. einer Tür.

6. Beachte Rechenvorteile.

a) $187 + 435 + 93 + 165 + 13 + 107$
b) $173 + 99 + 34 + 201 + 166 + 27$
c) $93 + 179 + 14 + 321 + 57 + 86$
d) $47 + 128 + 33 + 97 + 42 + 53$
e) $125 \cdot 18 \cdot 8$
f) $5 \cdot 17 \cdot 2\,000$
g) $4 \cdot 12 \cdot 25 \cdot 5$
h) $8 \cdot 40 \cdot 125 \cdot 5$
i) $8 \cdot 25 \cdot 3 \cdot 17$
j) $25 \cdot 7 \cdot 90 \cdot 4$
k) $15 \cdot 8 \cdot 125 \cdot 60$
l) $11 \cdot 1\,250 \cdot 3 \cdot 8$

7. a) Richtig oder falsch?
(1) $(14 - 8) - 5 = 14 - (8 - 5)$ (2) $(29 - 19) - 9 = 29 - (19 - 9)$ (3) $(23 - 23) - 0 = 23 - (23 - 0)$
b) Welche Folgerungen kann man aus den Beispielen für die Subtraktion ziehen?

8. Wähle beim Multiplizieren eine günstige Reihenfolge. Mache zunächst einen Überschlag.

a) $6\,909 \cdot 7$
b) $9 \cdot 1\,483$
c) $4 \cdot 11\,473$
d) $80 \cdot 595$
e) $479 \cdot 60$
f) $90 \cdot 1\,549$
g) $38 \cdot 277$
h) $58 \cdot 788$
i) $1\,017 \cdot 23$
j) $89 \cdot 170$
k) $300 \cdot 533$
l) $60 \cdot 480$
m) $777 \cdot 538$
n) $8\,005 \cdot 145$
o) $4\,011 \cdot 239$

9. Rechne wie im Beispiel.

a) $178 - 97$
b) $147 - 88$
c) $207 - 98$
d) $453 - 199$
e) $1\,053 - 498$
f) $1\,423 - 997$
g) $2\,532 - 148$
h) $2\,361 - 796$
i) $3\,453 - 1\,290$

$148 - 97$
$= 148 - 100 + 3$
$= 48 + 3$
$= 51$

10. Richtig oder falsch? Entscheide „auf einen Blick".

a) $48 \cdot 12 \cdot 9 = 48 \cdot 9 \cdot 12$ b) $24 \cdot 5 \cdot 13 \cdot 4 = 13 \cdot 5 \cdot 4$ c) $27 \cdot 45 \cdot 14 = 90 \cdot 7 \cdot 27$

11. Michaels älterer Bruder hat in seinen Ferien gejobbt. An 9 Arbeitstagen hat er insgesamt 504 € verdient. Täglich hat er 8 Stunden gearbeitet. Berechne, wie hoch sein Stundenlohn war.

Carl Friedrich Gauß
(1777–1855)

12. Vor mehr als 200 Jahren stellte ein Lehrer die Aufgabe, alle Zahlen von 1 bis 100 zu addieren: $1 + 2 + 3 + 4 + 5 + 6 + 7 + 8 + 9 + 10 + 11 + \ldots + 95 + 96 + 97 + 98 + 99 + 100$
Er wollte seine Schüler für eine Weile beschäftigen, damit er in Ruhe eine andere Arbeit verrichten konnte. Der Lehrer kam aber nicht zu seiner Ruhe. Bereits nach einigen Minuten meldete sich der neunjährige Carl Friedrich Gauß mit dem richtigen Ergebnis. Der Lehrer schaute ihn verblüfft an. Wie kann man in so kurzer Zeit so viele Zahlen addieren?

a) Erkläre zunächst den Rechentrick rechts.
b) Erläutere, wie Gauß gerechnet hat.
c) Berechne geschickt die Summe
(1) der Zahlen von 1 bis 1 000;
(2) der geraden Zahlen von 2 bis 1 000;
(3) der ungeraden Zahlen von 1 bis 999.

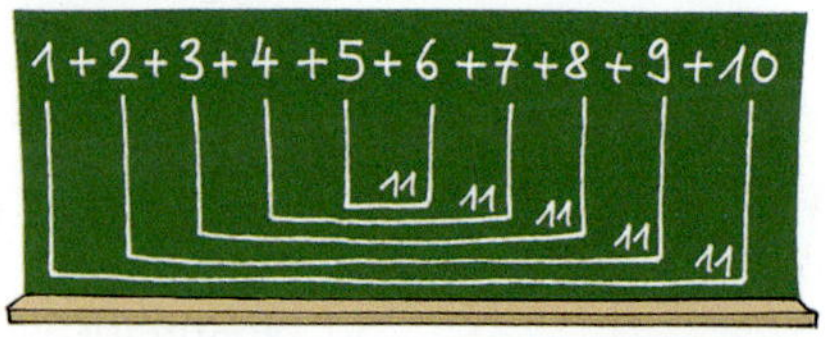

2.5.3 Distributivgesetz

Einstieg

Philipp bekommt jeden Monat 20 € Taschengeld, seine jüngere Schwester Marie 12 €. Wie viel Taschengeld geben die Eltern ihren beiden Kindern im Lauf eines Jahres? Rechne auf zwei Wegen. Schreibe zu jedem Weg auch einen Term.

Aufgabe 1

Multiplizieren einer Summe

Bei dem Bürohaus rechts sollen die Fenster durch neue Energie sparende Fenster ersetzt werden. Berechne die Anzahl der Fenster auf zwei Wegen. Schreibe zu jedem Weg auch einen Term.

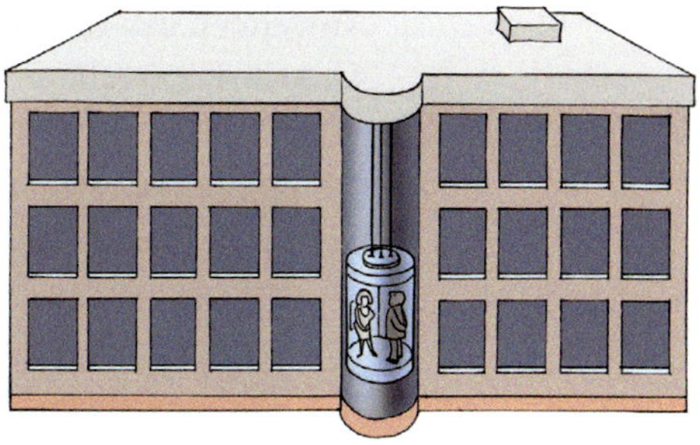

Lösung

1. Weg:
Links vom Aufzug befinden sich $3 \cdot 5 = 15$ Fenster, rechts vom Aufzug befinden sich $3 \cdot 4 = 12$ Fenster. Insgesamt sind es also $3 \cdot 5 + 3 \cdot 4$ Fenster, also $15 + 12 = 27$ Fenster.

2. Weg
In jeder Etage sind $5 + 4$ Fenster.
Insgesamt sind es also $3 \cdot (5 + 4)$ Fenster, also $3 \cdot 9 = 27$ Fenster.

Du erkennst: Beide Rechenwege führen zum gleichen Ergebnis. Es ist: $3 \cdot (5 + 4) = 3 \cdot 5 + 3 \cdot 4$

Information

distributiv (lat.) verteilend

Distributivgesetz (Verteilungsgesetz) für Multiplikation und Addition

Anstatt eine Summe mit einer Zahl zu multiplizieren, kann man auch die einzelnen Summanden mit der Zahl multiplizieren und dann addieren. Dabei ändert sich das Ergebnis nicht.
Denke dir natürliche Zahlen anstelle von a, b und c. Stets gilt:

$$\mathbf{a \cdot (b + c) = a \cdot b + a \cdot c}$$

Beispiel: $6 \cdot (12 + 9) = 6 \cdot 12 + 6 \cdot 9$ — Faktor auf die Summanden verteilen

Begründung: Wir begründen das Distributivgesetz an *einem* Zahlenbeispiel. Aber diesselbe Begründung ist für alle Zahlen möglich.
Die Anzahl der Plättchen rechts kann man auf 2 Weisen bestimmen:

(1) 3 Reihen zu $4 + 2 = 6$ Plättchen ergeben $3 \cdot 6 = 18$ Plättchen
(2) Man kann auch erst die Anzahl der grünen sowie die Anzahl der gelben Plättchen bestimmen und dann addieren:
$3 \cdot 4 + 3 \cdot 2 = 12 + 6 = 18$ Plättchen.
Folglich gilt: $3 \cdot (4 + 2) = 3 \cdot 4 + 3 \cdot 2$

Weiterführende Aufgaben

Anwenden des Distributivgesetzes – Ausklammern

2. Manchmal ist es vorteilhafter, anders als nach der Regel „Punktrechnung vor Strichrechnung" zu rechnen.
Wenn man nämlich eine Zahl „ausklammern" kann, wird die Rechnung oft einfacher. Erläutere die Rechnung rechts.
Berechne ebenso: **a)** $8 \cdot 96 + 8 \cdot 4$ **b)** $4 \cdot 16 + 4 \cdot 34$

$14 \cdot 4 + 14 \cdot 6$
$= 14 \cdot (4 + 6)$
$= 14 \cdot 10$
$= 140$

Distributivgesetz rückwärts

Weitere Distributivgesetze

3. Auch für das Subtrahieren und Dividieren gibt es Distributivgesetze:
Denke dir natürliche Zahlen anstelle von a, b und c. Stets gilt:

$a \cdot (b - c) = a \cdot b - a \cdot c \qquad (a + b) : c = a : c + b : c$ (für $c \neq 0$)

Gib Zahlenbeispiele für diese Gesetze an.

Anwenden des Distributivgesetzes beim Kopfrechnen

4. Beim Kopfrechnen habt ihr schon immer das Distributivgesetz benutzt.
Erläutert das eurem Partner an folgenden Beispielen:

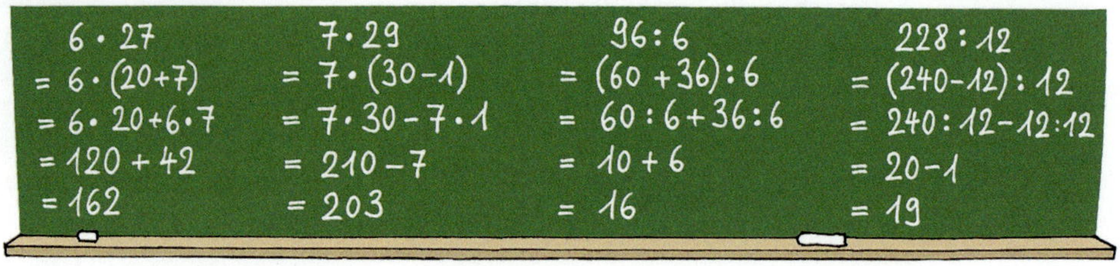

Übungsaufgaben

5. Bei welchem Term ist die Rechnung vorteilhafter? Begründe deine Antwort.
a) $4 \cdot 19 + 4 \cdot 6$ oder $4 \cdot (19 + 6)$
b) $4 \cdot 17 + 4 \cdot 23$ oder $4 \cdot (17 + 23)$
c) $9 \cdot 100 + 9 \cdot 12$ oder $9 \cdot (100 + 12)$
d) $9 \cdot 50 + 9 \cdot 7$ oder $9 \cdot (50 + 7)$

6. Rechne vorteilhaft.
a) $8 \cdot 17 + 2 \cdot 17$
b) $23 \cdot 64 + 23 \cdot 36$
c) $39 \cdot 24 + 11 \cdot 24$
d) $176 \cdot 36 + 24 \cdot 36$
e) $(40 + 3) \cdot 9$
f) $12 \cdot (20 + 3)$
g) $7 \cdot (30 + 12)$
h) $(100 + 9) \cdot 18$

7. Rechne vorteilhaft.
a) $8 \cdot (40 - 7)$
b) $(50 - 6) \cdot 7$
c) $9 \cdot (400 + 30 + 4)$
d) $(125 + 11) \cdot 8$
e) $(250 - 17) \cdot 4$
f) $(200 + 40 + 3) \cdot 5$
g) $18 \cdot (38 + 12)$
h) $(50 - 2) \cdot 14$
i) $(72 + 45) : 9$
j) $102 : 6 + 78 : 6$
k) $(168 - 28) : 14$
l) $135 : 15 + 15 : 15$
m) $720 : 8 - 32 : 8$
n) $221 : 17 - 51 : 17$
o) $(360 - 36) : 12$
p) $(378 + 42) : 21$

8. Rechne vorteilhaft.
a) $17 \cdot 13 + 87 \cdot 17$
b) $54 \cdot 19 - 9 \cdot 54$
c) $24 \cdot 33 - 33 \cdot 14$
d) $47 \cdot 73 - 23 \cdot 47$
e) $16 \cdot 13 + 16 \cdot 29 + 16 \cdot 8$
f) $14 \cdot 38 - 3 \cdot 14 + 65 \cdot 14$

9. Berechne mit dem Distributivgesetz im Kopf.
(1) $7 \cdot 36$
(2) $84 \cdot 6$
(3) $9 \cdot 98$
(4) $8 \cdot 149$
(5) $69 \cdot 4$
(6) $152 \cdot 3$
(7) $917 : 7$
(8) $104 : 8$
(9) $187 : 17$
(10) $156 : 13$
(11) $247 : 13$
(12) $330 : 15$

10. Clara sammelt für einen gemeinsamen Ausflug der Klassen 5 a und 5 b Geld ein. Die Kosten betragen pro Schüler 5 €. In Claras Klasse sind 23 Schülerinnen und Schüler, in der Nachbarklasse 27. Wie viel Geld muss Clara insgesamt einsammeln?
Rechne auf zwei verschiedenen Wegen. Schreibe auch einen Term.

11. 380 Flaschen Apfelsaft und 120 Flaschen Traubensaft sollen in Kästen zu je 20 Flaschen versandt werden. Wie viele Kästen sind nötig? Rechne auf zwei Wegen.

12. Maik möchte für seinen Geburtstag 7 Flaschen der Bio-Apfelschorle rechts kaufen.
Wie viel muss er bezahlen?
Du kannst auf zwei verschiedenen Wegen rechnen. Welcher ist günstiger?

13. Untersuche an Beispielen, ob es auch ein Gesetz $c : (a + b) = c : a + c : b$ gibt.

2.6 Potenzieren

Einstieg

Jeder Mensch hat zwei Elternteile, vier Großelternteile, acht Urgroßelternteile usw.
Wie viele Ururururgroßelternteile hat er?
Wie viele Ahnen hat er in der 5. [6., 7., 8.] Vorfahrengeneration?

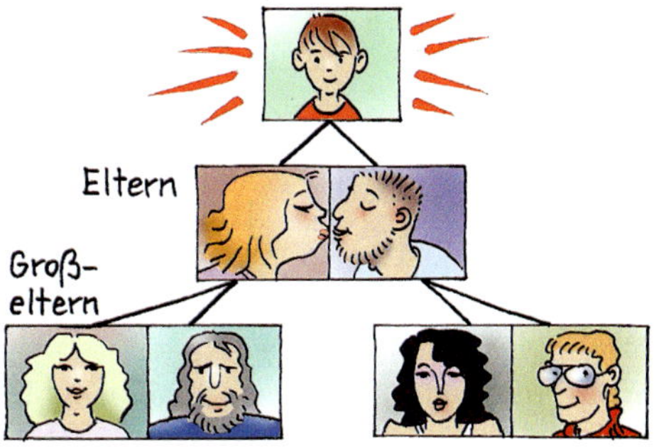

Einführung

Ein Papierbogen wird mehrmals nacheinander gefaltet.
Wie viele Papierschichten liegen nach dem fünften Falten übereinander? Wie viele Papierschichten wären es nach dem zehnten Falten?

Bei jedem Falten verdoppelt sich die Anzahl der übereinander liegenden Blätter:

Anzahl der Faltungen	Anzahl der übereinanderliegenden Schichten	Kurzschreibweise
1	2	
2	$2 \cdot 2 = 4$	2^2
3	$2 \cdot 2 \cdot 2 = 8$	2^3
4	$2 \cdot 2 \cdot 2 \cdot 2 = 16$	2^4
5	$2 \cdot 2 \cdot 2 \cdot 2 \cdot 2 = 32$	2^5

Nach dem 5. Falten liegen schon 32 Schichten übereinander.
Beim weiteren Falten kommst du bald in Schwierigkeiten.
Die Anzahl der Schichten nach dem 10. Falten wäre nämlich:
$2 \cdot 2 \cdot 2 \cdot 2 \cdot 2 \cdot 2 \cdot 2 \cdot 2 \cdot 2 \cdot 2 = 2^{10} = 1024$

Information

(1) Potenzen
Da man auch bei einer Faltung die Kurzschreibweise verwenden will, setzt man fest: $2^1 = 2$.
Da man beim nullmaligen Falten 1 Schicht hat, setzt man außerdem fest: $2^0 = 1$.

Anstelle des Produktes $2 \cdot 2 \cdot 2 \cdot 2 \cdot 2$ mit fünf gleichen Faktoren schreibt man auch 2^5 (gelesen: 2 *hoch* 5).
Man nennt 2^5 eine **Potenz** von 2 (die fünfte Potenz von 2), 32 ist der Wert dieser Potenz.
Beachte: $2^1 = 2$ und $2^0 = 1$.
Beispiele:
$5^3 = 5 \cdot 5 \cdot 5 = 125$
$10^5 = 10 \cdot 10 \cdot 10 \cdot 10 \cdot 10 = 100\,000$
$7^1 = 7$
$6^0 = 1$

$2^5 = 2 \cdot 2 \cdot 2 \cdot 2 \cdot 2 = 32$

2^5

Exponent (Hochzahl) – Gibt die Anzahl der Faktoren an.

Basis (Grundzahl) – Gibt den Faktor an.

(2) Vorrangregeln für das Berechnen von Termen, in denen Potenzen vorkommen
Kommen in einem Term neben dem Potenzieren auch andere Rechenarten vor, so vereinbaren wir, dass das Potenzieren vor den anderen Rechenarten ausgeführt wird.

Vorrangregeln für das Potenzieren
- Potenzrechnung vor Punktrechnung
- Potenzrechnung vor Strichrechnung
- Klammern vor Potenzen

Beispiele:
$2 \cdot 3^4 = 2 \cdot 81 = 162$
$18 + 3^4 = 18 + 81 = 99$
$(2 \cdot 3)^4 = 6^4 = 1\,296$

Weiterführende Aufgabe

Angabe großer Zahlen mithilfe von Zehnerpotenzen

1. Die Zahlenangaben in der Abbildung sind Entfernungen der Planeten zur Sonne (in km).
Schreibe die Zahlenangaben ohne Zehnerpotenzen.

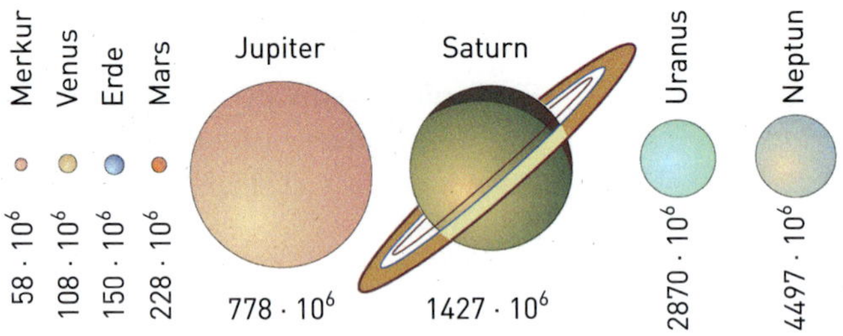

Zerlegen einer Zahl in Vielfache von Zehnerpotenzen

2. Die Stufenzahlen in der Stellentafel sind Zehnerpotenzen. Zerlege die in der Stellentafel notierten Zahlen wie im Beispiel.

$84\,056\,000 = 8 \cdot 10^7 + 4 \cdot 10^6 + 5 \cdot 10^4 + 6 \cdot 10^3$

Billionen			Milliarden			Millionen			Tausender			H	Z	E
10^{14}	10^{13}	10^{12}	10^{11}	10^{10}	10^9	10^8	10^7	10^6	10^5	10^4	10^3	10^2	10^1	10^0
							4	6	0	8	5	0	0	1
					3	0	0	7	5	0	0	0	0	4
3	0	6	1	4	5	0	0	4	0	2	0	0	0	0

Quadratzahlen als besondere Potenzen

3. Rechts siehst du eine Folge von Quadraten.
Berechne für jedes Quadrat, aus wie vielen kleinen Quadraten es zusammengesetzt ist.

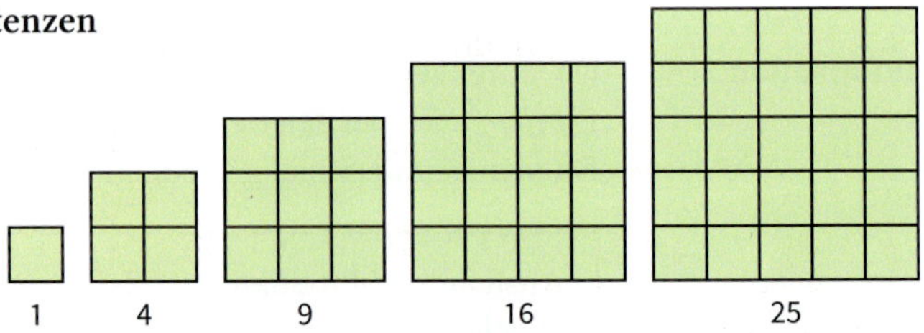

Quadratzahlen
Multipliziert man eine Zahl mit sich selbst, so erhält man eine **Quadratzahl**:
Quadratzahlen sind also Potenzen mit dem Exponenten 2. Das Potenzieren mit 2 nennt man daher auch **Quadrieren**.
Die ersten Quadratzahlen sind:
$1^2 = 1$; $2^2 = 4$; $3^2 = 9$; $4^2 = 16$; $5^2 = 25$; $6^2 = 36$; $7^2 = 49$; $8^2 = 64$; $9^2 = 81$; $10^2 = 100$; $11^2 = 121$; $12^2 = 144$; $13^2 = 169$; $14^2 = 196$; $15^2 = 225$; $16^2 = 256$; $17^2 = 289$; $18^2 = 324$; $19^2 = 361$; $20^2 = 400$

Übungsaufgaben

4. Schreibe als Potenz; berechne auch den Wert.
a) $4 \cdot 4 \cdot 4$ b) $12 \cdot 12$ c) $10 \cdot 10 \cdot 10 \cdot 10 \cdot 10$ d) $7 \cdot 7 \cdot 7 \cdot 7$ e) 8

5. Berechne.
a) 2^4 c) 6^3 e) 4^4 g) 0^4 i) 100^3 k) $1\,000^2$ m) $3\,719^1$
b) 5^2 d) 10^1 f) 1^8 h) 4^1 j) 40^2 l) $5\,000^2$ n) $1\,000^4$

6. Vergleiche die Ergebnisse.
a) $6+6$; $6 \cdot 6$; $6 \cdot 2$; 6^2 b) $4+3$; $4 \cdot 3$; 4^3 c) $7+1$; $7 \cdot 1$; 7^1 d) 5^2; 2^5 e) 4^2; 2^4

7. Berechne.
a) $5^2 \cdot 3$ b) $7 \cdot 2^3$ c) $32 : 2^3$ d) $96 - 6^2$ e) $4 \cdot 3^2 - 12$ f) $28 + 2^6 : 16$

8. Setze in deinem Heft anstelle von □ das richtige Zeichen (>, =, <) ein.
a) 2^4 □ 4^2 b) 2^5 □ 5^2 c) 27 □ 27^1 d) 5^3 □ 8^3 e) 7^5 □ 7^3 f) $4 \cdot 5^2$ □ $5 \cdot 4^2$

9. Alexander hat in der Pause Zahlen weggewischt. Welche waren es? Notiere sie im Heft.

10. Vervollständige die Lücken im Heft.
a) $□^4 = 16$; $□^4 = 81$; $□^1 = 15$; $□^{19} = 1$ b) $10^□ = 1\,000$; $12^□ = 12$; $4^□ = 256$

11. Schreibe als Potenz: a) 25; 8; 121; 343 b) 16; 81; 64; 0; 1

12. Notiere und berechne
a) die fünfte Potenz von 10;
b) die erste Potenz von 13;
c) das Produkt aus 2 und der 3. Potenz von 5;
d) die Summe aus der 2. Potenz von 8 und der 3. Potenz von 2.

13. Wo steckt der Fehler? Schreibe die Berechnung der Terme korrekt auf.

a) $(6+8)^3 = 14 \cdot 3 = 42$
b) $5 \cdot 4^4 = 20^4 = 160\,000$
c) $(22 - 2 \cdot 8)^2 = (20 \cdot 8)^2 = 160^2 = 25\,600$
d) $(8 + 11 \cdot 2)^2 = (8+22)^2 = 8^2 + 22^2 = 64 + 484 = 548$

14. Berechne.
a) $4 \cdot 3^2$ e) $4^2 \cdot 3^1 \cdot 2$ i) $2 \cdot 3^2 + 9 \cdot 5$ m) $10^3 - 5 \cdot 10^2 + 8$
b) $5^3 \cdot 4$ f) $5^1 \cdot 3^3 \cdot 4$ j) $5^2 \cdot 3 - 5 \cdot 4$ n) $3 \cdot 7^2 - 4 \cdot 2^2$
c) $3 \cdot 2^4$ g) $1^8 \cdot 8^1$ k) $2^3 \cdot 2 + 4^2 \cdot 7$ o) $5 \cdot 2^3 \cdot 3 + 7 \cdot 2^4$
d) $5^2 \cdot 5$ h) $2^3 \cdot 3^2$ l) $3 \cdot 4^3 - 8^1 \cdot 5$ p) $4^3 - 4^2 + 4 \cdot 5$

15. Beim Quiz „Schaffen Sie die Million?“ erhält ein Kandidat 50 € für die erste richtig beantwortete Frage. Für jede weitere richtig beantwortete Frage vervierfacht sich sein Gewinn. Bei der ersten falschen Antwort verliert der Kandidat die Hälfte des bisherigen Gewinns und scheidet aus.

a) Wie viel Geld hat ein Kandidat nach vier richtigen Antworten?

b) Wie viele richtige Antworten muss er geben, um auf mehr als 50 000 € zu kommen?

c) Wie viele richtige Antworten muss er geben, um Millionär zu werden?

16. Schreibe als Potenz von 10.

a) hundert b) zehntausend c) eine Million d) eine Milliarde e) 10 Billionen

17. Es ist günstig, manche Potenzen aus dem Kopf zu wissen. Berechne und lerne auswendig:

a) Zehnerpotenzen: $10^1, 10^2, \ldots, 10^5, 10^6, 10^9$ b) Zweierpotenzen: $2^1, 2^2, 2^3, \ldots, 2^{10}$

18. Die Erde ist vor $5 \cdot 10^9$ Jahren entstanden, die Lebewesen später. Schreibe die folgenden Zeitangaben ohne Potenzen.

Bakterien	Fische	Insekten	Saurier	Blütenpflanzen	Mensch
$6 \cdot 10^8$ Jahre	$45 \cdot 10^7$ Jahre	$4 \cdot 10^8$ Jahre	$2 \cdot 10^8$ Jahre	$7 \cdot 10^7$ Jahre	10^5 Jahre

19. Schreibe die Zahlenangaben aus dem Zeitungsartikel in der Zehnerpotenzenschreibweise.

Weißt du, wie viel Sternlein stehen?

Die Anzahl der Sterne, die man von der Erde aus mit bloßem Auge erkennen kann, wird auf achttausend geschätzt. In der Milchstraße, zu der auch die Sonne zählt, befinden sich etwa 300 Milliarden Sterne. Die Milchstraße wiederum ist nur eine von mehreren hundert Millionen solcher Galaxien: Immer wieder werden neue Sterne und Galaxien entdeckt. Das Licht von den am weitesten entfernten Sternen braucht für den Weg zu uns etwa 10 Milliarden Jahre.

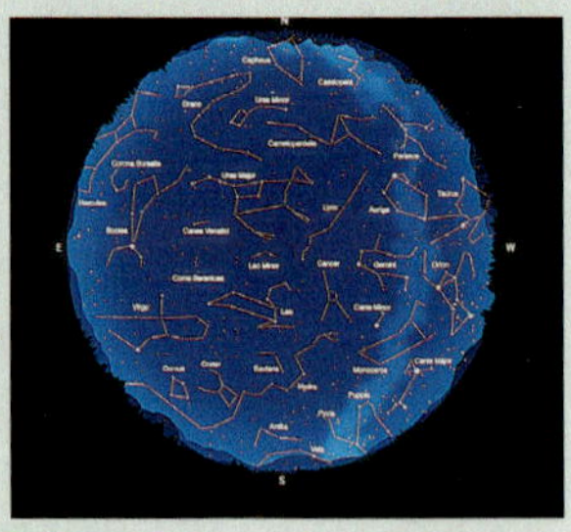

20. Wandle die großen Zahlen in Zehnerpotenzen um.

a) Der Mensch verliert im Jahr 35 000 Haare.

b) Das Herz schlägt 42 000 000-mal im Jahr und pumpt 2 500 000 Liter Blut.

c) Von unseren 100 000 000 000 Gehirnzellen sterben jährlich 36 500 000 ab.

d) Durch das Atmen strömen jährlich 7 000 000 Liter Luft durch die Lungen.

21. Gib die Zahlen ohne Zehnerpotenzen an.

$7 \cdot 10^3 + 2 \cdot 10^1 + 3 \cdot 10^0 = 7023$

a) $6 \cdot 10^3 + 8 \cdot 10^2 + 1 \cdot 10^1 + 9 \cdot 10^0$
b) $5 \cdot 10^3 + 4 \cdot 10^2 + 3 \cdot 10^1 + 1 \cdot 10^0$
c) $7 \cdot 10^4 + 2 \cdot 10^3 + 6 \cdot 10^2 + 4 \cdot 10^1$
d) $9 \cdot 10^6 + 3 \cdot 10^4 + 4 \cdot 10^3 + 6 \cdot 10^2$
e) $8 \cdot 10^9 + 6 \cdot 10^7 + 5 \cdot 10^4 + 3 \cdot 10^1$
f) $1 \cdot 10^8 + 3 \cdot 10^6 + 4 \cdot 10^3 + 9 \cdot 10^1 + 3 \cdot 10^0$

22. Zerlege in Vielfache von Zehnerpotenzen wie in Aufgabe 21.

a) 8 120; 6 045
b) 18 300; 245 000
c) 604 900; 7 505 000
d) 1 608 700; 4 000 609
e) 12 000 500 000; 5 007 000 200

23. Nora behauptet: „Im Jahr $2 \cdot 10^3 + 1 \cdot 10^1 + 5 \cdot 10^0$ gab es in den deutschen Wohnungen etwa $1 \cdot 10^7 + 2 \cdot 10^6 + 9 \cdot 10^5$ Katzen."
Was hältst du von dieser Form der Zahlenangabe? Wandle sie um in eine üblichere Angabe.

24. Sucht in Zeitungen und Zeitschriften Zahlenangaben für große Zahlen, die mithilfe von Zehnerpotenzen geschrieben werden können. Findet ihr auch Angaben, die mit Zehnerpotenzen notiert sind? Gestaltet ein Plakat mit euren Suchergebnissen.

25. a) Berechne die ersten 20 Quadratzahlen und lerne sie auswendig.
b) Berechne dann auch noch 21^2, 22^2, 23^2, 24^2 und 25^2.

26. Entscheide, ob es sich bei der Zahl um eine Quadratzahl handelt. Falls ja, so gib ihre Basis an. Falls nein, gib die nächstgrößere Quadratzahl an.

a) 529 b) 381 c) 615 d) 404 e) 323 f) 265

27. a) Nenne eine Zahl zwischen 100 und 400. Dein Partner nennt die nächstgrößere Quadratzahl. Tauscht dann die Rollen noch dreimal.
b) Nenne eine Zahl zwischen 100 und 400, Dein Partner nennt die am nächsten liegende Quadratzahl. Tauscht dann die Rollen noch dreimal.

28. Rechne im Kopf.

a) $11^2 + 17^2$
b) $19^2 - 9^2$
c) $12^2 \cdot 2^2$
d) $8^2 : 2^2$
e) $14^2 + 15^2$
f) $19^2 - 18^2$
g) $3^2 \cdot 13^2$
h) $20^2 : 10^2$
i) $1^2 + 2^2 + 3^2$
j) $5^2 - 4^2 - 3^2$

29. In einer Milchprobe befinden sich Keime, deren Anzahl sich jede Stunde vervierfacht.

a) Berechne die Anzahl der Keime nach 2 Stunden, wenn anfangs 5 Keime vorhanden sind.
b) Berechne die Anzahl der Keime nach 5 Stunden, wenn anfangs 100 Keime vorhanden sind.
c) Löse die Teilaufgaben a) und b) für gekühlte Milch, in der sich die Anzahl der Keime stündlich nur verdreifacht. Vergleiche.

30. Gliedere den Term und berechne seinen Wert.

a) $6 \cdot 3^2 - 5 + 2^3$
b) $9^2 - (2^3 + 3^2) \cdot 2^2$
c) $4^3 + (5 \cdot 13 - 4^3)^7$
d) $4^3 : 2^2 - 3^2$

2.7 Geschicktes Bestimmen von Anzahlen – Zählprinzip

Einstieg

Ein Fahrradgeschäft wirbt mit der nebenstehenden Anzeige.
Unter wie vielen verschiedenen Ausführungen kann Christiana wählen?

Einführung

Allgemeines Zählprinzip
Janina steht vor dem Getränkeautomaten und wählt gesüßten Tee. Sie meint, dass es viele Möglichkeiten der Getränkewahl gibt.
Alexander findet die Anzahl schnell heraus: „Du hast 3 Möglichkeiten ein Getränk zu wählen. Bei jedem der 3 Getränke kannst du dich für süß oder pur entscheiden, also *jeweils* zwischen 2 Möglichkeiten. Du erhältst insgesamt $3 \cdot 2$, also 6 Möglichkeiten."

Die verschiedenen Möglichkeiten kann man übersichtlich in einem *Baumdiagramm* darstellen. Zu jeder Entscheidungsmöglichkeit gehört eine Verzweigung im Baumdiagramm. Jeder der 6 Wege gehört zu einer der 6 Möglichkeiten.

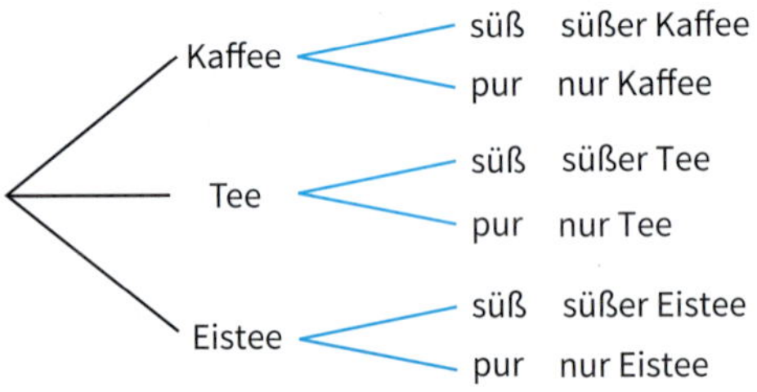

Information

Baumdiagramm – Allgemeines Zählprinzip
In der Einführung konnte man in zwei Stufen auswählen:
Zunächst Kaffee oder Tee oder Eistee und dann süß oder pur.

Das Kombinieren verschiedener Möglichkeiten kann man übersichtlich in einem Baumdiagramm darstellen.
Man erkennt dann, dass man die Anzahlen der Möglichkeiten bei den einzelnen Stufen miteinander multiplizieren muss, um die Gesamtanzahl aller Kombinationen zu erhalten.

Beispiel:

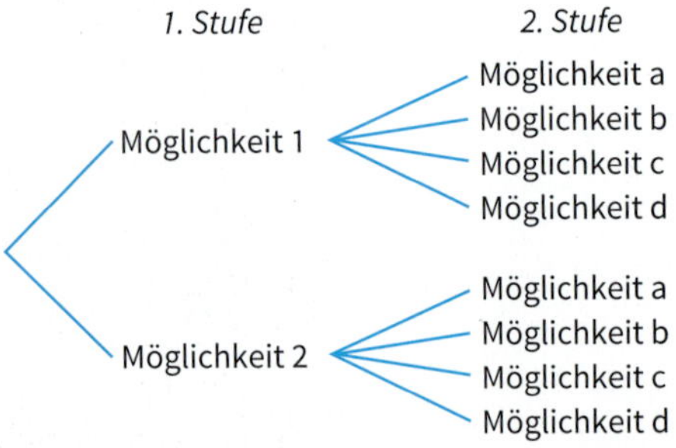

2 · 4 Kombinationen

Aufgabe 1

Anwenden des allgemeinen Zählprinzips

Für eine Flagge aus drei Streifen stehen fünf unterschiedliche Farben zur Verfügung. Wie viele Gestaltungsmöglichkeiten gibt es, wenn

a) alle Streifen unterschiedlich gefärbt sind;

b) die beiden äußeren Streifen dieselbe Farbe besitzen?

Lösung

a) Näht man die Flagge von links nach rechts zusammen, so kann man für den linken Streifen aus fünf Farben eine beliebige Farbe wählen. Für den mittleren Streifen bleiben vier Farben zur Auswahl, für den rechten Streifen nur noch drei Farben übrig.
Ergebnis: Insgesamt sind es $5 \cdot 4 \cdot 3 = 60$ Gestaltungsmöglichkeiten.

b) Für den linken Streifen gibt es fünf Möglichkeiten, für den mittleren vier. Da der rechte Streifen dieselbe Farbe haben soll wie der linke Streifen, gibt es nur eine Möglichkeit.
Ergebnis: Insgesamt sind es $5 \cdot 4 \cdot 1 = 20$ Gestaltungsmöglichkeiten.

Übungsaufgaben

2. In einer Radtourenkarte sind drei Wege von Lisas Standort nach Unterstein und vier Wege von Unterstein nach Oberstein eingezeichnet.
Wie viele Möglichkeiten hat Lisa, um über Unterstein nach Oberstein zu fahren?

3. a) Ermittle, aus wie vielen Möglichkeiten Fabian ein Menü aus Salat, Pizza und Eis zusammenstellen kann.

b) Wie viel muss er für das billigste [teuerste] Menü bezahlen?

c) Erstelle eine Speisekarte, bei der es doppelt so viele Möglichkeiten gibt, ein Menü zusammenzustellen.

d) Um mehr als 150 verschiedene Kombinationsmöglichkeiten für das Menü zu haben, sollen noch weitere Desserts angeboten werden. Ermittle, wie viele benötigt werden.

e) Eine kleine Portion Eis besteht aus drei Kugeln. Es gibt die Sorten Vanille, Schoko, Erdbeer, Himbeer und Zitrone. Bestimme, wie viele Zusammenstellungen für kleine Portionen es gibt, wenn alle Kugeln verschieden sein sollen.

4. Bei einem Zahlenschloss lassen sich an jeder der vier Positionen die Ziffern 0, 1, …, 9 einstellen.
Bestimme, wie viele verschiedene Einstellungsmöglichkeiten es für das Zahlenschloss gibt, wenn man keine Ziffer doppelt verwenden will.

5. Bei einem Spiel sind 10 Tierbilder in je vier Teile (Kopf, Hals, Rumpf, Beine) zerlegt. Man kann daraus verschiedene lustige Tiere zusammensetzen. Bestimme:

a) Wie viele verschiedene Tiere kann man insgesamt zusammenstellen?

b) Drei der zehn Tiere sind Vögel. Wie viele verschiedene Möglichkeiten gibt es, Vögel zusammenzustellen?

c) Wie viele verschiedene Möglichkeiten gibt es, ein Tier mit einem Vogelkopf, aber mit Beinen, die nicht zu einem Vogel gehören, zusammenzustellen?

6. Beim Werfen einer Münze kann entweder Zahl (Z) oder Wappen (W) oben liegen. Eine Münze wird dreimal hintereinander geworfen.
   a) Ergänze das nebenstehende Baumdiagramm.
   b) Das Gesamtergebnis einer dreimal hintereinander geworfenen Münze haben wir im Baumdiagramm durch ZZW angegeben. Was bedeutet ZZW? Wie unterscheidet sich ZWZ von ZZW? Erkläre.
   c) Bestimme, wie viele verschiedene Ergebnisse es für den dreimaligen Münzwurf gibt.

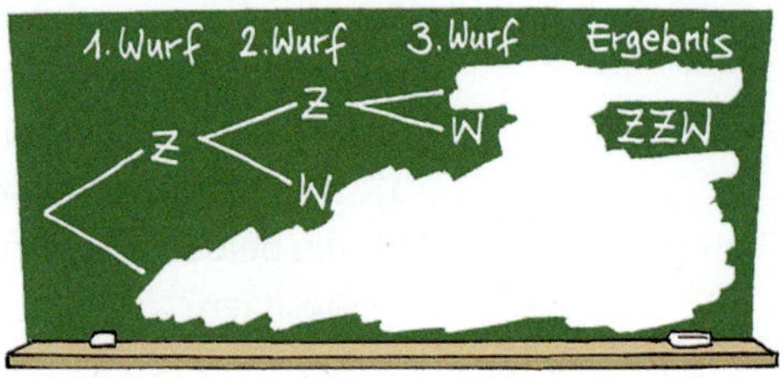

7. Lukas hat 18 T-Shirts und 12 Hemden.
   a) Formuliere eine Fragestellung, die sich mithilfe des Zählprinzips beantworten lässt und nenne auch das Ergebnis.
   b) Formuliere eine Fragestellung, die sich nicht mithilfe des Zählprinzips beantworten lässt und nenne auch das Ergebnis.

8. Kontrolliere die Angaben in der Anzeige rechts und ziehe eine Schlussfolgerung.

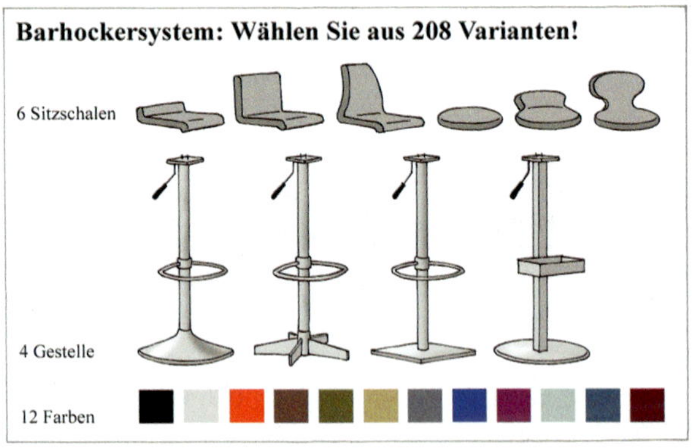

9. Michael zieht nacheinander ohne zu schauen zwei Murmeln aus dem Beutel links. Bestimme,
   a) wie viele unterschiedliche Farbkombinationen es gibt;
   b) in wie vielen Fällen die Murmeln die gleiche Farbe haben.

10. Eine Fußballjugend hat 2 Jungen, die als Torwart geeignet sind, 4 Spieler für die Abwehr, 6 für das Mittelfeld und 4 für den Sturm. Es soll eine Mannschaft mit der abgebildeten Aufstellung zusammengestellt werden. Wie viele verschiedene Möglichkeiten gibt es? Begründe.

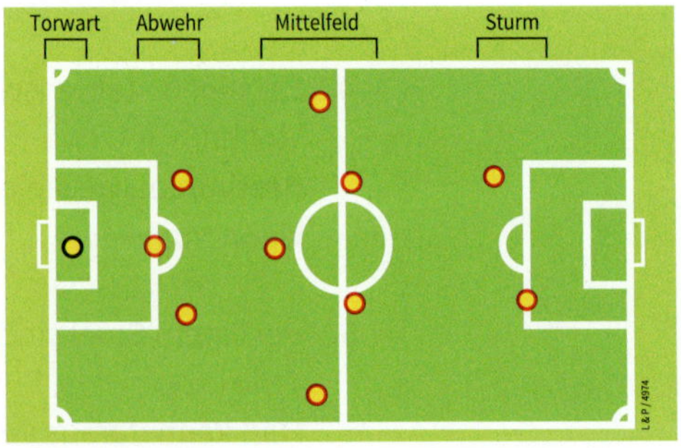

11. Nimm an, du hast 2 blaue und 3 gelbe Bausteine. Wie viele Möglichkeiten gibt es, damit einen 4 Steine hohen Turm zu bauen? Begründe, warum das Zählprizip nicht angewendet werden kann.

Das kann ich noch!

A) Auf dem Zahlenstrahl sind Zahlen durch rote Pfeile markiert. Schreibe die Zahlen auf.

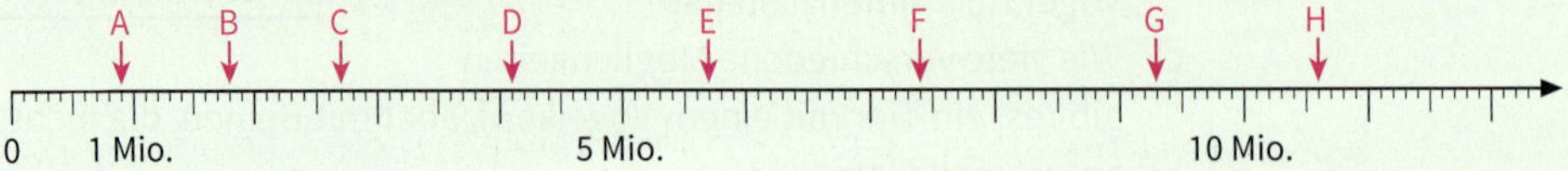

Fermi-Fragen

Enrico Fermi
(1901 – 1954)

Enrico Fermi (1901–1954) war ein berühmter italienischer Atomphysiker, der in den Vereinigten Staaten forschte und lehrte. Er vertrat die Meinung, dass sich für jede Frage eine Antwort finden lässt – zumindest kann man sich, mit geeigneten Hilfsfragen, der richtigen Antwort nähern. Seine bekannteste Frage ist: „Wie viele Klavierstimmer gibt es in Chicago?“ Diese Frage lässt sich nicht exakt beantworten und die Antwort ist auch sicherlich ziemlich uninteressant, aber der Weg zur Antwort ist das Interessante! Solche Fragen, auf die man nur mit einer Schätzung antworten kann, nennt man Fermi-Fragen.

1. Wir wollen schätzen, wie viele Klavierstimmer es in Nürnberg gibt.

a) Mit folgenden Hilfsfragen erhältst du eine Vorstellung von der Größenordnung.
- Wie viele Einwohner hat Nürnberg?
- Wie viele Klaviere gibt es wohl in Nürnberg?
- Wie oft muss ein Klavier gestimmt werden?
- Wie viele Klaviere kann ein Klavierstimmer am Tag stimmen?
- Wie viele Tage im Jahr arbeitet ein Klavierstimmer?

Zu welcher Schätzung kommst du?

b) Vergleiche deine Schätzung mit deinen Mitschülern. Bei welchen Hilfsfragen habt ihr unterschiedlich geantwortet? Wie wirkte sich das bei euren Antworten aus?

2. a) Schätze, wie viele Fahrräder es in deinem Schulort gibt.

b) Schätze, wie viel Reifenflickzeug in deinem Schulort in einem Jahr verkauft wird.

c) Schätze, wie viele Schülerinnen und Schüler an deiner Schule mit dem Fahrrad kommen.

d) Vergleiche deine Ergebnisse mit einem Partner. Erläutert euch folgendes Vorgehen.

> Zum Abschätzen einer unbekannten Anzahl oder Größe stellt man sich Hilfsfragen, die man leichter durch Schätzen beantworten kann. Deren Ergebnisse kombiniert man dann, um den gesuchten Schätzwert zu ermitteln.

3. Stelle zu jedem Bild eine Fermi-Frage und beantworte diese.

4. Denke dir mit deinem Partner eine interessante Fermi-Frage aus und beantwortet sie.

2.8 Teiler und Vielfache

Einstieg

Spiel: Eins ist Spitze
Ihr benötigt drei Würfel. Der erste Spieler würfelt zunächst mit zwei Würfeln und bildet daraus eine zweistellige Zahl. Dann würfelt der zweite Spieler mit dem dritten Würfel. Lässt sich die zweistellige Zahl durch die Augenzahl des dritten Würfels ohne Rest teilen, so erhält der zweite Spieler einen Punkt. Dann werden die Rollen getauscht. Wer zuerst 10 Punkte hat, ist Sieger. Überlegt anschließend gemeinsam, welche zweistelligen Zahlen günstig bzw. ungünstig sind.

Aufgabe 1

Teiler einer Zahl
Auf dem Klassenfest wurden von der Foto-AG 30 Fotos gemacht, die auf einer Plakatwand in der Klasse ausgestellt werden sollen. Um eine bessere Übersicht für Bestellwünsche zu haben, sollen die Fotos in gleich langen Reihen angeordnet werden.

a) Maria schlägt vor, in jeder Reihe 6 Fotos nebeneinander anzuordnen. Jan überlegt, ob man mit 7 Fotos nebeneinander die Plakatbreite besser ausnutzt. Was meinst du?

b) Welche Möglichkeiten gibt es überhaupt, die 30 Fotos in gleich langen Reihen einzukleben?

Lösung

a) *Marias Vorschlag:*
30 Fotos müssen auf 6er-Reihen aufgeteilt werden:
30 : 6 = 5
Also kann man 5 Reihen zu je 6 Fotos bilden.

Jans Vorschlag:
30 : 7 = 4 Rest 2
Aus 30 Fotos kann man 4 vollständige 7er-Reihen bilden.
Dann bleiben aber noch 2 Fotos übrig.
30 Fotos kann man nicht in gleich lange Reihen mit je 7 Fotos anordnen.

b) Die Anzahl 30 lässt sich nur in folgende Produkte zerlegen:
Zerlegungen und Anordnungen:

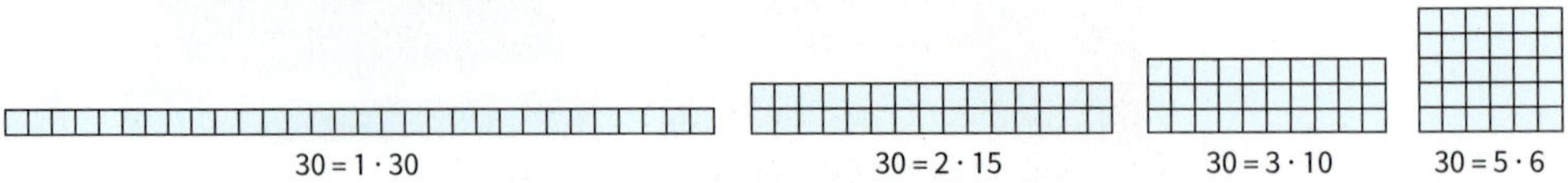

Neben diesen Anordnungen gibt es nur noch die, bei denen Breite und Höhe vertauscht wurden.

Information

(1) Teiler einer natürlichen Zahl

In der Aufgabe 1 hast du versucht, die Zahl 30 auf verschiedene Weisen als Produkt zweier Zahlen zu schreiben. 30 lässt sich als Produkt der Zahl 5 mit einem anderen Faktor schreiben: $30 = 5 \cdot 6$. Das liegt daran, dass sich 30 ohne Rest durch 5 teilen lässt. 30 lässt sich nicht als Produkt der Zahl 7 mit einem anderen Faktor schreiben. Das liegt daran, dass sich 30 nicht ohne Rest durch 7 teilen lässt: $30 : 7 = 4$ Rest 2.

Wir vereinbaren:

Eine Zahl heißt **Teiler** einer anderen Zahl, wenn diese ohne Rest durch die Zahl dividiert werden kann.

Beispiele:

4 ist Teiler von 32, denn $32 : 4 = 8$.
Wir schreiben dafür: $4 \mid 32$

9 ist nicht Teiler von 32, denn $32 : 9 = 3$ Rest 5.
Wir schreiben dafür: $9 \nmid 32$

(2) Strategie zur Bestimmung aller Teiler einer Zahl

Beispiel: Es sollen alle Teiler von 100 bestimmt werden. Hast du einen Teiler gefunden, zum Beispiel die 2, so kennst du eine Zerlegung der Zahl 100 als Produkt: $100 = 2 \cdot 50$. Damit kennst du sofort noch einen weiteren Teiler der Zahl 100, nämlich die 50.

Suchst du alle Teiler einer Zahl, so beginne mit der 1 und notiere gleich neben dem Teiler auch den zugehörigen zweiten Faktor.

$100 = 1 \cdot 100$
$100 = 2 \cdot 50$
$100 = 4 \cdot 25$
$100 = 5 \cdot 20$
$100 = 10 \cdot 10$

100	
1	100
2	50
4	25
5	20
10	10

Ergebnis: Die Zahlen 1, 2, 4, 5, 10, 20, 25, 50 und 100 sind Teiler von 100.

(3) Teilermenge einer Zahl

Die Zahl 28 hat die Teiler 1, 2, 4, 7, 14, 28.
Man kann alle Teiler einer Zahl zu einer Menge zusammenfassen. Diese nennt man die **Teilermenge** der Zahl.

Beispiel:

Teilermenge der Zahl 28; $T_{28} = \{1, 2, 4, 7, 14, 28\}$

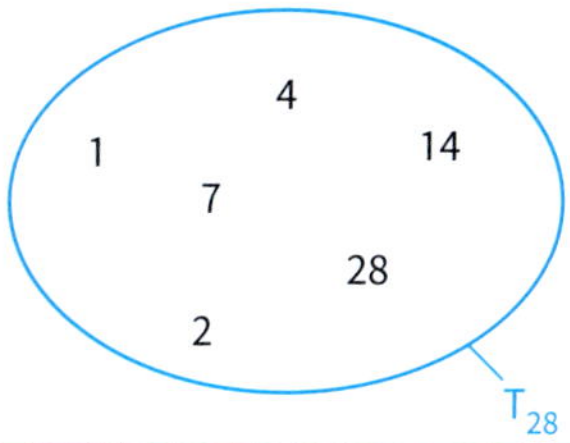

Weiterführende Aufgaben

Vielfache einer Zahl

2. Eier gibt es in Packungen zu je 6 Stück.
Wenn man solche Packungen kauft, hat man immer eine Anzahl Eier, die ein Vielfaches von 6 ist, z. B. das Einfache, Zweifache, das Dreifache, … Wie viele Eier kann man kaufen, wenn man nur volle Packungen nimmt?

Multipliziert man eine Zahl nacheinander mit 1, 2, 3, 4, …, so erhält man ihre **Vielfachen**. Man fasst alle Vielfachen einer Zahl zu einer **Vielfachenmenge** zusammen.

Beispiel:

Die Vielfachen von 7 sind 7, 14, 21, 28, …

Die Vielfachenmenge ist $V_7 = \{7, 14, 21, 28, \ldots\}$

Beachte: Jede Zahl hat unendlich viele Vielfache.

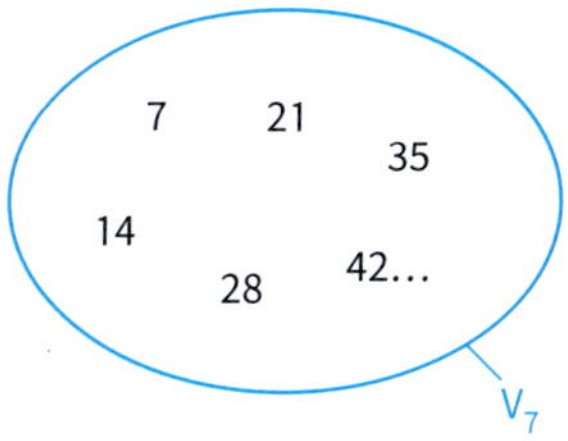

Zusammenhang zwischen „ist Teiler von" und „ist Vielfaches von"

3. Einerseits kann man sagen:
5 ist Teiler von 30;
andererseits kann man sagen:
30 ist Vielfaches von 5.
Erläutere allgemein:

5 —ist Teiler von→ 30
5 ←ist Vielfaches von— 30

Wenn die Zahl b ein Teiler der Zahl a ist, dann ist a ein Vielfaches von b.

Übungsaufgaben

4. Schreibe ab und setze das richtige Zeichen ein: | oder ∤

a) 4 ■ 36	e) 7 ■ 29	i) 11 ■ 111	m) 1 ■ 13
b) 5 ■ 56	f) 5 ■ 75	j) 12 ■ 60	n) 8 ■ 58
c) 20 ■ 20	g) 8 ■ 98	k) 14 ■ 96	o) 13 ■ 260
d) 6 ■ 76	h) 6 ■ 126	l) 10 ■ 133	p) 8 ■ 144

27	
1	27
3	9

5. Bestimme alle Teiler der angegebenen Zahl.

a) 35	d) 22	g) 34	j) 32	m) 44		
b) 10	e) 13	h) 16	k) 21	n) 15	p) 25	r) 56
c) 28	f) 30	i) 22	l) 18	o) 23	q) 70	s) 96

6. Hier wurden Fehler gemacht. Schreibe die richtigen Teiler ins Heft.

a) $T_{32} = \{1, 2, 3, 4, 5, 6, 8, 12, 16, 32\}$
b) $T_{48} = \{1, 2, 3, 4, 6, 8, 10, 12, 16, 18, 24, 48\}$
c) $T_{31} = \{1, 2, 3, 13, 31\}$
d) $T_{46} = \{1, 2, 3, 4, 16, 23, 26, 46\}$

7. Welche Teilermengen sind angegeben? Vervollständige im Heft.

a) $T_{■} = \{1, 2, ■, ■, ■, 12\}$
b) $T_{■} = \{1, ■, ■, ■, 35\}$
c) $T_{■} = \{1, 2, 31, ■\}$
d) $T_{■} = \{1, 3, 11, ■\}$

8. Setze im Heft das richtige Zeichen ∈ oder ∉ ein

a) 4 ■ T_8 b) 9 ■ T_{12} c) 13 ■ T_{13} d) 6 ■ T_8 e) 12 ■ T_{60} f) 18 ■ T_{96}

9. Schreibe je zwei Teilermengen auf, die genau so viele Zahlen wie angegeben haben.

a) 2 Zahlen b) 4 Zahlen c) 6 Zahlen d) 3 Zahlen e) 5 Zahlen f) 7 Zahlen

<u>10.</u> Das große Rad wird einmal gedreht. Kommt dann der markierte Zahn wieder in die markierte Lücke? Begründe.

11. Bestimme zwei Zahlen, die die folgenden Teiler haben:

a) 2 und 3 b) 3 und 9 c) 3, 5 und 10 d) 2, 3, 4 und 5

12. Mini-Tafeln Schokolade gibt es in Packungen zu je 9 Stück.
Wie viele Mini-Tafeln kann man jeweils nur kaufen? Schreibe dazu die geeignete Vielfachenmenge auf.

13. Richtig oder falsch?

25 ist Vielfaches von 5, *65 ist Vielfaches von 8,* *9 ist Vielfaches von 9*
42 ist Vielfaches von 66, *81 ist Vielfaches von 1,* *50 ist Vielfaches von 7*
5 ist Vielfaches von 25, *88 ist nicht Vielfaches von 11,* *168 ist nicht Vielfaches von 14*

14. Notiere die Vielfachenmenge. Gib die ersten 8 Zahlen an.
a) V_3 b) V_5 c) V_8 d) V_9 e) V_{11} f) V_{15} g) V_{20}

15. Ist die Menge eine Vielfachenmenge? Begründe.
a) {1, 3, 5, 7, 8, 11, …} b) {2, 4, 6, 8, 10, 12, …} c) {1, 10, 100, 1000, …}

16. Welche Vielfachenmenge ist beschrieben? Vervollständige im Heft.
a) $V_{■}$ = {1, ■, 21 ■, ■, ■, …}
b) $V_{■}$ = {1, ■, ■, 32, ■, ■, …}
c) $V_{■}$ = {■, 30, 45, ■, ■, ■, …}
d) $V_{■}$ = {■, 50, 75 ■, ■, ■, …}
e) $V_{■}$ = {■, ■, 63, ■, ■, ■, …}
f) $V_{■}$ = {■, ■, ■, 200, 250, ■, …}
g) $V_{■}$ = {■, ■, ■, 108, ■, ■, …}
h) $V_{■}$ = {■, ■, ■, 192, ■, ■, …}

17. Setze im Heft das richtige Zeichen ∈ oder ∉ ein
a) 16 ■ V_8 b) 9 ■ V_{12} c) 13 ■ V_{13} d) 60 ■ V_8 e) 12 ■ V_{60} f) 85 ■ V_{17}

18. Notiere nacheinander alle Vielfachen der Zahl 4 zwischen folgenden Zahlen:
a) 30, …, 50 b) 55, …, 85 c) 95, …, 135 d) 485, …, 535

19. Auf jeder Karte stehen einige Vielfache einer Zahl. Welche Zahlen könnten es sein?

20. Setze im Heft das richtige Zeichen ∈ oder ∉ ein.
a) 2 ■ T_{52} c) 11 ■ T_{143} e) 7 ■ T_{112}
b) 48 ■ V_2 d) 656 ■ V_3 f) 425 ■ V_{17}

21. a) Nenne fünf Beträge, die man mit 5-€-Scheinen bezahlen kann, ohne zu wechseln.
b) Kann man die folgenden Beträge mit 5-€-Scheinen bezahlen, ohne zu wechseln?
(1) 76 € (2) 135 € (3) 254 € (4) 245 €

22. Ein Bordstein ist 85 cm lang. Ermittle, ob man solche Bordsteine zu einer Kantenlänge von 760 cm aneinanderlegen kann.

23. In einer Klasse werden für den Ausflug von jedem 6 € eingesammelt. In der Klassenklasse sind anschließend 142 €. Untersuche, ob der Geldbetrag stimmen kann.

24. Beim normalen Gehen beträgt Jans Schrittweite 65 cm. Berechne, welche Entfernung Jan so mit 1 Schritt, mit 2, 3, 4, …, 10 Schritten zurücklegen kann.

25. Eine Zahl wird vollkommene Zahl genannt, wenn die Summe ihrer echten Teiler wieder gleich der Zahl ist. Beispiel: $6 = 1 + 2 + 3$. Ermittle eine weitere vollkommene Zahl.

Argumentieren – Begründen und Widerlegen

An etlichen Stellen im Mathematikunterricht hast du schon Begründungen vorgenommen. Hier untersuchst du näher, wie man eine Vermutung begründen kann und wann eine Begründung stichhaltig ist.

1. Merlin hat eine Entdeckung gemacht und unterhält sich mit Lisa darüber.

Beschreibe, wie Merlin seine Entdeckung zu begründen versucht. Erläutere, warum Lisa sich bei ihrer Aussage auf ein einziges Beispiel beschränken kann.

2. Julia und Tom haben entdeckt, dass zwischen zwei durch 3 teilbaren Zahlen stets eine gerade Zahl liegt. Sie haben auch versucht, dies zu begründen. Vergleiche ihre Begründungen. Was hältst du von ihnen?

JULIA
Zwischen zwei durch 3 teilbaren Zahlen liegt stets eine gerade Zahl.
Begründung:
zwischen 3 und 6 liegt 4,
zwischen 6 und 9 liegt 8,
zwischen 9 und 12 liegt 10,
zwischen 12 und 15 liegt 14,
zwischen 15 und 18 liegt 16.

TOM
Zwischen zwei durch 3 teilbaren Zahlen liegt stets eine gerade Zahl.
Begründung:
Es gibt nur zwei Möglichkeiten:
1) Ist die kleinere durch 3 teilbare Zahl ungerade, so ist die unmittelbar darauf folgende Zahl gerade und kleiner als die nächste durch 3 teilbare Zahl.
2) Ist die kleinere durch 3 teilbare Zahl gerade, so ist die um 2 größere Zahl auch gerade, aber kleiner als die nächste durch 3 teilbare Zahl.

Begründen von Behauptungen
- Um zu zeigen, dass eine Behauptung falsch ist, reicht es aus, ein einziges Gegenbeispiel zu finden.
- Auch noch so viele Beispiele reichen nicht aus, um eine allgemeine Behauptung zu begründen. Man muss mithilfe von Argumenten sicherstellen, dass sie gilt.

3. Ben behauptet: „Zwischen zwei durch 4 teilbaren Zahlen liegt stets mindestens eine durch 3 teilbare Zahl". Begründe diese Behauptung oder widerlege sie.

4. Valentin sagt: „Die Aufgaben rechts haben im Ergebnis nur gerade Ziffern. Ich denke, das ist auch bei den weiteren Aufgaben dieser Reihe mit mehr Ziffern so." Begründe oder widerlege.

$2 \cdot 1$
$22 \cdot 11$
$222 \cdot 111$

2.9 Teilbarkeitsregeln

2.9.1 Endstellenregeln

Einstieg

Überlege, welche Ziffern du anstelle der Leerstelle setzen kannst, damit die Zahl teilbar ist
(1) durch 2; (2) durch 5; (3) durch 10.
Formuliere jeweils eine Regel.

Aufgabe 1

Teilbarkeit durch 2, 5 und 10
Untersuche, wie man einer Zahl ansehen kann, ob sie
a) durch 10; **b)** durch 5; **c)** durch 2 teilbar ist.

Lösung

a) Multipliziert man eine Zahl mit 10, zum Beispiel $7 \cdot 10 = 70$, so endet das Ergebnis auf 0.
Alle Zahlen, deren letzte Ziffer eine Null ist, sind durch 10 teilbar.

b) Multipliziert man eine Zahl mit 5, so endet das Ergebnis auf 5 oder 0.
Alle Zahlen, deren letzte Ziffer eine 0 oder 5 ist, sind durch 5 teilbar.

c) Die Vielfachen von 2 sind: 2, 4, 6, 8, 10, 12, 14, 16, 18, 20, 22, …
Die letzte Ziffer des Ergebnisses ist eine 0 oder 2 oder 4 oder 6 oder 8. Daran kann man erkennen, dass die Zahl durch 2 teilbar ist.

Information

Teilbarkeit durch 2, 5 oder 10

Die letzte Ziffer entscheidet.

Eine natürliche Zahl ist
- durch 2 teilbar, wenn ihre letzte Ziffer 0, 2, 4, 6 oder 8 ist, sonst nicht;
- durch 5 teilbar, wenn ihre letzte Ziffer 0 oder 5 ist, sonst nicht;
- durch 10 teilbar, wenn ihre letzte Ziffer 0 ist, sonst nicht.

Durch 2 teilbare Zahlen heißen **gerade Zahlen**, die übrigen **ungerade Zahlen**.

Übungsaufgaben

2. Welche der Zahlen 53, 624, 10 458, 660, 125, 6 828, 28 124, 375, 1 000, 1 005 sind teilbar
a) durch 2; **b)** durch 5; **c)** durch 10?

3. Setze (wenn es möglich ist) für die Leerstellen im Heft passende Ziffern ein, sodass die Zahl dann **a)** durch 2, **b)** durch 5, **c)** durch 10 teilbar ist.
(1) 3 82□ **(2)** 60□ **(3)** 87 4□□ **(4)** 23 7□□ **(5)** 7 35□ **(6)** 34 2□□ **(7)** 68□□0

4. Suche die Zahlen heraus, die teilbar sind **(1)** durch 2; **(2)** durch 5; **(3)** durch 10.
Notiere dein Ergebnis im Heft.

348	572	700	1 250	5 216	2 175	8 415	17 700	124 110
375	855	780	1 770	4 131	7 557	7 025	44 447	324 805
441	725	1 000	2 552	3 555	2 936	3 175	35 296	701 234

5. Ein Jahr ist ein Schaltjahr, wenn die Jahreszahl durch 4 teilbar ist. Ausnahmen sind die vollen Jahrhunderte, die nicht durch 400 teilbar sind (z. B. 1 700).
a) Waren die Jahre 1926, 1904, 1884, 1968, 1996, 2000 Schaltjahre?
b) Gib die kommenden fünf Schaltjahre an.

2.9.2 Quersummenregel für die Teilbarkeit durch 3

Einstieg

Überlege, welche Ziffern du anstelle der Leerstellen setzen kannst, damit die Zahl durch 3 teilbar ist.

Einführung

Die Klassen 5a, 5b und 5c sollen Lose für eine Lotterie verkaufen. Die Lose sollen dabei gleichmäßig an die 3 Klassen verteilt werden. Können (1) 4271 Lose; (2) 8502 Lose gleichmäßig auf die 3 Klassen verteilt werden?

Verteilt man 1000 bzw. 100 bzw. 10 Lose bzw. 1 Los an die 3 Klassen, so bleibt jeweils 1 Los übrig, denn:
1000 : 3 = 333 Rest 1; 100 : 3 = 33 Rest 1;
10 : 3 = 3 Rest 1 und 1 : 3 = 0 Rest 1.
Wir zerlegen nun 4172 bzw. 8502 in die einzelnen Tausender, Hunderter, Zehner und Einer, die wir nacheinander an die Klassen verteilen und notieren dabei, wie viele Lose übrig bleiben:

(1) 4172 Lose können in 4 Tausenderpakete, 1 Hunderterpaket, 7 Zehnerpakete und 2 Einerpakete aufgeteilt werden.
Für jeden der 4 Tausender bleibt beim Verteilen 1 Los übrig, zusammen also 4 Lose.
Für den 1 Hunderter bleibt beim Verteilen 1 Los übrig, hier also 1 Los.
Für jeden der 7 Zehner bleibt beim Verteilen 1 Los übrig, zusammen also 7 Lose.
Für jeden der 2 Einer bleibt beim Verteilen 1 Los übrig, zusammen also 2 Lose.

(2) 8502 Lose können in 8 Tausenderpakete, 5 Hunderterpakete, 0 Zehnerpakete und 2 Einerpakete aufgeteilt werden.
Für jeden der 8 Tausender bleibt beim Verteilen 1 Los übrig, zusammen also 8 Lose.
Für jeden der 5 Hunderter bleibt beim Verteilen 1 Los übrig, hier also 5 Lose.
Da es keine Zehner gibt, bleiben hier auch keine Lose übrig:, also 0 Lose.
Für jeden der 2 Einer bleibt beim Verteilen 1 Los übrig, zusammen also 2 Lose.

Ob sich die Lose gleichmäßig verteilen lassen, hängt jetzt nur noch davon ab, ob sich die übrigen Lose zusammen gleichmäßig an 3 Klassen verteilen lassen:
(1) 4 + 1 + 7 + 2 Lose = 14 Lose lassen sich nicht verteilen, denn 14 : 3 = 4 Rest 2.
(2) 8 + 5 + 0 + 2 Lose = 15 Lose lassen sich verteilen, denn 15 : 3 = 5 (Rest 0).
Ergebnis: 4172 Lose lassen sich nicht gleichmäßig an 3 Klassen verteilen; 4172 ist nicht durch 3 teilbar. 8502 Lose lassen sich gleichmäßig an 3 Klassen verteilen; 8502 ist durch 3 teilbar.

Information

An den Beispielen der Einführung erkennst du: Die Anzahl der restlichen Karten ist die Summe der einzelnen Reste, also gerade die Summe der Ziffern der Zahl. Ob 7583 durch 3 teilbar ist, hängt nur davon ab, ob die Summe der Ziffern 7 + 5 + 8 + 3 = 23 durch 3 teilbar ist oder nicht: 23 ist nicht durch 3 teilbar, also ist auch 7583 nicht durch 3 teilbar.

Teilbarkeit durch 3
Eine natürliche Zahl ist durch 3 teilbar, wenn ihre Quersumme durch 3 teilbar ist, sonst nicht.

Beispiel: 3 | 4875,
da 3 | (4 + 8 + 7 + 5)

Weiterführende Aufgabe

Teilbarkeit durch 9

1. Untersuche, ob sich (1) 1273 Karten (2) 3465 Karten gleichmäßig an 9 Klassen verteilen lassen. Begründe die folgende Regel für die Teilbarkeit durch 9.

> **Teilbarkeit durch 9**
> Eine natürliche Zahl ist durch 9 teilbar, wenn ihre Quersumme durch 9 teilbar ist, sonst nicht.
> *Beispiel:* $9 \mid 4572$, da $9 \mid (4+5+7+2)$

Übungsaufgaben

2. Suche die Zahlen heraus, die teilbar sind a) durch 3; b) durch 9.

45	270	981	6780	31854	278370
105	647	1215	7431	42975	753448

3. a) Setze im Heft für □ Ziffern passend ein, sodass die Zahl durch 3 teilbar ist. Wie viele Möglichkeiten gibt es jeweils?
(1) 2 7□3 (2) 5 8□4 (3) 72□573 (4) 8□172 (5) 5 2□3□24 (6) 6□1 25□
b) Setze für □ Ziffern passend ein, sodass die Zahl durch 9 teilbar ist.
(1) 5 8□7 (2) 65 47□ (3) 81□54 (4) 7□635 (5) 3□7□85 (6) 64□9□7

4. Prüfe für jede der Zahlen, ob sie teilbar ist durch 2, 3, 5, 10, 100. Schreibe wie im Beispiel.

> 200 ist teilbar durch 2, 5, 10, 100

a) 80; 108; 135; 300; 720; 3384; 7500
b) 6375; 9000; 4572; 37764; 82125
c) 884700; 197025; 208205; 133456789

5. a) Notiere jeweils drei Zahlen, die zugleich teilbar sind durch
(1) 2 und 5; (2) 3 und 10; (3) 2 und 3; (4) 2, 3 und 5.
b) Nenne jeweils die kleinste [größte] zweistellige Zahl, die die Bedingungen von Teilaufgabe a) erfüllt.

6. Erläutere: Ist die Quersumme einer Zahl größer als 9, kann von der Quersumme wieder die Quersumme gebildet werden. An ihr entscheidet man, ob die Zahl durch 3 teilbar ist.

7. a) Erläutere am Beispiel der Zahl 234713: Um zu prüfen, ob eine Zahl durch 3 teilbar ist, kann die Ziffer 3 bei der Quersummenbildung weggelassen werden.
b) Kann man außer der 3 noch andere Ziffern bei der Quersummenbildung weglassen?

8. Max hat einige Produkte und Potenzen an der Tafel berechnet. Leider wurden einige Zahlen weggewischt. Ergänze die fehlenden Ziffern im Heft und begründe deine Antwort (ohne das Produkt bzw. die Potenz zu berechnen).

9. a) Untersuche, ob die folgenden Zahlen durch 6 teilbar sind.
(1) 162 (2) 177 (3) 252 (4) 224 (5) 1074
b) Formuliere eine Regel für die Teilbarkeit durch 6.

2.10 Faktorisieren von Zahlen – Primzahlen

Einstieg

Natascha behauptet, dass große Zahlen viele Teiler haben müssen. Was meint ihr dazu?

Zahl	1	2	3	4
Teiler	1	1; 2	1; 3	1; 2; 4
Anzahl der Teiler	1	2	2	3

Aufgabe 1

Zerlegen einer Zahl in ein Produkt mit möglichst vielen Faktoren

Schreibe die Zahlen 70, 14, 132, 25 und 23 als Produkt mit möglichst vielen Faktoren. Lass den Faktor 1 dabei weg.

Lösung

$70 = 7 \cdot 10 = 7 \cdot 2 \cdot 5$

$14 = 2 \cdot 7$

$132 = 4 \cdot 33 = 2 \cdot 2 \cdot 3 \cdot 11$

$25 = 5 \cdot 5$

$23 =$ Kann man nicht zerlegen

Wie auch immer du die Zerlegung beginnst, stets erhältst du dieselben Faktoren, höchstens in anderer Reihenfolge, zum Beispiel:

$70 = 7 \cdot 10 = 7 \cdot 2 \cdot 5$; $70 = 2 \cdot 35 = 2 \cdot 5 \cdot 7$; $70 = 5 \cdot 14 = 5 \cdot 2 \cdot 7$

Information

(1) Primzahlen

Bei Aufgabe 1 erhalten wir schließlich Zahlen, die sich nicht weiter in von 1 verschiedene Faktoren zerlegen lassen. Diese Zahlen heißen Primzahlen. 23 ist eine solche Zahl, sie hat nur die Teiler 1 und 23. Du erkennst Primzahlen daran, dass sie genau zwei Teiler haben. Man kann beweisen, dass es unendlich viele Primzahlen gibt.

> Jede natürliche Zahl mit genau zwei Teilern heißt **Primzahl**.
> Primzahlen sind: 2, 3, 5, 7, 11, 13, 17, 19, 23, 29, 31, 37, 41, 43, 47, ...

(2) Primfaktorzerlegung

In Aufgabe 1 hast du eine Zahl in ein Produkt aus lauter Primzahlen zerlegt.

> Die Zerlegung einer natürlichen Zahl in ein Produkt aus Primzahlen heißt **Primfaktorzerlegung**.
> Das Zerlegen einer natürlichen Zahl in Faktoren nennt man **Faktorisieren**.
> Zerlegt man eine Zahl in Primfaktoren, so erhält man (abgesehen von der Reihenfolge der Faktoren) stets dieselbe Zerlegung.
>
> *Beispiel:*
>
> $360 = 10 \cdot 36 = 2 \cdot 5 \cdot 4 \cdot 9 = 2 \cdot 5 \cdot 2 \cdot 2 \cdot 3 \cdot 3$
>
> $360 = 9 \cdot 40 = 3 \cdot 3 \cdot 4 \cdot 10 = 3 \cdot 3 \cdot 2 \cdot 2 \cdot 2 \cdot 5$

Beachte:

(1) *Ausschluss des Faktors 1*

Hätten wir die Zahl 1 als Primzahl zugelassen, so könnte man sie in der Zerlegung einer Zahl beliebig oft ergänzen. Die Primfaktorzerlegung wäre dann nicht mehr eindeutig. Deshalb hat man den Faktor 1 ausgeschlossen.

(2) *Potenzschreibweise der Primfaktorzerlegung*

Mit der Potenzschreibweise lässt sich die Primfaktorzerlegung kürzer aufschreiben.

Beispiel: $360 = 2 \cdot 2 \cdot 2 \cdot 3 \cdot 3 \cdot 5 = 2^3 \cdot 3^2 \cdot 5^1$

Übungsaufgaben

Denke an die Teilbarkeitsregel

2. Suche die Primzahlen heraus und notiere sie im Heft. Es sind 5 Primzahlen auf jedem Zettel.

a)
9 13 1 35
7 52 57 2
39 5 19 63

b)
33 13 43 38
59 49 39 28
20 27 17 61

c)
96 89 79 99
101 97 92 75
84 76 87 83

d)
153 143 136 134
135 151 131 159
137 129 139 149

3. Schreibe alle Primzahlen auf, die zwischen den folgenden Zahlen liegen.

a) 1 und 20 b) 20 und 50 c) 60 und 80 d) 80 und 100 e) 100 und 130 f) 130 und 160 g) 160 und 200 h) 200 und 230

4. Richtig oder falsch? Prüfe an Beispielen. Begründe anschließend.

Es gibt keine geraden Primzahlen.

Es gibt nur zwei Primzahlen, deren Differenz 1 ist.

Es gibt keine Primzahlen, deren Differenz 3 ist.

Eine Primzahl kann Teiler einer anderen Primzahl sein.

5. Faktorisiere die Zahlen auf möglichst verschiedene Arten.

a) 48 b) 84 c) 91 d) 256 e) 490 f) 103 g) 625

6. Fülle im Heft die Lücke in der Primfaktorzerlegung aus.

a) $30 = 2 \cdot \square \cdot 5$ b) $40 = 2 \cdot 2 \cdot \square \cdot 5$ c) $42 = \square \cdot 3 \cdot 7$ d) $44 = 2 \cdot 2 \cdot \square$ e) $350 = 2 \cdot 5 \cdot \square \cdot 7$ f) $264 = 2 \cdot 2 \cdot \square \cdot 3 \cdot 11$ g) $182 = 2 \cdot \square \cdot 13$ h) $195 = 3 \cdot 5 \cdot \square$

7. Faktorisiere in Primzahlen.

a) 20 b) 39 c) 60 d) 54 e) 64 f) 90 g) 110 h) 200 i) 630 j) 875 k) 816 l) 608 m) 836 n) 203 o) 984 p) 644

8. a) Ist Tinas Behauptung richtig (Bild links)? Begründe.
b) Finde selbst große Zahlen, die ungerade sind, aber sicher keine Primzahlen sein können.

9. Faktorisiere. Verwende die Potenzschreibweise.

a) 50 b) 48 c) 135 d) 300 e) 4 410 f) 22 295

10. Zerlege die Zahlen in Primfaktoren.
Die Karten mit den Zahlen, bei denen der Primfaktor 3 zweimal auftritt, ergeben ein Lösungswort.

Spiel (für zwei Spieler)

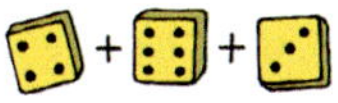

11. *Primzahlen – STOP*
Gespielt wird mit einem Würfel. Der erste Spieler würfelt so lange, bis die Summe seiner gewürfelten Augenzahlen eine Primzahl ergibt. Diese wird notiert. Nun ist der andere Spieler an der Reihe. Nach 10 Spielrunden werden die notierten Zahlen addiert. Wer die höhere Punktzahl erreicht hat, ist Sieger.

12. a) Faktorisiere folgende Quadratzahlen.
(1) 16 (2) 36 (3) 64 (4) 81 (5) 100 (6) 144 (7) 196
b) Beschreibe, was dir auffällt.

Wie findet man Primzahlen?

Euklid, griechischer Mathematiker, der um 300 v. Chr. in der ägyptischen Hafenstadt Alexandria lebte. Über sein Leben ist fast nichts bekannt.

Seit mehr als 2500 Jahren beschäftigen sich Mathematiker mit Primzahlen. Im berühmten Lehrbuch von *Euklid* mit dem Titel „Elemente" findet man eine Begründung dafür, dass es unendlich viele Primzahlen gibt. Große Primzahlen zu finden, ist jedoch sehr mühsam.

Das Sieb des Eratosthenes

Ein Verfahren, das nach einem bestimmten Plan übersichtlich und schnell aus den natürlichen Zahlen von 1 bis zu einer Zahl (z. B. bis 30) alle Primzahlen „aussiebt", soll von dem griechischen Gelehrten *Eratosthenes* stammen.

Eratosthenes von Kyrene (heute Shahat in Libyen) lebte etwa um 275 bis 195 v. Chr. Er war Erzieher am Königshof von Alexandria und Direktor der dortigen Bibliothek.

1. **a)** Notiere die Zahlen von 1 bis 30.
(1) Streiche 1.
(2) Umrahme 2 und streiche das 2-, 3-, 4-, …fache von 2.
(3) Umrahme 3 und streiche das 2-, 3-, 4-, …fache von 3, falls noch nicht geschehen.
(4) Umrahme 5 und streiche das 2-, 3-, 4-, …fache von 5, falls noch nicht geschehen, usw.
Was für Zahlen bleiben übrig?

b) Warum muss man nach dem 3. Schritt nicht die Vielfachen von 4 streichen?

c) Warum endet das Verfahren mit der 5? Begründe dazu, dass die Vielfachen von 6 (bis 30) bereits gestrichen sind.

2. Führe das Verfahren durch für die Zahlen **a)** 1 bis 50; **b)** 1 bis 100.

Berechnen von Primzahlen

Bis heute haben Mathematiker noch keine Formel gefunden, mit der man die Primzahlen berechnen kann. *Mersenne* berechnete gewisse Primzahlen mithilfe der Formel $m = 2^n - 1$.

Marin Mersenne französischer Franziskanermönch, lebte von 1588 bis 1648. Er stand mit vielen Mathematikern seiner Zeit, wie Fermat, Pascal, Descartes, im Briefwechsel.

3. **a)** Setzt man für n eine natürliche Zahl ein, die keine Primzahl ist, so erhält man auch keine Primzahl. Überprüfe das für die Zahlen von 1 bis 20.

b) Setzt man für n eine Primzahl ein, so kann man eine Primzahl erhalten, jedoch nicht immer. Überprüfe das für die Primzahlen 2, 3, 5, 7, 11.

Primzahlen, die man auf diese Weise erhält, sind 3, 7, 31, 127. Sie heißen **Mersenne-Primzahlen**. Der französische Mathematiker *Lucas* begründete 1876, dass $2^{127} - 1 = 170\,141\,183\,460\,469\,231\,731\,687\,303\,715\,884\,105\,727$ eine Primzahl ist; dies ist die 12. Mersenne-Primzahl; sie hat 39 Stellen. Erst im Januar 1952 fand man – nun mit Computern – eine 157-stellige Mersenne-Primzahl. 2016 wurde von amerikanischen Mathematikern die 49. Mersenne-Primzahl gefunden: $2^{74\,207\,281} - 1$. Sie hat 22 338 618 Stellen.

4. Wie viele Seiten eines Buches füllt die 49. Mersenne-Primzahl aus? Nimm an, dass in eine Zeile 75 Ziffern passen und eine Seite 50 Zeilen hat. Schätze zunächst.

5. Sucht im Internet: Wie viele Stellen hat die größte bis heute bekannte Primzahl? Wie lange dauert das Ausdrucken dieser Zahl?

2.11 Aufgaben zur Vertiefung

1. a) Sarah hat eine Strichliste erstellt. Sie zählt:

Startwert $5 \xrightarrow{+5} 10 \xrightarrow{+5} 15 \xrightarrow{+5} 20 \xrightarrow{+5} \ldots$

Die Zahlen 5; 10; 15; 20; ... bilden eine **Zahlenfolge**.

b) Übe dich im Kopfrechnen. Bilde die nächsten 10 Zahlen der Folge.

(1) Startwert: 4; Vorschrift: $\xrightarrow{+17}$

(2) Startwert: 3; Vorschrift: $\xrightarrow{+13}$

(3) Startwert: 8; Vorschrift: $\xrightarrow{+22}$

(4) Startwert: 12; Vorschrift: $\xrightarrow{+11}$

2. Nenne die nächsten 10 Zahlen der Zahlenfolge. Gib die Vorschrift an.

a) 2, 7, 12, 17, 22, ...
b) 6, 18, 30, 42, 54, ...
c) 2, 21, 40, 59, ...

3. Bei der Zahlenfolge $1 \xrightarrow{\cdot 2} 2 \xrightarrow{\cdot 2} 4 \xrightarrow{\cdot 2} 8 \xrightarrow{\cdot 2} 16 \xrightarrow{\cdot 2} 32 \xrightarrow{\cdot 2} \ldots$
ist der Startwert 1; die Vorschrift lautet „verdoppele die Zahl“ (d. h. „multipliziere mit 2“ oder kurz: „mal 2“). Bestimme die nächsten 5 Glieder der Zahlenfolge.

4. Bestimme die nächsten fünf Glieder der Zahlenfolge. Gib auch die Vorschrift an.

a) 4, 31, 58, 85, ...
b) 5, 84, 163, 242, ...
c) 7, 14, 28, 56, 112, ...
d) 5, 15, 45, 135, 405, ...
e) 1, 3, 6, 10, 15, 21, ...
f) 1, 4, 9, 16, 25, 36, ...

5. An den Figuren kannst du eine Zahlenfolge erkennen. Gib die nächsten fünf Zahlen an.

a)

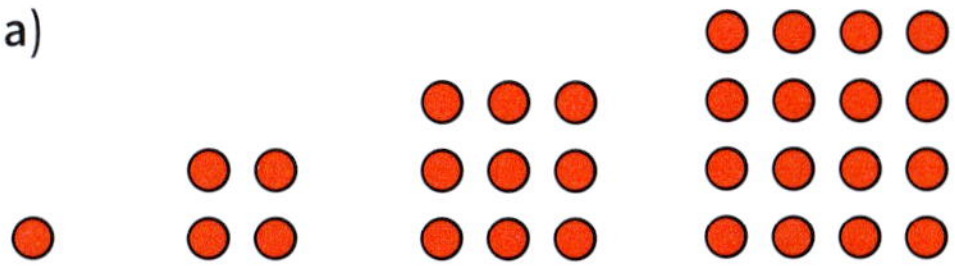

1 4 9 16

b)

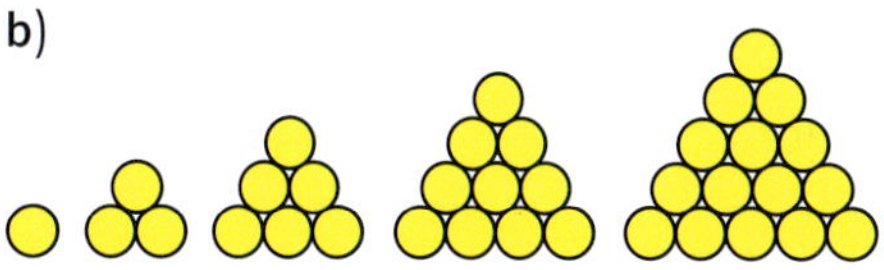

1 3 6 10 15

c)

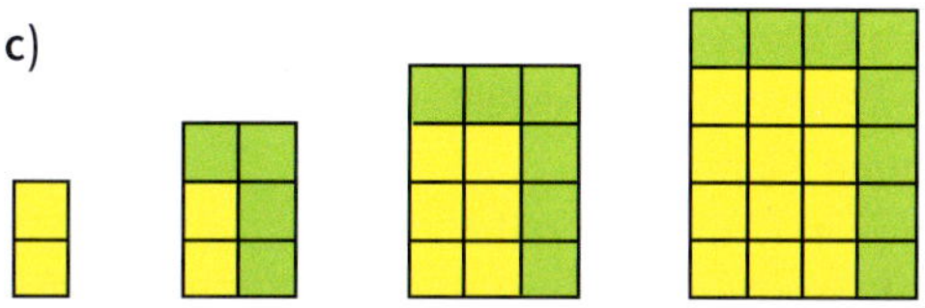

2 6 12 20

d)

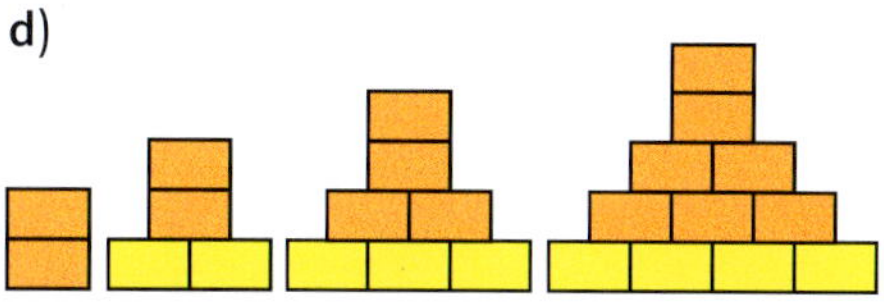

2 4 7 11

6. Am Kamin einer ehemaligen Brauerei in Unna „wächst“ eine Folge von Zahlen in den Himmel. Man bezeichnet diese Zahlenfolge als **Fibonacci-Folge**, benannt nach dem bedeutendsten Mathematiker des Mittelalters Leonardo Fibonacci (um 1180 bis 1245).

a) Erkennst du die zugrunde liegende Vorschrift? Gib die nächsten fünf Zahlen der Folge an.

b) Was stellst du fest, wenn du

(1) das Quadrat einer Zahl aus der Fibonacci-Folge mit dem Produkt der beiden benachbarten Zahlen vergleichst;

(2) die Summe der Quadrate zweier benachbarter Fibonacci-Zahlen bildest?

Das Wichtigste auf einen Blick

Addieren, Subtrahieren, Multiplizieren und Dividieren

Summand + Summand = Summe
Minuend – Subtrahend = Differenz
Faktor · Faktor = Produkt
Dividend : Divisor = Quotient
Addition und Subtraktion sind *entgegengesetzte* Rechenarten, ebenso Multiplikation und Division.
Durch 0 kann man *nicht dividieren*.

Beispiele:
$12 + 35 = 47$ $12 \xrightarrow{+35} 47$, $47 \xrightarrow{-35} 12$
$47 - 35 = 12$
$64 \cdot 8 = 512$ $64 \xrightarrow{\cdot 8} 512$, $512 \xrightarrow{:8} 64$
$512 : 8 = 64$

Rechengesetze

Kommutativgesetz für Addition und Multiplikation
$\mathbf{a + b = b + a}$ $\mathbf{a \cdot b = b \cdot a}$

Assoziativgesetz für Addition und Multiplikation
$\mathbf{(a + b) + c = a + (b + c) = a + b + c}$
$\mathbf{(a \cdot b) \cdot c = a \cdot (b \cdot c) = a \cdot b \cdot c}$

Distributivgesetze:
$\mathbf{a \cdot (b + c) = a \cdot b + a \cdot c}$ $\mathbf{a \cdot (b - c) = a \cdot b - a \cdot c}$

Beispiele:
$12 + 43 = 43 + 12$; $12 \cdot 43 = 43 \cdot 12$

$(25 + 7) + 66 = 25 + (7 + 66) = 25 + 7 + 66$
$(9 \cdot 11) \cdot 5 = 9 \cdot (11 \cdot 5) = 9 \cdot 11 \cdot 5$

$7 \cdot (45 + 8) = 7 \cdot 45 + 7 \cdot 8$
$6 \cdot (34 - 5) = 6 \cdot 34 - 6 \cdot 5$

Potenzieren – Quadratzahl

Potenz: $a^n = \underbrace{a \cdot a \cdot a \cdot \ldots \cdot a}_{\text{n Faktoren}}$
Exponent (Hochzahl): n
Basis (Grundzahl): a
Quadratzahl: Potenz mit dem Exponenten 2

Beispiel:
$3^4 = 3 \cdot 3 \cdot 3 \cdot 3 = 81$

$7^2 = 7 \cdot 7 = 49$

Teiler

Wenn b (ohne Rest) durch a teilbar ist, sagen wir: a ist *Teiler* von b. Wir schreiben $a \mid b$.

Beispiele:
7 ist Teiler von 84, da $7 \cdot 12 = 84$. → $7 \mid 84$

Primzahl

Eine Zahl mit 2 Teilern ist eine Primzahl. Jede Zahl kann man in Primfaktoren zerlegen.

Beispiele: 2, 3, 5, 7 sind Primzahlen
$60 = 2 \cdot 2 \cdot 3 \cdot 5 = 2^2 \cdot 3 \cdot 5$

Terme

Ein *Term* beschreibt einen *Rechenweg*; er besteht aus Zahlen, Rechenzeichen und Klammern.
Beachte: Berechne zuerst, was in Klammern steht.
Potenzrechnung geht vor Punktrechnung.
Punktrechnung geht vor Strichrechnung.
Sonst rechne von links nach rechts.

Beispiel:
$\underbrace{\underbrace{\underbrace{24 : 2}_{\text{Quotient}} \cdot 3}_{\text{Produkt}} - \underbrace{(\underbrace{3^2}_{\text{Potenz}} + 4)}_{\text{Summe}}}_{\text{Differenz}}$

$24 : 2 \cdot 3 - (3^2 + 4)$
$= 12 \cdot 3 - (9 + 4)$
$= 23$

Zählprinzip

Beim Kombinieren verschiedener Möglichkeiten multipliziert man die einzelnen Anzahlen.

Beispiel: Für ein Fahrradmodell gibt es 2 verschiedene Gangschaltungen und 3 Farben, also $2 \cdot 3 = 6$ Kombinationen.

Dreisatz

Bei Dreisatzaufgaben kann man aus drei Größen mit einem Hilfswert eine vierte berechnen.

Beispiel:

	Äpfel	Preis	
:3	3 kg	6 €	:3
·5	1 kg	2 €	·5
	5 kg	10 €	

Bist du fit?

1. Schätze zunächst durch Überschlag. Berechne dann schriftlich den genauen Wert und kontrolliere dein Ergebnis.

a) 3 278 + 2 948
b) 5 314 – 4 685
c) 38 179 + 2 503 804
d) 4 088 + 5 907 + 1 116
e) 8 816 – 975
f) 2 035 812 – 1 817 925
g) 6 480 + 1 246 + 597 + 2 217
h) 2 258 245 – 894 912
i) 2 813 914 – 975 839

2. a) Welche Zahl muss man zu 384 addieren, um die kleinste vierstellige Zahl zu erhalten?
b) Wie viel muss man von 93 215 subtrahieren, um die größte vierstellige Zahl zu erhalten?

3. Ein Unternehmen beliefert drei Haushalte mit Heizöl. Im Tank des Tankwagens sind 11 650 Liter. Die Haushalte erhalten 3 785 Liter, 4 360 Liter und 2 875 Liter.
Wie viel Liter Heizöl bleiben im Tankwagen? Überschlage und rechne dann genau.

4. Rechne schriftlich. Du erhältst auffallende Ergebnisse.

a) 38 885 : 7; 74 070 : 6
b) 3 737 · 12; 2 963 · 33
c) 176 042 : 23; 302 192 : 34
d) 799 920 · 125; 14 503 · 681
e) 2 177 560 : 280; 1 500 800 : 640

5. Welche Zahl kannst du einsetzen, damit eine wahre Aussage entsteht? Rechne im Heft.

a) 486 + □ = 791
b) 955 – □ = 218
c) □ – 436 = 159
d) □ + 641 = 807
e) □ · 12 = 168
f) △ : 27 = 101
g) 800 : ○ = 32
h) △ · 170 = 0
i) 0 : □ = 0
j) 33 : 0 = □
k) 37 · x = 0
l) x : 13 = 0

6. Berechne vorteilhaft im Kopf. Beschreibe, welches Rechengesetz du verwendest.

a) 321 · 7
b) 154 : 7
c) 891 : 9
d) 13 026 : 13

7. Berechne. Achte auf die Einheiten.

a) (1,2 km + 12 m) · 165
b) (1,03 t – 580,2 kg) + 12 t
c) (289 cm + 1,11 m – 21 dm) : 5 mm

8. Ein Kreuzfahrtschiff kann 1 912 Personen an Bord nehmen. Jedes Rettungsboot hat Platz für 86 Passagiere. Wie viele Rettungsboote muss das Schiff für seine Passagiere mitführen?

9. An einer Landstraße sollen 712 Bäume gepflanzt werden. Jeder Baum kostet 65 €.
Es stehen 50 000 € zur Verfügung. Reicht dieser Betrag? Berechne die Differenz.

10. In einem Zuschauerraum gibt es 23 Sitzreihen zu je 54 Plätzen. Bei einer überfüllten Veranstaltung mussten 95 Zuschauer stehen. Wie viele Zuschauer waren anwesend?

11. Setze im Heft Klammern, sodass der Wert des Terms möglichst groß [klein] wird:
3 829 – 827 – 214 – 47

12. Gib jeweils an, ohne zu rechnen. Begründe deine Überlegungen.

a) Wie ändert sich der Wert des Terms 372 – 78, wenn der Subtrahend um 17 erhöht wird?
b) Wie muss man im Term 1 357 – (642 – 421) den Minuenden in der Klammer ändern, damit der Wert des Terms um 6 kleiner wird?
c) Wie verändert sich der Wert des Terms (100 201 – 92 992) – 3 400, wenn man alle Zahlen in der Klammer um 3 verringert?

13. a) Manuels Vater nimmt für eine Tasse Kaffee 4 g Kaffeepulver. Für wie viele Tassen reicht dann ein halbes Kilogramm?
b) Manuels Mutter nimmt für eine Tasse 3,5 g Kaffeepulver. Wie viele Tassen erhält sie aus einer 500-g-Packung?
c) Wie viel g darf man für eine Tasse nehmen, damit man 200 Tassen daraus erhält?

14. Rechne vorteilhaft. Beschreibe, worin der Rechenvorteil liegt und gib das Rechengesetz an.
a) $179 + 268 + 21$ b) $5 \cdot 51 \cdot 20$ c) $4 \cdot 25 \cdot 73$ d) $12 \cdot 25 \cdot 5 \cdot 4 \cdot 7$

15. Berechne.
a) $5 \cdot 10^3$
b) $461 + (53 + 21)$
c) $840 + (75 - 24)$
d) $625 - (104 + 17)$
e) $374 - (216 - 86)$
f) $491 - [196 + (97 - 41)]$
g) $[263 - (81 + 42)] - (26 + 13)$
h) $(263 - 81 : 9) : 2 - 26 : 13$
i) $5 \cdot 2^3 - 2$

16. Gliedere den Term und berechne seinen Wert. Gib auch die Art des Terms an.
a) $14 - 3^2$ b) $(640 - 30) : (31 - 3 \cdot 7)$ c) $[(280 : 4 - 3 \cdot 10) : 5] \cdot 2$

17. Schreibe als Term und berechne den Wert.
a) Addiere die Differenz aus 47 536 und 38 215 zur Summe aus 32 814 und 76 543.
b) Subtrahiere von der Differenz aus 98 472 und 39 604 die Summe aus 18 421 und 23 470.
c) Addiere zum Quotienten der Zahlen 100 und 25 das Produkt der Zahlen 5 und 12.
d) Multipliziere den Quotienten der Zahlen 924 und 84 mit der Differenz von 937 und 842.

18. Zerlege in Primfaktoren: a) 40 b) 84 c) 148 d) 6 200

19. Hugo hat lange auf seinen Traumurlaub gespart. Er hat 297,00 € beisammen und mit Erlaubnis seiner Eltern bucht er eine Woche (7 Tage) im Jugendcamp in England.
a) Die Fahrt kostet ihn einfach 83,50 € und für die Unterkunft mit Verpflegung muss er pro Tag 19,60 € bezahlen. Außerdem bucht er den Surfkurs für 89,00 €. Für Ausflüge muss er 32,78 € zahlen. Wie viel Geld muss sich Hugo von seinen Eltern noch leihen?
b) Die Großeltern geben ihm 60 englische Pfund Taschengeld mit. Wie viel ist dieser Betrag in Euro wert, wenn die Bank zu dieser Zeit 1,12 Euro für ein Pfund zahlt?

20. Sind die folgenden Aussagen richtig oder falsch? Begründe deine Antwort.
a) Die kleinste natürliche Zahl ist die Null.
b) Die Menge der natürlichen Zahlen besitzt ein größtes Element.
c) Alle geraden Zahlen sind nur durch 2 teilbar.
d) Addiert man zwei gerade Zahlen, dann ist das Ergebnis wieder gerade.
e) Die Summe zweier ungerader Zahlen ist auch ungerade.
f) Zu zwei natürlichen Zahlen findet man immer eine natürliche Zahl, die dazwischen liegt.

21. In einem Gefäß befinden sich zu Beginn einer Messung 400 Bakterien, deren Anzahl sich in 2 Stunden jeweils verdoppelt.
a) Wie viele Bakterien sind nach 4 Stunden [6 Stunden, 12 Stunden, 1 Tag] in dem Gefäß?
b) Nach wie vielen Stunden sind mehr als eine Million [1 Milliarde] Bakterien in dem Gefäß?

22. Ein Schülerstuhl wird in zwei Sitzhöhen, drei Gestellfarben und fünf Sitzflächen angeboten. Bestimme, wie viele verschiedene Kombinationen möglich sind.

3. Geometrische Figuren und Lagebeziehungen

In der abstrakten Kunst haben Maler wie z. B. Wassily Kandinsky viele Gemälde mit geometrischen Grundfiguren gestaltet.

Oben siehst du das Bild „Horizontale“ von Wassily Kandinsky aus dem Jahr 1924.

→ Welche geometrischen Formen hat der Maler verwendet?

→ Welche Besonderheiten kannst du noch entdecken?

→ Welche Werkzeuge hat Kandinsky beim Malen wohl benutzt?

In diesem Kapitel …

lernst du Geraden, Kreise und ihre Lagebeziehungen zueinander sowie das Zeichnen und Messen von Winkeln kennen.

Lernfeld: Schöne Muster

Kreise – Kreismuster

Mit Kreisen kann man schöne Muster erzeugen.

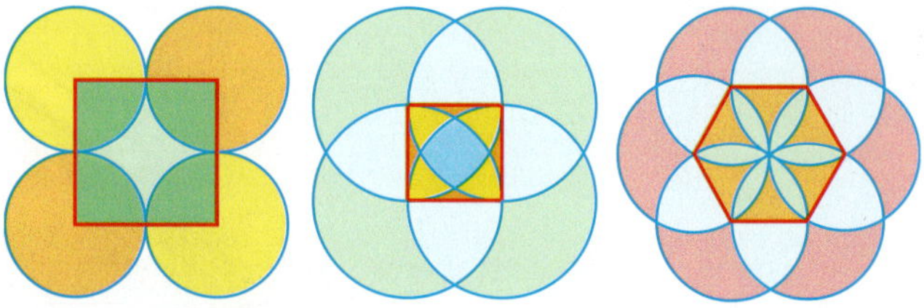

→ Zeichne die Figuren in dein Heft.

→ Kannst du zusammen mit deinem Partner eine Zeichenanleitung für die Figur formulieren, die ein anderer, der die Abbildung nicht kennt, dann zeichnen kann?

→ Entwerft selber weitere Kreismuster und hängt sie im Klassenraum aus.

Gesichtsfelder

Für uns Menschen erscheint es selbstverständlich, dass wir (ohne zusätzliche Augen- und Kopfbewegungen) nicht sehen können, was hinter uns geschieht. Beim Pferd ist das anders. Von Natur aus können Pferde auch sehen, was hinter ihnen geschieht. Auf diese Weise können sie einen nahenden Feind aus nahezu allen Richtungen erkennen.

Um das Gesichtsfeld eines Pferdes anschaulich zu machen, zeichnen wir den Kopf eines Pferdes von oben und markieren, welchen Bereich es ohne Kopf- und Augenbewegung wahrnehmen kann. Durch Scheuklappen kann das Gesichtsfeld von Pferden eingeschränkt werden, sodass sie dann weniger nervös sind.

→ Was meint man, wenn man von einem Menschen sagt, er laufe mit Scheuklappen durch die Welt?

→ Ihr könnt euer eigenes Gesichtsfeld durch ein kleines Experiment überprüfen:
Schau geradeaus auf einen festen Punkt. Dein Partner führt einen Stift auf Augenhöhe langsam von rechts bzw. links hinten in dein Gesichtsfeld.
Ab welcher Stelle kannst du ungefähr den Stift wahrnehmen? Skizziere dein eigenes Gesichtsfeld.

→ Tiere haben Gesichtsfelder anderer Größe. Hier einige Beispiele:

Woran liegt es, dass das Gesichtsfeld der Ente so groß und das Gesichtsfeld der Eule relativ klein ist?

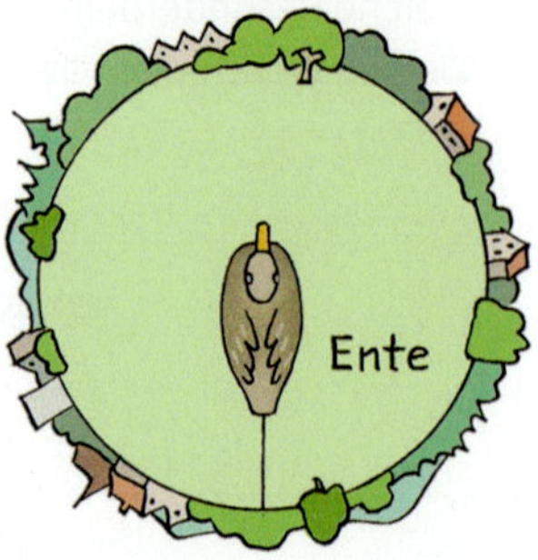

3.1 Koordinatensystem

Ziel

Hier lernst du, wie man die Lage von Punkten mithilfe von Zahlen eindeutig angeben kann.

Zum Erarbeiten

Angabe von Punkten durch Zahlen

Wo haben die Bankräuber das Geld versteckt? Auf einem Notizzettel fand die Polizei den entscheidenden Hinweis. Kurze Zeit später fand sie das Versteck.

→ Um zu dem Versteck zu gelangen, kann man vom Jägerstand aus zuerst 50 m nach Osten und dann 30 m nach Norden laufen. Geht man zuerst 30 m nach Norden und dann 50 m nach Osten, gelangt man natürlich auch zum Versteck.

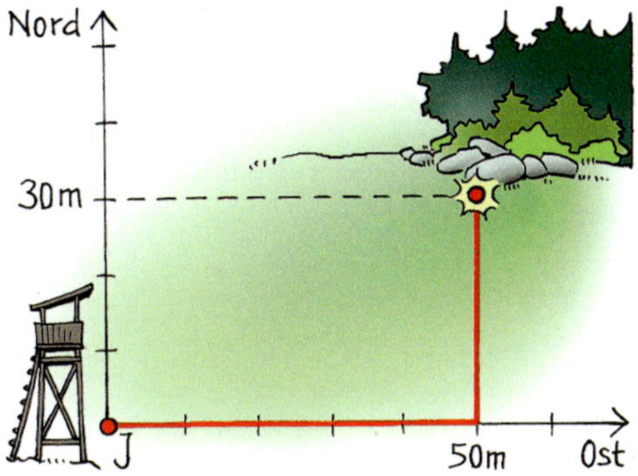

Information

Angabe von Punkten in einem Koordinatensystem

Genauso wie einen Punkt auf einer Karte kann man einen Gitterpunkt eines Quadratgitters durch die Angabe von zwei natürlichen Zahlen, den sogenannten *Koordinaten*, festlegen.

A(4|2) und B(2|4) sind verschiedene Punkte.

Wählt man in einem Quadratgitter einen festen Bezugspunkt O, einen Zahlenstrahl von O aus nach rechts und einen nach oben, so erhält man ein **(kartesisches) Koordinatensystem**.
Der Bezugspunkt O heißt **Ursprung** des Koordinatensystems. Den Zahlenstrahl nach rechts nennt man **x-Achse**, den Zahlenstrahl nach oben **y-Achse**.
A(4 | 2) bedeutet: Gehe vom Punkt O aus 4 Einheiten nach rechts, dann 2 Einheiten nach oben. So gelangt man zum Punkt A.
Die erste Koordinate, die Zahl 4, nennt man **x-Koordinate** des Punktes A; die zweite Koordinate, die Zahl 2, nennt man **y-Koordinate** des Punktes A.

x vor y

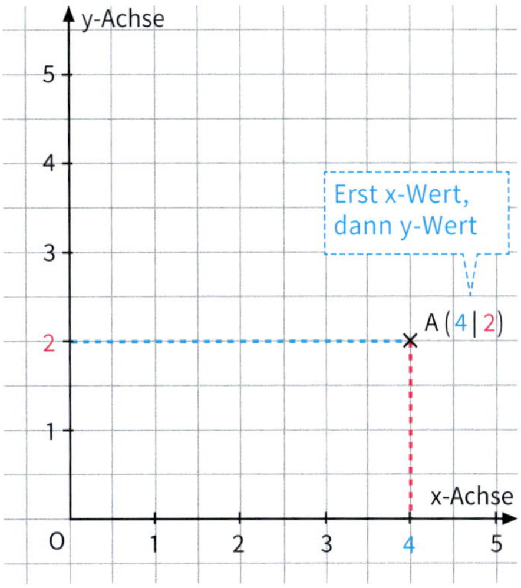

origo (lat.) Herkunft, Ursprung
origin (engl.) Ursprung, Quelle, Herkunft

Zum Üben

1. **a)** Gib für jeden eingezeichneten Punkt die Koordinaten an, z. B. A(3|2).

b) Zeichne ein Koordinatensystem mit der Einheit 1 cm in dein Heft und trage die folgenden Punkte ein:

A(2|1); B(1|2); C(3|5); D(6|10);
E(6|5); F(0|4); G(0|0); H(4|4).

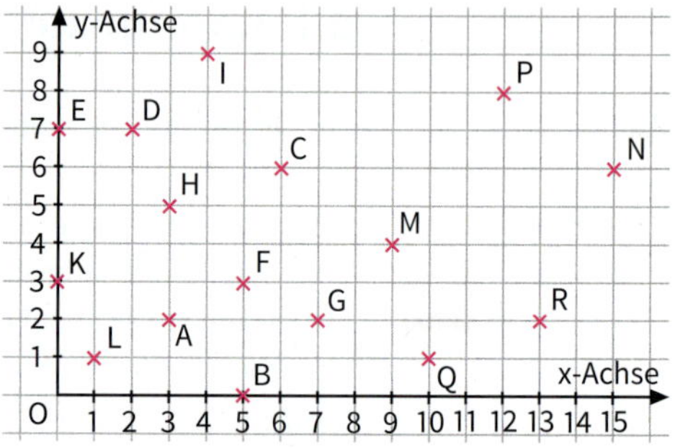

2. Lege ein kariertes Blatt (DIN A4) quer. Zeichne die Punkte in ein Koordinatensystem mit der Einheit 1 cm. Verbinde sie dann in der angegebenen Reihenfolge.
Punkte: A(2|12), B(2|2), C(6|2), D(17|2), E(19|4), F(19|10), G(18|11), H(8|11), I(8|14), J(5|17), K(6|12), L(17|8), M(6|8), N(7|11)
Reihenfolge: A-B-C-D-E-F-G-H-I-J-A-K-I, dann D-L-G, dann L-M-N-H, dann J-K-M-C.

3. Denke dir eine Figur im Koordinatensystem aus. Gib die Koordinaten deinem Nachbarn an und lass daraus die Figur zeichnen. Du findest rechts eine Anregung.

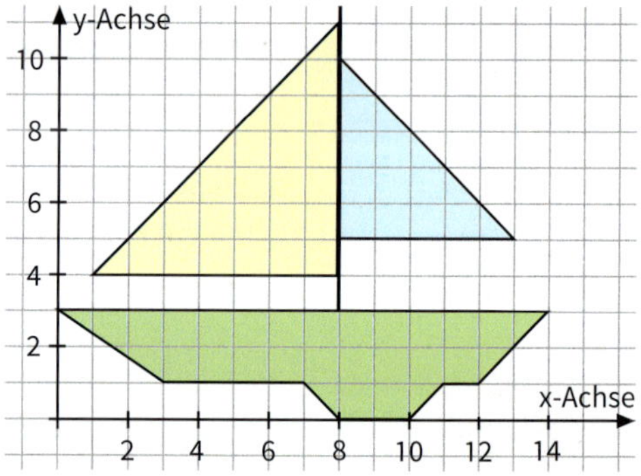

4. Bei einem Orientierungslauf führt die Strecke vom Start S über die Stationen A, B und C zurück zum Start. Jeder Läufer erhält eine Karte, auf der die Route zu sehen ist. Derjenige, der als erstes im Ziel ankommt, gewinnt den Orientierungslauf.

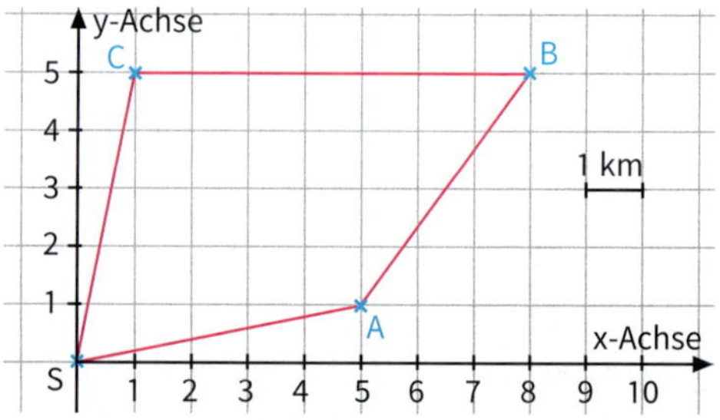

a) Gib die Koordinaten der Stationen A, B und C an.

b) Wie lang ist die Wegstrecke, die die Läufer mindestens zurückgelegt haben, wenn sie im Ziel angekommen sind?

c) Ein Läufer wählt aus Versehen den Weg S – A – C – B – S. Um wie viel länger ist der Weg?

d) Die Station B soll verlegt werden, dass die gesamte Wegstrecke S – A – B – C – S gleich lang bleibt. Gib mindestens eine Möglichkeit für die Koordinaten von B an. Begründe.

5. Trage in ein Koordinatensystem fünf Punkte ein, für die Folgendes gilt. Was fällt auf?

a) Die x- und die y-Koordinate ist gleich.

b) Die x-Koordinate ist 3.

c) Die x-Koordinate ist um 2 größer als die y-Koordinate.

6. Der New Yorker Stadtteil Manhattan hat ein regelmäßig aufgebautes Straßensystem. Die Streets verlaufen in Ost-West-Richtung, die Avenues in Nord-Süd-Richtung. Beide sind durchnummeriert.

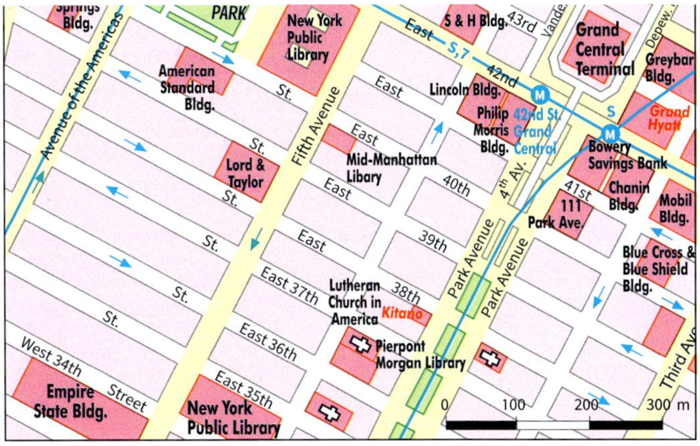

a) Der Eingang zum Hauptbahnhof (Grand Central Terminal) ist an der Ecke 42nd Street / 4th Avenue. Finde ihn auf der Karte.

b) Wo befindet sich das Empire State Building?

c) Welche Gründe sprechen für eine solche Benennung der Straßen?

Hydrant
Wasserzapfstelle an der Straße

Schieber
Riegel zum Öffnen und Schließen einer Leitung

7. a) Die Schilder geben die Lage eines Hydranten H und eines Schiebers (GS) für eine Gasleitung an. Die Rohrdurchmesser betragen 80 mm bzw. 50 mm. Die übrigen Angaben sind in m.
Wie musst du gehen, um den Hydranten und den Schieber zu finden?

b) An der Stelle O sollen Schilder aufgestellt werden, die auf die Hydranten bei A, B und C hinweisen. Wie müssen sie beschriftet werden?
Die Zeichnung hat den Maßstab 1 : 200.

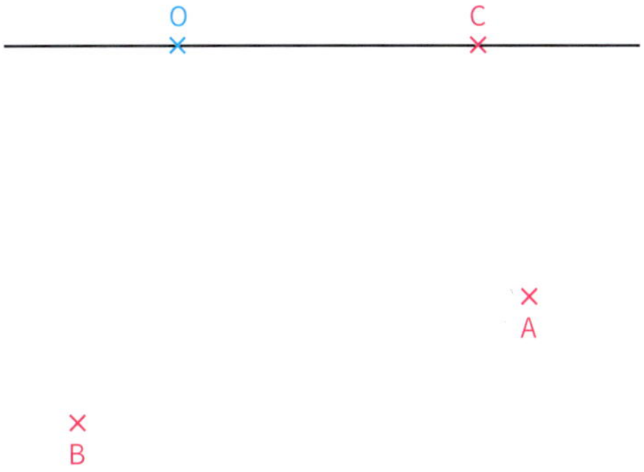

8. In der Zeichnung siehst du die möglichen Züge eines Springers beim Schachspiel.

a) Gib alle Felder an, die ein Springer vom Feld g1 in einem Zug erreichen kann.

b) Ein Springer ist auf das Feld f8 gezogen.
Von welchen Feldern aus ist das möglich?

c) Wie viele Züge sind mindestens nötig, um von Feld f4 auf Feld d6 zu gelangen? Gib eine Lösung an.

d) Marc behauptet, er könnte den Springer von a1 in genau 7 Zügen auf jedes andere Feld des Schachbrettes ziehen. Warum kann das nicht sein?

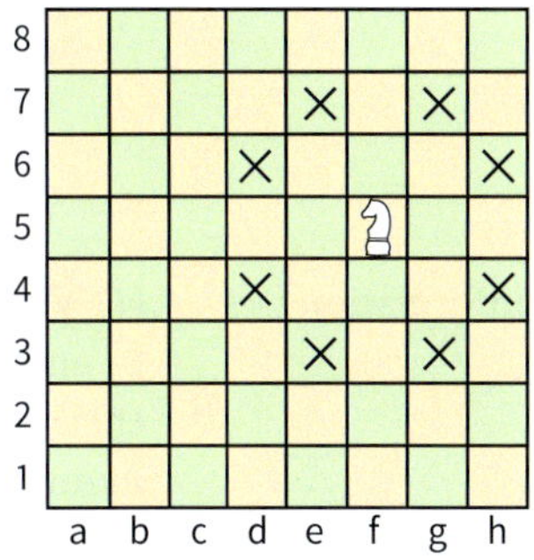

3.2 Strecken und Vielecke

Einstieg

Laura hat acht Zaunteile, die jeweils 10 cm lang sind. Sie will für ihre Spielzeugpferde eine Weide einzäunen.
Welche Figuren können dabei entstehen?
Zeichnet sie auf und benennt sie. Wie lang sind jeweils die Seitenlängen?

Aufgabe 1

Schonung junger, geschützter Baumbestand

Vieleck – Umfang

Eine mit jungen Fichten bepflanzte Schonung im Wald soll eingezäunt werden. Die Punkte A, B, C, D und E markieren die Eckpfähle. Die Zeichnung ist im Maßstab 1:1000 angefertigt.

a) Übertrage die Punkte in dein Heft und zeichne den Zaun ein.
Färbe die bepflanzte Fläche.

b) Wie lang wird der Zaun?

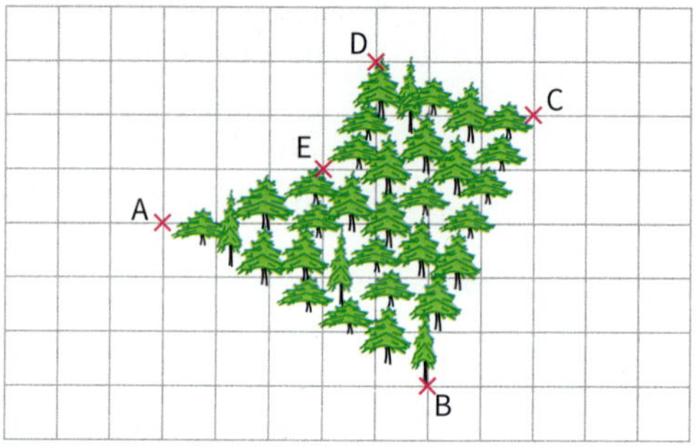

Lösung

a) Wir übertragen die Punkte auf Karopapier und verbinden sie.

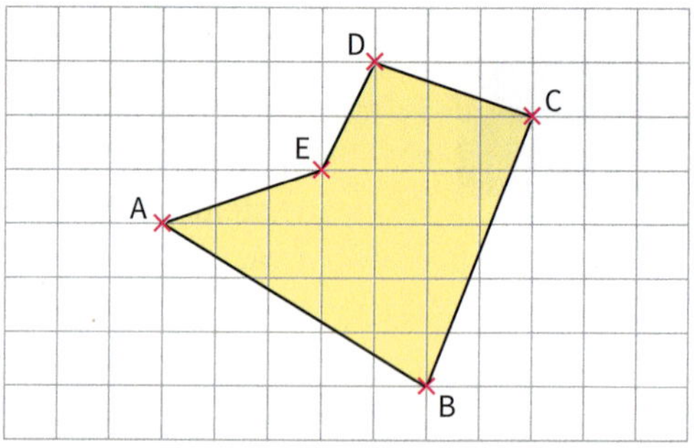

b) Um die Länge des Zaunes zu bestimmen, muss man die Längen aller Seiten der Schonung messen und addieren.
Beim Maßstab 1:1000 entspricht 1 mm in der Zeichnung 1000 mm, also 1 m in der Wirklichkeit.

Seite	Länge
Seite von A nach B	29 m
Seite von B nach C	27 m
Seite von C nach D	16 m
Seite von D nach E	11 m
Seite von E nach A	16 m
Länge des Zaunes	99 m

Information

(1) Vielecke – Umfang

In unserer Umwelt finden wir verschiedene Flächen wie beispielsweise Grundstücke, Waldflächen, landwirtschaftliche Flächen, bei denen wir nicht an einen Körper denken. Die Waldfläche in Aufgabe 1 ist geradlinig begrenzt. Es gibt aber auch Flächen in der Umwelt, die nicht geradlinig begrenzt sind, wie z.B. kreisförmige Beete.

Jede Fläche, die nur von sich nicht überschneidenden geraden Linien begrenzt ist, bezeichnen wir als **Vieleck**. Die begrenzenden geraden Linien heißen **Seiten** des Vielecks.
Ein **Dreieck** wird von *drei* Seiten begrenzt und hat *drei* Eckpunkte;
ein **Viereck** wird von *vier* Seiten begrenzt und hat *vier* Eckpunkte;
ein **Fünfeck** wird von *fünf* Seiten begrenzt und hat *fünf* Eckpunkte, usw.

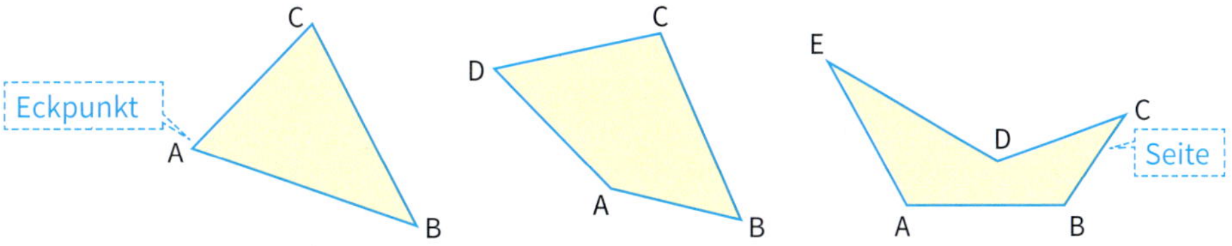

Ein Vieleck gibt man mithilfe der Eckpunkte an. Das obige Fünfeck heißt ABCDE.
Die Summe aller Seitenlängen ergibt den **Umfang U** des Vielecks.

(2) Strecke – Länge einer Strecke

Die Seiten eines Vielecks sind Beispiele für *Strecken*.

Die geradlinige Verbindung zweier Punkte P und Q nennen wir **Strecke** mit den Endpunkten P und Q. Dafür schreiben wir kurz $\overline{PQ}$ oder $\overline{QP}$.
Das Lineal oder die entsprechende Kante des Geodreieckes kann man sowohl zum Zeichnen einer Strecke als auch zum Messen ihrer Länge verwenden.
Für die Länge der Strecke $\overline{PQ}$ schreiben wir $|\overline{PQ}|$.

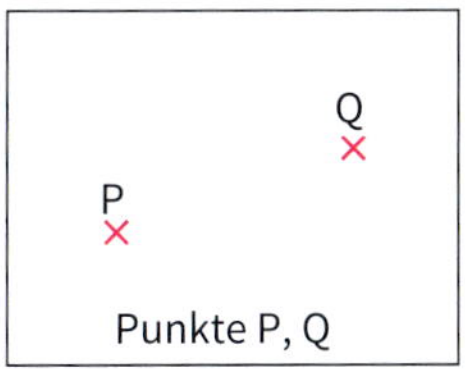

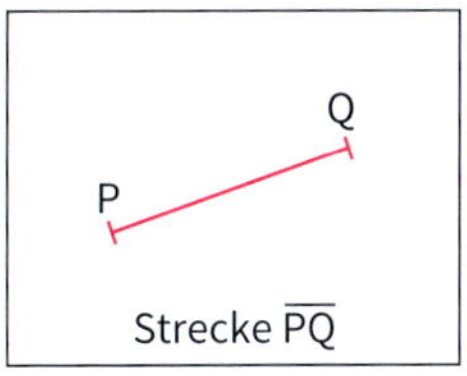

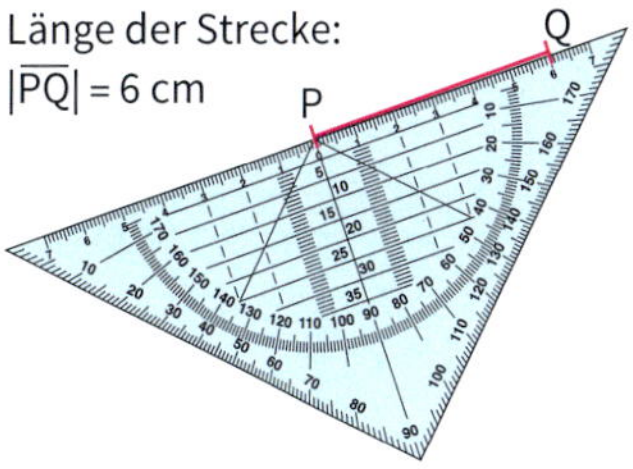

Weiterführende Aufgabe

Diagonale

2. Übertrage die beiden Vielecke in dein Heft. Zeichne bei jedem Vieleck alle Verbindungslinien nicht benachbarter Ecken ein. Was fällt dir beim Viereck ABCD auf?

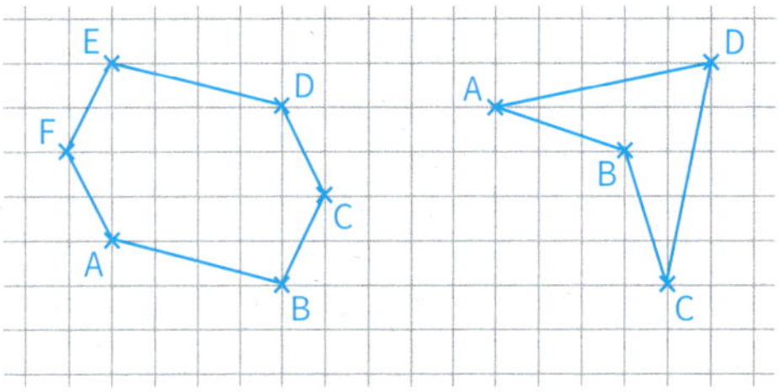

Information

diagonal (griech.) schräg laufend

Jede Verbindungsstrecke von zwei Eckpunkten eines Vielecks, die nicht Seite dieses Vielecks ist, nennt man **Diagonale** des Vielecks.

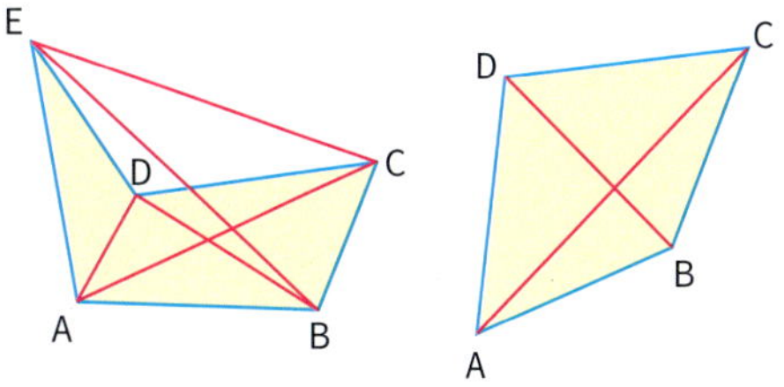

Übungsaufgaben

3. Das Gelände der Sportplätze soll eingezäunt werden. Eine Firma bietet die Arbeiten für 20 € pro Meter an. Ermittle, mit welchen Kosten die Stadtverwaltung rechnen muss.

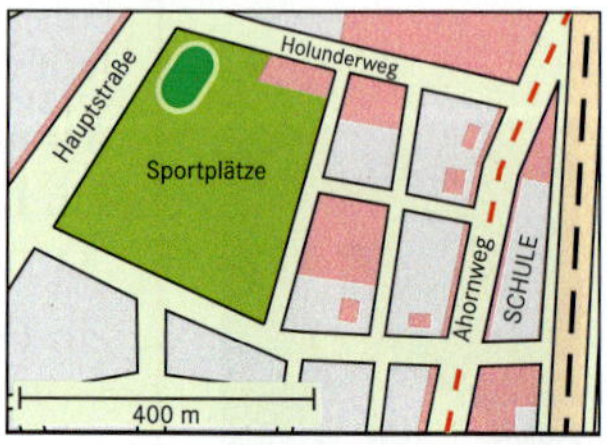

4. Erkundet, wo in eurer Umwelt Vielecke vorkommen. Sammelt Material und bringt es in die Schule mit. Gestaltet damit ein Plakat für den Klassenraum.

5. a) Welche der gezeichneten Flächen sind Vielecke? Um was für ein Vieleck handelt es sich?

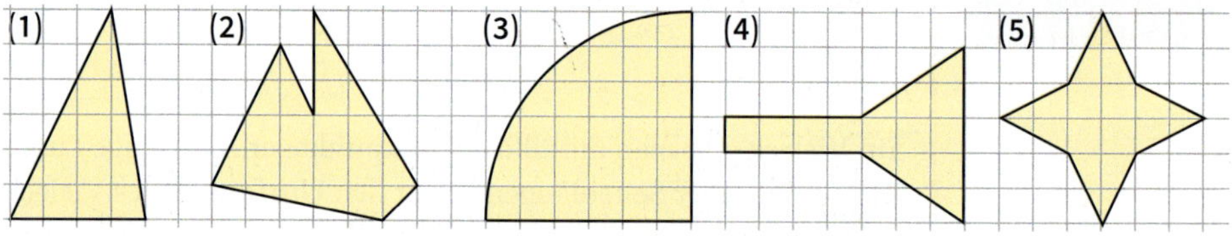

b) Übertrage die symmetrischen Vielecke in dein Heft. Zeichne die Symmetrieachsen ein.

6. Zeichne die Punkte A(1|2), B(4|5), C(1|4) und D(5|0) in ein Koordinatensystem.
a) Zeichne die Strecken $\overline{AB}$, $\overline{AC}$ und $\overline{CD}$ und miss deren Längen.
b) $\overline{AB}$ und $\overline{CD}$ schneiden sich im Punkt S. Gib die Koordinaten von S an.

7. Zeichne die angegebenen Punkte in ein Koordinatensystem mit der Einheit 1 cm. Verbinde sie dann in der angegebenen Reihenfolge zu einem Vieleck. Miss dessen Umfang.
a) A(2|7); B(7|3); C(9|6); D(6|9)
b) A(8|2); B(3|8); C(1|1); D(5|4)
c) A(4|5); B(0|5); C(2|0); D(5|0); E(8|1); F(9|5)
d) A(0|4); B(5|0); C(6|2); D(7|5); E(4|4); F(5|7); G(2|6)
e) A(5|5); B(1|6); C(5|7); D(6|11); E(7|7); F(11|6); G(7|5); H(6|1)

8. Matties behauptet: „Ein Vierundzwanzigeck hat 24 Eckpunkte, also nur 12 Seiten, da immer 2 Eckpunkte zu einer Seite gehören." Was meinst du dazu?

9. Im Alltag verwendet man das Wort Strecke auch, z. B. im Wort Bahnstrecke. Beschreibe Gemeinsamkeiten und Unterschiede zum Gebrauch in der Geometrie.

10. a) Zeichne ein Viereck, bei dem beide Diagonalen im Inneren des Vierecks liegen;
b) Zeichne ein Viereck, bei dem eine Diagonale nicht im Inneren des Vierecks liegt.

11. a) Untersuche, wie viele Diagonalen ein Viereck, Fünfeck, ..., Achteck hat. Notiere dein Ergebnis in einer Tabelle im Heft.

Zahl der Ecken	4	5	6	7	8
Zahl der Diagonalen					

b) Formuliere Regelmäßigkeiten und versuche, eine Begründung zu finden.

Das kann ich noch!

A) Schreibe mit Worten:
1) 987 2) 2 496 3) 96 481 4) 271 428 5) 1 712 213

B) Ergänze im Heft das Zeichen ∈ oder ∉.
1) $7 \;\square\; \mathbb{N}$ 2) $7 \;\square\; \mathbb{N}_0$ 3) $0 \;\square\; \mathbb{N}$ 4) $0 \;\square\; \mathbb{N}_0$

Zeichnen mit einem Dynamischen Geometrie-System (DGS)

Wenn du dich bei einer Zeichnung im Heft vertan hast, musst du radieren, und das bleibt meistens nicht spurenlos. Eine Zeichnung zu ändern, ist somit nicht so einfach. Das ist anders beim Arbeiten mit Dynamischen Geometrie-Systemen, die es für Computer gibt. Du kannst hier problemlos Zeichenschritte rückgängig machen oder die Form einer Figur nachträglich verändern.

1. Mit den meisten DGS-Programmen kannst du Punkte, Strecken, Geraden, Kreise, Vielecke, … zeichnen. Die Befehle dafür findest du oben am Bildschirmrand in einem Auswahl-Menü bildlich dargestellt. Probiere das mit deinem DGS aus, um eine lustige Figur zu erzeugen.

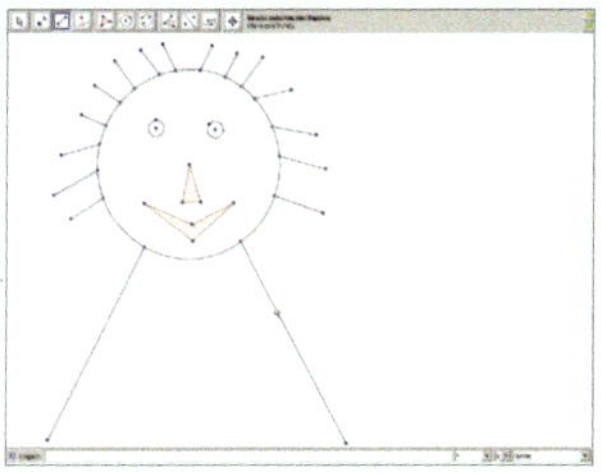

2. Du kannst vom Zeichnen zum Bewegen einer Figur wechseln, indem du den Befehl „Bewege“ aus dem Menü am oberen Bildschirmrand auswählst. Teile deiner Figur bleiben beim Verändern zusammen, andere fallen auseinander. Probiere das mit deiner Zeichnung aus und formuliere eine Vermutung, welche Teile der Zeichnung beim Verändern zusammen bleiben und welche auseinander fallen.

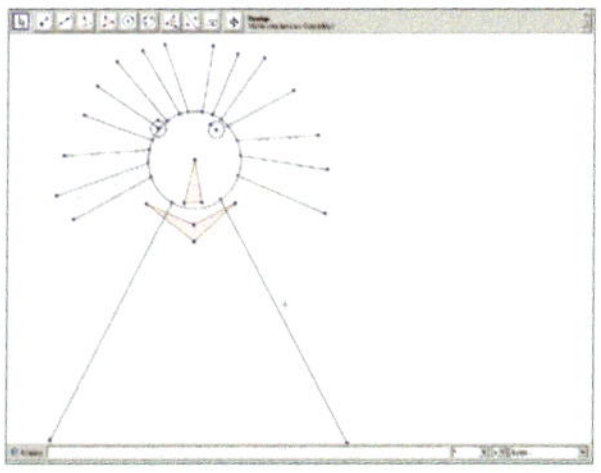

3. Hilfslinien, die nicht mehr benötigt werden, kannst du vom Programm verbergen lassen und auch wieder anzeigen lassen. Probiere das an einer geeigneten Figur aus.

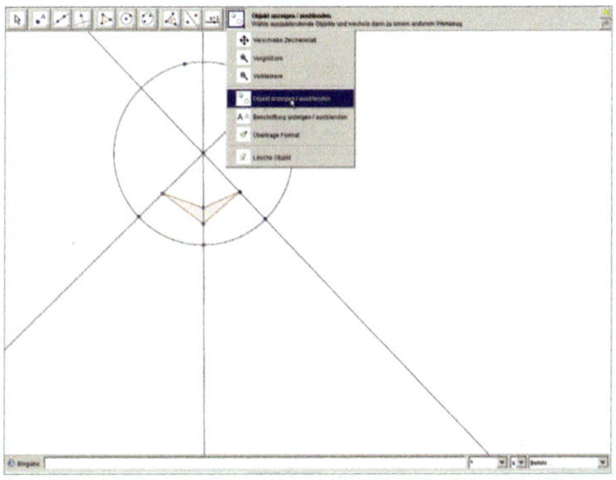

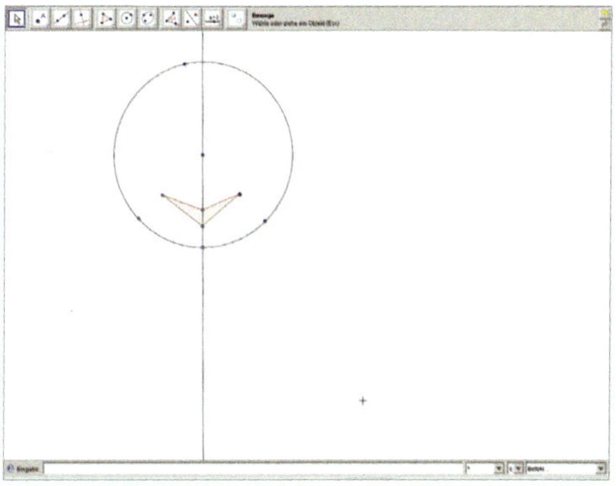

4. Arbeite mit dem DGS am Bildschirm, skizziere die gefundenen Figuren in dein Heft.
   a) Zeichne ein Fünfeck, bei dem alle Diagonalen im Inneren des Fünfecks liegen.
   b) Verändere das Fünfeck so, dass eine Diagonale nicht im Inneren des Fünfecks liegt.
   c) Verändere das Fünfeck so, dass zwei Diagonalen nicht im Inneren des Fünfecks liegen.
   d) Verändere das Fünfeck so, dass eine Diagonale teilweise innerhalb und teilweise außerhalb des Fünfecks liegt.

3.3 Geraden – Beziehungen zwischen Geraden

3.3.1 Geraden

Einstieg

Wenn du ein Zeichenblatt faltest, entsteht eine *Faltlinie*. Eine Faltlinie ist eine gerade Linie; du kannst sie deshalb mit Lineal und Bleistift von Rand zu Rand nachzeichnen.
Rechts siehst du ein Blatt mit vier Faltlinien a, b, c und d.

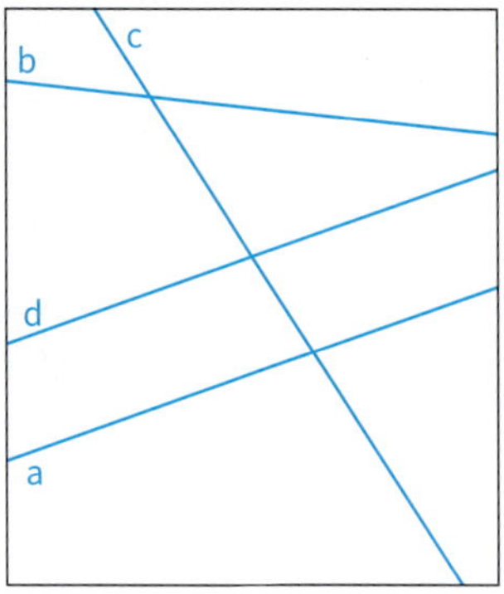

- Welche der Faltlinien *schneiden* (treffen) sich auf dem abgebildeten Blatt?
- Pause die Faltlinien auf ein größeres Blatt Papier durch und falte wieder.
  Welche Faltlinien schneiden sich jetzt? Markiere jeweils den *Schnittpunkt*.
- Denke dir nun das Zeichenblatt nach allen Seiten unbegrenzt fortgesetzt und damit auch die Faltlinien über die Ränder des Zeichenblattes hinaus beliebig verlängert.
  Was kann man nun über die Schnittpunkte sagen?

Information

(1) Gerade

Eine gerade Linie, die man sich über das Zeichenblatt hinaus beliebig verlängert denkt, nennen wir **Gerade**.

Eine **Gerade** ist eine gerade Linie, die nach beiden Seiten unbegrenzt ist.
Geraden bezeichnen wir meistens mit kleinen Buchstaben wie g, h, ...
Die Gerade durch die beiden Punkte P und Q bezeichnen wir mit PQ oder QP. Wir sagen auch: „Die Gerade geht durch die Punkte P und Q."
Will man die Lage der Punkte P und Q beschreiben, so sagt man:
„P und Q liegen auf der Geraden PQ."

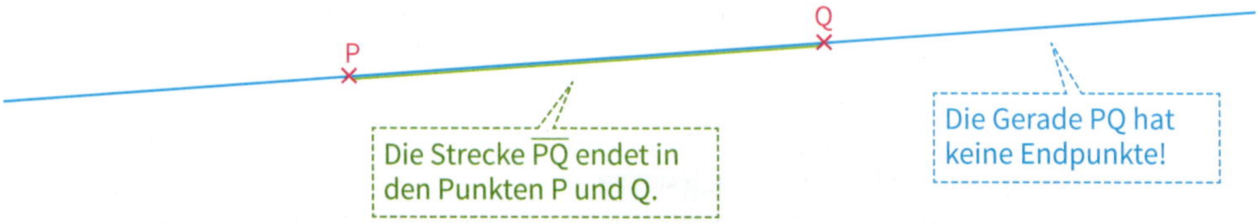

Beachte: Du kannst eine Gerade nie vollständig zeichnen, sondern immer nur ein kleines Stück von ihr. Um das zu verdeutlichen, markieren wir keine Endpunkte. Geraden haben im Gegensatz zu Strecken keine Länge.

(2) Schnittpunkt von Geraden

Die beiden rechts gezeichneten Geraden haben einen gemeinsamen Punkt. Man sagt auch: Sie schneiden sich. Den gemeinsamen Punkt nennt man **Schnittpunkt**.

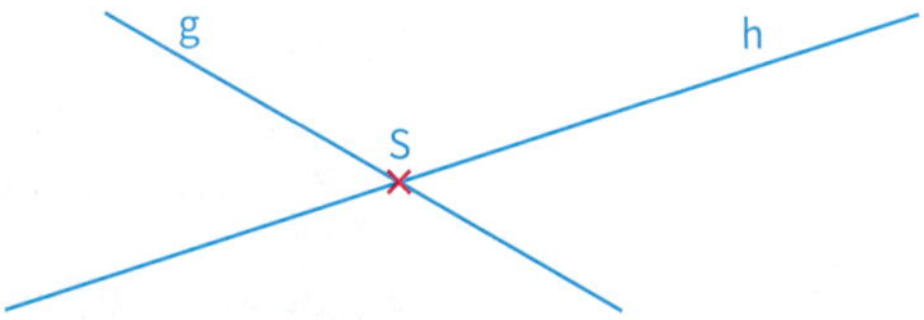

(3) Lagebeziehung von Punkten und Geraden

Liegt ein Punkt A auf einer Geraden g, so schreibt man $A \in g$, gelesen *A ist Element von g*.
Liegt ein Punkt B nicht auf g, so schreibt man $B \notin g$, gelesen *B ist nicht Element von g*.

Übungsaufgaben

1.

a) Wozu wird im linken Bild die Schnur benutzt? Worauf muss man achten?

b) Wie kann man überprüfen, ob die Bäume im rechten Bild in einer geraden Linie stehen? Nenne zwei verschiedene Möglichkeiten.

2. Durch zwei Punkte kannst du stets eine Gerade zeichnen. Benenne diese Geraden. Auf welchen Geraden liegen drei oder noch mehr der eingezeichneten Punkte?

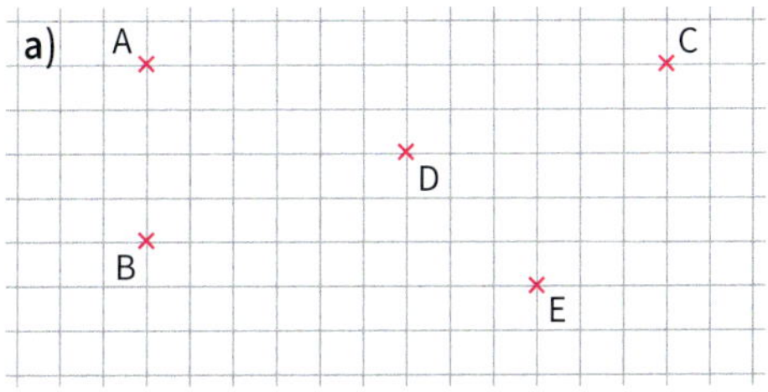

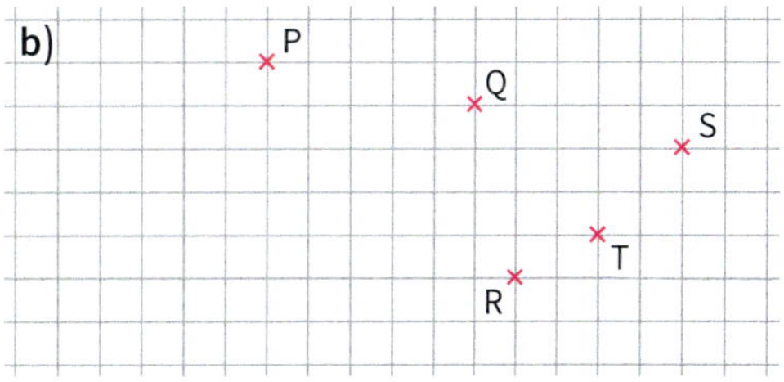

3. Zeichne die Punkte A(1|1), B(1|7), C(1|10) und D(5|4) in ein gemeinsames Koordinatensystem. Bestimme die gemeinsamen Punkte

(1) von AC und BD,
(2) von AC und $\overline{BD}$,
(3) von AB und CD,
(4) von $\overline{AB}$ und $\overline{CD}$,
(5) von $\overline{AB}$ und AC,
(6) von AB und BC.

4. a) Zeichne in ein Koordinatensystem die Punkte A(3|2), B(13|4), C(15|10) und D(5|12) und alle Verbindungsgeraden.

b) In welchem Punkt schneidet die Gerade DB die x-Achse?

c) Welche dieser Geraden geht durch den Koordinatenursprung?

d) Gib an, welche Aussagen für die Punkte P(4|7), Q(18|5) und R(7|14) wahr sind.

(1) $P \in AB$ (2) $R \in BC$ (3) $Q \in AB$ (4) $R \notin AC$

5. a) Zeichne fünf Punkte so in dein Heft, dass drei von ihnen auf einer Geraden liegen und es noch eine weitere Gerade gibt, auf der drei dieser fünf Punkte liegen.

b) Zeichne sechs Punkte so in dein Heft, dass vier von ihnen auf einer Geraden liegen und es noch eine weitere Gerade gibt, auf der genau drei dieser Punkte liegen.
Wie viele Geraden gibt es, auf denen genau zwei dieser Punkte liegen?

6. Arbeitet auf einem Blatt Papier oder benutzt ein Dynamisches Geometrie-System.

a) Zeichnet vier Geraden so, dass sich möglichst viele Schnittpunkte ergeben.

b) Untersucht, wie viele Schnittpunkte 2 [3; 4; 5; 6] Geraden höchstens haben können.
Notiert euer Ergebnis in einer Tabelle.

c) Welche Regelmäßigkeit entdeckt ihr? Begründet.

3.3.2 Zueinander senkrechte Geraden

Einstieg

Rechts seht ihr einen kleinen Ausschnitt aus dem Stadtplan von München. An welchen Kreuzungen haben Autofahrer einen besonders guten Einblick in die quer verlaufende Straße?

Aufgabe 1 **Zueinander senkrechte Geraden**

Nimm einen unregelmäßig umrandeten Notizzettel und falte ihn zweimal wie im Bild.
Die beiden Faltlinien bestimmen zwei Geraden, nenne sie g und h.
Beschreibe die Lage der Geraden zueinander.

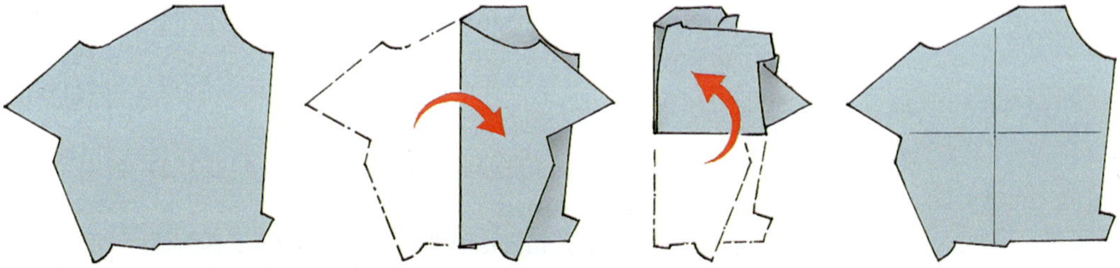

Lösung

Faltet man das Papier wieder auseinander, so erkennt man, dass die Geraden g und h sich in besonderer Weise schneiden. Sie treffen aufeinander wie benachbarte Seiten eines Rechtecks. Dies kannst du auch durch Anlegen eines Geodreiecks überprüfen.

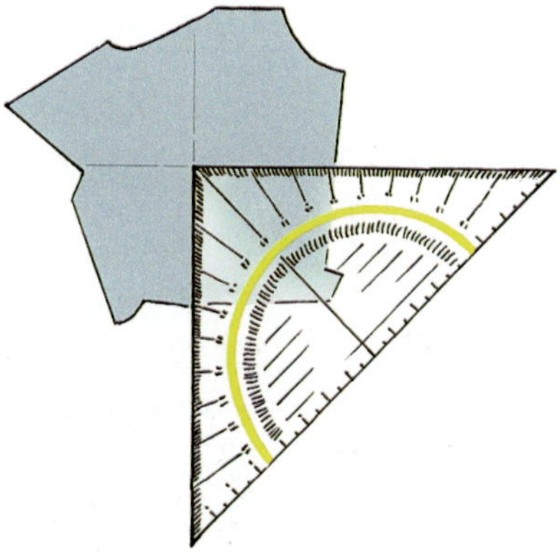

Information

Zueinander senkrechte Geraden

Zwei sich schneidende Geraden heißen **senkrecht** zueinander, wenn beim Falten an einer der beiden Geraden die beiden Teile der anderen Geraden aufeinander fallen.
Mit dem Geodreieck kann man bequem zueinander senkrechte Geraden zeichnen.

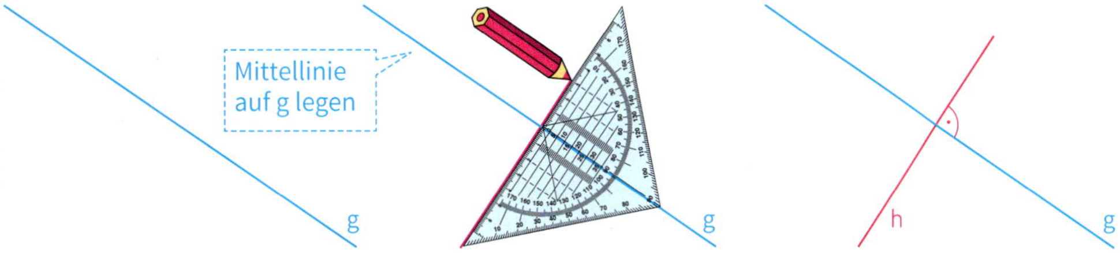

Sind zwei Geraden g und h senkrecht zueinander, so schreiben wir dafür kurz $g \perp h$, gelesen: *g ist senkrecht zu h*. In der Zeichnung verwenden wir das Zeichen ∟.
Sind zwei Geraden g und h *nicht* senkrecht zueinander, so schreiben wir $g \not\perp h$.

Weiterführende Aufgabe

„Senkrecht“ und „senkrecht zu“

2. Bei der Neugestaltung eines Schulgartens sollen Mia und Peter in den schrägen Hang am Ende des Grundstücks Pflöcke senkrecht in den Boden schlagen, damit neu gepflanzte Sträucher daran befestigt werden können. Mia und Peter haben ihre Pflöcke jedoch ganz unterschiedlich angebracht, sind sich aber beide sicher, dass ihr Pflock senkrecht eingeschlagen ist. Wer hat Recht?

Information

Der Begriff „senkrecht zu“ kann leicht verwechselt werden mit „senkrecht“.
Ob eine Kante, z. B. eine Mauer, senkrecht verläuft, prüft man mit einem Senklot. Der Begriff „senkrecht“ beschreibt die Lage *einer* Strecke (Geraden). Um Verwechslungen zu vermeiden, sagt man auch *lotrecht* statt *senkrecht*.

Im Alltag verwendet man oft eine Wasserwaage statt eines Senklots. Mit ihr kann man nicht nur prüfen, ob eine Kante senkrecht verläuft, sondern auch, ob eine Kante waagerecht verläuft. Zwei Kanten, von denen eine senkrecht (lotrecht) und die andere waagerecht verläuft, sind senkrecht zueinander. Umgekehrt gibt es aber Kanten, die senkrecht zueinander sind, von denen aber keine der beiden senkrecht ist. Der Begriff „senkrecht zu“ beschreibt die Lage *zweier* Geraden *zueinander*. Um Verwechslungen zu vermeiden, sagt man auch *„orthogonal zu“* statt *„senkrecht zu“*.

orthogonal (griech.) rechtwinklig

Weiterführende Aufgabe

Abstand eines Punktes von einer Geraden

3. Juri badet noch im See, als seine Freunde schon gehen wollen. Welchen Weg muss er schwimmen, um möglichst schnell auf den Steg zu gelangen?
Zeichne dazu in deinem Heft mehrere Möglichkeiten und vergleiche.

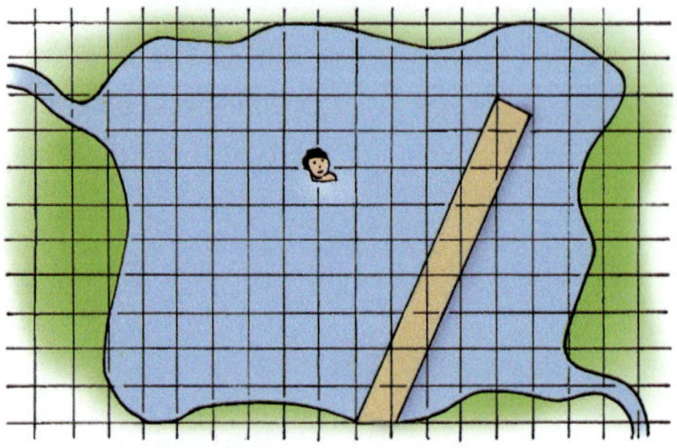

Information

(1) Abstand eines Punktes von einer Geraden – Lot von einem Punkt auf eine Gerade

Die Länge der *kürzesten* Verbindungslinie von einem Punkt P zu einer Geraden g nennt man den **Abstand** des Punktes von der Geraden.
Um den Abstand des Punktes P von der Geraden zu bestimmen, zeichnet man zunächst die zu g senkrechte Gerade durch den Punkt P. Diese Gerade nennt man die **Senkrechte zu der Geraden g durch den Punkt P.**
Die Strecke $\overline{PF}$ vom Punkt P bis zum Schnittpunkt F der beiden Geraden nennt man das **Lot von P auf g.** Die Länge des Lotes ist der gesuchte Abstand.

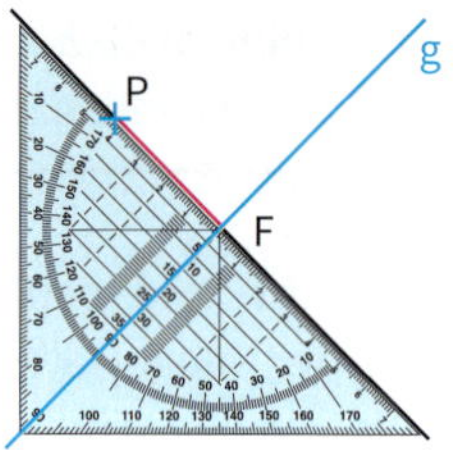

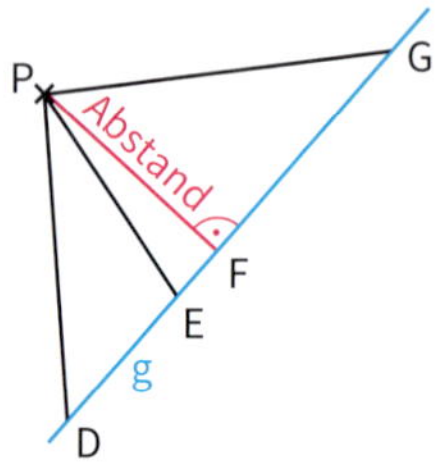

(2) Abstand zweier Punkte

Man spricht auch von dem Abstand zweier Punkte. Das ist hier die Länge der kürzesten Verbindungslinie, also die Länge der Verbindungsstrecke.

Übungsaufgaben

4. **a)** Finde im Klassenraum oder in deiner Umwelt gerade Linien, die zueinander senkrecht sind.
b) Finde auf dem Geodreieck zueinander senkrechte Linien.
c) Wofür verwendet man einen Anschlagwinkel im Bild rechts?

5. Zeichne die Geraden AB und CD. Prüfe, ob sie senkrecht zueinander sind.
Schreibe z.B. $AB \perp CD$ oder $AB \not\perp CD$.

a) A(2|3); B(7|8); C(1|9); D(8|2)
b) A(1|5); B(6|9); C(0|10); D(8|1)
c) A(2|9); B(8|5); C(1|5); D(7|14)
d) A(1|9); B(7|4); C(2|0); D(7|7)

6. Sammle Körper, bei denen zueinander senkrechte Kanten vorkommen. Zähle bei jedem Körper, wie viele Kanten keine dazu senkrechte Kante haben.
Tausche die Körper mit deinem Nachbarn aus. Vergleiche, ob der Partner die gleiche Zahl nicht zueinander senkrechter Kanten findet.

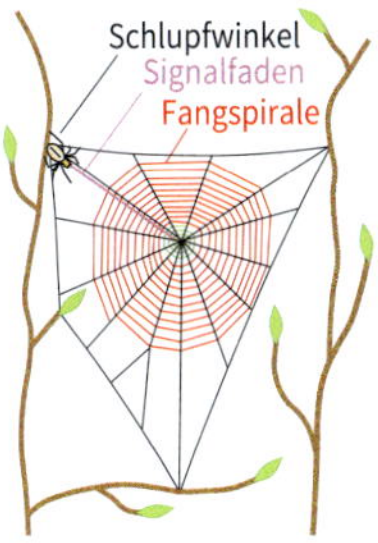

7. a) Zeichne das Bild rechts ab und fahre entsprechend weiter fort.
b) Was ändert sich, wenn man mit
(1) nur 4; (2) nur 3; (3) nur 2
Geraden durch einen gemeinsamen Punkt beginnt?

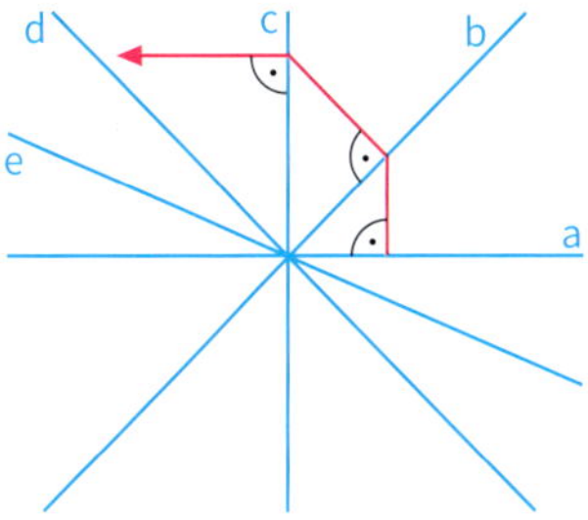

8. a) Finde im Klassenraum senkrechte und waagerechte Linien.
b) Kannst du zwei zueinander senkrechte Linien an die Tafel zeichnen, die beide nicht senkrecht sind?

9. Zeichne auf ein Blatt Papier eine Gerade g und einen Punkt P, der nicht auf g liegt.
Erzeuge dann durch Falten die Senkrechte zu g durch P und beschreibe deine Vorgehensweise.

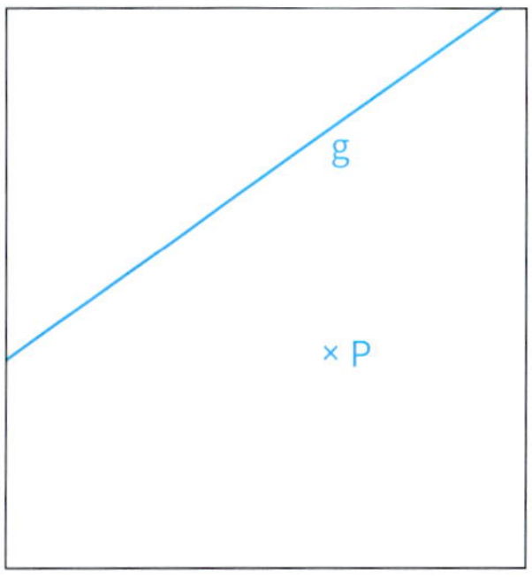

10. Zeichne die Gerade durch die Punkte A (3 | 6) und B (12 | 3). Zeichne anschließend durch den Punkt C (6 | 5) die Senkrechte zu der Geraden AB. Gib zwei Punkte auf der Senkrechten an. Einer soll unterhalb und einer oberhalb von AB liegen.

11. Zeichne in ein Koordinatensystem mit der Einheit 1 cm die Gerade AB. Zeichne das Lot von C auf AB ein und bestimme den Abstand des Punktes C von der Geraden.
a) A (0 | 4); B (9 | 2); C (5 | 7)
b) A (1 | 9); B (7 | 8); C (2 | 3)
c) A (2 | 3); B (6 | 7); C (8 | 9)
d) A (3 | 4); B (5 | 6); C (1 | 1)
e) A (1 | 1); B (7 | 6); C (4 | 4)
f) A (0 | 1); B (2 | 3); C (4 | 4)

12. Eltern ermahnen ihre Kinder, „richtig über die Straße zu gehen“.
a) Beschreibe diesen Weg in der Sprache der Geometrie.
b) Erläutere, warum dieser Weg der „richtige“ ist.

13. Zeichne die Punkte A (1 | 1), B (6 | 1), C (4 | 7) und P (4 | 3). Untersuche, welches der Lote von P auf die Geraden AB, BC und AC das kürzeste ist.

14. Zeichne einen Punkt P und dann möglichst viele Geraden, die von P den Abstand 3 cm haben. Welchen Eindruck erweckt das fertige Bild?

3.3.3 Zueinander parallele Geraden – Besondere Vierecke

Einstieg

Nimm ein Blatt Papier und falte es in der abgebildeten Art und Weise dreimal. Die erste und die letzte Faltlinie bestimmen zwei Geraden. Nenne sie g und h. Beschreibe ihre Lage zueinander.

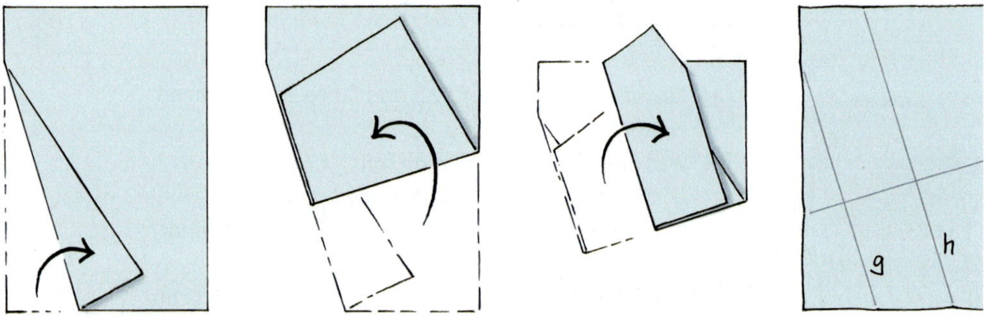

Einführung

Zueinander parallele Geraden

Florian und Sarah wollen ein Stück eines Eisenbahngleises zeichnen. Alle Punkte der zweiten Schiene müssen den gleichen Abstand von der ersten Schiene haben. Dieser Abstand heißt Spurweite. Bei der Modellgröße TT beträgt die Spurweite 12 mm.

Florian zeichnet an mehreren Stellen die Senkrechte zur ersten Schiene ein. Auf ihnen markiert er jeweils die Punkte mit 12 mm Abstand zur ersten Schiene. Anschließend zeichnet er die Gerade, auf der alle diese Punkte liegen.

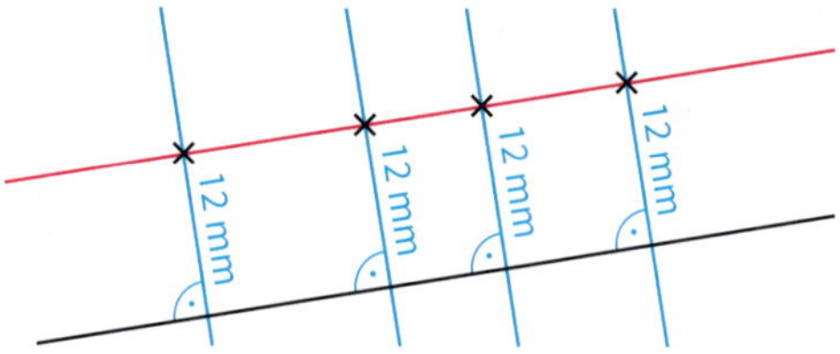

Sarah fällt auf: „Das lässt sich doch viel einfacher lösen. Zeichne nur eine Senkrechte zur ersten Schiene. Dann zeichnest du zu dieser Senkrechten eine Senkrechte durch den Punkt mit 12 mm Abstand.“

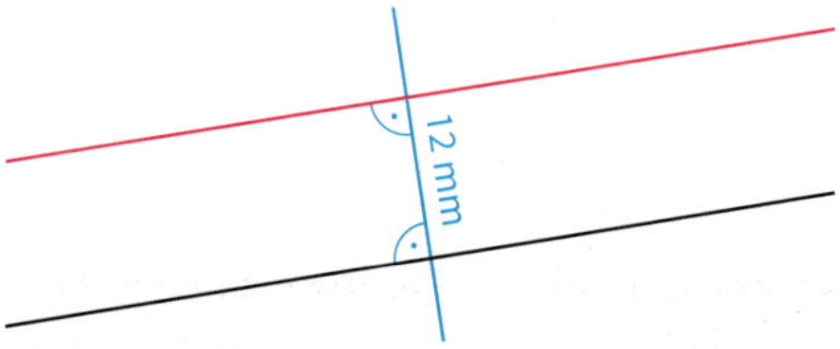

Information

(1) Parallelität von Geraden

Florian hat zum Zeichnen der zweiten Schiene ausgenutzt, dass sie überall denselben Abstand von der ersten Schiene hat.

parallel (griech.) gleichlaufend, gleichgerichtet, genau entsprechend

Zwei Geraden g und h heißen **parallel** zueinander, wenn alle Punkte auf g denselben Abstand von h haben und umgekehrt.
Sind zwei Geraden g und h parallel zueinander, so schreiben wir dafür kurz:
$g \parallel h$

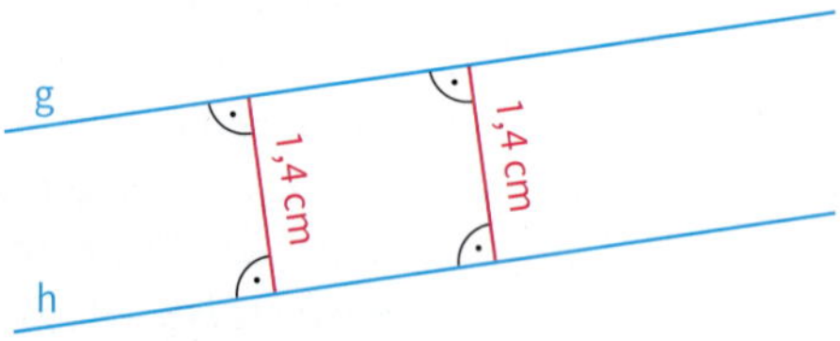

Sind zwei Geraden g und h *nicht* parallel zueinander, so schreiben wir dafür:
$g \nparallel h$

(2) Zueinander parallele und senkrechte Geraden

Sarah hat zum Zeichnen der zweiten Schiene ausgenutzt, dass beide Schienen senkrecht zu einer Eisenbahnschwelle sind.

> Zwei Geraden sind parallel zueinander, wenn man eine weitere Gerade finden kann, die zu beiden senkrecht ist.

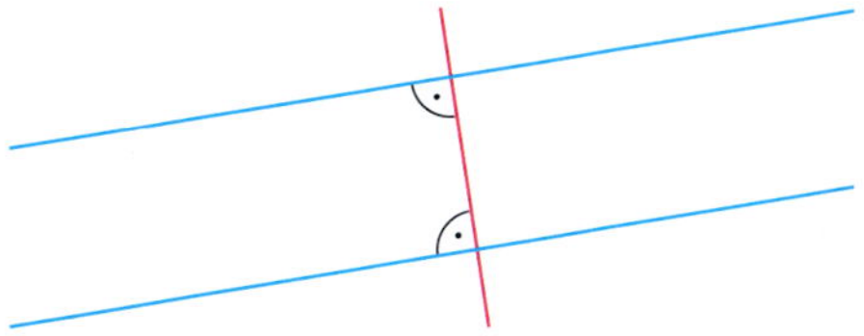

Damit ist jede Gerade parallel zu sich selbst mit dem Abstand 0. Daraus ergibt sich dann:

> Zwei zueinander parallele Geraden haben entweder keinen gemeinsamen Punkt oder sie fallen zusammen.

(3) Zeichnen zueinander paralleler Geraden mit dem Geodreieck

Mit dem Geodreieck kannst du auf verschiedene Weisen zueinander parallele Geraden zeichnen: Du kannst die auf dem Geodreieck eingezeichneten Parallellinien verwenden wie in Bild a). Reichen die Parallellinien nicht aus, so musst du bei diesem Vorgehen zunächst eine Hilfsparallele (oder mehrere) zeichnen. Einfacher kannst du in diesem Fall die beiden Parallelen mithilfe einer gemeinsamen Senkrechten zeichnen wie in Bild b).

a)

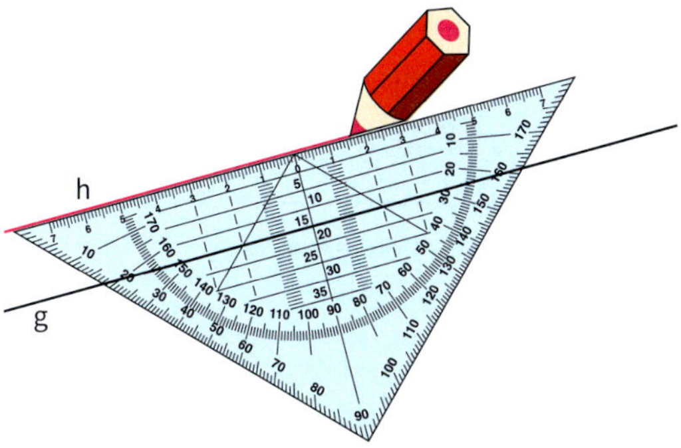

b)

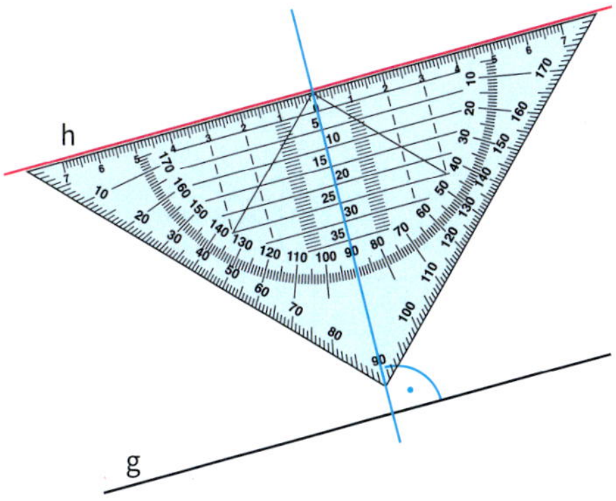

Weiterführende Aufgaben

Parallele zu einer Geraden durch einen Punkt

1. Zeichne eine Gerade AB und einen Punkt P, der nicht auf g liegt. Zeichne anschließend die Parallele zu AB durch P. Beschreibe zwei verschiedene Möglichkeiten für dein Vorgehen.
   a) A(1|2); B(7|3); P(5|5) **b)** A(2|4); B(3|9); P(7|0)

Besondere Vierecke

2. Verwende einen Streifen Papier von gleich bleibender Breite. Mit zwei Schnitten kannst du daraus Vierecke herstellen. Untersuche, welche besonderen Vierecke du so erzeugen kannst. Beschreibe ihre Eigenschaften.

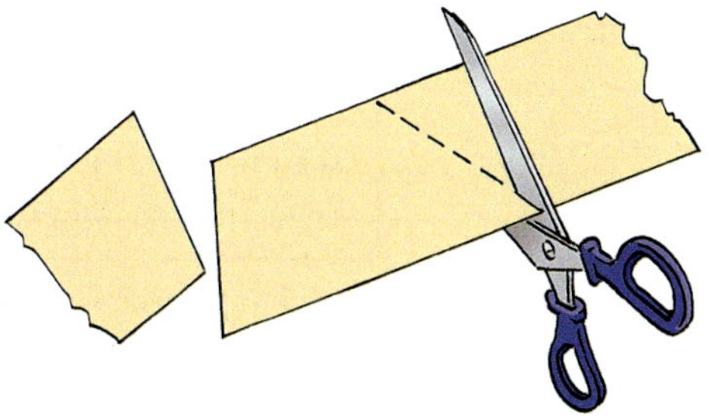

Information

(1) Rechteck und Quadrat

Vierecke mit zueinander senkrechten Seiten kennst du schon.

Jedes Viereck, bei dem benachbarte Seiten jeweils senkrecht zueinander sind, nennen wir ein **Rechteck**.
An dieser Eigenschaft erkennst du das Rechteck.

Jedes Rechteck, bei dem alle vier Seiten gleich lang sind, nennen wir ein **Quadrat**.
An dieser Eigenschaft erkennst du das Quadrat.

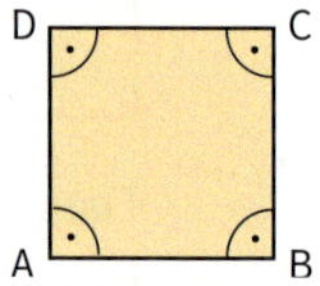

Quadrate sind also besondere Rechtecke.
Eine weitere Eigenschaft aller Rechtecke ist:
Einander gegenüber liegende Seiten sind jeweils parallel zueinander und gleich lang.

(2) Parallelogramme

Jedes Viereck, bei dem die gegenüberliegenden Seiten jeweils parallel zueinander sind, nennen wir ein **Parallelogramm**.
An dieser Eigenschaft erkennst du das Parallelogramm.

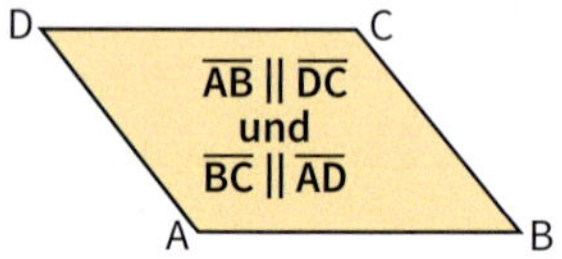

Rechtecke sind also besondere Parallelogramme.
Eine weitere Eigenschaft von Parallelogrammen ist:
Einander gegenüberliegende Seiten sind jeweils gleich lang.

(3) Rauten

Jedes Parallelogramm, bei dem alle vier Seiten gleich lang sind, nennen wir eine **Raute** (einen *Rhombus*).
An dieser Eigenschaft erkennst du die Raute.

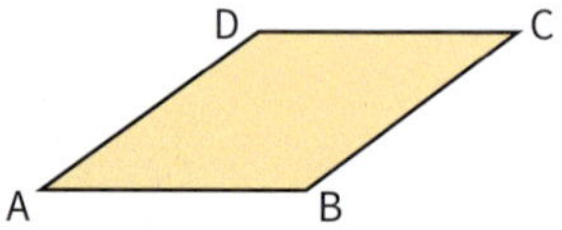

Quadrate sind also besondere Rauten.

(4) Trapeze

Ein Viereck, bei dem wenigstens zwei gegenüberliegende Seiten parallel zueinander sind, heißt **Trapez**.
Die beiden zueinander parallelen Seiten heißen **Grundseiten**, die beiden anderen Seiten heißen **Schenkel**.

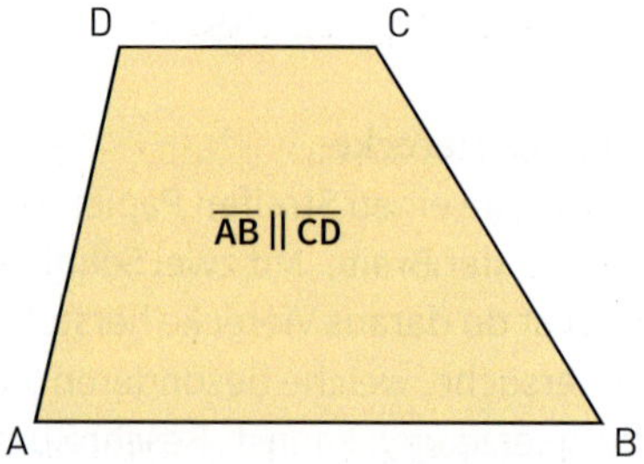

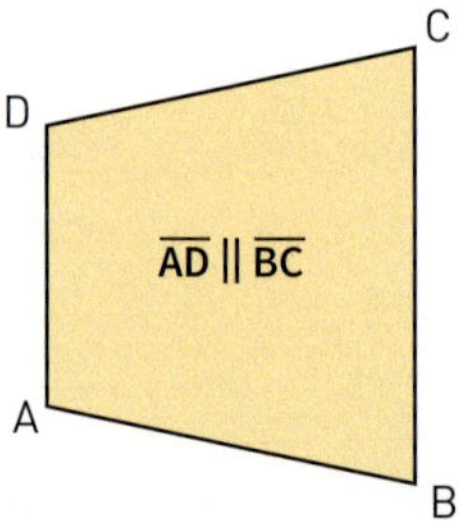

Parallelogramme sind somit besondere Trapeze.

(5) Drachenviereck

Ein Viereck, bei dem zwei benachbarte Seiten und ebenso die beiden anderen benachbarten Seiten jeweils gleich lang sind, heißt **Drachenviereck**.

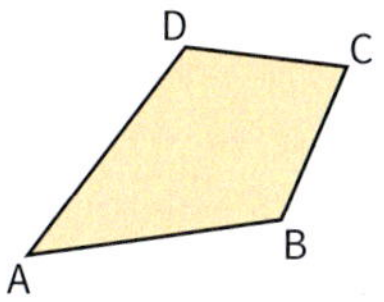

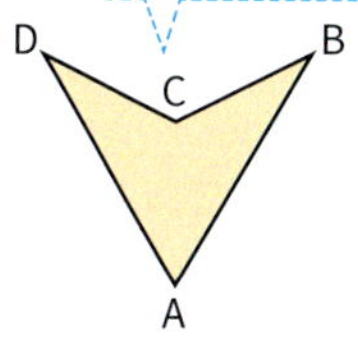

Übungsaufgaben

3. Zeichne zwei Geraden, die keinen Schnittpunkt haben. Beschreibe ihre Lage zueinander.

4. Findet im Klassenzimmer bzw. in eurer Umwelt gerade Linien, die parallel zueinander sind.

5. Beschreibe den Ausschnitt aus dem nebenstehenden Stadtplan der Mannheimer Innenstadt. Wie liegen die Straßen zueinander?

6. Suche auf deinem Geodreieck zueinander parallele Linien. Bestimme ihren Abstand voneinander.

7. Zeichne ab. Vereinfache dabei die Latten zu Strecken.

Jägerzaun

Der Jägerzaun, auch Scherengitter- oder Kreuzzaun genannt, wird in manchen Gegenden sehr gerne beim Privathausbau angelegt. Der Zaun besteht aus sich x-förmig kreuzenden Halbrundprofilplatten, die an zwei Querbalken befestigt sind.

8. Gib an, welche Kanten der Kerzen rechts parallel zueinander sind.

9. Zeichne eine Gerade g und mehrere Punkte, die alle den gleichen Abstand 3 cm von g haben. Beschreibe, wo alle diese Punkte liegen.

10. Zeichne zwei zueinander parallele Geraden, deren Abstand voneinander
a) 3 cm, b) 4,3 cm beträgt.

11. Zeichne die Geraden AB und CD in ein Koordinatensystem mit der Einheit 1 cm. Bestimme ihren Abstand.

a) A(0|5); B(5|0); C(0|7); D(7|0)
b) A(1|2); B(4|5); C(3|4); D(6|7)
c) A(1|3); B(3|3); C(4|4); D(6|4)
d) A(2|3); B(5|6); C(0|5); D(6|11)

12. Zeichne eine Gerade g. Zeichne dann zwei zu g senkrechte Geraden h und i. Beschreibe die Lage von h und i zueinander.

13. Eine Gärtnerin will Johannisbeersträucher in zwei Reihen anpflanzen. Die Reihen sollen den Abstand 1,20 m haben. Dazu benutzt sie Pflöcke und Spannseile. Beschreibt, wie sie das machen kann. Ihr könnt dazu auch zeichnen.

14. Daniel und Julia sollten jeweils drei Geraden so zeichnen, dass sie keinen bzw. einen bzw. zwei bzw. drei Schnittpunkte aufweisen.
Was meinst du zu ihren Zeichnungen?

Daniel:

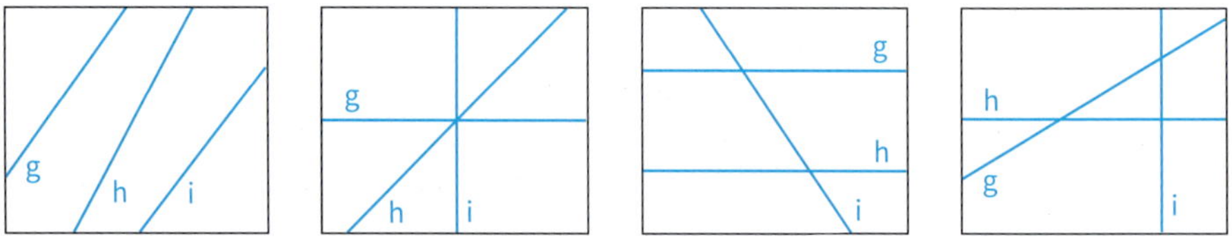

Julia:

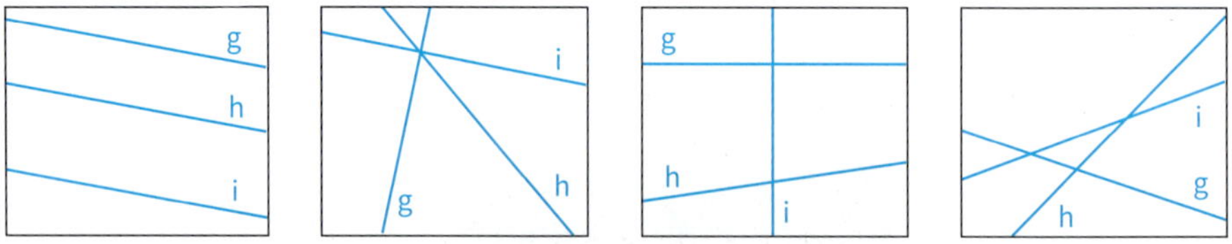

15. Zeichne ein Dreieck ABC. Zeichne dann durch jeden Eckpunkt die Gerade, die parallel zur gegenüberliegenden Dreieckseite ist.

16. Wie liegen die Geraden AB und CD zueinander? Notiere mit den entsprechenden Zeichen. Bestimme bei den zueinander parallelen Geraden ihren Abstand in einem Koordinatensystem mit der Einheit 1 cm.

a) A(1|3); B(5|7); C(6|0); D(10|4)
b) A(0|0); B(6|2); C(1|3); D(5|6)
c) A(1|8); B(5|3); C(2|4); D(7|8)
d) A(0|7); B(2|5); C(5|5); D(3|4)

17. Zeichne eine 1 cm lange Strecke. Zeichne an einem Endpunkt eine dazu senkrechte Strecke von 1,5 cm Länge. An deren Endpunkt zeichnest du wieder eine dazu senkrechte Strecke der Länge 2 cm.

a) Fahre so fort. Beschreibe, wie die Strecken zueinander liegen.
b) Jana hat bisher Strecken mit einer Gesamtlänge von 17,5 cm gezeichnet. Ermittle, wie lang die nächste Strecke ist, die sie dann zeichnen muss.

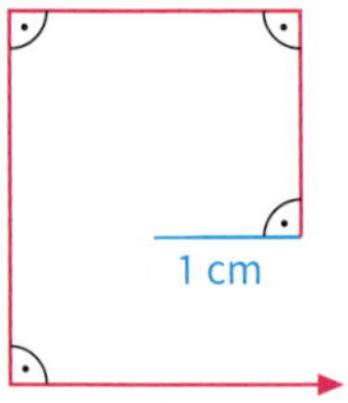

18. Zeichne ein großes Dreieck ABC. Wähle einen Punkt auf der Seite $\overline{AB}$ und zeichne von ihm aus eine Parallele zur Seite $\overline{AC}$ bis hin zur Seite $\overline{BC}$. Von diesem Punkt aus zeichnest du eine Parallele zu einer Dreieckseite bis hin zur anderen. Fahre so fort, bis du am Anfangspunkt wieder angelangt bist. Vergleiche die Länge dieses Rundweges im Dreieck mit dem Dreiecksumfang.
Wiederhole die Aufgabe mit anderen Startpunkten auf der Seite $\overline{AB}$.

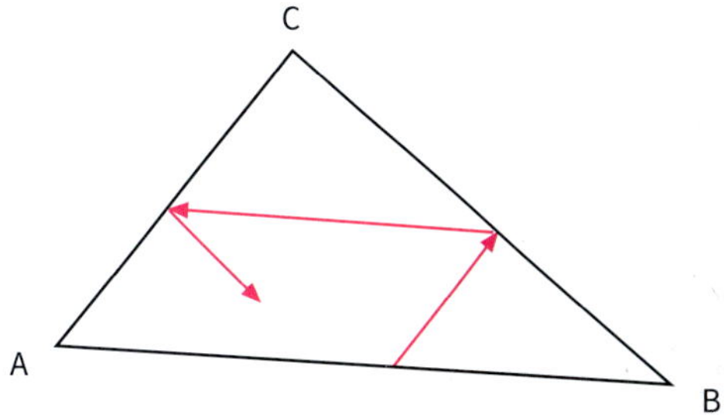

19. Mache dir die Behauptungen an Skizzen klar und überprüfe die Richtigkeit.
a) Wenn die Gerade g parallel zur Geraden h ist und die Gerade h parallel zur Geraden i, dann ist die Gerade g auch parallel zur Geraden i.
b) Wenn die Gerade g senkrecht zur Geraden h ist und die Gerade h senkrecht zur Geraden i ist, dann ist die Gerade g senkrecht zur Geraden i.
c) Wenn die Gerade g parallel zur Geraden h ist und die Gerade h senkrecht zur Geraden i ist, dann ist die Gerade g senkrecht zur Geraden i.

20. a) Max behauptet: „Zweimal senkrecht gibt parallel.“ Was meinst du dazu?
b) In der Ebene gilt: Wenn zwei Geraden sich nicht schneiden, dann sind sie parallel zueinander.
Gilt dies auch im Raum? Begründe.

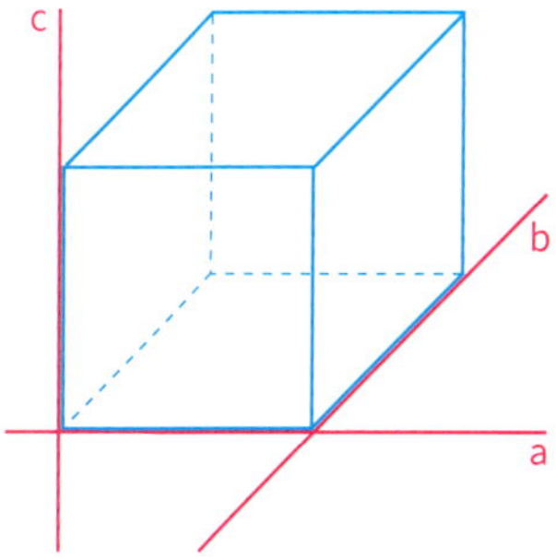

21. Zwei verschiedene Geraden haben entweder einen oder keinen Schnittpunkt. Untersuche, wie viele Schnittpunkte bei 3 [4; 5] verschiedenen Geraden vorkommen können.

22. Zeichne zwei sich schneidende Geraden. Zeichne alle Punkte, die
a) von beiden Geraden einen Abstand von 3 cm haben;
b) von beiden Geraden einen Abstand von mindestens 3 cm haben;
c) von beiden Geraden einen Abstand von höchstens 3 cm haben.

23. In den Bildern sieht es so aus, als ob nicht auf *parallel zu* und *senkrecht zu* geachtet wurde.
Zeichnet genau ab.
Entwerft selber *optische Täuschungen*; hängt sie im Klassenraum aus.

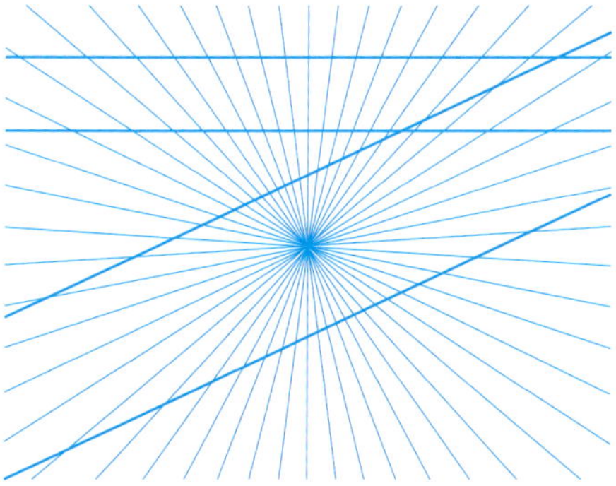

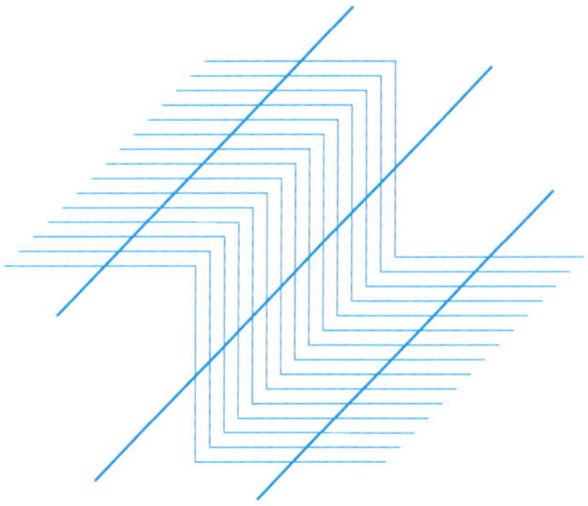

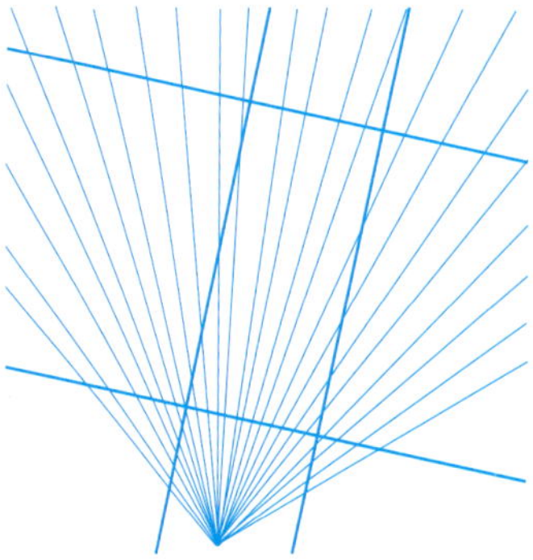

24. Erkundet, wo ihr in eurer Umwelt besondere Vierecke findet. Gestaltet ein Plakat damit.

25. Um welches besondere Viereck handelt es sich jeweils? Ist es symmetrisch?
Stelle deine Antworten im Heft in einer Tabelle zusammen.
Begründe sie auch.

Viereck	(1)	(2)
Parallelogramm	ja	
Rechteck	ja	
Quadrat	nein	
Raute	nein	
Trapez	ja	
Drachenviereck	nein	
Achsensymmetrie?	ja	

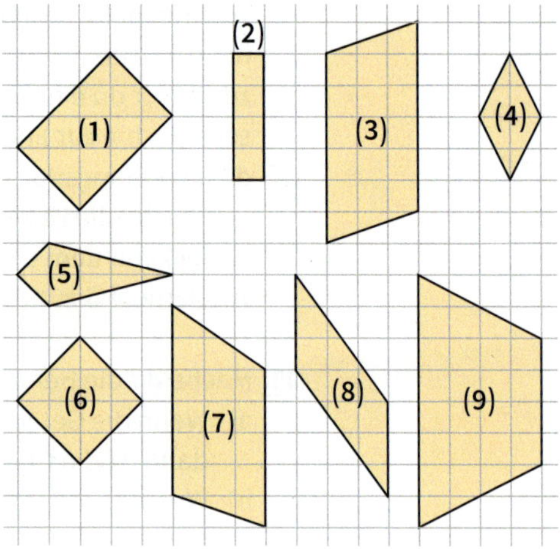

26. Falte aus einem unregelmäßig geformten Stück Papier ein Rechteck.

27. Zeichne das Viereck ABCD in ein Koordinatensystem mit der Einheit 1 cm. Welches besondere Viereck liegt vor? Bestimme den Umfang. Miss auch beide Diagonalen.

a) A(0|5); B(5|0); C(10|5); D(5|10)
b) A(1|6); B(5|2); C(8|1); D(4|5)
c) A(0|2); B(3|1); C(5|7); D(2|8)
d) A(9|0); B(5|3); C(0|3); D(4|0)
e) A(1|4); B(5|0); C(5|3); D(3|5)
f) A(1|2); B(4|2); C(6|7); D(1|7)

28. Miss bei den Vierecken die Längen der Diagonalen. Untersuche, in welchen Fällen die Diagonalen zueinander senkrecht sind. Um welche Art von Vierecken handelt es sich?

a) A(5|1); B(9|5); C(5|9); D(1|5)
b) A(2|0); B(7|5); C(6|7); D(0|2)
c) A(2|3); B(8|3); C(7|6); D(1|6)
d) A(2|7); B(4|3); C(6|7); D(4|11)

29. **a)** Zeichne drei verschiedene Parallelogramme, die keine Rechtecke sind, mit den Seitenlängen 3 cm und 5 cm. Bestimme den Umfang der Parallelogramme. Was kannst du über den Abstand der zueinander parallelen Seiten aussagen?
b) Zeichne ein Quadrat mit der Seitenlänge 4,5 cm. Bestimme den Umfang des Quadrats. Was kannst du über den Abstand der zueinander parallelen Seiten aussagen?
c) Zeichne eine Raute, die kein Quadrat ist. Bestimme den Umfang der Raute. Was kannst du über den Abstand der zueinander parallelen Seiten aussagen?

30. Zeichne zwei verschiedene Trapeze, bei denen die zueinander parallelen Seiten 6 cm und 4 cm lang sind.

31. Übertrage das Dreieck in dein Heft. Vervollständige es auf mehrere Arten zu einem
a) Parallelogramm; **b)** Drachenviereck.

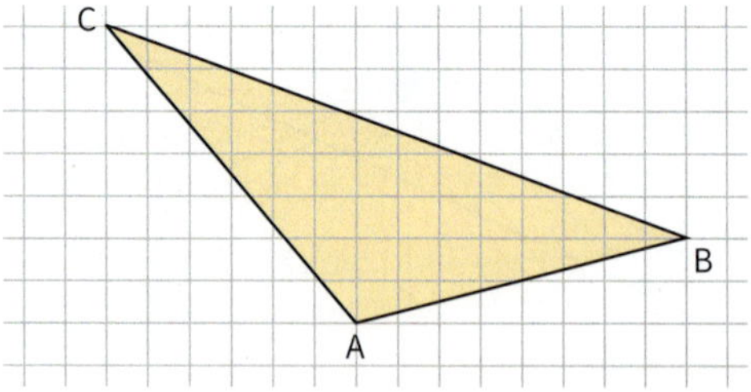

32. Zeichne die Punkte A, B, C in ein Koordinatensystem mit der Einheit 1 cm. Zeichne dann einen weiteren Punkt D so, dass ABCD ein Parallelogramm ist.
Bestimme den Umfang und untersuche, ob ein besonderes Parallelogramm entsteht.

a) A(1|6); B(6|1); C(11|6)
b) A(2|7); B(6|3); C(9|2)
c) A(1|3); B(4|2); C(6|8)
d) A(10|1); B(6|4); C(1|4)

33. a) Zeichne in ein Koordinatensystem die Punkte A(3|3) und B(6|3) ein.
Zeichne zwei weitere Punkte C und D so, dass ein Quadrat ABCD entsteht.
Gib die Koordinaten von C und D an.
b) Wiederhole die Teilaufgabe a) für die Punkte A(5|1) und B(5|4).

34. *Kopfgeometrie:* Denke dir ein Viereck, nenne deinem Partner nur ein paar Eigenschaften, damit er es erraten kann. Tauscht mehrfach die Rollen.
Beispiel: Bei meinem Viereck sind nur zwei Seiten parallel zueinander.

35. a) Ein Rechteck hat den Umfang von 24 cm; eine Seitenlänge beträgt 4 cm. Zeichne es.
b) Zeichne ein Quadrat, dessen Umfang 18 cm beträgt.
c) Zeichne ein Parallelogramm mit dem Umfang 12 cm, eine Seitenlänge beträgt 4 cm.
d) Zeichne zwei Rauten mit jeweils dem Umfang von 14 cm.

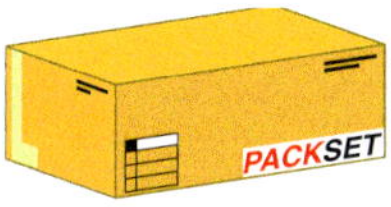

36. Ein Paket der Größe L ist 45 cm breit, 35 cm tief und 20 cm hoch. Zeichne den Boden, die Vorderwand und die Seitenwand verkleinert im Maßstab 1 : 10 in dein Heft.

37. Zeichne ein Parallelogramm, das
a) weder ein Rechteck noch eine Raute ist;
b) sowohl ein Rechteck als auch eine Raute ist.

38. a) Zeichne ein Quadrat, dessen Diagonalen 4 cm lang sind.
b) Zeichne ein Rechteck, dessen Diagonalen 6 cm lang sind, das aber kein Quadrat ist.
c) Zeichne ein Parallelogramm, dessen Diagonalen 6 cm und 8 cm lang sind.
d) Zeichne eine Raute, deren Diagonalen 5 cm und 7 cm lang sind.
e) Zeichne ein Drachenviereck, dessen Diagonalen beide 5 cm lang sind.
f) Welche Eigenschaften haben die Diagonalen bei den besonderen Vierecken?

39. a) Zeichne das Muster in dein Heft und färbe es.

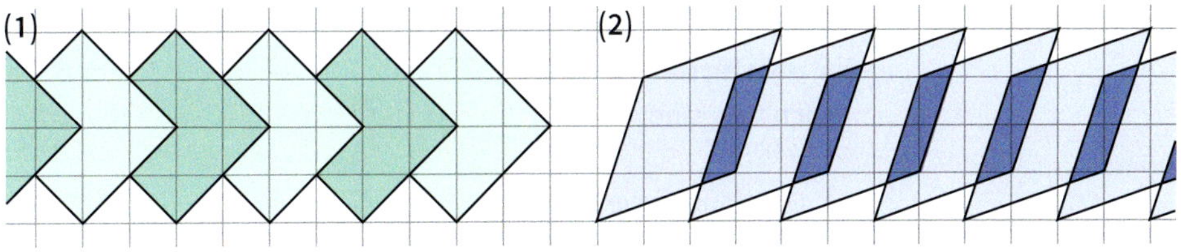

b) Erfindet weitere solcher Vierecksmuster.

40. Ein Architekt hat für einen Kirchturm das nebenstehende Fenster aus Dreiecken entworfen.
Kannst du auch Parallelogramme darin erkennen? Gib an, wie viele.

Eigenschaften besonderer Vierecke mit einem dynamischen Geometrie-System (DGS) erforschen

1. Unten siehst du ein Parallelogramm mit seinen Diagonalen, das mit einem dynamischen Geometriesystem gezeichnet wurde. Zeichne selbst ein Parallelogramm und kontrolliere anschließend durch Verändern beim Ziehen an einem Eckpunkt, ob es ein Parallelogramm bleibt:

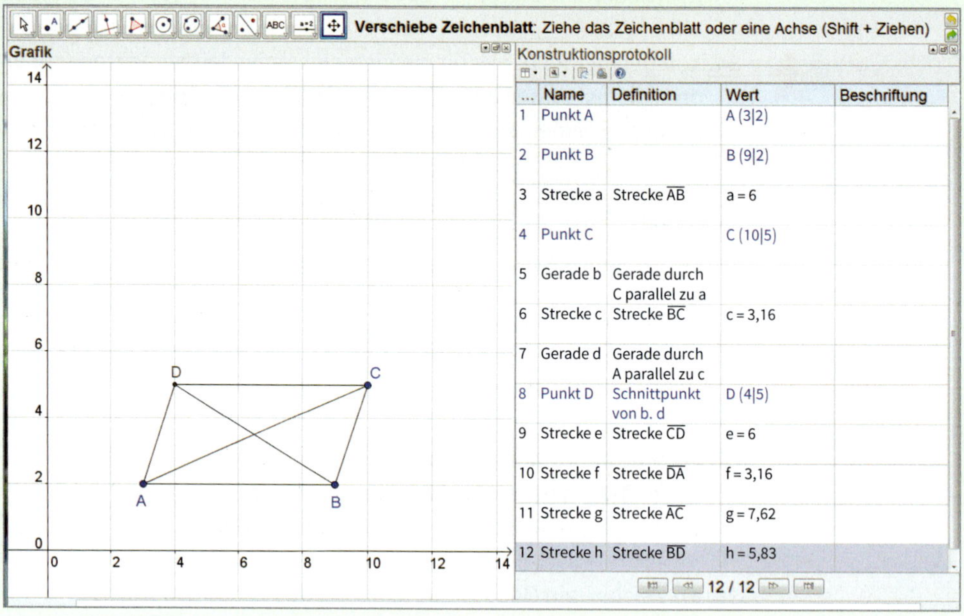

2. Beim Parallelogramm halbieren sich die Diagonalen gegenseitig. Du kannst die Streckenlängen auch vom DGS messen lassen. Probiere das aus. Versuche dann ein Parallelogramm zu erzeugen, bei dem beide Diagonalen gleich lang sind.

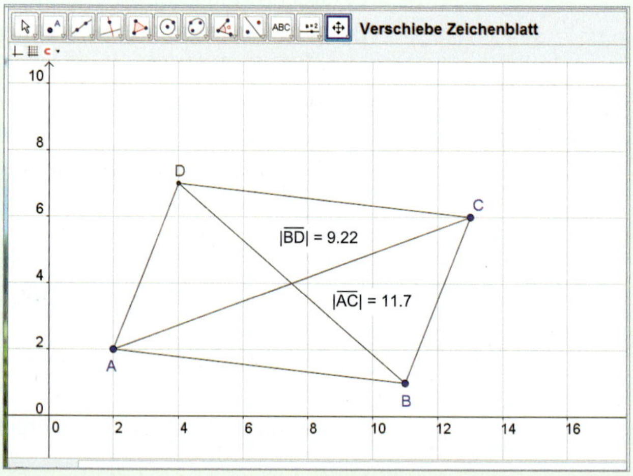

3. **a)** Untersuche die Länge der Diagonalen bei weiteren besonderen Vierecken.

b) Untersuche bei den besonderen Vierecken, ob sich die Diagonalen gegenseitig halbieren.

4. Beim Quadrat sind die Diagonalen sogar senkrecht zueinander. Untersuche, ob das bei anderen besonderen Vierecken auch so ist.

3.4 Kreise

Einstieg

Laura möchte ein kreisrundes Gartenbeet anlegen.
Beschreibe, wie sie vorgehen kann.

Einführung

Eigenschaft der Punkte auf einem Kreis

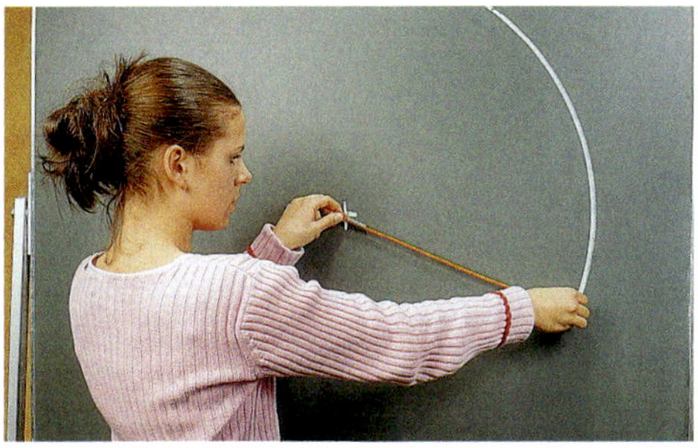

Auf dem linken Bild siehst du, wie auf einem Fußballfeld der Mittelkreis markiert wird.
Der Kreidewagen ist mit einem Seil fest verbunden mit einem Pflock in der Mitte. Der Platzwart fährt mit dem Kreidewagen, wobei er darauf achten muss, dass das Seil stets straff gespannt sein muss.
Auf dem rechten Bild siehst du, wie ein Mädchen mit einem Band einen Kreis zeichnet.
Auch das Mädchen muss darauf achten, dass das Band immer straff gespannt ist, damit das Kreidestück immer denselben Abstand vom Mittelpunkt hat. Es gilt nämlich:

Information

Auf einem **Kreis** liegen alle Punkte P, die von einem festen Punkt M die gleiche Entfernung r haben.
Man sagt auch:
Der Kreis ist die *Ortslinie* aller Punkte, die von dem Punkt M denselben Abstand haben.
Der Punkt M heißt **Mittelpunkt des Kreises**, r heißt **Radius des Kreises**.
Den Kreis mit dem Mittelpunkt M und dem Radius r bezeichnet man auch als k(M; r)

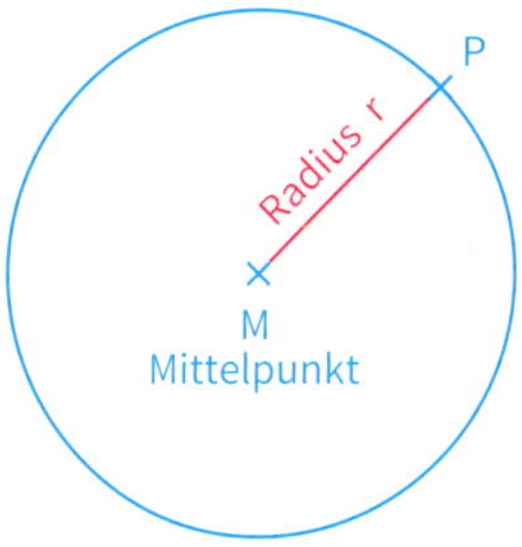

Aufgabe 1

Zeichnen eines Kreises mit dem Zirkel – Sehne und Durchmesser

Markiere einen Punkt M.
Zeichne den Kreis um den Punkt M mit dem Radius r = 4 cm. Zeichne dann eine Strecke, die zwei Punkte auf diesem Kreis verbindet und (1) 6 cm; (2) 8 cm lang ist.
Beschreibe die Lage des Kreismittelpunktes zu diesen beiden Strecken.
Leo behauptet, dass er in diesen Kreis eine 9 cm lange Strecke zeichnen kann. Was meinst du dazu?

Lösung

Du kannst die gesuchte Strecke mit dem Geodreieck durch Probieren in den Kreis einpassen oder dir einen Punkt auf dem Kreis wählen und um ihn einen Kreis mit der Streckenlänge als Radius zeichnen.
Hier sind die Zeichnungen verkleinert dargestellt.

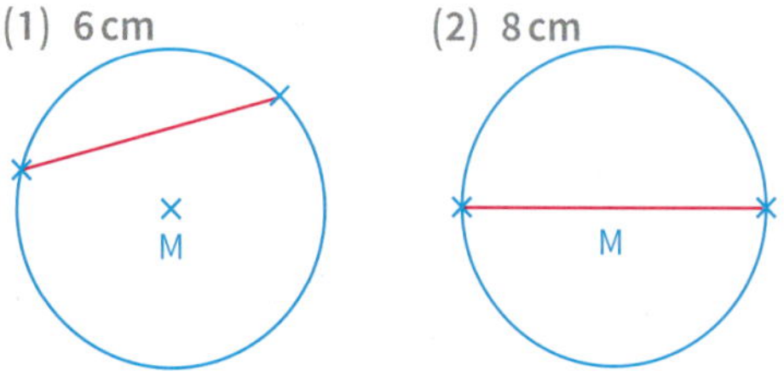

Der Mittelpunkt des Kreises liegt nicht auf der 6 cm lange Strecke, aber auf der 8 cm langen Strecke. Eine längere Strecke kann man nicht in den Kreis zeichnen, da 8 cm doppelt so lang sind wie der Radius von 4 cm. Leos Behauptung ist falsch.

Information

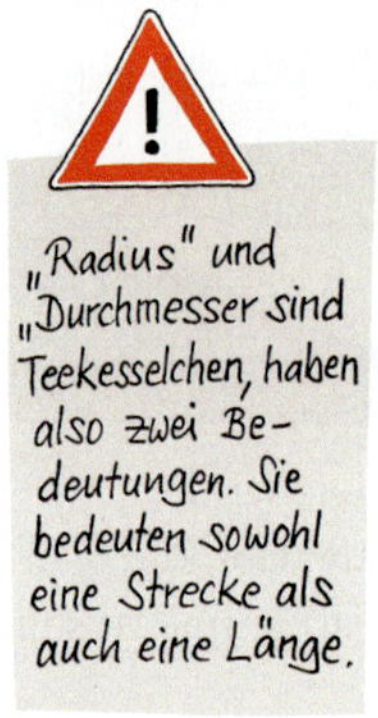

Allgemein gilt:

Eine **Sehne** eines Kreises ist eine Strecke, die zwei Kreispunkte verbindet.
Ein **Durchmesser** eines Kreises ist eine besondere Sehne, die durch den Mittelpunkt des Kreises geht.
Ein Durchmesser d ist doppelt so lang wie ein Radius:
$\mathbf{d = 2 \cdot r}$

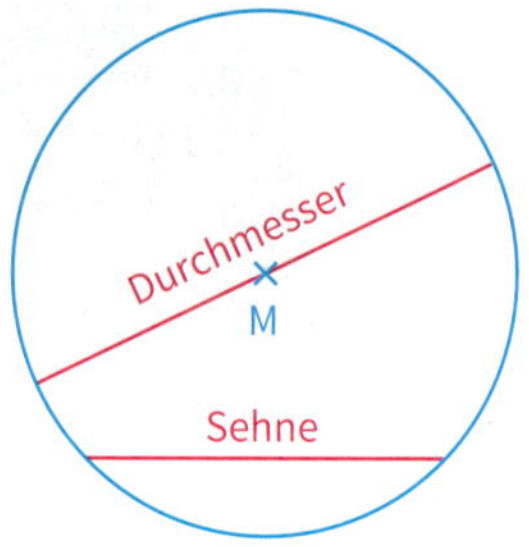

Aufgabe 2

Lagebeziehung von Kreis und Gerade
Untersuche, wie viele Punkte ein Kreis und eine Gerade gemeinsam haben können.

Lösung

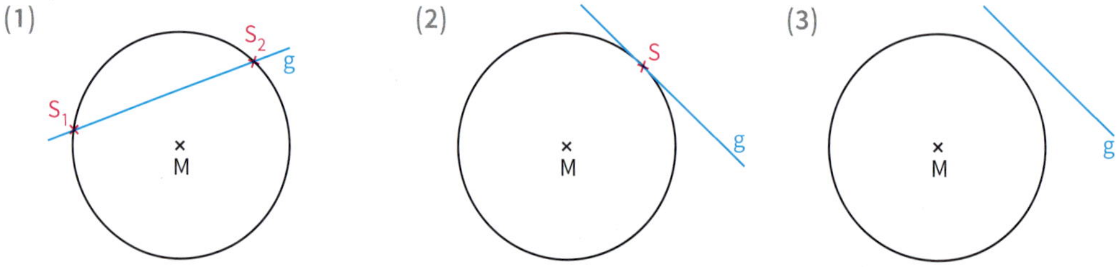

(1) Die Gerade kann den Kreis in zwei Punkten schneiden.

(2) Die Gerade kann den Kreis in einem Punkt berühren.

(3) Die Gerade kann keinen Punkt mit dem Kreis gemeinsam haben.

Information

tangere (lat.) berühren, anrühren
secare (lat.) schneiden, zer-, abschneiden
passant (franz.) Vorübergehende(r)

(1) Eine Gerade heißt **Tangente** des Kreises, wenn sie genau einen Punkt mit dem Kreis gemeinsam hat. Dieser Punkt heißt **Berührungspunkt** der Tangente.
Wegen der Symmetrie des Kreises ist die Tangente im Punkt P senkrecht zum Berührungsradius $\overline{MP}$.
(2) Eine Gerade heißt **Sekante** des Kreises, wenn sie den Kreis in zwei Punkten schneidet.
(3) Eine Gerade, die keinen Punkt mit dem Kreis gemeinsam hat, nennt man **Passante**.

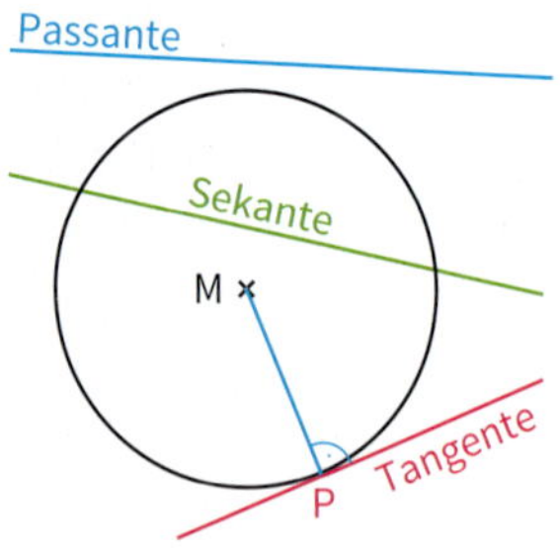

Weiterführende Aufgabe

Lagebeziehung von Kreisen

3. Untersuche, wie viele gemeinsame Punkte zwei Kreise haben können.

Lagebeziehung von Kreisen

Zwei Kreise können

(1) sich in zwei Punkten schneiden;

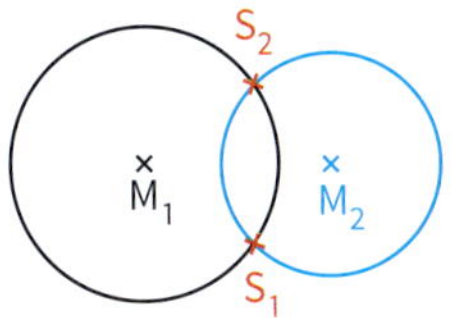

(2) sich in einem Punkt berühren;

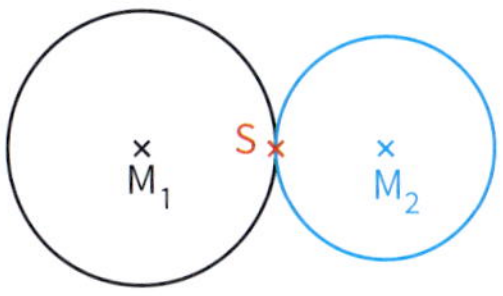

(3) gar keinen Punkt gemeinsam haben.

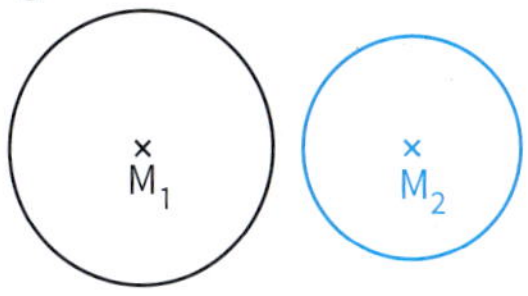

Übungsaufgaben

4. Zeichne mit dem Zirkel einen Kreis. Markiere zuerst den Mittelpunkt M. Gib auch den Durchmesser d bzw. den Radius r an.

a) $r = 3\,cm$ **b)** $r = 4{,}5\,cm$ **c)** $d = 8\,cm$ **d)** $d = 8{,}2\,cm$

5. Zeichne drei Kreise mit demselben Mittelpunkt M und den Durchmessern 4 cm, 7 cm, 10 cm.

6. Zeichne mithilfe einer Dose einen Kreis; schneide ihn aus. Finde nun seinen Mittelpunkt.

7. Zeichne einen Kreis mit $r = 5\,cm$.

a) Passe mit dem Lineal zwei Sehnen mit den Längen 4 cm und 7 cm ein.

b) Passe mit dem Zirkel zwei Sehnen mit den Längen 3 cm und 6 cm ein.

8. a) Übertrage die Figur in dein Heft. Du kannst sie auch färben.

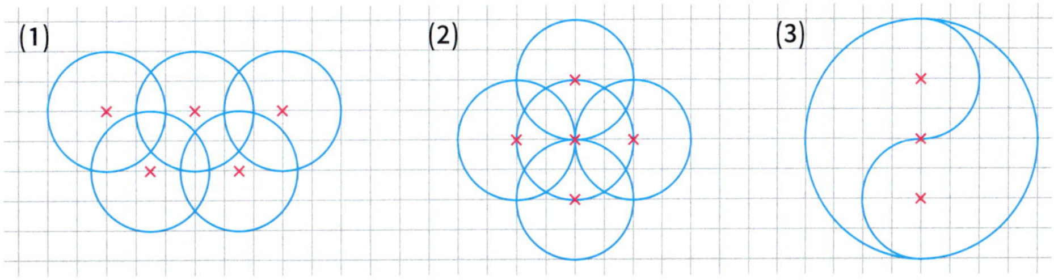

b) Erfinde selbst schöne Kreisfiguren und färbe sie. Du kannst auch ein DGS verwenden.

9. Zeichne in ein Koordinatensystem mit der Einheit 1 Kästchenlänge den Punkt M(5|6) und den Kreis k(M; 5). Zeichne folgende Punkte ein:

A(5|1), B(8|4), C(3|2), D(10|12), E(1|9), F(8|2), G(5|10), H(1|2).

Welche dieser Punkte liegen

a) **(1)** auf dem Kreis; **(2)** im Inneren; **(3)** außerhalb des Kreises?

b) Verbinde jeweils zwei Punkte, sodass die Gerade

(1) den Kreis zweimal schneidet;

(2) den Kreis in einem Punkt berührt;

(3) den Kreis nicht schneidet und nicht berührt.

Welche Punkte kommen bei **(2)** und **(3)** nur infrage?

10. Ein Hund wird mit einer 5 m langen Leine an einer Ecke eines quadratischen Brunnentrogs mit der Kantenlänge 3 m gebunden.
Welchen Bereich kann der Hund erreichen?
Konstruiere mit dem Zirkel im Maßstab 1 : 100.

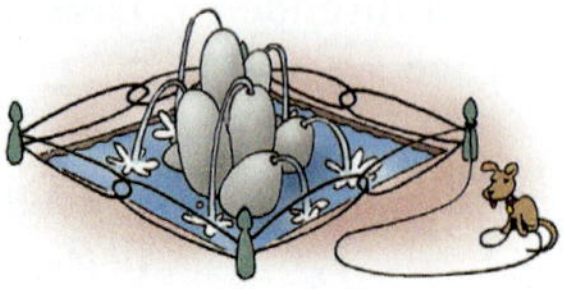

11. Zeichne zwei Kreise mit den Radien 2 cm und 3 cm, die **(1)** keinen Punkt gemeinsam haben; **(2)** sich in einem Punkt berühren; **(3)** sich in zwei Punkten schneiden.

12. Viele Figuren bestehen aus Teilen von Kreisen. Zeichne die Figuren in dein Heft.

(1) (2) (3) (4) (5)

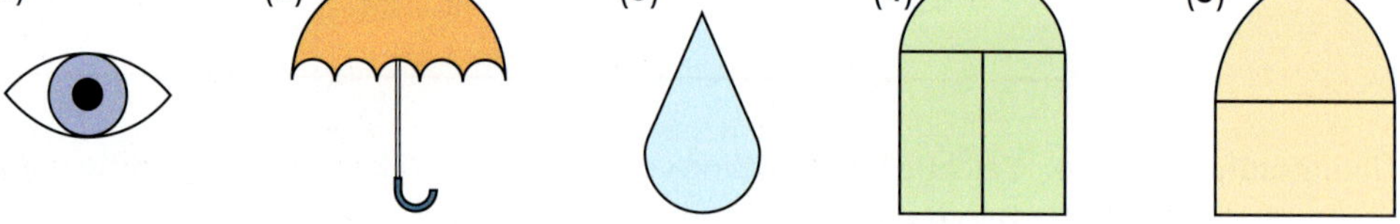

13. Entwerft ein Maßwerk-Fenster wie auf dem Foto links. Hängt die Entwürfe in der Klasse aus.

14. Notiere alle Sekanten, Tangenten, Passanten und Durchmesser des Kreises in der Figur rechts.

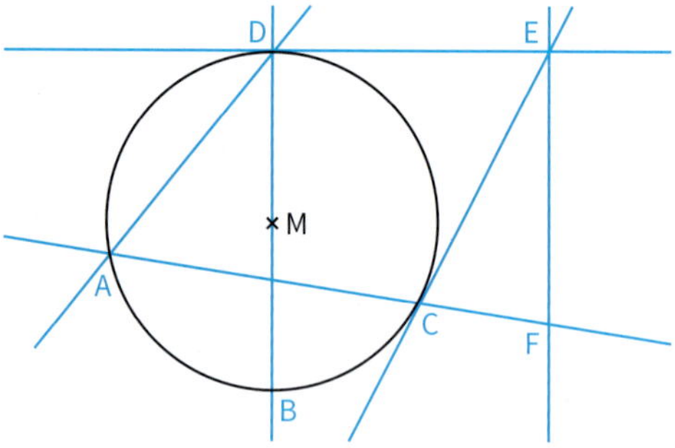

15. Zeichne einen Kreis mit dem Mittelpunkt M und einen Punkt P auf dem Kreis.
Zeichne durch P eine Tangente des Kreises.
Beschreibe dein Vorgehen.

16. Zeichne zunächst einen Kreis mit dem Mittelpunkt M und dem Radius $r = 3$ cm. Zeichne nun eine Gerade g so, dass der Mittelpunkt M von g den Abstand
a) 2 cm, **b)** 3 cm, **c)** 4 cm hat.
Gib auch an, ob die Gerade g eine Passante, Tangente oder Sekante des Kreises ist.
Wie kannst du ohne Zeichnung erkennen, ob die Gerade g eine Passante, Tangente oder Sekante an den Kreis ist?

17. Zeichne einen Kreis und markiere einen Punkt P
a) außerhalb des Kreises, **b)** innerhalb des Kreises, **c)** auf dem Kreis.
Zeichne nun einen Kreis, der durch den Punkt P geht und den Kreis berührt.

18. Zeichne in ein Koordinatensystem um den Mittelpunkt M (3 | 6) den Kreis k (M; 3) und die Gerade durch die Punkte P (0 | 0) und Q (2 | 1). Markiere die Gitterpunkte, die sowohl auf der Geraden g als auch innerhalb des Kreises k liegen und lies ihre Koordinaten ab.

19. Zeichne zwei Punkte P und Q im Abstand von 5 cm. Gib an, wo sich alle Punkte befinden,
(1) die genau 3 cm von P entfernt sind;
(2) die genau 3 cm von P und 4 cm von Q entfernt sind;
(3) die weniger als 3 cm von P und mehr als 4 cm von Q entfernt sind?

3.5 Winkel

3.5.1 Begriff des Winkels

Einstieg

Leuchttürme dienen in der Seefahrt zur Orientierung. Aus Seekarten kann man nicht nur die Position entnehmen, sondern auch, wohin das Leuchtfeuer strahlt und in welcher Farbe.

a) In der Kuppel des „Amrumer Leuchtturms“ dreht sich ein Scheinwerfer in 7,5 s einmal im Kreis.

Der Leuchtturm „Ölhörn“ auf Föhr hat in einigen Abschnitten rot in anderen grün gefärbte Scheiben.

Häufig sind wie bei dem Leuchtturm „Nebel“ auf Amrum die Fenster nur zu einer Seite ausgerichtet.

Welche Auswirkungen hat die Bauart der Türme auf den Schein des Leuchtfeuers? Ihr könnt es mit einer Taschenlampe ausprobieren.

b) In der Karte unten könnt ihr einige Leuchttürme finden. Beschreibt, wohin jeweils ihr Licht strahlt, und vergleicht die Gebiete, in denen die einzelnen Leuchtfeuer zu sehen sind. Beachtet dabei jeweils auch die Farben des Feuers. (Weißes Licht wird in Seekarten gelb eingezeichnet.)

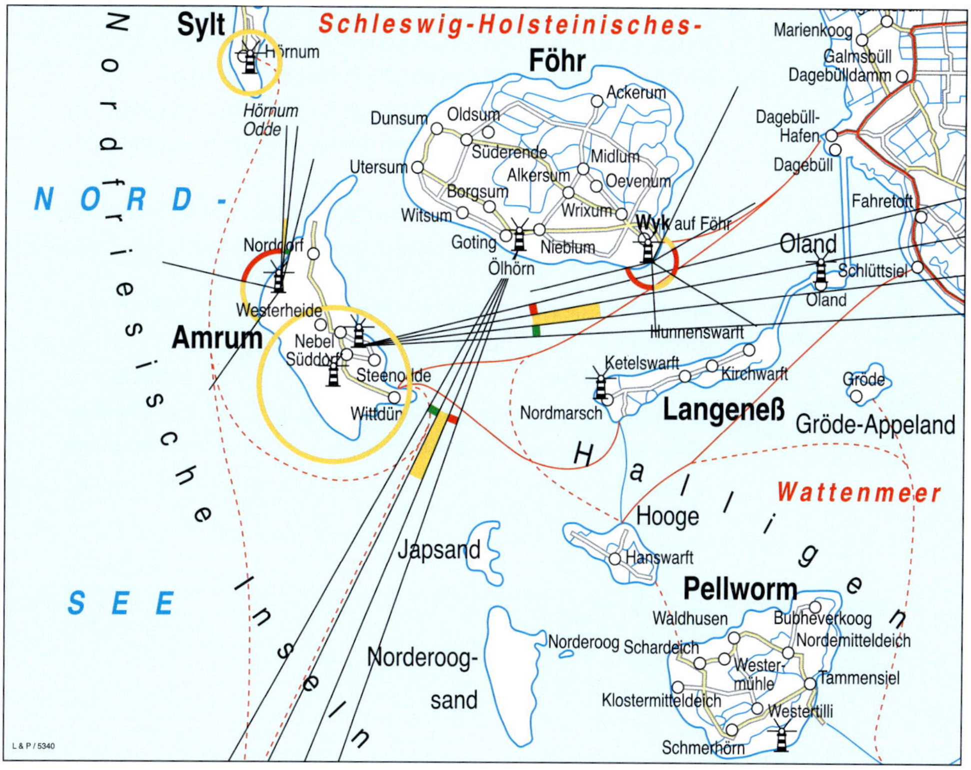

Information

Auf dem Bild links siehst du einen Radarturm mit Sender und Antenne. Die Antenne dreht sich und der Sender sendet dabei ständig einen Radarstrahl aus. Radarstrahlen breiten sich wie Lichtstrahlen geradlinig aus. Trifft ein Strahl auf ein Hindernis, z. B. ein Flugzeug, so wird er zurückgeworfen und von der Antenne empfangen. Die vom Strahl getroffenen Punkte erscheinen auf dem kreisrunden Bildschirm (Bild rechts) als leuchtende Punkte. Daraus lassen sich Lage und Entfernung der Flugzeuge erkennen.

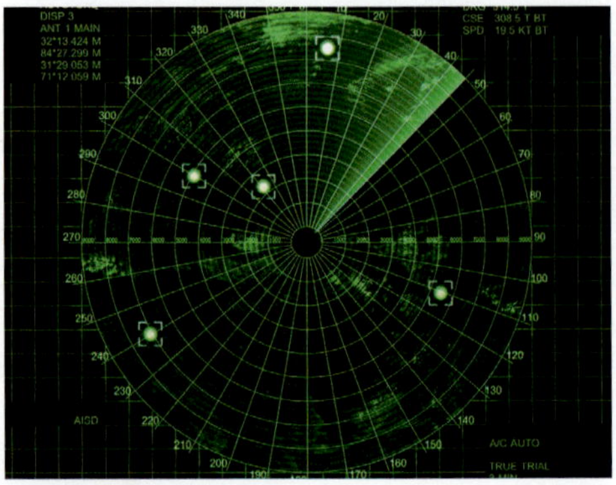

Einen Radarstrahl kann man mathematisch durch eine Halbgerade beschreiben: Sie hat einen Anfangspunkt und ist zur anderen Seite unbegrenzt. Für die Halbgerade mit dem Anfangspunkt A durch den Punkt B schreibt man das Symbol $\overrightarrow{AB}$.

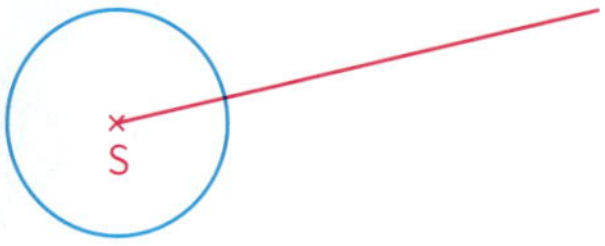

Wir vergleichen noch einmal die Begriffe Strecke, Halbgerade und Gerade:

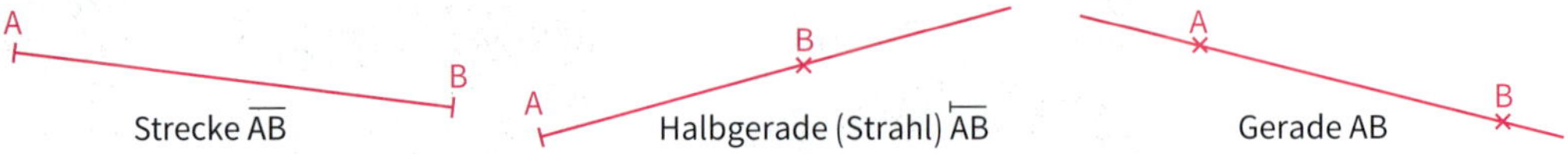

Strecke $\overline{AB}$ nach beiden Seiten begrenzt

Halbgerade (Strahl) $\overrightarrow{AB}$ nach einer Seite unbegrenzt

Gerade AB nach beiden Seiten unbegrenzt

Aufgabe 1

Einführung des Winkelbegriffs

Die Figur besteht aus zwei Halbgeraden g und h mit dem gemeinsamen Anfangspunkt S. Zeichne die Figur in dein Heft.

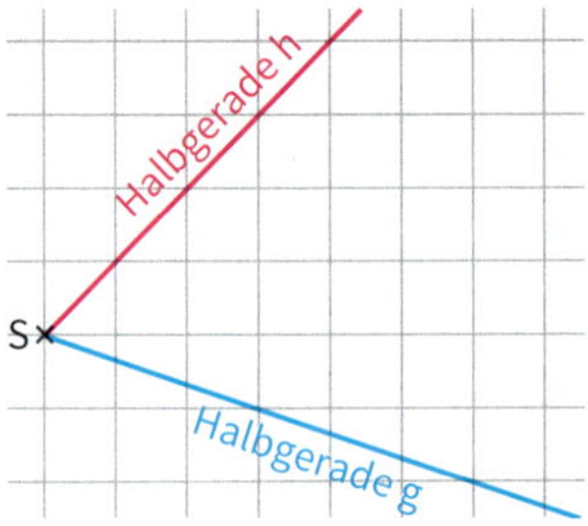

a) Drehe mithilfe von Transparentpapier und einer Nadel die Halbgerade g um ihren Anfangspunkt S.
Welche Möglichkeiten gibt es, die Halbgerade g so zu drehen, dass sie auf die Halbgerade h fällt? Färbe mit verschiedenen Farben die Flächen, die die Halbgerade g dabei überstreicht.

b) Drehe die Halbgerade h um den Punkt S, bis sie auf die Halbgerade g fällt. Welche Möglichkeiten gibt es?

Lösung

a) Wenn man die Halbgerade g linksherum dreht (gegen den Uhrzeiger), so erhält man die gelbe Fläche.
Dreht man g rechtsherum (mit dem Uhrzeiger), so erhält man die grüne Fläche.

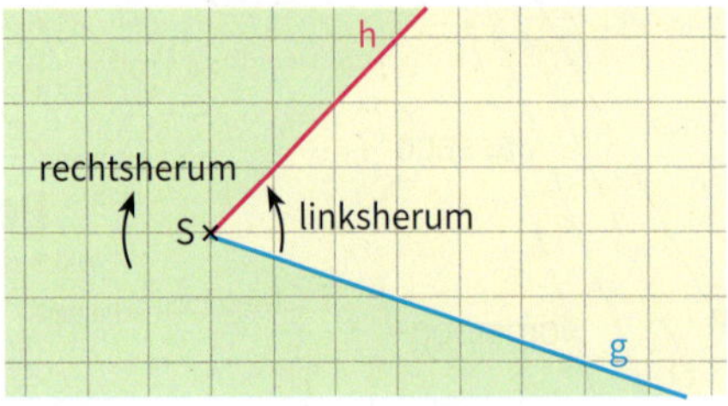

b) Wenn man die Halbgerade h linksherum dreht, so erhält man die gelbe Fläche.
Dreht man h rechtsherum, so erhält man die grüne Fläche.

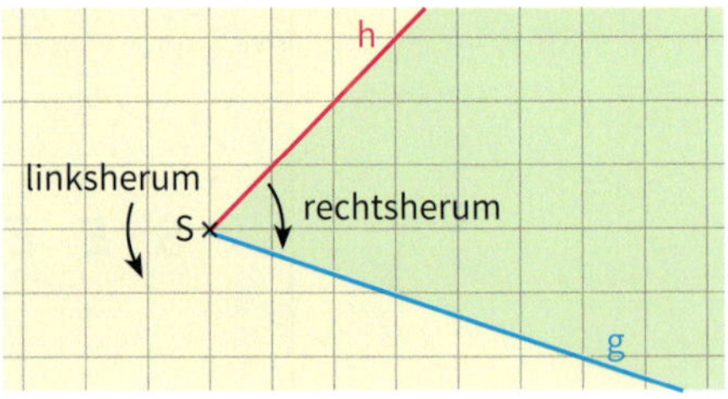

Information

(1) Winkel

Dreht man eine Halbgerade um ihren Anfangspunkt S in eine neue Lage, so wird eine Fläche überstrichen. Dieses Gebiet heißt **Winkel**.
Der gemeinsame Punkt S der beiden Halbgeraden heißt **Scheitel** *(Scheitelpunkt)*, die beiden Halbgeraden heißen **Schenkel** des Winkels.
In der Mathematik ist es üblich, die Drehrichtung linksherum (gegen den Uhrzeigersinn) zu wählen.

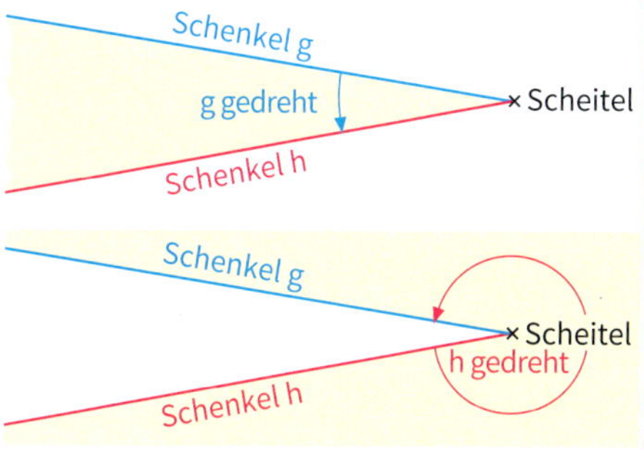

Griechische Buchstaben
α Alpha
β Beta
γ Gamma
δ Delta
ε Epsilon

(2) Bezeichnung eines Winkels durch griechische Buchstaben

Es ist üblich, Winkel kurz mithilfe kleiner griechischer Buchstaben zu bezeichnen.

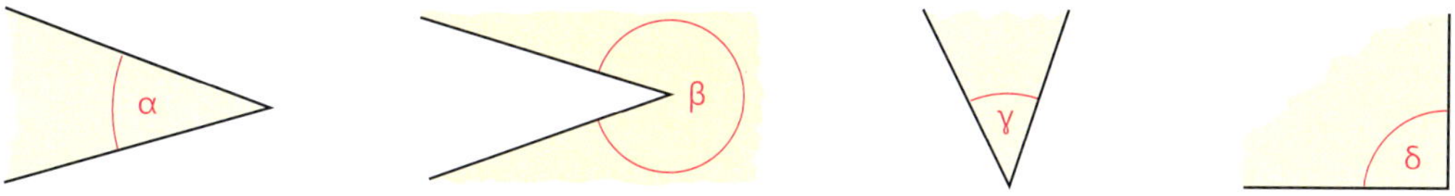

Weiterführende Aufgabe

Winkel in Figuren

2. Auch in Figuren (z. B. im Dreieck ABC) treten Winkel auf, obgleich hier Strecken die Begrenzungslinien bilden. Man muss sich nur die Seiten unbegrenzt zu Halbgeraden fortgesetzt denken.
In einem Dreieck werden die markierten Winkel so bezeichnet:
Zum Eckpunkt A gehört der Winkel α,
zum Eckpunkt B gehört der Winkel β,
zum Eckpunkt C gehört der Winkel γ.
Erkläre die Entstehung der Winkel durch Drehung von Halbgeraden.

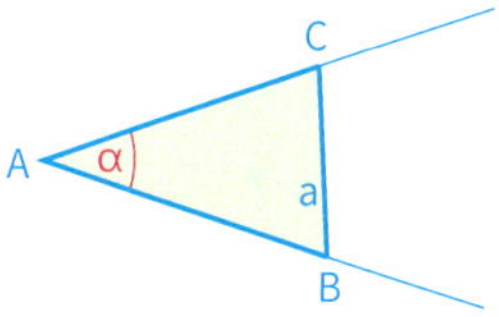

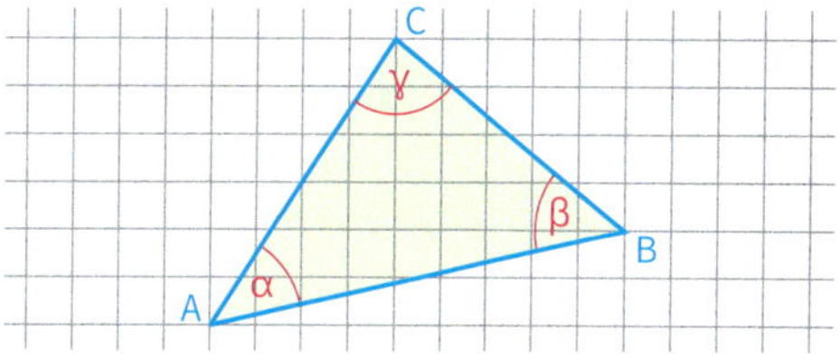

Übungsaufgaben

3. Auf dem rechten Foto siehst du einen Windsack. Dreht sich der Wind, so dreht sich auch der Windsack. Der Wind dreht
(1) von S auf SW
(2) von O auf NW
Stelle dies durch eine Zeichnung dar.

4. Durch die beiden Halbgeraden a und b sind zwei Winkel festgelegt. Erkläre ihre Entstehung und bezeichne in deinem Heft jeden Winkel durch einen Bogen und einen griechischen Buchstaben.

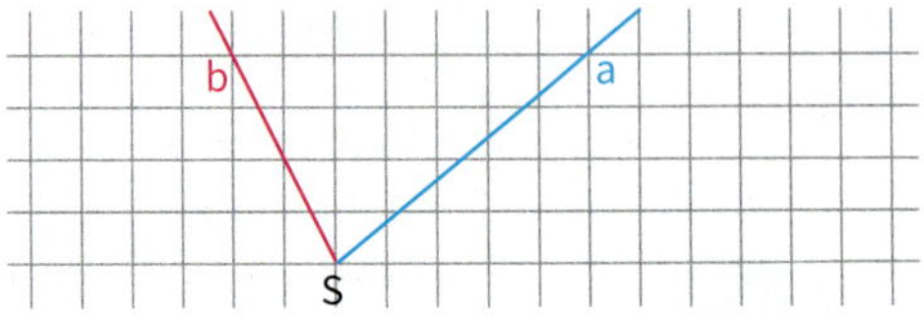

5. Zeichne ab und markiere, welcher Schenkel linksherum, d. h. entgegen dem Uhrzeigersinn, gedreht werden muss, um den eingezeichneten Winkel zu erhalten.

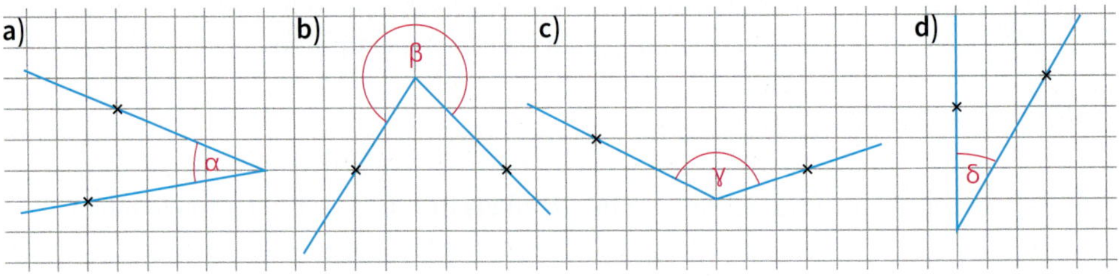

6. Zeichne ab und markiere den Winkel, der entsteht, wenn man den Schenkel g linksherum dreht.

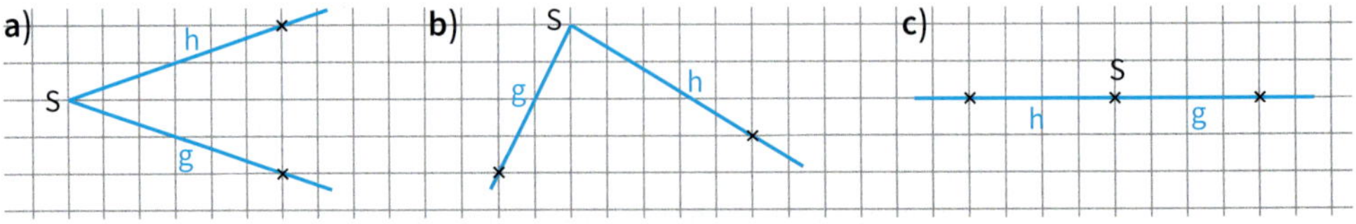

7. Die Eckpunkte und Winkel eines Vielecks werden wie im Bild bezeichnet. Erkläre die Entstehung der Winkel α, β, γ, δ durch Drehung von Halbgeraden.

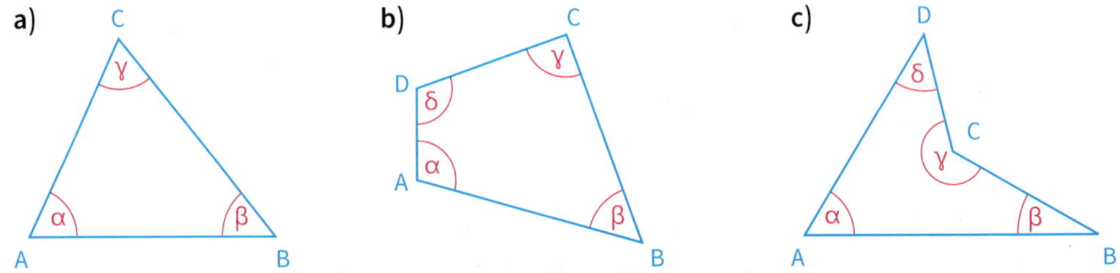

8. Skizziere die Zeichnung in dein Heft. Erläutere die Bedeutung der eingezeichneten Winkel und ergänze den toten Winkel.

Toter Winkel

Trotz der Außenspiegel und des Rückspiegels kann ein Autofahrer nicht den ganzen Bereich hinter dem Fahrzeug und seitlich des Fahrzeugs einsehen, ohne den Kopf zu drehen („Schulterblick"). Den nicht einsehbaren Bereich bezeichnet man als **toten Winkel.**

Das kann ich noch!

A) Berechne.

1) $12 - 2 \cdot 3$ **2)** $28 - (12 - 9)$ **3)** $5 \cdot 2^3$ **4)** $36 : 4 : 3$ **5)** $2 \cdot [5 \cdot (4 - 1)]$

B) Berechne vorteilhaft.

1) $39 \cdot 2 \cdot 5$ **2)** $57 + 68 + 43$ **3)** $4 \cdot 29 \cdot 25$ **4)** $59 \cdot 13 + 41 \cdot 13$ **5)** $7 \cdot 168 + 7 \cdot 32$

3.5.2 Messen von Winkeln – Winkelarten

Einstieg

Aus der alltäglichen Sprache kennst du Sätze wie: „Die Tür steht weit offen." Welche der Türen steht weiter offen? Beschreibt, wie weit sie geöffnet sind. Denke auch an Winkel.

Aufgabe 1

Winkel vergleichen

Vergleiche die Winkel und ordne sie der Größe nach.

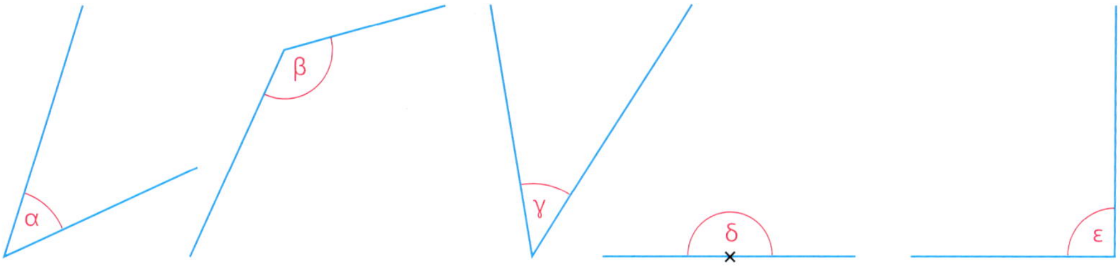

Lösung

Mit bloßem Auge erkennt man: $\delta > \beta > \varepsilon > \gamma$

Die Größe von α und γ kann man durch Übertragen von einem der beiden Winkel auf Transparentpapier vergleichen. Du erhältst $\alpha > \gamma$.

Damit gilt: $\delta > \beta > \varepsilon > \alpha > \gamma$

Information

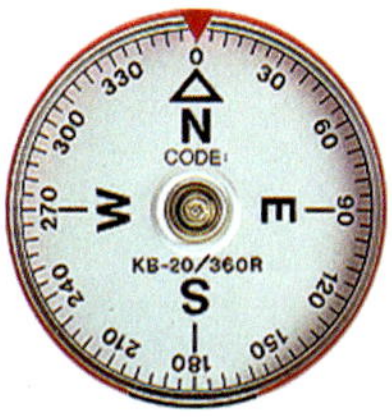

(1) Angabe der Größe eines Winkels durch Maßzahl und Maßeinheit

Die Ägypter und Babylonier haben ein Maß für Winkel benutzt, das noch bis heute üblich ist. Der Kreislauf der Erde in rund 360 Tagen um die Sonne war wohl der Grund für die Einteilung des Vollwinkels in 360 gleich große Teilwinkel.

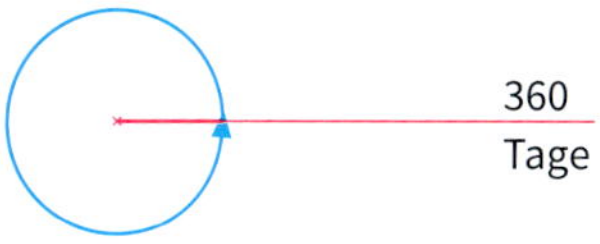

Der 360. Teil eines Vollwinkels hat die Größe **1 Grad** (geschrieben 1°). Seine Öffnungsweite ist nur sehr gering; man kann die beiden Schenkel erst in einiger Entfernung vom Scheitelpunkt voneinander unterscheiden.

Einheitswinkel der Größe 1° (Öffnungsweite 1°)

Der Winkel α hat die Größe 17°. Das bedeutet: Der Winkel α ist so groß, wie 17 Winkel von 1° zusammen ergeben. 17° ist ein Maß für die Öffnungsweite des Winkels.

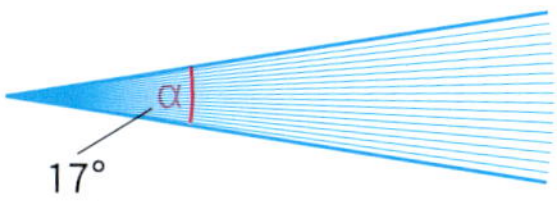

Beachte:

Wir haben α als Bezeichnung für einen Winkel eingeführt. Wir wollen den griechischen Buchstaben aber auch für die Größe dieses Winkels benutzen und schreiben $\alpha = 17°$.

$\alpha = 17°$

Maßzahl Einheit

Information

(2) Winkelarten

Man unterscheidet folgende Winkel nach ihrer Größe:

Die Schenkel sind senkrecht zueinander.

rechter Winkel
$\alpha = 90°$

Die Schenkel liegen auf einer Geraden.

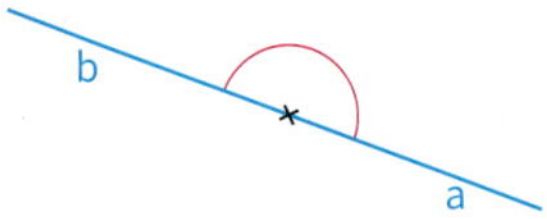

gestreckter Winkel
$\alpha = 180°$

Die Schenkel liegen aufeinander.

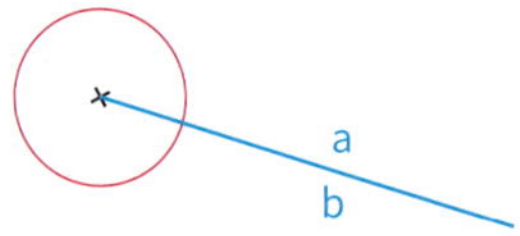

Vollwinkel
$\alpha = 360°$

Der Winkel ist kleiner als ein rechter Winkel.

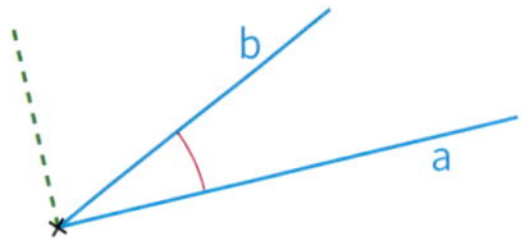

spitzer Winkel
$\alpha < 90°$

Der Winkel ist kleiner als ein gestreckter Winkel, aber größer als ein rechter Winkel.

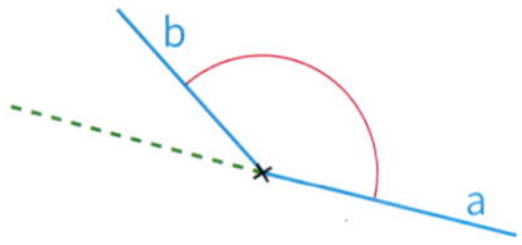

stumpfer Winkel
$90° < \alpha < 180°$

α zwischen 90° und 180° groß.

Der Winkel ist größer als ein gestreckter Winkel, aber kleiner als ein Vollwinkel.

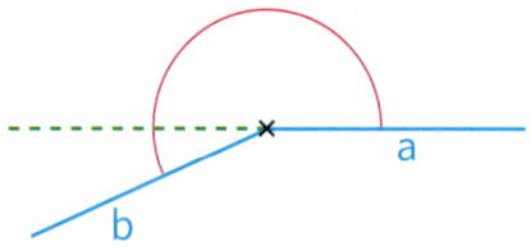

überstumpfer Winkel
$180° < \alpha < 360°$

(3) Winkelmesser

Mit dem Geodreieck kannst du auch Winkel messen.
Du siehst zwei Winkelskalen von 0° bis 180°, eine innere und eine äußere. Die innere Winkelskala beginnt links mit 0°, die äußere beginnt rechts mit 0°.
Mache dich mit deinem Winkelmesser vertraut.

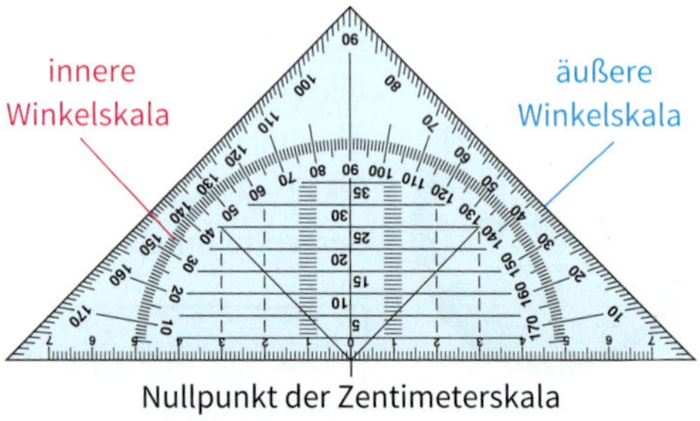

Aufgabe 2

Winkel messen

Zeichne den Winkel in dein Heft.
Miss dann mit dem Geodreieck die Größe des Winkels β.

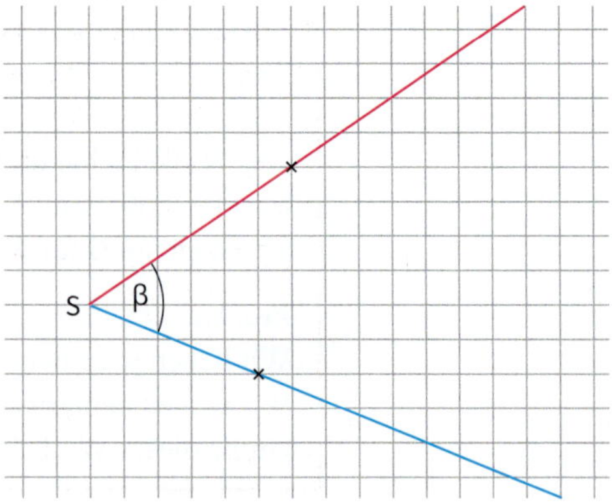

Lösung

1. Möglichkeit

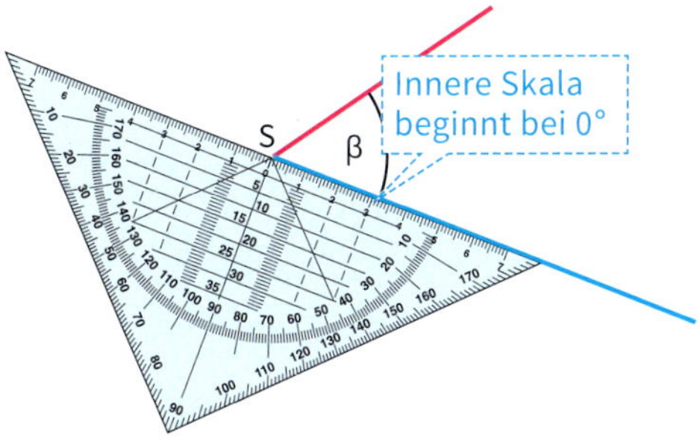

Lege das Geodreieck so an wie im Bild.
Beachte: Der Nullpunkt des Geodreiecks muss genau auf dem Scheitelpunkt S liegen.

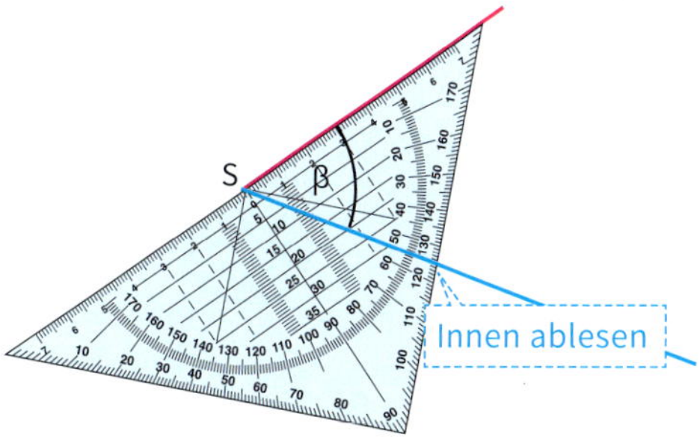

Drehe das Geodreieck dann um S linksherum bis in die Lage wie im Bild. Lies nun die Größe des Winkels β ab: $\beta = 55°$.

2. Möglichkeit

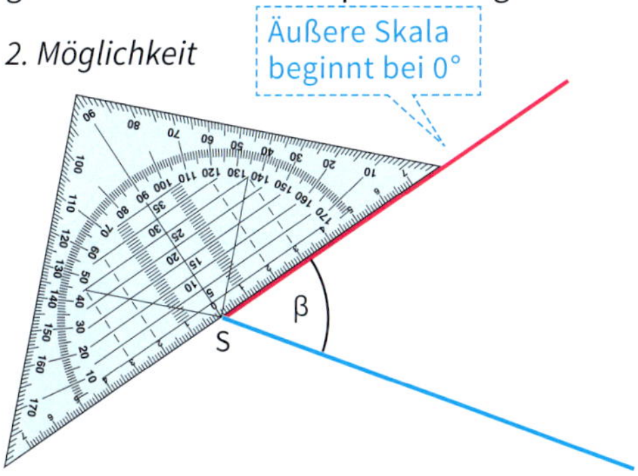

Lege das Geodreieck so an wie im Bild.
Beachte: Der Nullpunkt des Geodreiecks muss genau auf dem Scheitelpunkt S liegen.

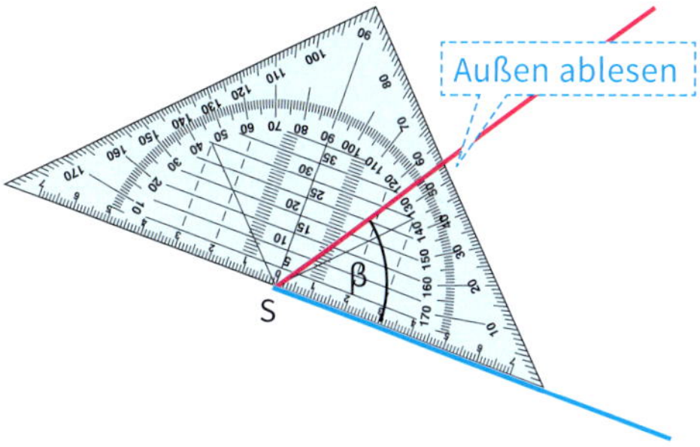

Drehe das Geodreieck dann um S rechtsherum bis in die Lage wie im Bild. Lies nun die Größe des Winkels β ab: $\beta = 55°$.

Weiterführende Aufgaben

Messen eines überstumpfen Winkels

3. Die Winkelskala des Geodreiecks reicht nur bis 180°. Übertrage den überstumpfen Winkel α in dein Heft und erläutere, wie man seine Größe trotzdem bestimmen kann. Es gibt mehrere Möglichkeiten.

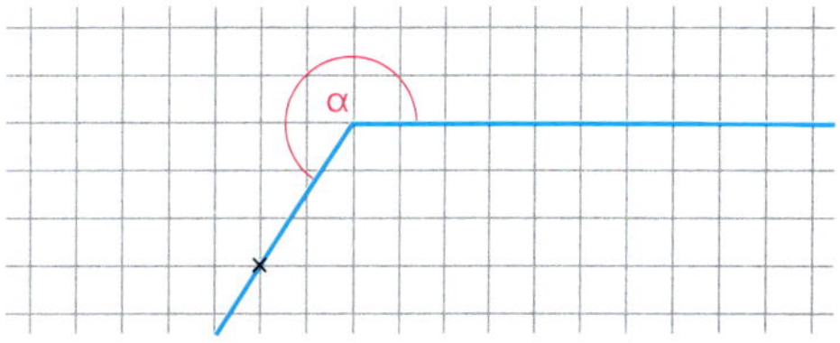

DGS

Messen von Winkeln mit einem DGS

4. Zeichne mit einem DGS einen Winkel. Du kannst ihn messen, indem du auf die beiden Schenkel klickst.

a) Untersuche, welche Bedeutung die Reihenfolge hat.

b) Verändere die Größe des Winkels. Was stellst du fest?

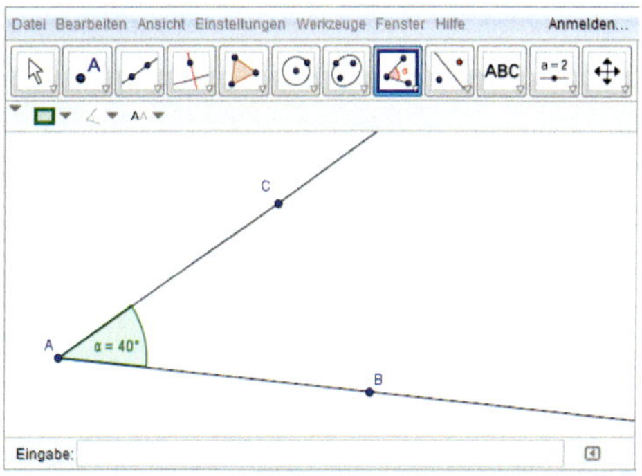

Übungsaufgaben

5. Vergleiche – ohne zu messen – die drei Winkel α, β und γ ihrer Größe nach.

a) b)

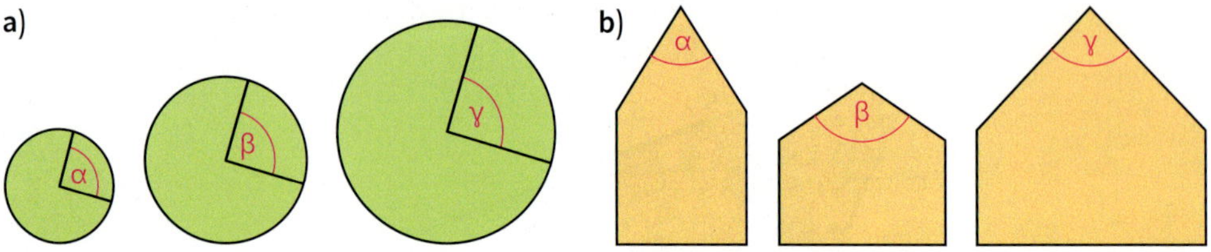

6. Gib an, was für Winkel in dem Viereck vorliegen – ohne zu messen.

a) b) c) d)

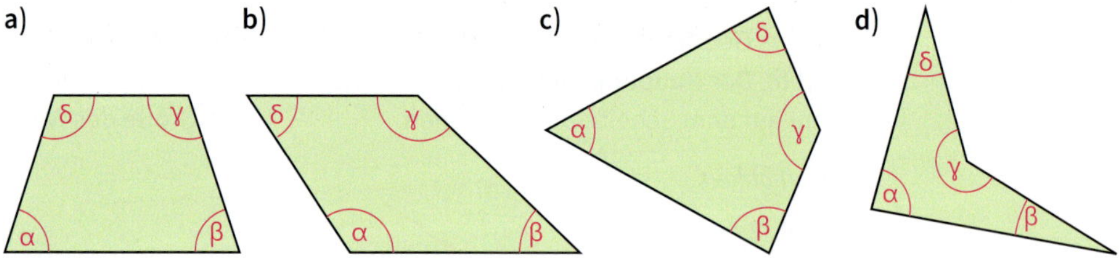

7. Sucht rechte, spitze und stumpfe Winkel in eurer Umwelt.

8. Zeichne ein Dreieck mit
a) drei spitzen Winkeln;
b) einem rechten Winkel;
c) einem stumpfen Winkel.

9. Zeichne ein Viereck mit
a) zwei stumpfen und zwei spitzen Winkeln;
b) drei spitzen und einem stumpfen Winkel;
c) mindestens einem rechten Winkel;
d) genau zwei rechten Winkeln.

10. Übertrage die Winkel in dein Heft. Schätze ihre Größe und gib ihre Art an. Miss dann genau.

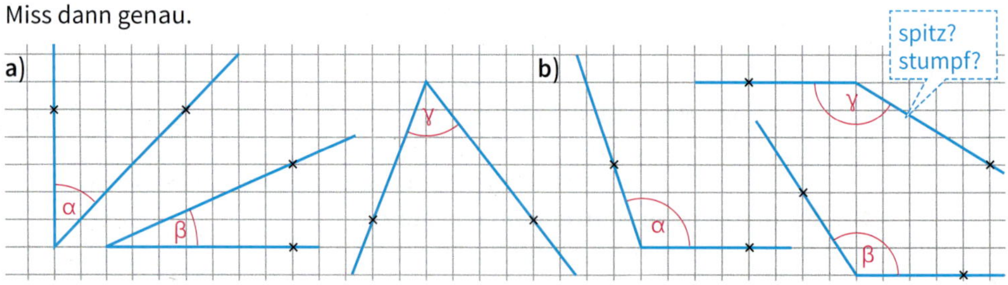

11. Die folgenden Winkel sind 117°, 56°, 37° und 124° groß. Ermittle die Größe von α, β, γ und δ ohne zu messen.

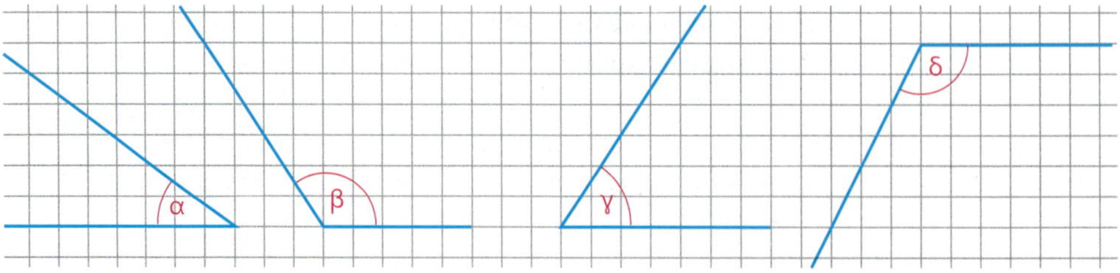

12. Ein Partner zeichnet einen Winkel mit der angegebenen Größe nach Augenmaß. Der andere prüft anschließend mit dem Geodreieck und benennt die Winkel. Wechselt euch nach jedem Winkel ab.

a) 30° **b)** 45° **c)** 60° **d)** 90° **e)** 120° **f)** 150° **g)** 10° **h)** 180°

13. Zeichne in ein Koordinatensystem mit der Einheit 1 cm ein Dreieck mit den angegebenen Eckpunkten. Miss die Winkel α, β und γ.

a) A(1|1), B(6|1), C(1|5)
b) A(0|1), B(7|4), C(5|9)
c) A(1|6), B(5|1), C(9|6)
d) A(2|4), B(7|0), C(7|8)

14. Zeichne die überstumpfen Winkel in dein Heft und bestimme ihre Größe.

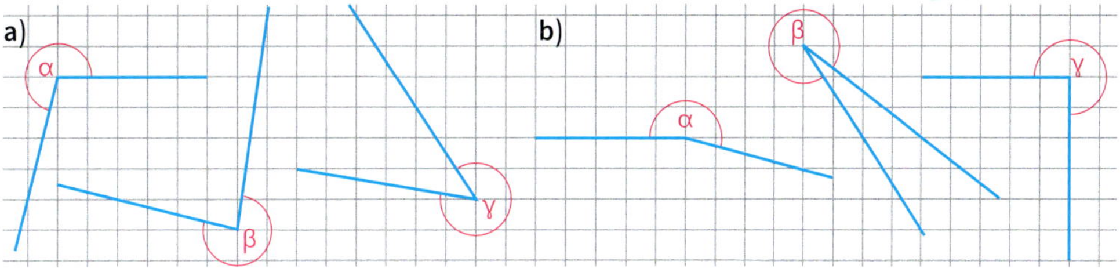

15. Es gilt in der Zeichnung rechts: $\alpha = 75°$, $\beta = 55°$ und $\gamma = 110°$. Bestimme die Größe δ ohne zu messen. Begründe deine Antwort.

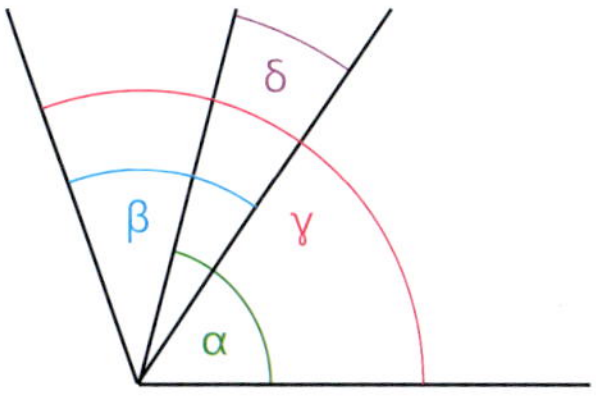

16. Zeichne die Punkte A(1|1), B(9|1), C(11|5) und D(5|9) in ein Koordinatensystem mit der Einheit 1 cm und miss die Winkel, die du mithilfe der Punkte bilden kannst.

17. a) Gib an, um wieviel Grad sich der Minutenzeiger einer Uhr dreht, während
(1) 45 min; (2) 20 min; (3) 5 min; (4) 8 min 30 s.

b) In welcher Zeit überstreicht der Stundenzeiger einer Uhr
(1) einen gestreckten Winkel; (2) einen rechten Winkel; (3) 60°; (4) 210°?

c) Welchen Winkel überstreicht der Stundenzeiger, während der Minutenzeiger einen Winkel von 180° überstreicht?

d) Wie groß ist der Winkel zwischen den Zeigern einer Uhr um
(1) 9:00 Uhr; (2) 16:00 Uhr; (3) 18:30 Uhr; (4) 15:20 Uhr?

Spiel
(2 Spieler)

18. Stellt euch eine „Winkelscheibe“ her. Zeichnet dazu zwei gleich große Kreise mit dem Radius 7 cm auf verschiedenfarbigem Karton, markiert den Mittelpunkt und schneidet sie aus. Schneidet dann beide Kreise bis zum Mittelpunkt ein und steckt sie ineinander. Der eine Partner stellt mit der Scheibe einen Winkel ein, der andere schätzt seine Größe. Dann wird gemessen. Notiert die Ergebnisse in einer Tabelle. Wechselt euch ab. Bildet die Summe der Unterschiede. Sieger ist, wer nach 10 Schätzungen das kleinste Ergebnis hat.
Variante: Zeichnet Winkel, statt sie mit der Scheibe einzustellen.

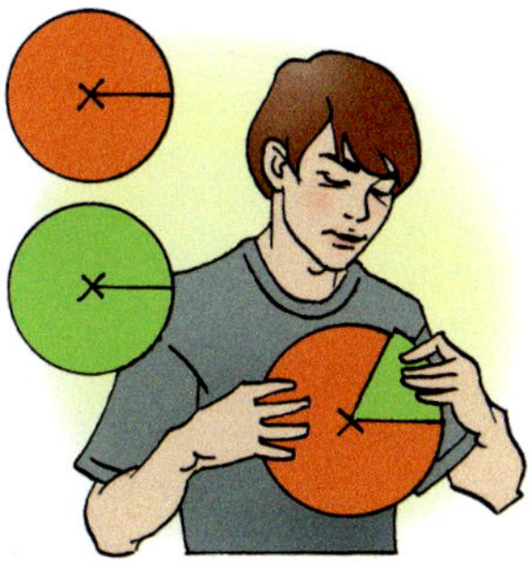

3.5.3 Zeichnen von Winkeln

Einstieg

a) Kopiert eine Karte von Bayern. Tragt mit einer Winkelscheibe von Ingolstadt aus die Richtung 35° Ost (zur Nordrichtung) ein. Welche Orte liegen in dieser Richtung? Stellt euch auch weitere solche Aufgaben zu eurem Heimatort.

b) Kopiert euch eine genauere Karte eurer Gegend. Ermittelt mit einer Winkelscheibe, welche Orte ausgehend von eurem Wohnort in Richtung 35° West (zur Nordrichtung) liegen. Stellt euch weitere solcher Aufgaben.

Aufgabe 1 **Winkel zeichnen**

Zeichne mit dem Geodreieck an die Halbgerade g nach oben einen Winkel mit dem Scheitel S und der Größe 65°.

Lösung

1. Möglichkeit:

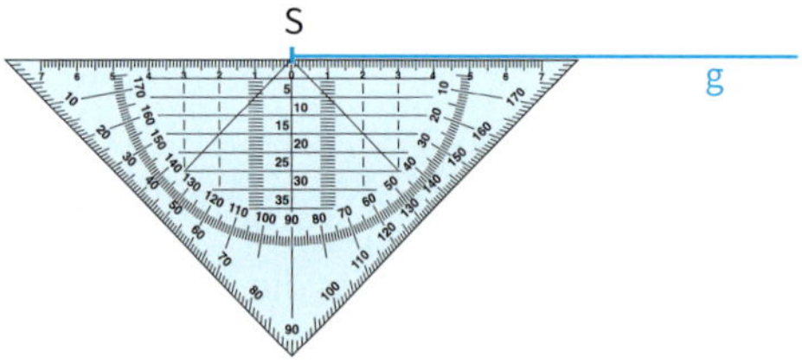

Lege das Geodreieck so auf die Halbgerade g. *Beachte:* Der Nullpunkt des Geodreiecks muss auf dem Scheitel S liegen.

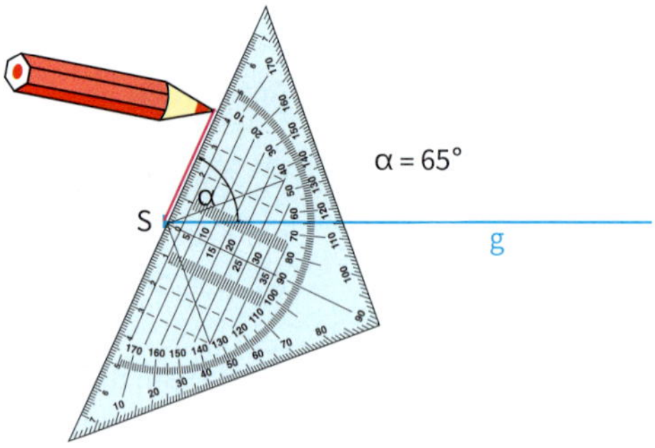

Drehe das Geodreieck um S linksherum um 65°, bis es die Lage wie im Bild erreicht hat. Zeichne den zweiten Schenkel des Winkels α von S aus.

2. Möglichkeit:

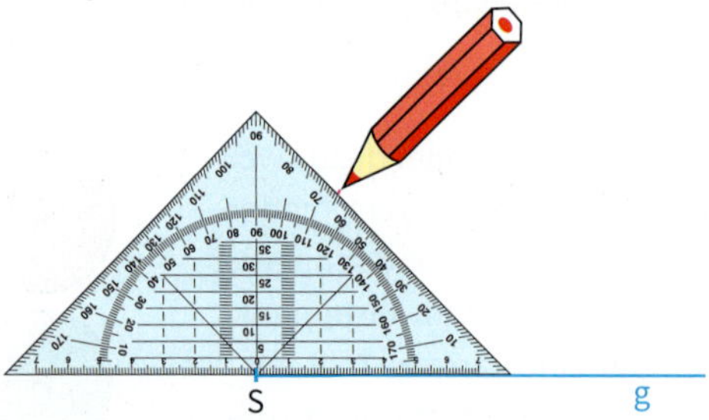

Lege das Geodreieck so auf die Halbgerade g. *Beachte:* Der Nullpunkt des Geodreiecks muss auf dem Scheitel S liegen.

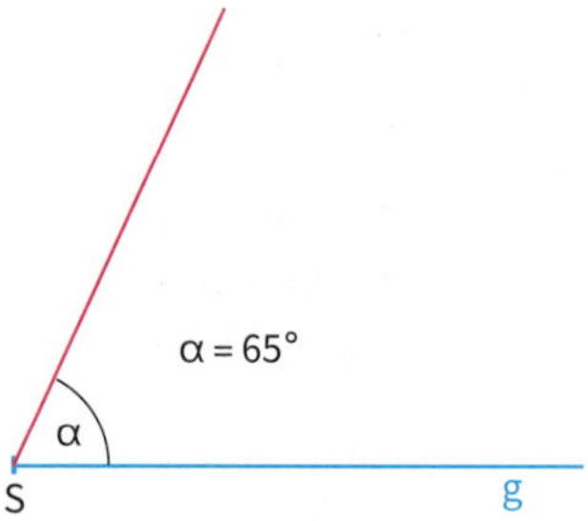

Markiere bei 65° einen Punkt. Verbinde den Markierungspunkt mit dem Punkt S.

Weiterführende Aufgaben

Zeichnen von überstumpfen Winkeln

2. a) Erkläre, wie man den überstumpfen Winkel mit der Größe 235° zeichnen kann.

b) Zeichne einen Winkel mit der Größe
(1) 185°; (2) 308°.

1. Möglichkeit

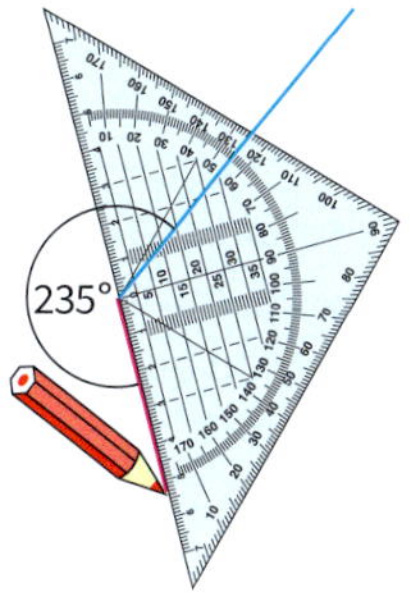

2. Möglichkeit

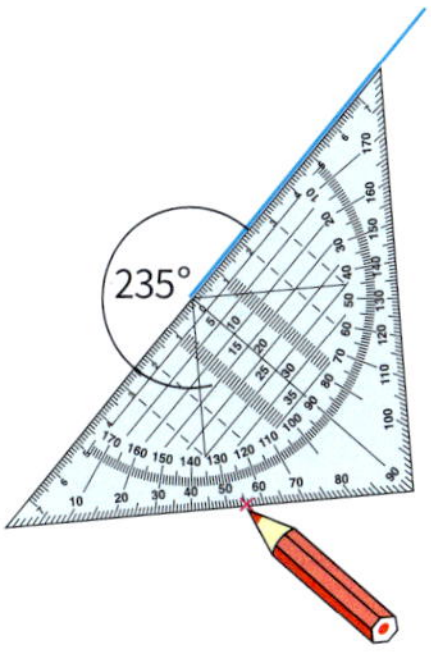

Zeichnen von Dreiecken mithilfe von Winkeln

3. Zeichne ein Dreieck ABC mit $|\overline{AB}| = 6\,\text{cm}$, $\alpha = 23°$ und $\beta = 72°$.

Übungsaufgaben

4. Zeichne einen Winkel mit der angegebenen Größe. Überlege dir vorher, um was für einen Winkel es sich handelt.

a) 40°	d) 180°	g) 147°	j) 270°	m) 293°
b) 77°	e) 110°	h) 139°	k) 267°	n) 360°
c) 10°	f) 90°	i) 300°	l) 311°	o) 353°

5. Zeichne in ein Koordinatensystem mit der Einheit 1 cm die Halbgerade $\overline{SP}$.
Trage an der Halbgeraden $\overline{SP}$ den Winkel α an.

a) S(2|1); P(7|3); $\alpha = 42°$ b) S(4|3); P(8|0); $\alpha = 112°$ c) S(7|4); P(11|1); $\alpha = 238°$

6. Beim Diskuswerfen ist der Radius des Wurfkreises 1,25 m. Der Winkel des Wurfsektors ist 35° groß. Zeichne die Anlage in dein Heft. Wähle 2 cm für 1 m.

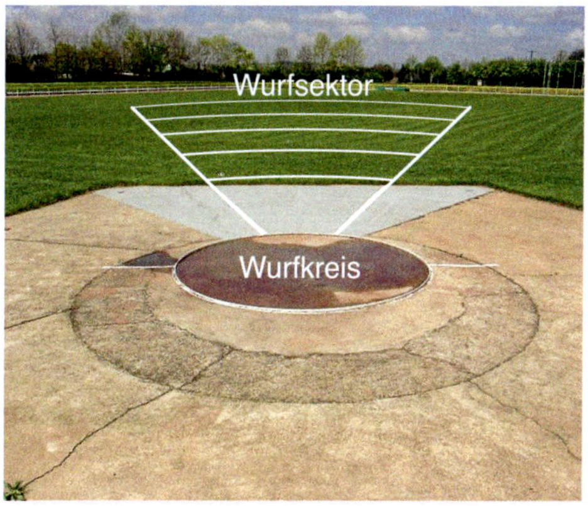

7. Zeichne das Dreieck mit den angegebenen Maßen in dein Heft.
Beginne mit der Strecke $\overline{AB}$. Bestimme die Größe des dritten Winkels und die Länge der Strecken $\overline{AC}$ und $\overline{BC}$.

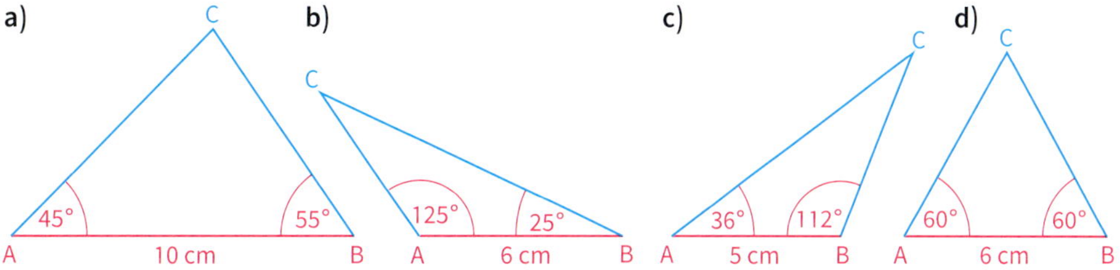

Orientierung mithilfe von Winkeln

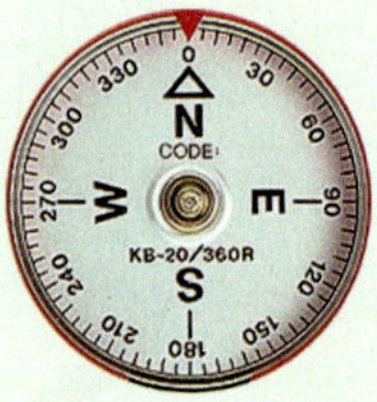

1. Bei einer Schatzsuche im Gelände erhält Anne die Anweisung: Gehe von deinem Zelt aus genau nach Osten. Nach 150 Schritten kommst du an eine dicke Eiche. Ändere an der Eiche deinen „Kurs" um 50°. Nach etwa 200 Schritten wirst du einen Schatz finden. Nach einiger Zeit kommt Anne verärgert zurück und sagt: „Ihr habt mich reingelegt. Schon nach 100 Schritten hinter der Eiche war ich an einem See."
Überlege, wer einen Fehler gemacht hat.

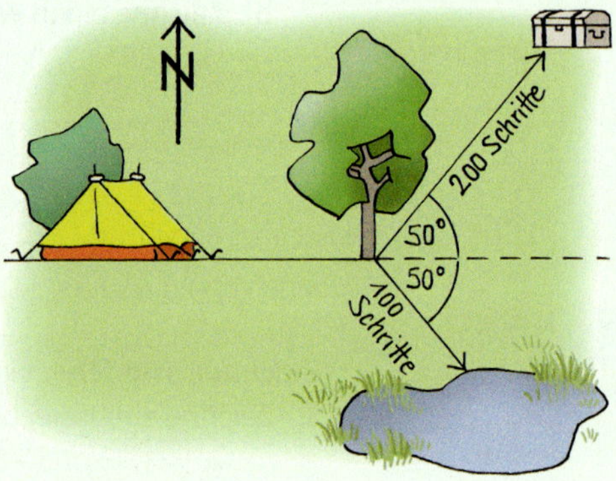

Festlegen von Richtungen durch Winkel

Winkel kann man auch zum Festlegen von Richtungen verwenden. Dabei muss man von einer festen Richtung, z.B. einer der Himmelsrichtungen Nord, Ost, Süd oder West, ausgehen und dann angeben, um wie viel Grad man sich von dieser Richtung nach links oder rechts drehen muss.
Zwischen zwei Richtungen liegt ein Winkel. Der Unterschied zwischen zwei Richtungen kann daher durch eine Winkelgröße in Grad angegeben werden.

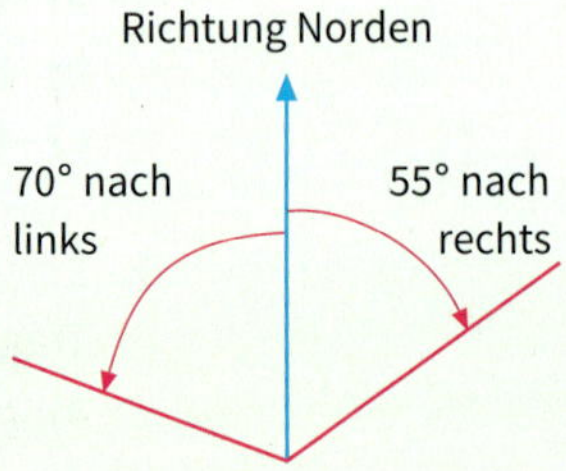

2. Zeichne die Nord-Richtung [die Ost-Richtung] und dann folgende Richtung ein:
a) 17° nach links **b)** 23° nach rechts **c)** 109° nach links **d)** 147° nach rechts

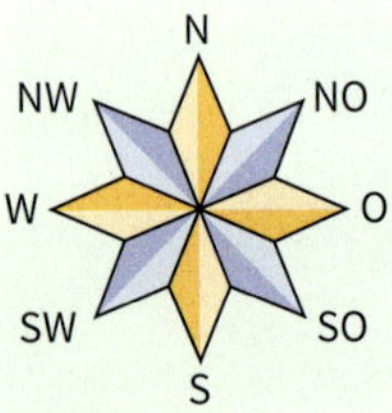

3. a) Gib den Richtungsunterschied in Grad an:
(1) W und N **(2)** O und S **(3)** SO und S **(4)** NW und NO

b) Ein Fernrohr wird rechtsherum gedreht. Berechne den Winkel bei einer Drehung
(1) von N nach O; **(3)** von NW nach SO; **(5)** von N nach SW;
(2) von S nach NW; **(4)** von N nach SO; **(6)** von NO nach NW.

4. Ein Schiff fährt von einem Punkt A aus 5 km direkt in östlicher Richtung zu einem Punkt E. Dort ändert es seinen Kurs um 50° zur Nordrichtung hin und fährt von dort aus 7 km weiter zu einem Punkt F.
Stelle fest, in welchem Winkel zur Nordrichtung und wie weit das Schiff fahren müsste, um von A direkt nach F zu gelangen.

5. Luca hat den Weg zum Eingang einer Höhle entdeckt. Er beschreibt Mia den Weg dorthin so:
Gehe 50 m nach Norden. Drehe dich dann um 120° nach rechts und gehe 40 m geradeaus.
Drehe dich anschließend um 90° nach links und gehe noch 80 m geradeaus.
Zeichne den Weg zur Höhle und gib einen einfacheren Weg an.

6. Während einer Klassenfahrt organisieren einige Schülerinnen und Schüler der 5 b eine Schatzsuche am Strand.

a) Nachdem der Schatz vergraben ist, schreibt Lukas folgende Anweisung:

> Startet eure Suche beim Fähnchen am Ende des Weges.
> Von dort aus müsst ihr 120 m genau Richtung Süden gehen.
> Geht anschließend 250 m in Richtung Westen. Dreht euch jetzt nach Südosten und geht so lange, bis ihr die beiden Spitzen der Leuchtfeuer genau hintereinander seht.
> Dort ist der Schatz vergraben.

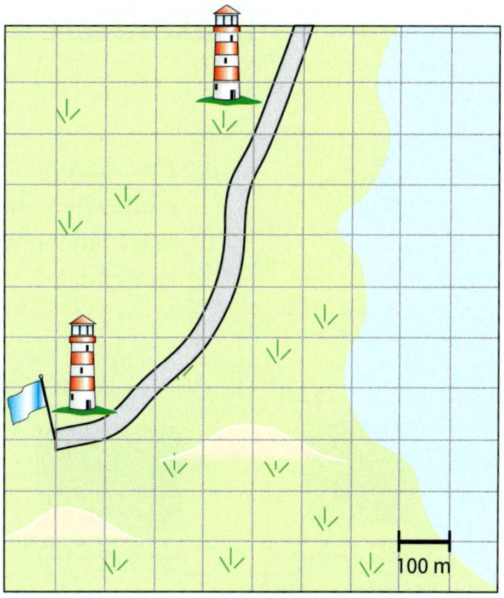

Mia entgegnet: „Wir haben nicht für alle Gruppen einen Kompass. Wir müssen den Weg zum Schatz anders beschreiben.“ Gib den Weg mithilfe von Drehrichtungen an.

b) Paul findet das alles zu umständlich: „Wozu haben wir ein GPS-Gerät dabei, das uns unsere Position immer genau anzeigt? Wir können doch einfach die Koordinaten der Stelle angeben, an der wir den Schatz vergraben haben.“
Entsprechend knapp ist seine Anweisung.
Beschreibe, wie man mit Pauls Anweisung den Schatz findet.

> Die Koordinaten des Schatzes sind:
> 32 U 0 458 019
> 6 053 011

c) Nina überlegt, ob die Gruppe, die den Schatz sucht, mit dieser Anweisung auch ohne ein solches Gerät etwas anfangen kann. Sie schaut sich daraufhin die Karte, die sie alle bekommen haben, noch einmal genau an.

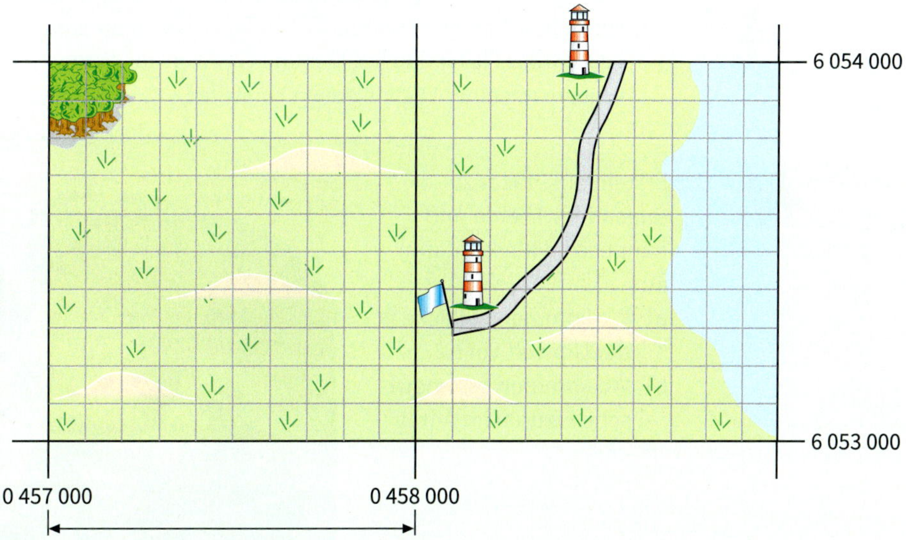

Beschreibe wie Nina ohne GPS-Gerät mit dieser Karte den Schatz finden kann.

7. Versteckt selbst einen Schatz und versucht möglichst verschiedene Suchanweisungen zu erstellen.

Präsentieren auf Plakaten

1. a) Zwei Gruppen von Schülerinnen und Schülern haben jeweils ein Plakat zu geometrischen Themen hergestellt. Vergleicht die Gestaltung der beiden Plakate miteinander. Was ist besonders gut gelungen? Wo kann man noch Verbesserungen vornehmen?

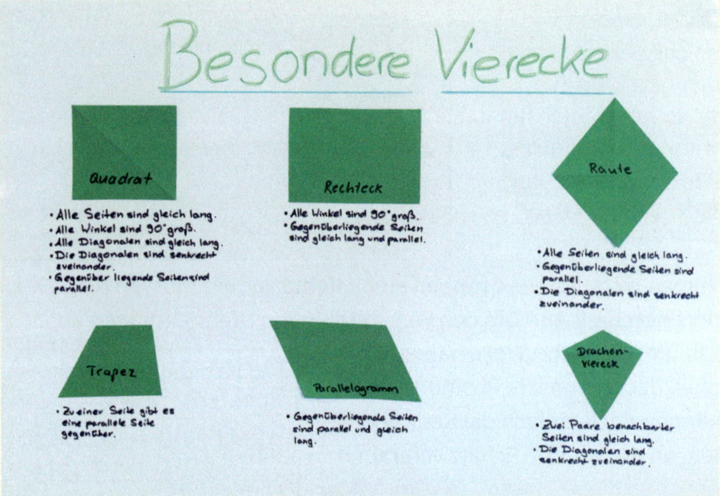

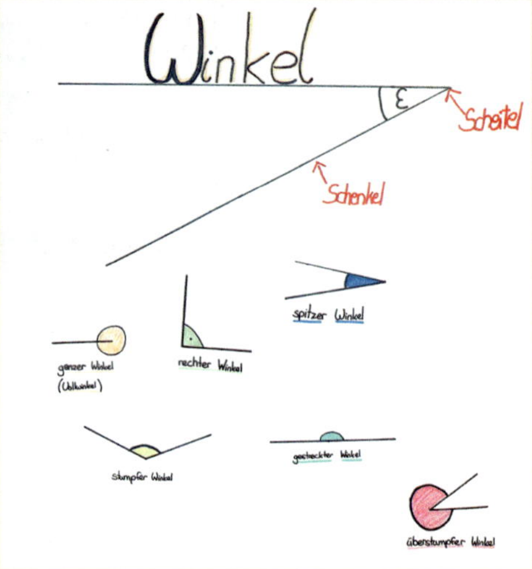

b) Vergleicht eure Vorschläge mit den folgenden Tipps.

Präsentieren von Ergebnissen auf einem Plakat:
So werden Plakate richtig ansprechend!
- Achte auf eine kurze Überschrift.
- Schreibe groß und deutlich, am besten in Druckschrift oder mit dem Computer.
- Formuliere knapp; häufig sind Stichworte besser als ganze Sätze.
- Lockere das Plakat durch Bilder und Grafiken auf. Fotos wirken häufig gut; du kannst sie bequem mit einer Digitalkamera herstellen.

2. Erstellt ein Plakat zu folgendem Thema und hängt es im Klassenraum aus.
a) Wo kommen Vielecke in der Umwelt vor?
b) Wo kommen symmetrische Figuren im Alltag vor?

3.6 Aufgaben zur Vertiefung

1. **a)** Zeichne ein Quadrat mit der Seitenlänge 9 cm und markiere einen beliebigen Punkt im Inneren des Quadrates. Verbinde dann diesen Punkt mit allen vier Eckpunkten des Quadrates.
b) Halbiere diese vier Verbindungsstrecken und verbinde die gezeichneten Mittelpunkte miteinander. Was für ein Viereck entsteht?
c) Wiederhole Teilaufgabe b) für das neu entstandene Viereck.
d) Wiederhole Teilaufgabe b) für das in Teilaufgabe c) neu entstandene Viereck.
e) Zeichne die Vierecke etwas dicker nach. Welchen Eindruck erweckt das fertige Bild?

2. **a)** Zeichne ein Quadrat ABCD mit der Seitenlänge 6 cm.
b) Bestimme auf den Seiten des Quadrates die vier Punkte, die 1 cm von den Eckpunkten A und C entfernt sind. Verbinde diese. Was für ein Viereck entsteht?
c) Wiederhole b) andersfarbig mit einer Entfernung von 2 cm statt 1 cm.
d) Vergleiche die Umfänge der in den Teilaufgaben b) und c) entstandenen Vierecke. Versuche das Ergebnis zu erklären.

3. Zeichne drei Punkte, die nicht alle drei auf einer Geraden liegen.
a) Zeichne einen vierten Punkt so, dass ein Parallelogramm entsteht.
b) Zeichne die drei Punkte so, dass mit einem vierten Punkt
(1) ein Rechteck; **(2)** ein Quadrat; **(3)** eine Raute entsteht.

4. Übertrage das Bild in dein Heft und zeichne auf der Geraden g von S aus fünf Punkte P_1 bis P_5 mit jeweils gleichem Abstand. Verbinde die Punkte P_5 und Q_5 durch eine Gerade. Zeichne zu dieser Geraden P_5Q_5 jeweils eine Parallele durch P_1 bis P_4. Diese Geraden schneiden die Gerade h in den Punkten Q_1 bis Q_4. Was stellst du fest?

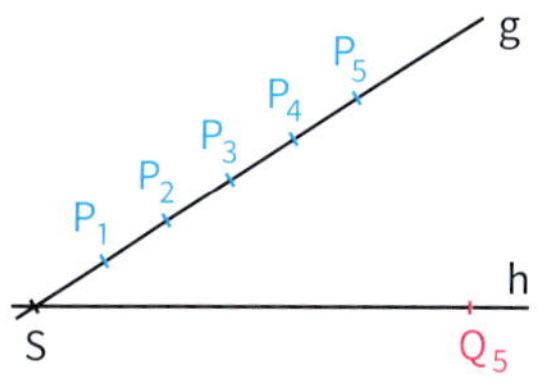

5. Prüfe Fabians Behauptung. Begründe oder widerlege mit einem Gegenbeispiel:
a) Jedes Parallelogramm mit 4 gleich langen Seiten ist ein Quadrat.
b) Alle Vierecke, deren Diagonalen senkrecht zueinander sind, sind Quadrate.
c) Es gibt Rechtecke, bei denen beide Diagonalen gleich lang sind.
d) Bei jeder Raute sind die beiden Diagonalen gleich lang.
e) Es gibt Rechtecke, bei denen alle Seiten gleich lang sind.
f) Es gibt Trapeze, bei denen alle Seiten verschieden lang sind.
g) Es gibt Drachenvierecke mit vier rechten Winkeln.
h) Jedes Trapez hat mindestens zwei stumpfe Winkel.

6. Zeichne einen Kreis mit dem Radius 5 cm. Markiere auf dem Kreis vier Punkte, die sich ergänzen lassen zu
(1) einem Rechteck, das kein Quadrat ist;
(2) einem Quadrat.
Erkläre, wie du vorgegangen bist.

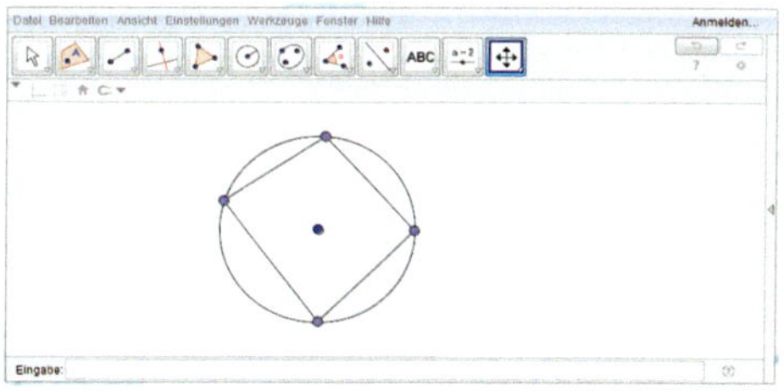

Das Wichtigste auf einen Blick

Koordinatensystem

Ein **Koordinatensystem** besteht aus einem nach rechts gerichteten Zahlenstrahl, der **x-Achse**, und einem nach oben gerichteten Zahlenstrahl, der **y-Achse**.
Der Punkt O heißt Ursprung des Koordinatensystems.
Punkte haben eine **x-Koordinate** und eine **y-Koordinate**.
Z.B. hat P(4 | 3) die x-Koordinate 4 und die y-Koordinate 3.

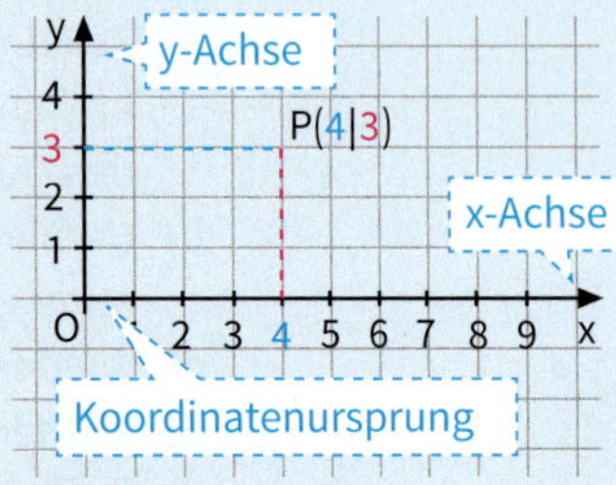

Strecke

Eine geradlinige Verbindung zweier Punkte A und B wird als **Strecke** bezeichnet. A und B sind die Endpunkte dieser Strecke. Man schreibt kurz: $\overline{AB}$ oder $\overline{BA}$.
Für die **Länge** der Strecke $\overline{AB}$ schreibt man $|\overline{AB}|$.

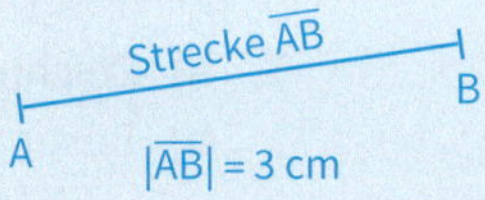

Vielecke

Eine Fläche, die von Strecken begrenzt wird, heißt **Vieleck**. *Dreiecke* (drei Eckpunkte), *Vierecke* (vier Eckpunkte) und *Fünfecke* (fünf Eckpunkte) sind Beispiele für Vielecke. Unter dem **Umfang** eines Vielecks versteht man die Summe aller seiner Seitenlängen. Eine **Diagonale** verbindet nicht nebeneinander liegende Eckpunkte eines Vielecks.

Viereck ABCD

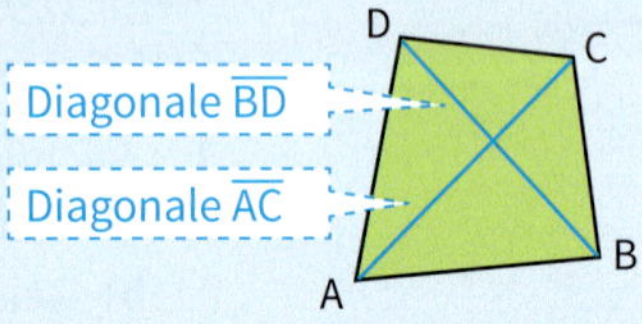

Geraden

Eine **Gerade** ist eine gerade Linie ohne Anfangs- und Endpunkt. Die Gerade durch die Punkte A und B wird mit AB bzw. BA oder einem Kleinbuchstaben (hier h) bezeichnet. Zwei sich *schneidende* Geraden haben einen Punkt, den **Schnittpunkt** S gemeinsam. Schneiden sich die Geraden g und h **senkrecht**, so liegen sie wie Mittellinie und Zeichenkante eines Geodreiecks. Man schreibt $g \perp h$.

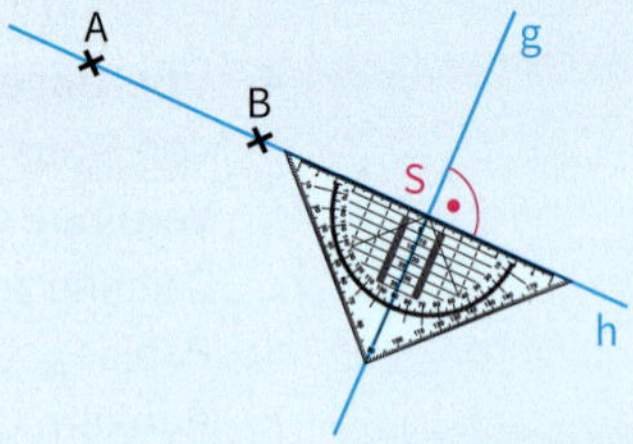

Abstand

Die kürzeste Verbindung des Punktes P zu einem Punkt der Geraden g nennt man den **Abstand** des Punktes von der Geraden. Die Gerade, die durch den Punkt P und senkrecht zur Geraden g verläuft, nennt man die **Senkrechte zu g durch P.** Die Strecke $\overline{PF}$ heißt **Lot von P auf g.**
Zwei Geraden g und h, die überall denselben Abstand haben, nennt man **parallel** zueinander. Man schreibt $g \parallel h$.

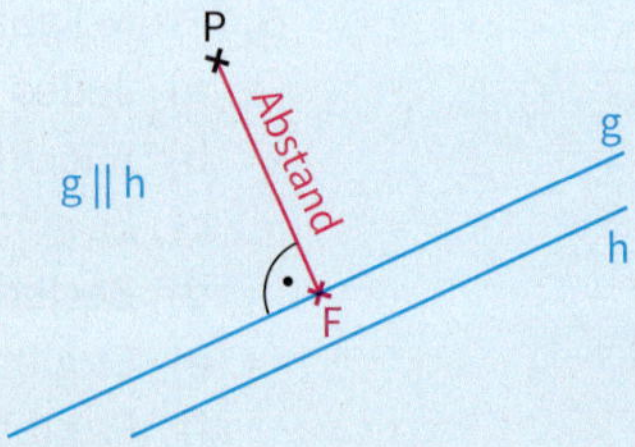

Besondere Vierecke

Parallelogramm: Gegenüberliegende Seiten sind jeweils parallel zueinander.
Rechteck: Benachbarte Seiten sind jeweils senkrecht zueinander.
Quadrat: Rechteck mit vier gleich langen Seiten
Raute: Parallelogramm mit vier gleich langen Seiten
Trapez: Wenigstens zwei gegenüberliegende Seiten sind parallel zueinander.
Drachenviereck: Zwei benachbarte Seiten sind gleich lang, ebenso die beiden anderen.

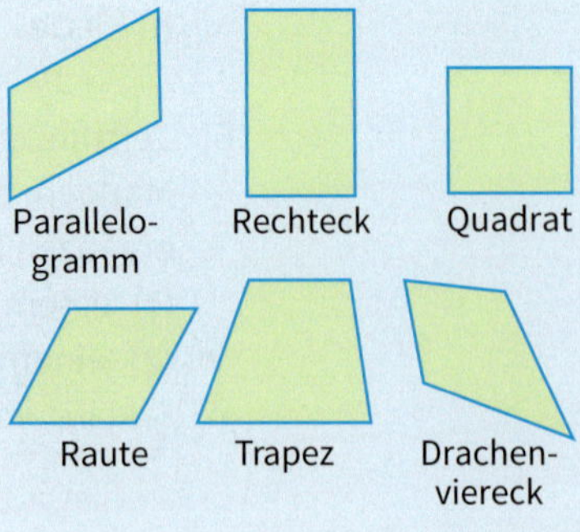

Kreis und Gerade

Alle Punkte auf einem **Kreis** haben von einem festen Punkt M denselben Abstand r. Der Punkt M ist der **Mittelpunkt** des Kreises; r nennt man den **Radius** des Kreises k (M; r).
Die Verbindungslinie zweier Punkte des Kreises bezeichnet man als **Sehne**. Eine Sehne, die durch den Mittelpunkt des Kreises geht, heißt **Durchmesser** d des Kreises.
Es gilt: $d = 2 \cdot r$.
Eine **Tangente** ist eine Gerade, die mit dem Kreis genau einen Punkt gemeinsam hat; dieser heißt **Berührungspunkt**. Berührungsradius und Tangente sind senkrecht zueinander.
Eine **Sekante** ist eine Gerade, die den Kreis in zwei Punkten schneidet.
Eine **Passante** ist eine Gerade, die keinen Punkt mit dem Kreis gemeinsam hat.

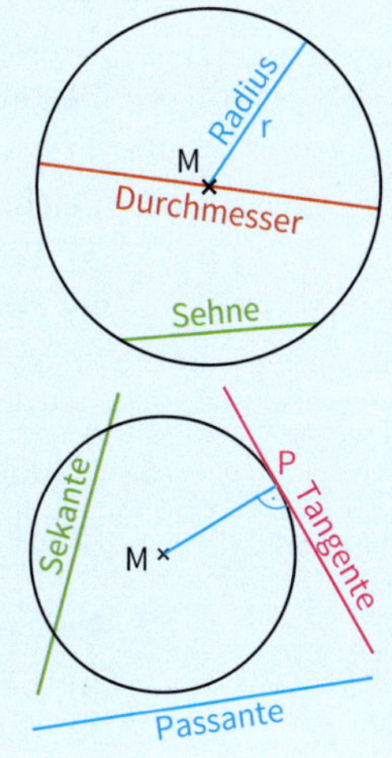

Winkel

Dreht man eine Halbgerade um ihren Anfangspunkt S, so wird eine Fläche überstrichen, die man **Winkel** nennt.
Der Punkt S ist der **Scheitel**, die Halbgeraden heißen **Schenkel** des Winkels. Winkel werden durch griechische Kleinbuchstaben wie α, β oder γ bezeichnet.
Rechts sind die wichtigsten Winkelarten aufgeführt.

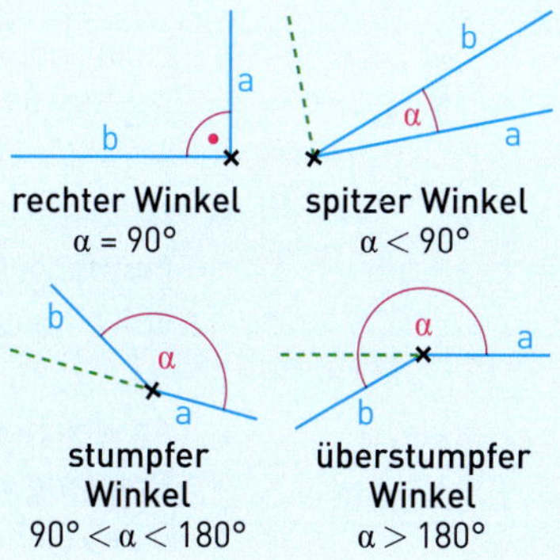

Bist du fit?

1. a) Zeichne die Punkte A (1 | 1), B (5 | 1), C (7 | 3), D (4 | 3), E (1 | 5) in ein Koordinatensystem mit der Einheit 1 cm und verbinde sie zum Fünfeck ABCDE.
   b) Bestimme den Umfang des Fünfecks ABCDE.
   c) Zeichne alle Diagonalen ein.

2. Zeichne die Punkte P (1 | 5), Q (1 | 3), R (1 | 1), S (3 | 5), T (5 | 3), U (6 | 5), V (7 | 1) in ein Koordinatensystem. Zeichne die Geraden PT, QV, RS und TU. Untersuche, welche dieser Geraden parallel, welche senkrecht zueinander sind. Schreibe das Ergebnis mit den Zeichen ⊥ und ∥.

3. Zeichne die Gerade g durch die Punkte A (3 | 0) und B (7 | 4) sowie den Punkt P (3 | 6) in ein Koordinatensystem mit der Einheit 1 cm.
   a) Zeichne eine Gerade a durch P, die zu g senkrecht ist.
   b) Zeichne eine Gerade b durch P, die zu g parallel ist.
   c) Markiere das Lot von P auf g farbig und bestimme den Abstand des Punktes P von der Geraden g.

4. Zeichne die Punkte A(1|1), B(6|1), C(4|7) und P(4|3) in ein Koordinatensystem mit der Einheit 1 cm.
Bestimme, von welcher der Geraden AB, BC und AC der Punkt P den kleinsten Abstand hat.

5. Zeichne zwei zueinander parallele Geraden a und b mit dem Abstand 5 cm.
a) Bestimme alle Punkte, die von a den Abstand 2 cm und von b den Abstand 3 cm haben.
b) Markiere alle Punkte, die von a nicht mehr als 4 cm und von b nicht mehr als 3 cm entfernt sind.

6. Markiere in einem Koordinatensystem die Punkte P(3|3) und Q(4|6). Zeichne ein Quadrat, das die Strecke $\overline{PQ}$ als Seite hat.

7. Benenne alle Vierecke, auf die die Beschreibung zutrifft.
a) Gegenüberliegende Seiten sind gleich lang.
b) Das Viereck hat zwei Symmetrieachsen.
c) Jeweils zwei benachbarte Seiten sind gleich lang.
d) Alle Seiten sind gleich lang, das Viereck hat aber keinen rechten Winkel.

8. Lukas behauptet, dass es kein Parallelogramm gibt, das sowohl eine Raute als auch ein Rechteck ist. Erkläre ihm, warum er falsch liegt.

9. Auf dem flachen Land hat ein Mobiltelefon Empfang, wenn es nicht weiter als 35 km von einem Mobilfunksendemast entfernt ist.
An welchen der Orte A, B, …, H hat man Empfang vom Sendemast S? Fertige dazu eine Zeichnung im Heft an.

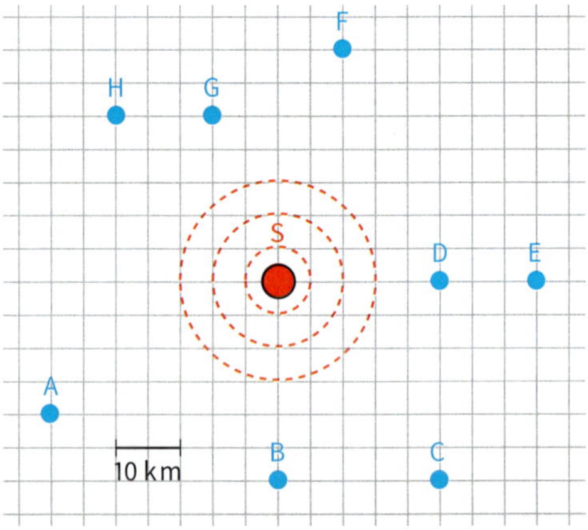

10. Zeichne einen Kreis und eine Passante g des Kreises. Zeichne einen zweiten Kreis, der denselben Mittelpunkt wie der erste Kreis hat und die Gerade g als Tangente besitzt.

11. Gegeben ist der Kreis k((3|3); 2) und der Punkt A(7|3). Bestimme, welchen Radius ein Kreis um A haben muss, damit er den Kreis k(M; 2)
(1) in einem Punkt berührt;
(2) in zwei Punkten schneidet;
(3) nicht berührt oder schneidet?
Erkläre deine Überlegungen.

12. Zeichne einen Winkel mit der Größe
a) 58°, **b)** 290°, **c)** 126°.

13. Markiere in einem Koordinatensystem mit dem Ursprung O die Punkte A(5|1), B(5|7), P(0|2), Q(4|3) und R(8|0). Zeichne die Winkel mit den Schenkeln OA und OB bzw. den Schenkeln QP und QR. Miss ihre Größe.

4. Ganze Zahlen – Rechnen mit ganzen Zahlen

Aus dem Alltag weißt du, dass man für manche Größen bei den Angaben durch Zahlen auch Minus- und Pluszeichen verwendet.

➔ Lies die Durchschnittstemperaturen einiger europäischer Hauptstädte ab.

In diesem Kapitel …

lernst du, wie man negative Zahlen zum Beschreiben von Sachsituationen verwenden kann. Weiter lernst du, wie man mit ganzen Zahlen rechnet.

Lernfeld: Zahlen unter Null

Zeitleiste

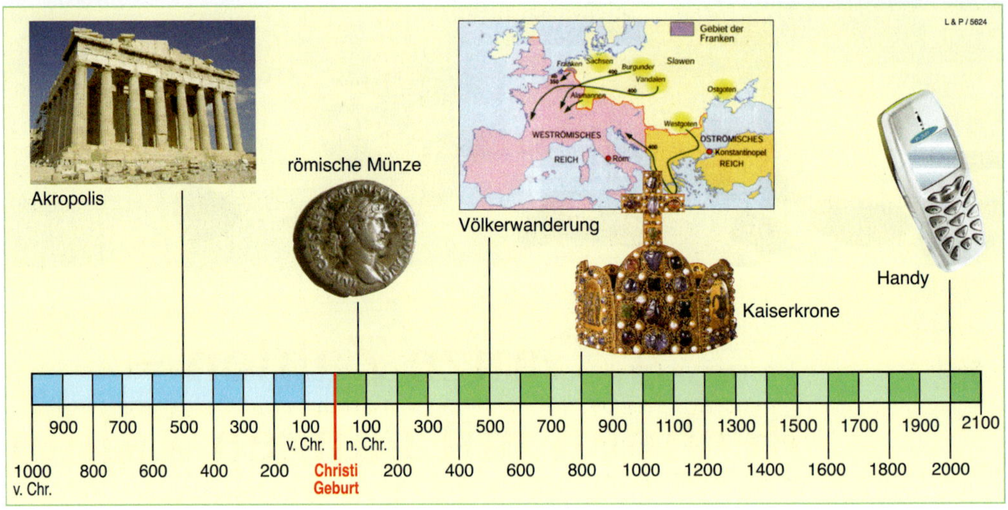

Die Darstellung von geschichtlichen Daten erfolgt oft in Zeitleisten, damit man einen schnellen Überblick über den zeitlichen Verlauf verschiedener Ereignisse hat.

- → Erstelle selbst eine solche Zeitleiste. Trage zum Beispiel berühmte Mathematiker, Herrscher im Römischen Reich oder andere Daten ein.
- → Nach dem 2. Weltkrieg im Jahr 1945 musste in Deutschland vieles neu aufgebaut werden. Man bezeichnet diesen Zeitpunkt auch als Stunde Null in der deutschen Geschichte. Zeichne eine Zeitleiste mit 1945 als Jahr Null und trage verschiedene Ereignisse ein.
- → Erstellt gemeinsam eine große Zeitleiste aus mehreren Blättern und hängt sie im Klassenraum aus.

Auf und ab mit dem Fahrstuhl

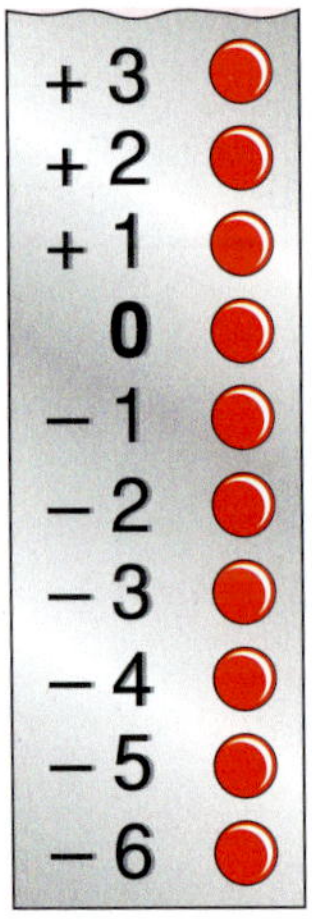

Vielleicht habt ihr schon in einem Hochhaus mit mehreren Kellergeschossen gesehen, dass die Geschosse mit natürlichen Zahlen und mit Zahlen mit einem Minuszeichen davor beschriftet sind. Hier sollt ihr ein Spiel dazu herstellen und spielen.
Zeichnet als Spielfeld das Bedienfeld eines Liftes mit Geschossen von -6 bis $+15$.
Stellt Karten mit den Geschossnummern von -6 bis $+15$ her.
Stellt einen Würfel her, der mit $-2, -1, 0, +1, +2, +3$ beschriftet ist.

- → Am Spielanfang stellt jeder Spieler seine Spielfigur in das Erdgeschoss und zieht verdeckt vier Geschosskarten. Seine Spielfigur muss dann die angegebenen Geschosse besuchen. Die Spieler würfeln reihum. Bei $+1$, $+2$ und $+3$ darf die Figur die gewürfelte Augenzahl aufwärts gehen, bei -1 und -2 abwärts. Bei 0 bleibt die Spielfigur stehen. Hat ein Spieler ein gezogenes Stockwerk erreicht, gibt er die entsprechende Geschosskarte zurück. Sieger ist, wer als erster alle gezogenen Stockwerke erreicht hat.
- → Von anderen Spielen kennt ihr Ereigniskarten. Erweitert das Spiel noch, indem ihr zusätzliche Ereigniskarten herstellt. Die angegebenen Ereignisse treten dann beim Werfen einer 0 ein.

4.1 Einführung der ganzen Zahlen

Einstieg

Welche Bedeutung haben die Zahlenangaben in den Bildern?
Findet weitere solcher Beispiele.

Aufgabe 1

Moritz wohnt in Passau. Für eine Wetterbeobachtung hat Moritz an einem Wintertag das Thermometer im Garten zu verschiedenen Zeitpunkten abgelesen.
Die Messwerte hat er in einer Tabelle notiert.

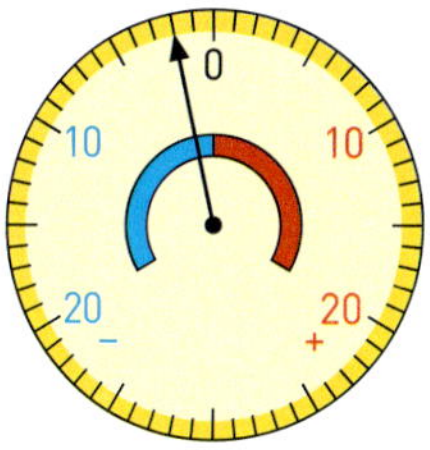

Zeit	6:00 Uhr	9:00 Uhr	12:00 Uhr	15:00 Uhr	18:00 Uhr
Temperatur	− 4 °C	− 2 °C	+ 1 °C	+ 4 °C	− 3 °C

a) Was kannst du der Tabelle entnehmen? Gib auch verschiedene Sprechweisen für Temperaturen an.

b) Lisa sagt: „Um 6:00 Uhr und um 15:00 Uhr waren vier Grad."
Nimm Stellung zu Lisas Aussage.

c) Zu welchen Zeiten hätte man 0 °C auf dem Thermometer ablesen können?

d) Moritz möchte die von ihm um 9:00 Uhr in Passau gemessene Temperatur mit der an anderen Orten vergleichen.
In einer Radiomeldung wird die Temperatur an verschiedenen Orten um 9:00 Uhr genannt:

Ort	München	Nürnberg	Hannover	Berlin	Stuttgart	Köln
Temperatur (in °C)	− 5	− 3	+ 1	+ 6	− 1	+ 3

Zeichne auf kariertes Papier eine Temperaturskala von −7 °C bis +7 °C.
Wähle 1 cm für 1 °C. Markiere anschließend die angegebenen Temperaturen. Notiere auch die Orte.

Lösung

a) Von 6:00 Uhr morgens bis zum Nachmittag ist die Temperatur angestiegen, danach wieder gesunken. Die niedrigste beobachtete Temperatur betrug −4 °C, die höchste +4 °C.
Man sagt auch 4 °C unter null oder 4 Grad minus.

b) Lisa hat nicht beachtet, dass Temperaturen unter und über null unterschieden werden müssen.

c) Zwischen 9:00 Uhr und 12:00 Uhr muss das Thermometer 0 °C erreicht haben, da in diesem Zeitraum die Temperatur von Minusgraden zu Plusgraden gestiegen ist.
Ebenso hat das Thermometer zwischen 15:00 Uhr und 18:00 Uhr die Temperatur 0 °C angezeigt, da die Temperatur von Plusgraden zu Minusgraden gefallen ist.

d) Du erhältst folgendes Bild:

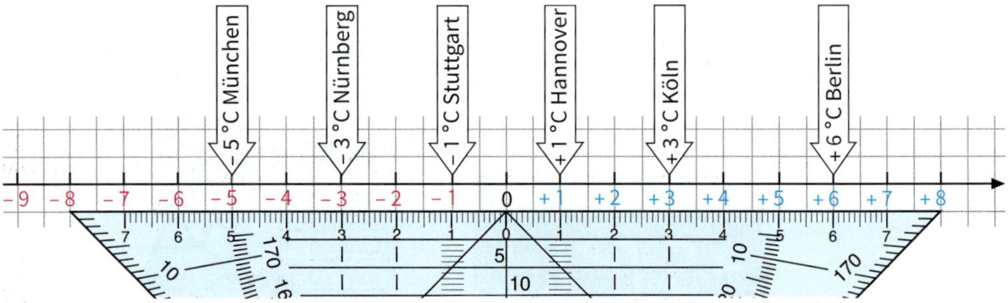

Information

Negative Zahlen

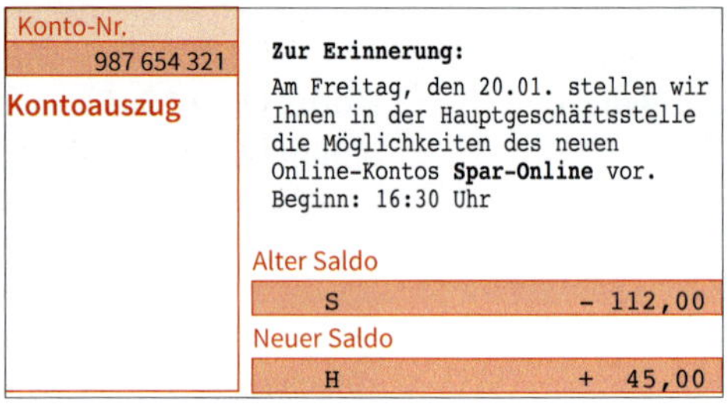

In Aufgabe 1 kommen Angaben vor, die wir mit den bisher bekannten Zahlen nicht vollständig beschreiben können. Wir mussten eine zusätzliche Angabe hinzufügen, nämlich ob die Temperatur über null oder unter null liegt.
Im täglichen Leben gibt es mehrere Beispiele für Sachverhalte, bei denen ähnliche Zusatzinformationen gemacht werden müssen:

- Temperaturen (über oder unter dem Gefrierpunkt von Wasser)
- Höhenangaben (über NN (Normalnull) oder darunter)
- Geldangaben auf Bankkonten (Haben oder Soll)

In der Mathematik und im Alltag unterscheidet man solche Zustände über und unter einem festgelegten Normalzustand (dem Nullpunkt) durch das Vorzeichen + (plus) oder – (minus).

Normalnull
mittlere Höhe des Meeresspiegels (in Amsterdam)

Haben
Der Kontoinhaber hat Geld auf dem Konto.

Soll
Der Kontoinhaber schuldet dem Geldinstitut Geld.

Wir erweitern den *Zahlenstrahl* zur **Zahlengeraden**:

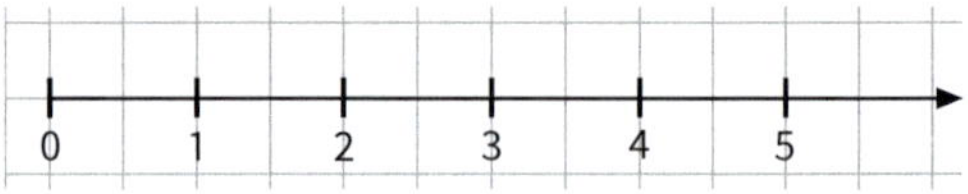

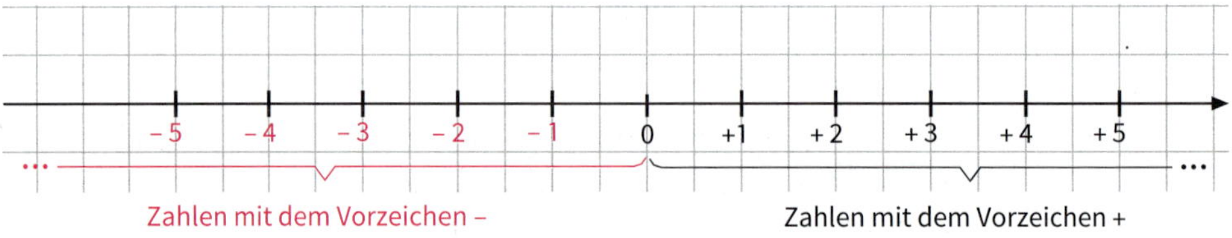

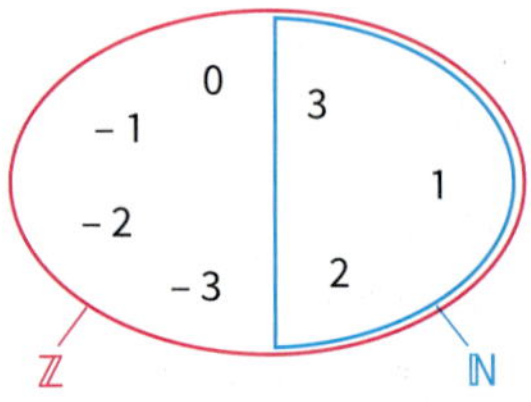

Zahlen wie –100; –15; –31; 0; +2; +13 heißen **ganze Zahlen**. Die Zahlen mit dem Vorzeichen + nennt man **positiv**, die Zahlen mit dem Vorzeichen – **negativ**. Das Vorzeichen + wird oft weggelassen. Die Zahl 0 ist weder positiv noch negativ.
Menge der ganzen Zahlen: $\mathbb{Z} = \{\ldots; -3; -2; -1; 0; 1; 2; 3; \ldots\}$
Menge der natürlichen Zahlen: $\mathbb{N} = \{1; 2; 3; \ldots\}$
Die Zugehörigkeit einer Zahl zu diesen Zahlmengen kann man mithilfe des Elementzeichens $\in$ schreiben.
Beispiele: $-5 \in \mathbb{Z}$; $7 \in \mathbb{Z}$; $-5 \notin \mathbb{N}$; $7 \in \mathbb{N}$; $0 \in \mathbb{Z}$; $0 \notin \mathbb{N}$

Weiterführende Aufgaben

2. a) Mareike ist sich unsicher, wie viel Grad es sind.
Was meinst du dazu?

b) Markiere die Zahlen +4 und −4 auf der Zahlengeraden.
Beschreibe ihre Lage zueinander.

Bilden der Gegenzahl bedeutet Spiegeln an 0.

(1) Ändert man bei einer ganzen Zahl das Vorzeichen, so erhält man ihre **Gegenzahl**.
Die Gegenzahl von 0 ist 0 selbst.
Beispiele:
Die Zahl −3 ist Gegenzahl zu der Zahl +3.
Ebenso ist +3 die Gegenzahl zu −3.

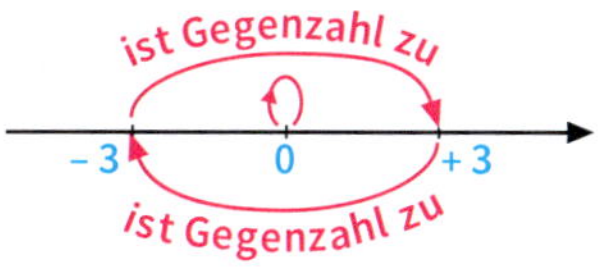

(2) Der Abstand einer Zahl (z.B. −3) von 0 heißt **Betrag** dieser Zahl. Wir bezeichnen den Betrag einer ganzen Zahl z mit $|z|$ (gelesen: *Betrag von z*).
Beispiele: $|+2| = 2$; $|-2| = 2$; $|0| = 0$

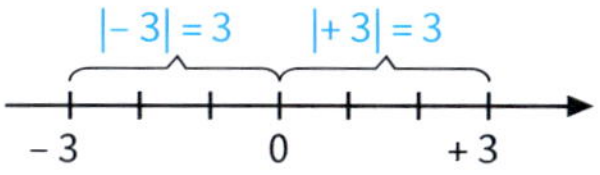

Erweitern des Koordinatensystems

3. Im Koordinatensystem ist das Dreieck mit den Eckpunkten A(1|3), B(7|1), C(6|5) gezeichnet.

(1) Zeichne ein zum Dreieck ABC symmetrisch zur x-Achse liegendes Dreieck $A_1B_1C_1$.
Bestimme die Koordinaten der Eckpunkte A_1, B_1 und C_1.

(2) Zeichne ein zum Dreieck ABC symmetrisch zur y-Achse liegendes Dreieck $A_2B_2C_2$.
Bestimme die Koordinaten der Eckpunkte A_2, B_2 und C_2.

(3) Zeichne ein zum Dreieck $A_2B_2C_2$ symmetrisch zur x-Achse liegendes Dreieck $A_3B_3C_3$.
Bestimme die Koordinaten der Eckpunkte A_3, B_3 und C_3.

Information

Bei der Lösung der obigen Aufgabe entsteht ein vollständiges **Koordinatensystem**.
Es besteht aus zwei Zahlengeraden (*x-Achse* und *y-Achse*). Sie schneiden sich senkrecht im Punkt O(0|0), dem **Ursprung**.
Wie die Koordinaten eines Punktes bestimmt werden, entnimmst du der nebenstehenden Zeichnung. Geht man vom Ursprung aus 4 nach links und 3 nach oben, kommt man zum Punkt A(−4|3). Geht man vom Ursprung aus 3 nach rechts und 4 nach unten, kommt man zum Punkt B(3|−4).
Die Koordinatenachsen zerlegen die Ebene in vier Bereiche, die man die vier **Quadranten** nennt. Der 1. Quadrant liegt rechts oben. Die übrigen Quadranten werden gegen den Uhrzeigersinn durchnummeriert. Jeder Punkt, der nicht auf einer der beiden Koordinatenachsen liegt, gehört genau einem Quadranten an.

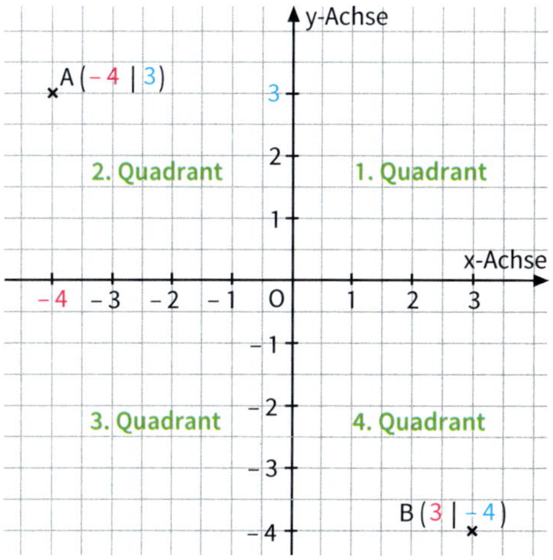

Verwechsle nicht die Punkte A(−4|3) und B(3|−4).

Quadrant (lat.) der vierte Teil

Übungsaufgaben

4. **a)** Beschreibe die Bedeutung der Zahlen +8; −8; −5; 0; −2; +2; −4 bei
(1) einem Thermometer; (2) Höhenangaben; (3) einem Kontoauszug.

b) Drücke mithilfe von Vorzeichen aus:
(1) 180 m über Normalnull (3) 12 °C unter null (5) 180 € Soll
(2) 270 m unter Normalnull (4) 23 °C über null (6) 270 € Haben

5. Ergänze im Heft auf der Zahlengeraden die Punkte für +1; −1; −2; +5; −4; −5; +4; −6.

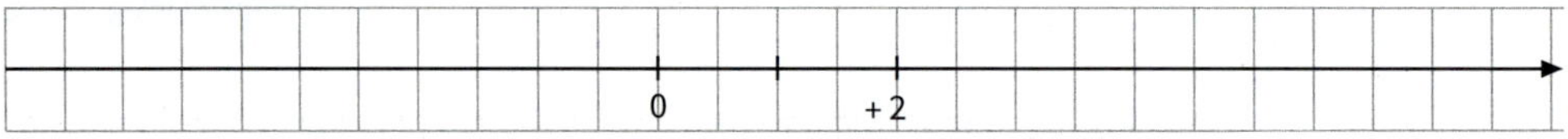

6. Auf der Zahlengeraden sind Zahlen durch Pfeile markiert. Notiere diese Zahlen.

a)

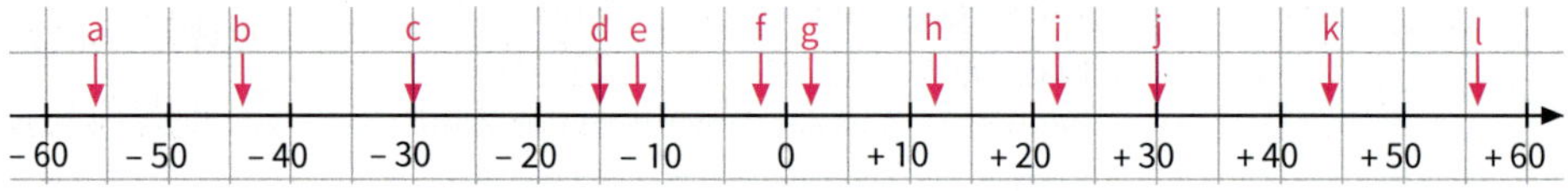

b)

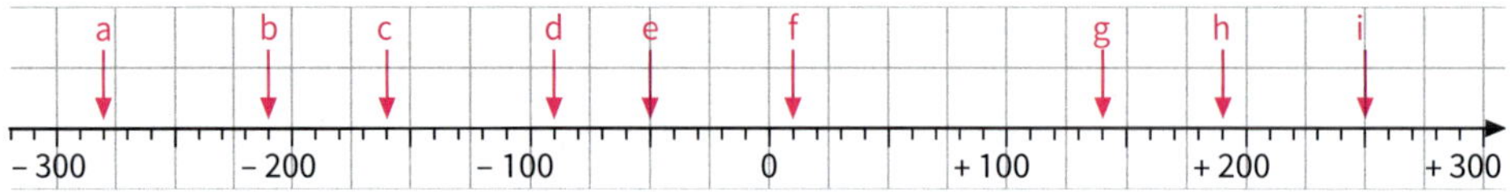

7. Ordne die Zahlen aus der Lösungskiste den richtigen Stellen an der Zahlengeraden zu.

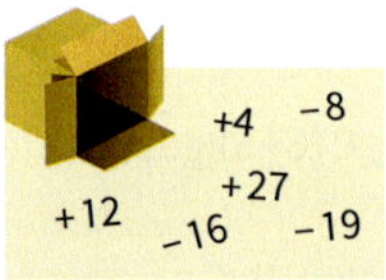

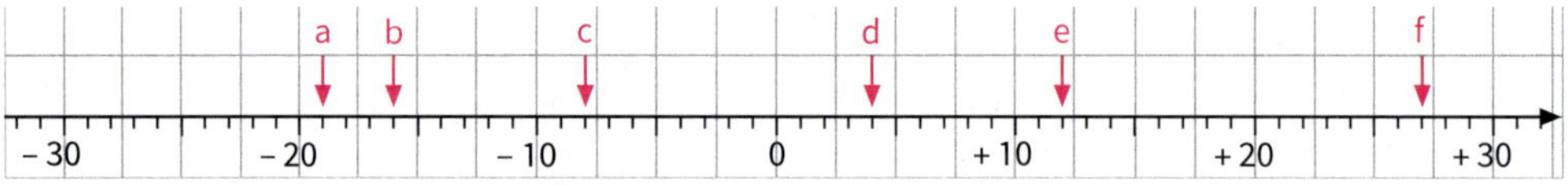

8. Lies die Temperaturen ab.

Heiß und kalt im Weltraum

Im Weltraum gibt es extreme Temperaturen: Auf der Sonne ist es mehr als brodelnd heiß. Weit weg von der Sonne herrscht eisige Kälte. Die Temperaturskala zeigt einige Beispiele.

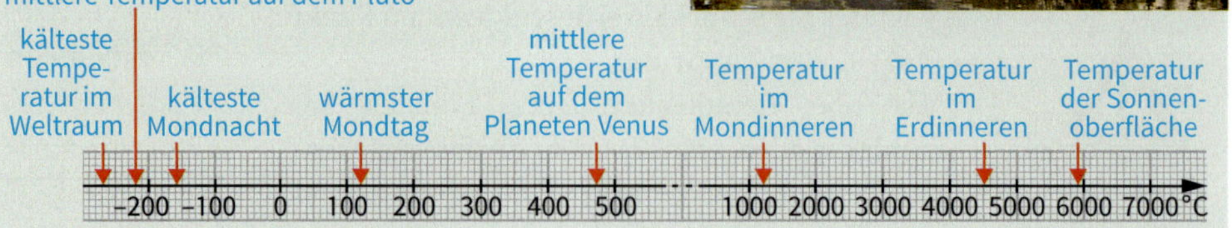

9. Zeichne jeweils eine Zahlengerade und markiere die ganzen Zahlen an der Zahlengeraden. Achte auf eine geeignete Einteilung der Zahlengeraden.

a) −7; +3; +1; −11; +5
b) +110; −50; 60; −10; 70
c) 23; −8; 14; −1; −3
d) −13; −6; +9; −4; +3

10. Setze im Heft das richtige Zeichen $\in$ oder $\notin$ ein.

a) $7 \;\square\; \mathbb{Z}$ b) $-2 \;\square\; \mathbb{N}$ c) $-4 \;\square\; \mathbb{Z}$ d) $7 \;\square\; \mathbb{N}_0$ e) $0 \;\square\; \mathbb{N}$ f) $0 \;\square\; \mathbb{Z}$

11. a) Nenne
(1) drei negative Zahlen;
(2) drei positive Zahlen;
(3) drei ganze Zahlen;
(4) drei natürliche Zahlen.

b) Julias älterer Bruder erledigt seine Hausaufgaben und spricht von nichtnegativen Zahlen. Was sind das für Zahlen?

12. Was ist mit den folgenden Zeitungsausschnitten gemeint?

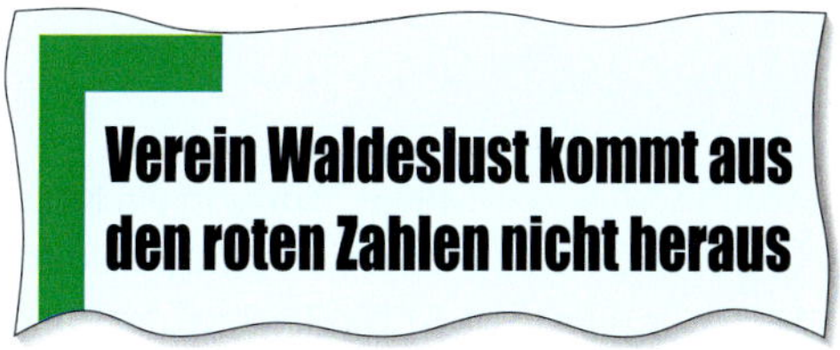

13. a) Unterscheide Angaben für Berge und Tiefseegräben durch Vorzeichen voneinander. Trage sie dazu auf einer gemeinsamen Skala ein.

b) Stellt euch gegenseitig geeignete Fragen und beantwortet sie.

Höhe einiger Berge	
Mount Everest	8 846 m
Kilimandscharo	5 892 m
Montblanc	4 807 m
Matterhorn	4 478 m
Zugspitze	2 962 m
Tiefe einiger Tiefseegräben	
Marianengraben	11 034 m
Philippinengraben	10 540 m
Puerto-Rico-Graben	9 219 m
Caymangraben	7 680 m
Perugraben	6 262 m

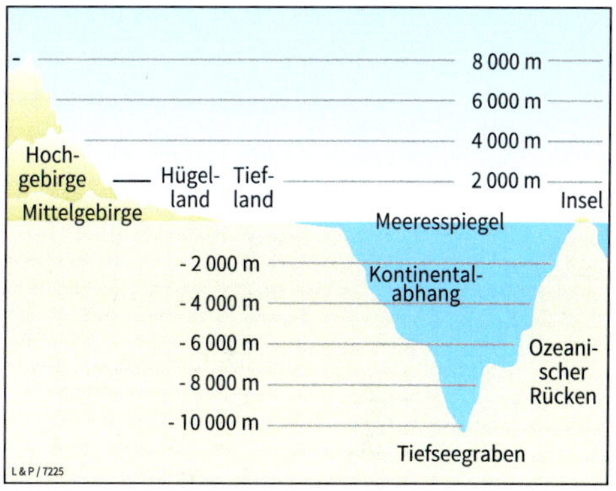

14. a) Welche Zahl liegt von 0 ebenso weit entfernt wie -4; $+1000$; -78; $+82$; -53?

b) Bestimme $|-7|$; $|+13|$; $|-13|$; $|+8|$; $|-14|$; $|-2|$; $|+5|$; $|-123|$.

c) Welche Zahlen haben den Betrag 11; 17; 4; 0; 1000; -3?

15. a) Bestimme die Gegenzahl zu: -1000; $+82$; $+25$; -15; -7; $+12$.

b) Beschreibe an der Zahlengeraden: Wie liegen Zahl und Gegenzahl zueinander?

c) Für welche ganzen Zahlen ist die Gegenzahl negativ [positiv; null]?

16. Begründe an der Zahlengeraden oder widerlege durch ein Beispiel.

a) Die Gegenzahl einer ganzen Zahl ist immer negativ.

b) Zahl und Gegenzahl sind stets verschieden.

c) Zahl und Gegenzahl haben denselben Betrag.

d) Bildet man die Gegenzahl zur Gegenzahl einer Zahl, so erhält man wieder die Zahl selbst.

17. Lies die Koordinaten der Punkte ab und notiere sie, z. B. P(−3 | 1).

18. Zeichne ein Koordinatensystem mit der Einheit 1 cm und trage die Punkte ein. Gib an, in welchem Quadranten sie liegen:
A(−4 | −2), B(3 | 7), C(4 | −2), D(2 | 5), E(−3 | 7), F(−1 | −1), G(0 | −7), H(−7 | 9), K(7 | −9), L(−1 | 3), M(−2 | 3), N(1 | −2), P(3 | 1)

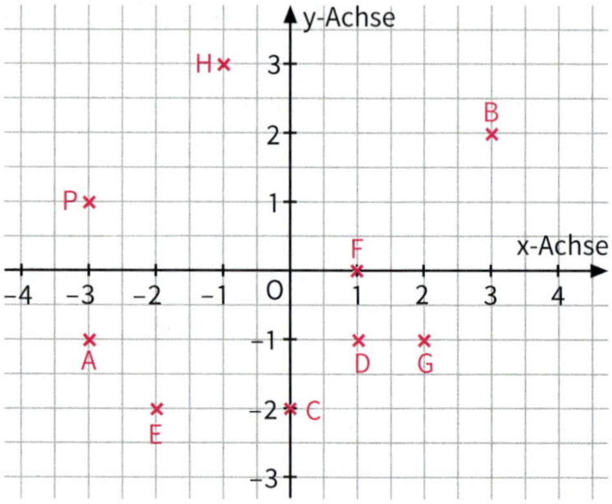

19. a) Trage in ein Koordinatensystem die Punkte A(5 | −3), B(6 | 4), C(−6 | 9) und D(−7 | 2) ein. Verbinde sie der Reihe nach mit einem Lineal. Was für eine Figur entsteht?

b) Zeichne die Punkte A(−2 | −7), B(0 | −7), C(−1 | −5), D(1 | 0) und E(−3 | 0) in ein Koordinatensystem. Verbinde A mit B, B mit C, C mit D und D mit E jeweils geradlinig. Ergänze das Bild mit einer Strecke zu einer sinnvollen Figur.

20. Zeichne in ein Koordinatensystem eine schöne Figur (Maske, Schiff, …). Teile deinem Nachbarn die Koordinaten mit, sodass er die Figur nachzeichnen kann.

21. Ergänze zu einer symmetrischen Figur. Gib die Koordinaten aller Punkte an.

a)

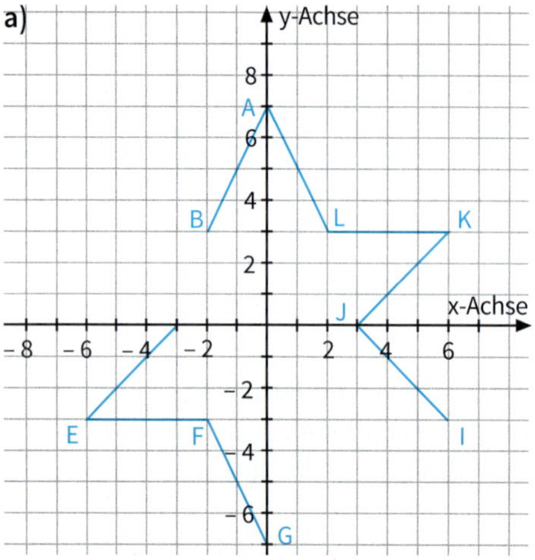

b)

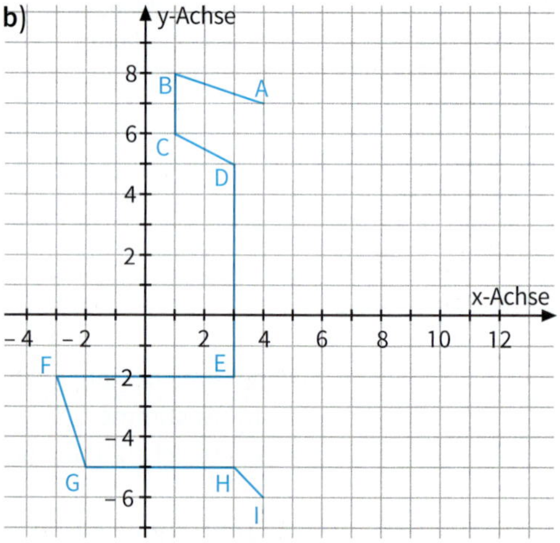

22. a) Zeichne das Dreieck mit den Eckpunkten A(−1 | −2), B(2 | −1), C(1 | 2) in ein Koordinatensystem. Bestimme einen Punkt D so, dass das Dreieck zum Quadrat wird und gib die Koordinaten von D an.

b) A(−2 | 4) ist ein Eckpunkt eines Quadrats. S(0 | 1) ist der Schnittpunkt der Diagonalen des Quadrats. Zeichne das Quadrat in ein Koordinatensystem und gib die Koordinaten der Eckpunkte B, C und D an.

Das kann ich noch!

A) Gib die möglichen Lagebezeichnungen an für
1) zwei Geraden; **2)** Kreis und Gerade **3)** zwei Kreise.

4.2 Vergleichen und Ordnen

Einstieg

In den Niederlanden liegen einige Orte sehr niedrig, zum Teil liegen sie sogar unter dem Meeresspiegel NN.
Ordne die Orte nach der Höhe; beginne dabei mit dem am niedrigsten gelegenen Ort.

Aufgabe 1

Die Abbildung zeigt die Wetterkarte an einem Februartag.
Ordne die Temperaturen; beginne mit der niedrigsten. Verwende das Zeichen <. Zeichne dazu eine Temperaturskala in dein Heft und trage die Temperaturen ein.

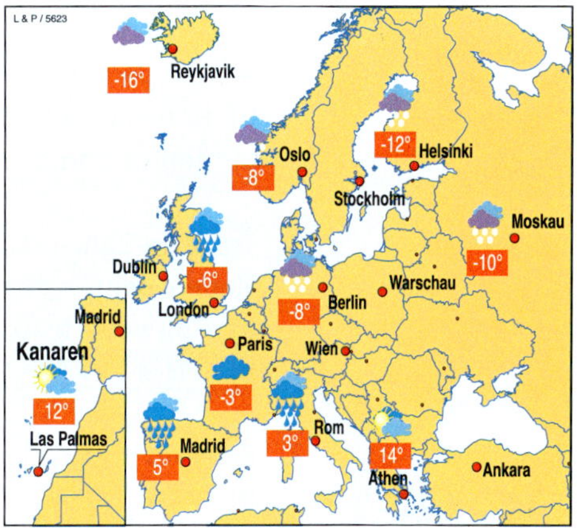

Lösung

Wir tragen zunächst die Temperaturen auf einer Temperaturskala ein.

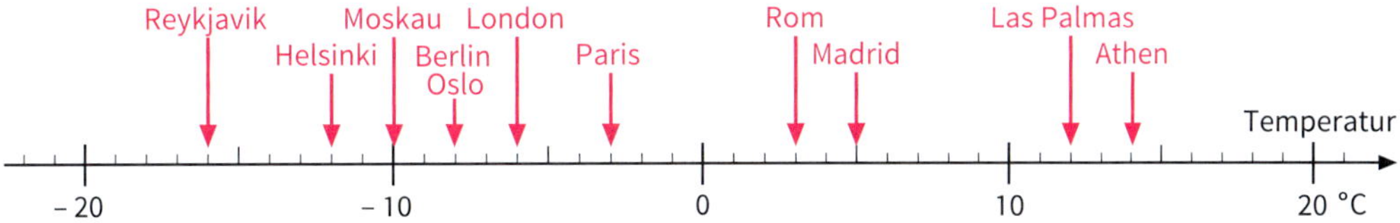

Aus der Temperaturskala kann man sofort folgende Reihenfolge ablesen:
$-16\,°C < -12\,°C < -10\,°C < -8\,°C < -6\,°C < -3\,°C < 3\,°C < 5\,°C < 12\,°C < 14\,°C$

Information

Temperaturen kann man mit „ist niedriger als" vergleichen. Auf einer waagerechten Skala liegt die niedrigere Temperatur links von der höheren.

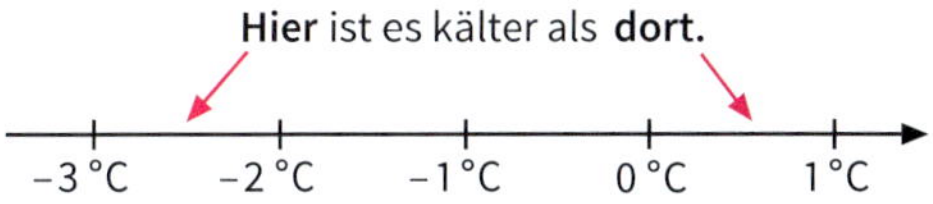

Für natürliche Zahlen weißt du bereits, dass „ist kleiner als" auf einem waagerechten Zahlenstrahl **„liegt links von"** bedeutet. Die Temperaturskala zeigt, dass dies auch für ganze Zahlen eine sinnvolle Festlegung ist.

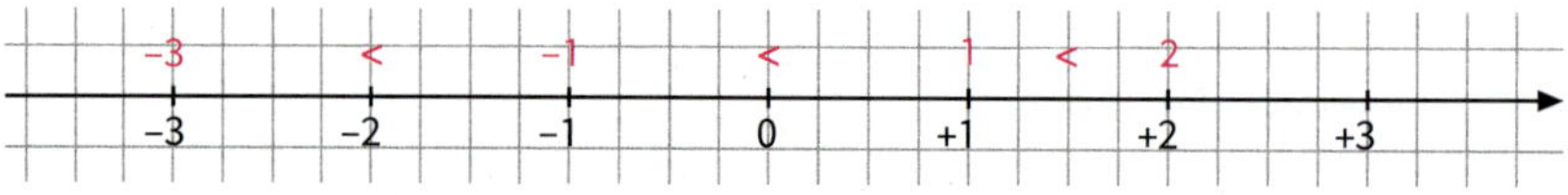

Nur eine Pfeilspitze in Richtung größerer Zahlen!

„Ist kleiner als“ bedeutet „Ist niedriger als“

Positive und negative Zahlen kann man nach „ist kleiner als“ ordnen.
In Richtung der Pfeilspitze der Zahlengerade werden die Zahlen größer. Auf der (waagerechten) Zahlengeraden liegt die kleinere von zwei Zahlen stets links, die größere von zwei Zahlen stets rechts.

Beachte: Die positiven Zahlen liegen dabei rechts von 0.

Beispiele: −3 liegt links von −1, also −3 < −1
1 liegt links von 2, also 1 < 2
−2 liegt rechts von −4, also −2 > −4
2 liegt rechts von −2, also 2 > −2

Beachte: Man kann Temperaturen auch mit „ist größer als“ vergleichen. Auf einer waagerechten Skala liegt die größere Temperatur weiter rechts.
Entsprechend gilt z. B. −1 liegt rechts von −3, also −1 > −3.

Übungsaufgaben

2. Ordne nach *ist niedriger als.*

a) Temperaturen: −3 °C; −4 °C; 0 °C; +2 °C; −5 °C; +4 °C
b) Höhenangaben: −2 m; +3 m; +4 m; −3 m; −4 m; −5 m
c) Kontostände: +230 €; −780 €; −7 €; +1480 €; +250 €; −1130 €

3. Trage die Zahlen auf einer Zahlengeraden ein. Ordne auf diese Weise nach *ist kleiner als.* Notiere dein Ergebnis als Ungleichungskette mithilfe des Zeichens <.

a) −5; +4; −8; 0; −3; +2; −1 — Zeichne die Zahlengerade waagerecht.
b) −7; +3; +4; −2; +1 — Zeichne die Zahlengerade senkrecht.

4. Setze im Heft < oder > ein. Du kannst z. B. an Temperaturen oder Höhenangaben denken.

a) −7 □ −9; **d)** −13 □ −8; **g)** −6 □ +2; **j)** +4 □ −5; **m)** +9 □ −1
b) +4 □ −5; **e)** −1 □ +3; **h)** −3 □ −12; **k)** +3 □ +6; **n)** −13 □ −12
c) +3 □ +12; **f)** −4 □ −7; **i)** −6 □ −1; **l)** +8 □ −4; **o)** −2 □ +3

5. Gib jeweils drei Zahlen an, die die Bedingung erfüllen. Die Zahl

a) ist negativ und größer als −5;
b) ist größer als −10 und kleiner als −4;
c) ist kleiner als −20 und zweistellig;
d) liegt zwischen −11 und −6;
e) ist kleiner als −5 und einstellig;
f) ist größer als −20 und zweistellig.

6. Kontrolliere Lenas Hausaufgaben. Berichtige gegebenenfalls im Heft.

a) −7 < −2; +8 < −8; 1 < −1000; −1 < 0; −100 > 17; 1 > −10000

b) −157 < −200; 354 < −400; −555 > −455; −352 > 252; 0 < −750

7. Bestimme zu jeder Zahl die nächstkleinere und nächstgrößere ganze Zahl. Schreibe wie im Beispiel.

a) −6 **b)** −11 **c)** −1 **d)** 0 **e)** −9

Zahl: −3
−4 < −3 < −2

8. Die Zahlenschlange hat Hunger. Zuerst musst du ihr die größte Zahl zuwerfen, damit diese in den Schwanz gelangen kann. Die folgenden Zahlen müssen immer kleiner werden.
   a) Füttere nun die Schlange mit den Zahlen; notiere im Heft.
      (1) −7; +2; −12; −6; 0 (2) −6; +3; −8; 0; −11

   b) Denke dir weitere Beispiele aus und lasse sie von deinem Partner eintragen.

9. Nimm Stellung zu folgenden Schüleräußerungen:

10. Welchen Abstand haben die beiden Zahlen auf der Zahlengeraden? Welche Zahl liegt genau in der Mitte zwischen ihnen?
    a) −4 und 2 c) −5 und 3 e) −16 und −8
    b) −2 und 4 d) −100 und 100 f) −20 und 16

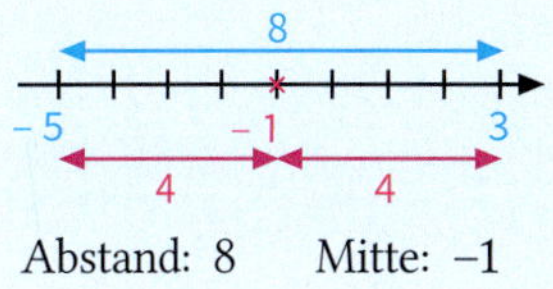

11. Entscheide, ob die Aussage wahr oder falsch ist. Begründe oder gib ein Gegenbeispiel an:
    (1) 0 ist die kleinste natürliche Zahl.
    (2) 0 ist die kleinste negative Zahl.
    (3) 0 ist die kleinste Zahl.
    (4) −1 ist die kleinste negative Zahl.
    (5) −100 ist die kleinste dreistellige ganze Zahl.
    (6) Von zwei Zahlen ist diejenige größer, die den größeren Betrag hat.
    (7) Von zwei Zahlen ist diejenige größer, die mehr Ziffern besitzt.
    (8) Natürliche Zahlen sind größer als negative Zahlen.

12. Aus der Zeit des römischen Reichs sind Geburts- und Sterbedaten vielfach überliefert.

> In unserer Zeitrechnung gibt es kein Jahr Null. Dem 31. Dezember 1 v. Chr. folgt sofort der 1. Januar 1 n. Chr.

Gaius Marius	156–86 v. Chr.
Pompeius	106–48 v. Chr.
Caesar	100–44 v. Chr.
Antonius	82–30 v. Chr.
Kleopatra	69–30 v. Chr.
Octavian	63 v. Chr.–14 n. Chr.
Trajan	53–117 n. Chr.

    a) Sortiere nach den Geburtsdaten (Sterbedaten) an einer Zeitleiste.
    b) Sortiere nach dem Lebensalter. Beachte die Besonderheit des Jahres Null.

4.3 Beschreiben von Zustandsänderungen

Einstieg

Im Radio wurde alle 2 Stunden durchgegeben, wie sich der Wasserstand ändert. Patricia hat mitgeschrieben:

Zeitpunkt	10 Uhr	12 Uhr	14 Uhr	16 Uhr
Durchsage	um 50 cm gefallen	um 40 cm gefallen	um 30 cm gestiegen	um 45 cm gestiegen

Um 8 Uhr betrug der Wasserstand 160 cm. Zeichnet eine Wasserstandsskala und tragt die Wasserstandsänderungen ein. Gebt dann die Wasserstände zu den verschiedenen Zeitpunkten an.

Aufgabe 1

Zustandsänderungen beschreiben

Anna hat an einem Tag im Winter alle 2 Stunden die Temperatur gemessen:

Zeitpunkt der Messung	8 Uhr	10 Uhr	12 Uhr	14 Uhr	16 Uhr	18 Uhr	20 Uhr
Temperatur	− 4 °C	− 1 °C	+ 4 °C	+ 6 °C	+ 2 °C	− 2 °C	− 5 °C

Stelle die Temperaturänderungen zwischen benachbarten Messungen als Pfeile an der Zahlengeraden dar.

Lösung

Eine Möglichkeit ist folgende:

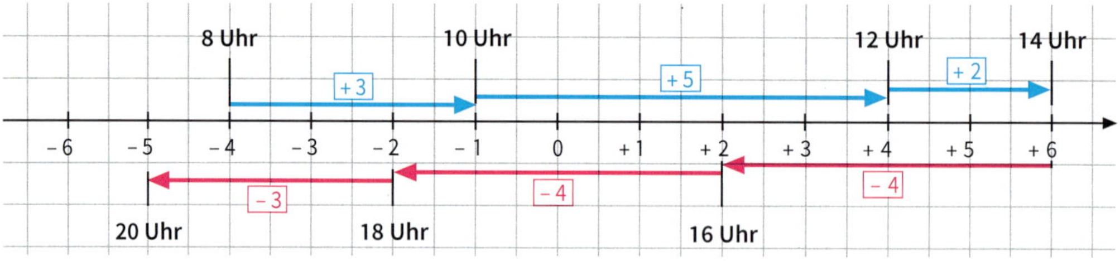

Information

Bisher haben wir mit den positiven und negativen Zahlen *Zustände* wie Temperaturen auf dem Thermometer, Soll und Haben beim Kontoauszug oder Höhenangaben in der Geografie bezeichnet. Mit positiven und negativen Zahlen kann man aber auch *Zustandsänderungen* wie z.B. das Steigen und Fallen der Temperatur (Temperaturänderungen), das Steigen und Fallen des Wasserstandes (Wasserstandsänderungen) oder das Buchen von Gutschrift und Lastschrift auf einem Konto (Kontostandsänderungen) beschreiben.

Das Vorzeichen + bedeutet Übergang zu einem höheren Zustand (Steigen), das Vorzeichen − bedeutet Übergang zu einem niedrigeren Zustand (Fallen).
An der Zahlengeraden bedeutet:

(1) Zustandsänderung +3:
Gehe 3 nach rechts, z.B.
$-2 \xrightarrow{+3} +1$

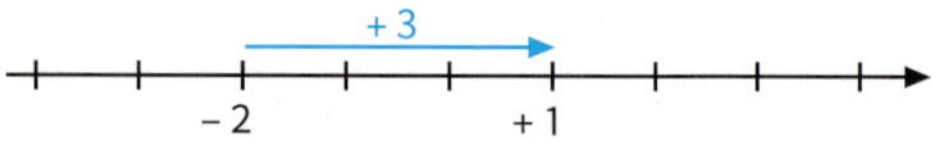

(2) Zustandsänderung −4:
Gehe 4 nach links, z.B.
$+3 \xrightarrow{-4} -1$

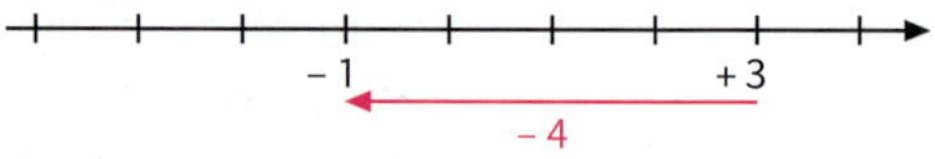

Weiterführende Aufgabe

Drei Grundtypen zu Aufgaben mit Zustandsänderungen

2. Trage die Angaben in das Schema ein und ermittle die fehlende Angabe.

a) Die Temperatur fällt von −3 °C um 5 °C.

b) Nach einer Buchung auf ein Konto sind aus 20 € Guthaben 30 € Soll geworden.

c) Nach dem Aufsteigen um 4 m befindet sich ein Tauchboot noch in 6 m Tiefe.

Übungsaufgaben

3. Gib den neuen Zustand an.

a) Ein Thermometer zeigt 2 °C unter null an. Die Temperatur steigt um 6 Grad.

b) Ein Thermometer zeigt 3 °C unter null an. Die Temperatur fällt um 5 Grad.

c) Ein Bankkonto weist 82 € Guthaben aus. 100 € werden bar abgehoben. Später trifft eine Gutschrift über 43 € ein.

d) Ein Bankkonto weist 15 € Soll aus. 160 € werden eingezahlt und später 32 € abgebucht.

4. Die Pfeile an der Zahlengeraden geben Zustandsänderungen an.
Bestimme jeweils die Änderung und notiere sie mit einer positiven oder negativen Zahl.

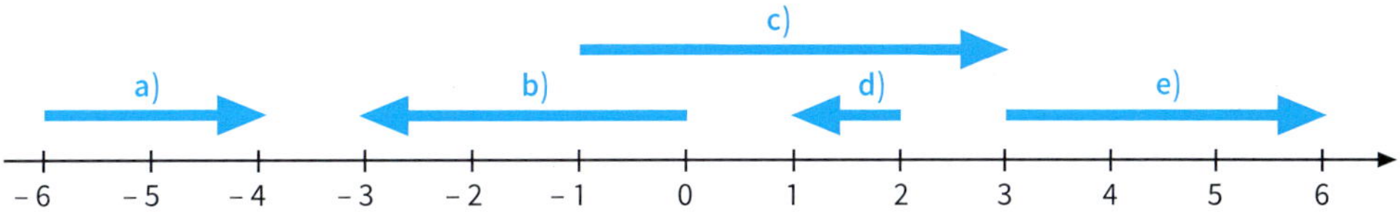

5. Gökhan gewinnt oder verliert bei einem Würfelspiel in jeder Runde einige Punkte. Er notiert aber nicht die in der Runde gewonnene bzw. verlorene Punktanzahl, sondern verrechnet diese sofort mit seinem Punktestand bis zu dieser Runde. Rechts siehst du seinen Spielzettel. Welche Punktzahl hat er in jeder einzelnen Spielrunde bekommen?

GLÜCKSWÜRFEL

	Gökhan	A
1. Spiel	+14	
2. Spiel	−2	
3. Spiel	−18	
4. Spiel	+3	
5. Spiel	+8	
6. Spiel	−17	
7. Spiel	+1	

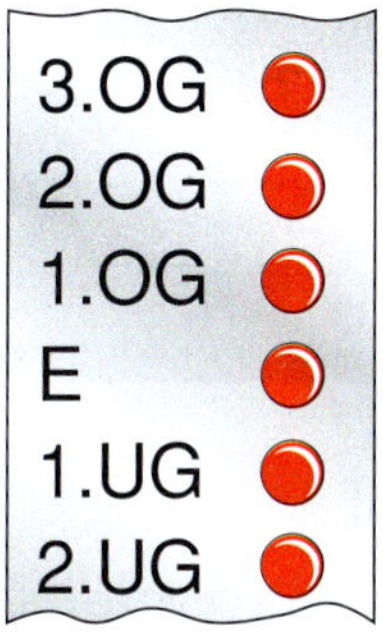

6. Ein Hochhaus hat 14 Obergeschosse und 4 Untergeschosse.
Aus welchem Stockwerk kommt Julia, wenn sie

a) 4 Stockwerke nach unten gefahren ist und im 1. UG aussteigt;

b) im 4. OG aussteigt und 7 Stockwerke nach oben gefahren ist?

7. Stellt euch gegenseitig Fragen und beantwortet sie.

a) Ein Thermometer zeigt 3 °C unter null an. Die Temperatur steigt [fällt] um 9 Grad.

b) Über Nacht ist die Temperatur um 7 Grad gefallen. Morgens sind es −3 °C [+8 °C].

c) Nach einer Gutschrift von 28 € [Lastschrift von 33 €] betrug der Kontostand 3 €.

d) Ein Tauchboot sank [stieg] um 156 m auf nun 233 m unter dem Meeresspiegel.

8. Bei Überlegungen zu Zustandsänderungen kennst du zwei Strategien:
Vorwärtsarbeiten: Herrn Ammers Konto weist schon 50 € Soll auf, als noch eine Lastschrift von 80 € eintrifft.
Rückwärtsarbeiten: Frau Ammers Konto weist nach der Abbuchung einer Lastschrift von 60 € ein Soll von 90 € auf.

a) Bestimme in beiden Fällen die fehlende Angabe und vergleiche dein Vorgehen.

b) Erfinde selbst Aufgaben zu diesen beiden Strategien.

ü. M.
über dem Meeresspiegel

u. M.
unter dem Meeresspiegel

9. Ein Hubschrauber schwebt 480 m über dem Mittelmeer.
Wie hat er seine Höhe insgesamt geändert, wenn er nach dem Flug gelandet ist
a) in Jerusalem;
b) in Nazareth;
c) am See Genezareth;
d) am Toten Meer?

10. Du hast an verschiedenen Stellen unterschiedliche Verwendungsmöglichkeiten für positive und negative Zahlen kennen gelernt. Schreibe eine kleine Zusammenfassung.

11. In dem Schema ist die Änderung eines Zustandes dargestellt. Übertrage in dein Heft und fülle die Lücken aus. Du kannst die Zahlengerade benutzen. Denke an eine Sachsituation.

a) □ $\xrightarrow{+8}$ +5	d) +3 $\xrightarrow{□}$ −2	g) −3 $\xrightarrow{-9}$ □	j) □ $\xrightarrow{-8}$ −8
b) □ $\xrightarrow{-4}$ −2	e) −6 $\xrightarrow{□}$ +5	h) +2 $\xrightarrow{-7}$ □	k) −8 $\xrightarrow{□}$ +8
c) □ $\xrightarrow{+3}$ −7	f) +2 $\xrightarrow{□}$ −8	i) −14 $\xrightarrow{+9}$ □	l) +8 $\xrightarrow{-8}$ □

12. Rechts siehst du einen Förderturm. Die Position des Förderkorbs auf Straßenhöhe soll mit 0 m angegeben werden. Positionen in der Grube sind negativ, Positionen oberhalb der Straße positiv.

a) Welche Positionsänderung muss jeweils vorgenommen werden?
(1) von −4 m auf +6 m
(2) von +8 m auf −3 m
(3) von −2 m auf −5 m
(4) von −5 m auf −1 m
(5) von +6 m auf +2 m
(6) von −3 m auf +3 m

b) Welche Endposition erreicht der Förderkorb jeweils?
(1) von +3 m um −7 m
(2) von −4 m um +6 m
(3) von +7 m um −4 m
(4) von −2 m um −5 m
(5) von −8 m um +3 m
(6) von +5 m um −4 m

13. a) Ein Bankkonto hat ein Guthaben von 72,50 €. Wie lautet der Kontostand, wenn eine Überweisung (Bezahlen einer Rechnung) über 91,25 € ausgeführt wurde?
b) Der Wasserstand in einem Stausee liegt 2,4 dm unter dem Richtwert. Welche Änderung ist nötig, damit der Wasserstand 0,5 dm über dem Richtwert erreicht?

14. Ein Konto hat ein Guthaben von 30,50 €. Der Kontostand ändert sich zunächst um 35,50 € und dann um 80 €.
Welchen Kontostand kann das Konto haben? Gib alle Möglichkeiten an.

Das kann ich noch!

A) Warum sind folgende Angaben so nicht sinnvoll? Schreibe in einer passenden Einheit und runde auf diese Einheit.
1) Onkel Rudis Masse beträgt 82 567 235 mg.
2) Die Eiche ist 24 399 mm hoch.
3) Ein Vormittag in der Schule dauert etwa 18 213 s.
4) Die Entfernung von Bayern nach Sizilien beträgt 1 139 875 m.

4.4 Addieren ganzer Zahlen

4.4.1 Einführung der Addition – Additionsregel

Einstieg

Hier findet ihr drei Blöcke von Additionsaufgaben

(1) $(+2) + (+2) =$	(2) $(+2) + (+2) =$	(3) $(+2) + (-1) =$
$(+2) + (+1) =$	$(+1) + (+2) =$	$(+1) + (-1) =$
$(+2) + \quad 0 \quad =$	$0 \quad + (+2) =$	$0 \quad + (-1) =$
$(+2) + (-1) =$	$(-1) + (+2) =$	$(-1) + (-1) =$
$(+2) + (-2) =$	$(-2) + (+2) =$	$(-2) + (-1) =$
$(+2) + (-3) =$	$(-3) + (+2) =$	$(-3) + (-1) =$

a) Berechnet zunächst in dem ersten Block die blauen Aufgaben. Welche Gesetzmäßigkeiten erkennt ihr von einer Aufgabe zur nächsten? Wendet diese Gesetzmäßigkeit zur Berechnung der roten Aufgaben an. Verfahrt entsprechend bei den anderen Blöcken.

b) Bildet selbst Beispiele für solche Blöcke.

c) Welche Regeln erkennt ihr für das Addieren ganzer Zahlen?

Einführung

Regel für das Addieren ganzer Zahlen

Die Spielregel eines Würfelspiels gibt Folgendes an: Würfle mit beiden Augen-Würfeln und addiere beide Punktzahlen. Dabei ist die Punktzahl des Würfels positiv oder negativ, so wie der Vorzeichen-Würfel anzeigt. Positive Werte geht man vorwärts, negative rückwärts. Nacheinander werden zwei Punktzahlen (mit Vorzeichen) gewürfelt.

(1)

(2)

(3)

(4)

Die Änderung der Position der Spielfigur auf dem Spielfeld kann in zwei einzelnen Schritten vorgenommen werden. Wir wollen beide Änderungen zu einer Gesamtänderung zusammenfassen. Die Positionsänderungen können wir durch Pfeile darstellen und so aneinander legen, dass der zweite dort beginnt, wo der erste endet. Bei zwei positiven Änderungen entspricht dies einer Addition. Auch bei Änderungen mit negativen Zahlen wollen wir das Aneinanderlegen von Pfeilen als Addition auffassen.

Für die Änderungen der Position im Würfelspiel ergeben sich die folgenden Situationen.

(1) Hier muss man erst 5 Felder vorwärts und anschließend weitere 3 Felder vorwärts ziehen. Insgesamt kommt man 8 Felder vorwärts.
Die zugehörige Additionsaufgabe lautet:
$(+5) + (+3) = (+8)$

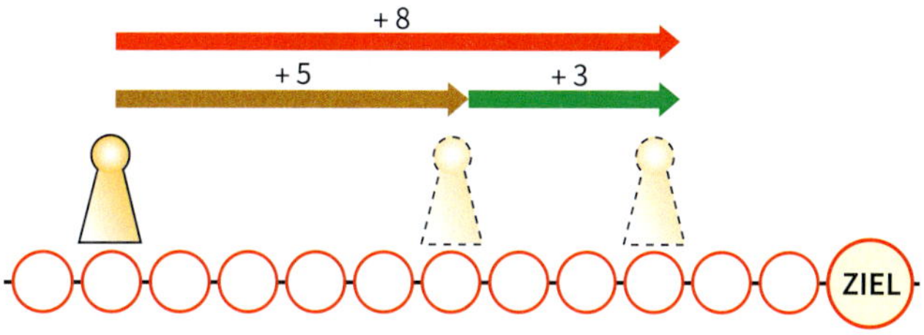

(2) Hier zieht die Figur erst 4 Felder zurück und dann nochmals 2 Felder zurück. Insgesamt geht man 6 Felder zurück.
Die zugehörige Additionsaufgabe lautet:
$(-4) + (-2) = (-6)$

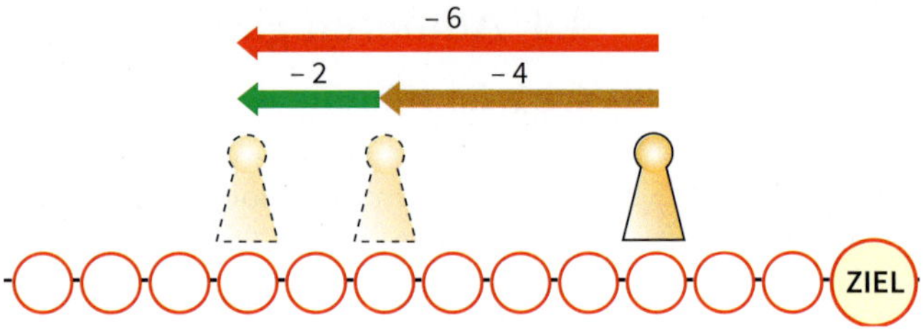

Hier kommt + in doppelter Bedeutung vor:
- als Vorzeichen positiver Zahlen
- als Rechenzeichen für das Addieren.

(3) Die Figur zieht erst 1 Feld vor und dann 3 Felder zurück. Damit muss die Figur vom Ausgangspunkt insgesamt 2 Felder zurück.
Die zugehörige Additionsaufgabe lautet:
$(+1) + (-3) = (-2)$

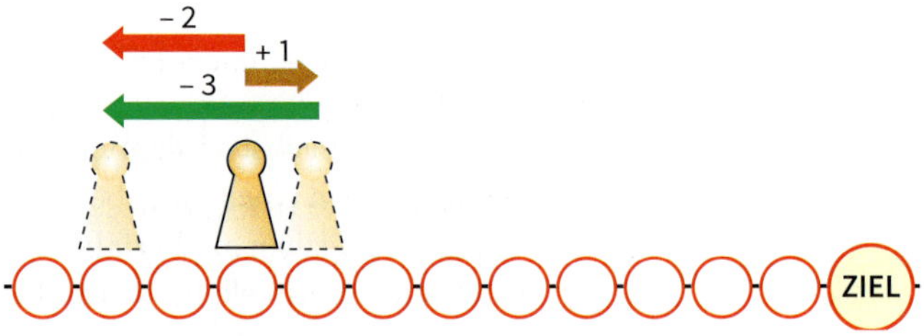

(4) Die Figur zieht zunächst 6 Felder vor und anschließend 4 Felder zurück. Insgesamt kommt man 2 Felder vor.
Die zugehörige Additionsaufgabe lautet:
$(+6) + (-4) = (+2)$

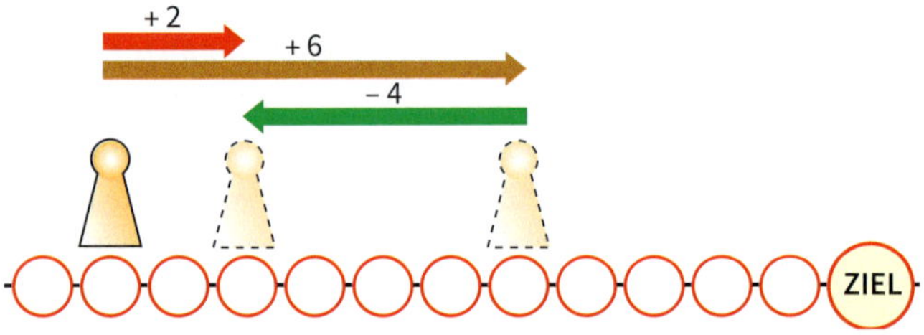

Information

In der Einführung hast du gesehen, dass man beim Zusammenfassen von Positionsänderungen der Spielfiguren darauf achten muss, ob beide Änderungen gleich gerichtet sind oder nicht. Da wir diese Zusammenfassung als Addition betrachten wollen, müssen wir beim Addieren ganzer Zahlen zwei Fälle unterscheiden.

(1) Additionsregel für ganze Zahlen bei gleichem Vorzeichen

Haben die Summanden *gleiche* Vorzeichen, so addiert man wie folgt:
- Man setzt das gemeinsame Vorzeichen.
- Man addiert die Beträge.

$(-2) + (-6) = -8$

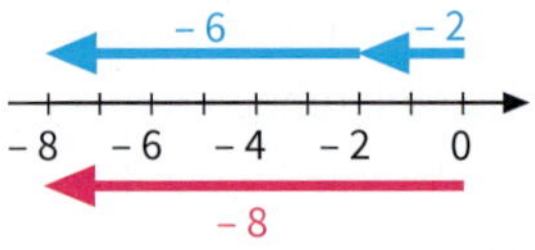

$(+4) + (+3) = +7$

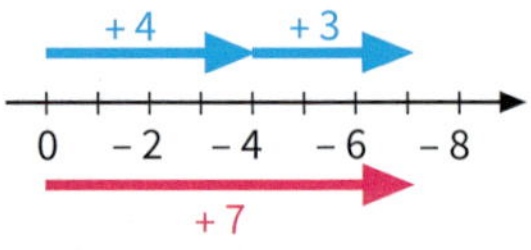

(2) Additionsregel für ganze Zahlen bei verschiedenen Vorzeichen

Haben die Summanden *verschiedene* Vorzeichen und *verschiedene* Beträge, so addiert man wie folgt:
- Man setzt das Vorzeichen, das bei dem größeren Betrag steht.
- Man subtrahiert den kleineren Betrag von dem größeren Betrag.

$(-7) + (+3) = -4$

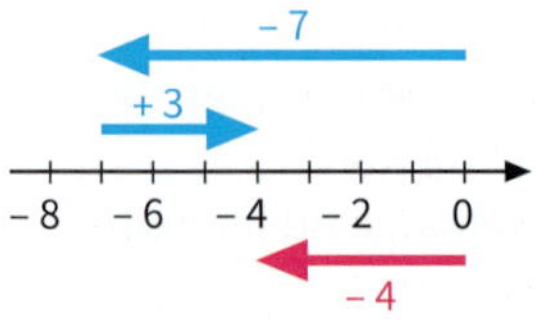

$(+8) + (-6) = +2$

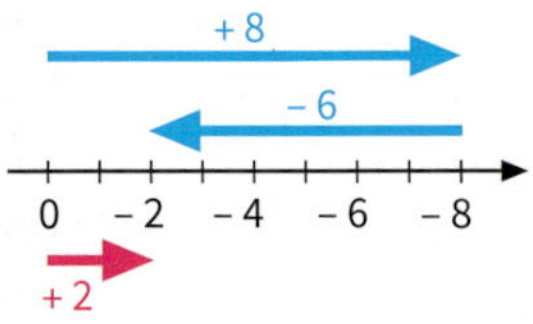

Weiterführende Aufgaben

Buchung
Geschäftsvorgang auf einem Konto, z. B. Lastschrift, Gutschrift, ...

Unterschiedliche Deutung der Addition ganzer Zahlen

1. Frau König eröffnet ein Konto und zahlt 100 € ein. Danach erteilt sie einen Überweisungsauftrag von 120 €, um eine Rechnung zu bezahlen. Die 120 € gehen zulasten ihres Kontos.

(1) Fasse die Gutschrift (Einzahlung) und die Lastschrift (Überweisung) zu *einer* Buchung zusammen.
Beachte: Hier werden zwei Kontostandsänderungen zu *einer* Änderung zusammengefasst.

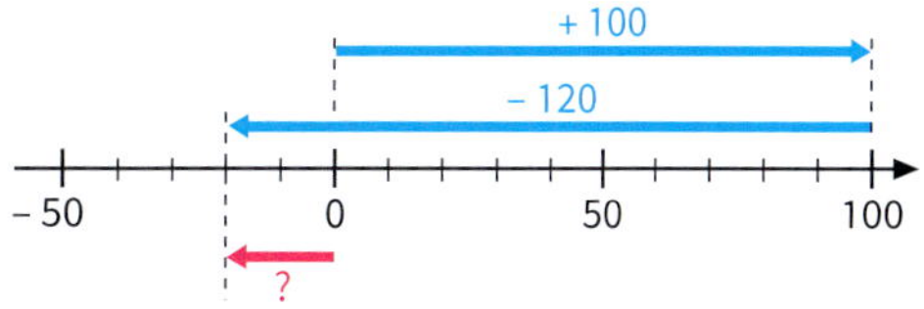

(2) Der Kontostand nach der Einzahlung wird durch die Lastschrift verändert. Berechne den neuen Kontostand.
Beachte: Hier berechnest du aus einem Kontostand und einer Änderung einen neuen Kontostand.

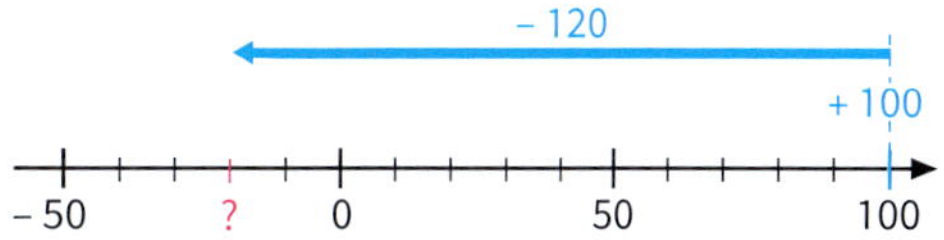

Notiere in beiden Fällen eine Summe mit ganzen Zahlen. Was stellst du fest?

Anschauliche Deutung der Addition ganzer Zahlen

Das Addieren ganzer Zahlen kann man auf zweifache Weise deuten:

(a) *Zwei Zustandsänderungen werden zu einer Änderung zusammengefasst.*
$(+3) + (-7) = -4$

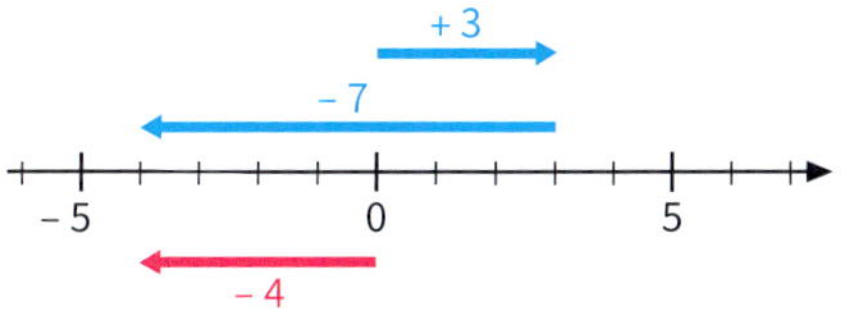

Beispiele:
Der Fahrstuhl fährt erst 3 Etagen nach oben und anschließend 7 Etagen nach unten. Insgesamt also 4 Etagen nach unten.

(b) *Auf einen Zustand wird eine Änderung angewandt; man erhält einen neuen Zustand.*
$(+3) + (-7) = -4$

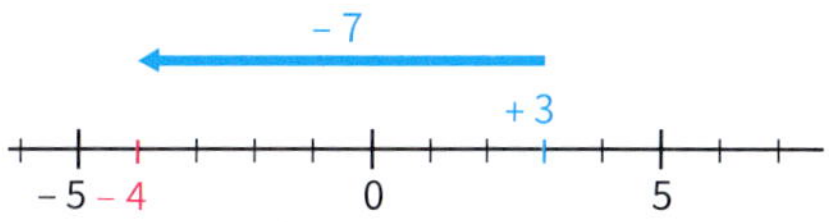

Der Fahrstuhl befindet sich in der 3. Etage und fährt dann 7 Etagen nach unten. Man befindet sich dann im 4. Untergeschoss.

Größenvergleich von Summand und Summe

2. Du weißt: Addiert man zu einer natürlichen Zahl eine natürliche Zahl, so ist die Summe größer als die erste Zahl.
Untersuche an Zahlenbeispielen, ob das auch bei ganzen Zahlen so ist.

- Addiert man zu einer ganzen Zahl eine positive Zahl, so ist die Summe größer als die erste Zahl.
- Addiert man zu einer ganzen Zahl eine negative Zahl, so ist das Ergebnis kleiner als die erste Zahl.

Beispiele:
$-4 + (+2) = -2; \quad -2 > -4$
$-4 + (-2) = -6; \quad -6 < -4$

Übungsaufgaben

3. Der Wasserstand in einem Binnenhafen wird regelmäßig gemessen. Fasse die Wasserstandsänderungen an zwei aufeinander folgenden Tagen im Heft zu einer Gesamtänderung zusammen.
Veranschauliche dir die Situation an einer Wasserstandsskala.

Wasserstandsänderung			
	1. Tag	2. Tag	Gesamtänderung
a)	−4 cm	−12 cm	
b)	+2 cm	+6 cm	
c)	+3 cm	−8 cm	
d)	−5 cm	+7 cm	

4. **a)** Eine Temperaturmessung zeigt an zwei aufeinander folgenden Tagen zunächst einen Anstieg um 3 °C und ein anschließendes Absinken der Temperatur um 7 °C. Fasse die Änderungen zu einer Gesamtänderung zusammen.
b) Das Thermometer zeigt zu Beobachtungsbeginn +3 °C. Danach sinkt die Temperatur um 7 °C. Welche Endtemperatur wird erreicht?
c) Schreibe beide Teilaufgaben als Additionsaufgabe ganzer Zahlen. Vergleiche.

5. Fasse die beiden Buchungen zusammen. Notiere dazu auch eine Additionsaufgabe.
a) Von Frau Schafmayrs Konto wird die Miete in Höhe von 650 € und der Abschlag für Strom, Wasser und Heizung in Höhe von 210 € abgebucht.
b) Auf Sarahs Konto trifft die Taschengeld-Zahlung in Höhe von 25 € ein und sie hebt 33 € für einen neuen Pullover ab.

6. Die Abbildungen zeigen verschiedene Aufgaben zur Addition ganzer Zahlen.
Schreibe die zur Abbildung gehörende Aufgabe mit Ergebnis auf.

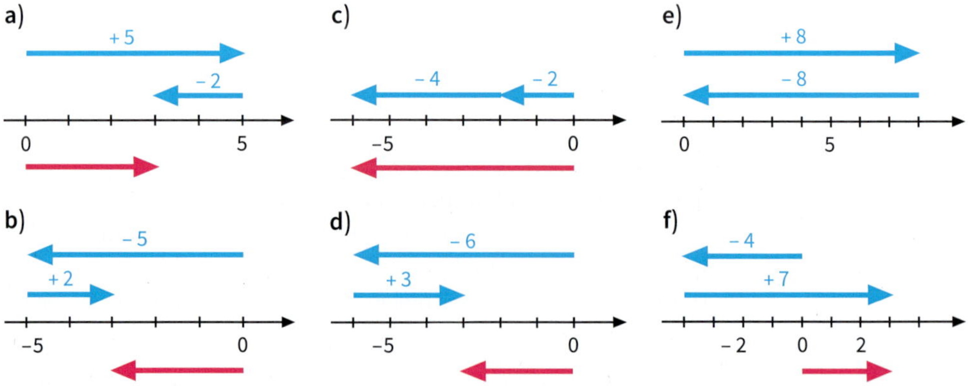

7. Denke an die Darstellung an der Zahlengeraden und löse möglichst im Kopf.

a) (+13) + (+7)	**g)** (−9) + (+6)	**m)** (−14) + (−4)	**s)** (−32) + (−55)
b) (−9) + (−6)	**h)** (−8) + (−13)	**n)** (−4) + (+8)	**t)** (+43) + (+28)
c) (−4) + (+3)	**i)** (−12) + (+9)	**o)** (−6) + (−4)	**u)** (−360) + (−150)
d) (+7) + (−11)	**j)** (−7) + (+10)	**p)** (+7) + (−19)	**v)** (+170) + (−450)
e) (+12) + (+9)	**k)** (−3) + (−11)	**q)** (−53) + (−31)	**w)** 0 + (−290)
f) (+8) + (−10)	**l)** (+5) + (+16)	**r)** (−22) + (+65)	**x)** (+321) + 0

8. Prüfe Antons Hausaufgaben. Korrigiere jedes falsche Ergebnis im Heft.

a) $(-9)+(+4)=-5$
$(-6)+(-3)=+9$
$(+8)+(-3)=-5$

b) $(+12)+(-3)=+15$
$(+3)+(-6)=-3$
$(-7)+(+7)=-14$

9. Formuliere jeweils eine sinnvolle Frage und schreibe zur Antwort eine Rechenaufgabe auf.

a) Gestern Nacht sank die Temperatur um 4 Grad. Im Laufe des heutigen Tages stieg sie dann wieder um 3 Grad an.

b) Heute Morgen ist es sehr kalt: – 12 °C. Die Sonne kann aber noch einen Temperaturanstieg um 4 Grad bewirken.

c) Die heutige Sturmflut hat zum höchsten Wasserstand in diesem Jahr geführt: 380 cm über Normalnull. Man rechnet damit, dass das Wasser noch um weitere 50 cm ansteigt.

d) Nachdem der Wasserstand heute Nacht um 60 cm gefallen war, stieg er heute im Laufe des Tages wieder um 20 cm.

e) Von Frau Siedes Konto werden zum Monatsersten die Miete von 675 € abgebucht und als Nachschlagszahlung für Strom und Wasser 58 €.

10. Wähle drei Zahlen aus und bilde die Summe aus diesen Zahlen. Teile nun das Ergebnis deinem Partner mit. Er soll die drei Zahlen herausfinden.

a)

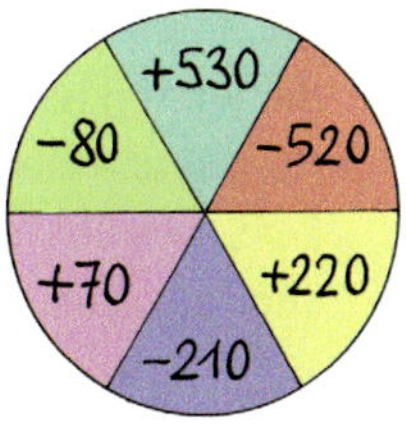

b)

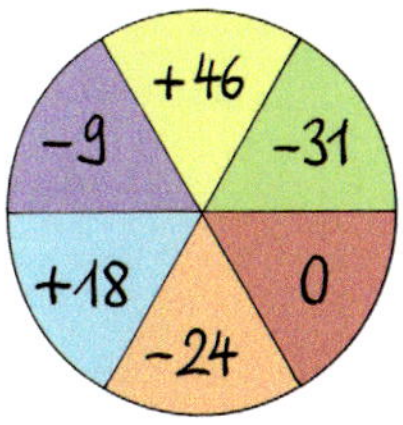

11. Übertrage die Mauern in dein Heft und addiere nebeneinander stehende Zahlen. Das Ergebnis wird im Feld darüber eingetragen.

a)

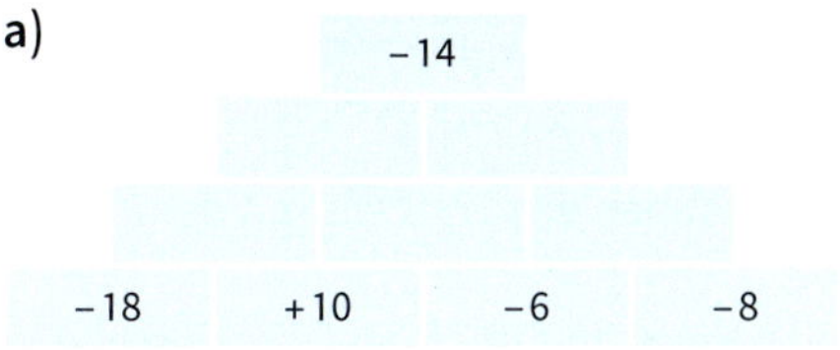

b)

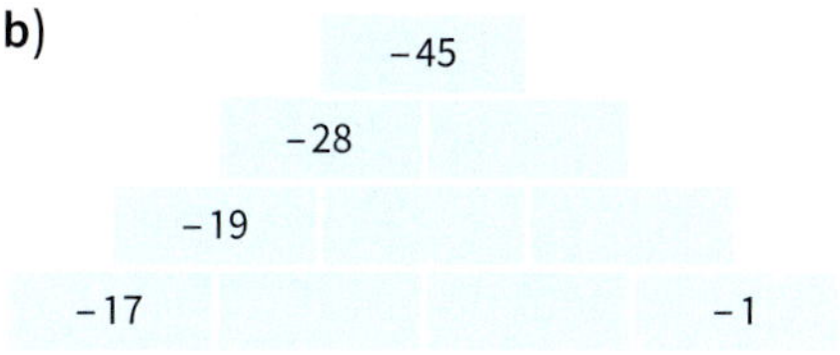

12. In den Bildern ist die Zusammenfassung zweier Zustandsänderungen oder die Änderung eines Zustands dargestellt.

(1)

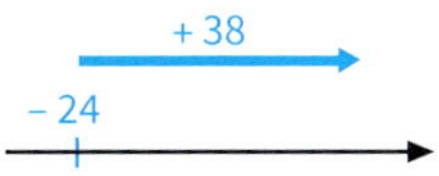

(2)

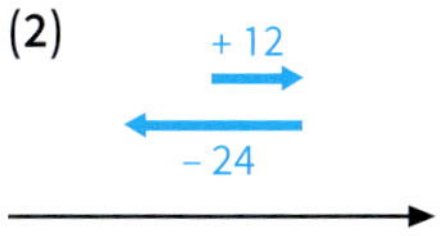

(3)

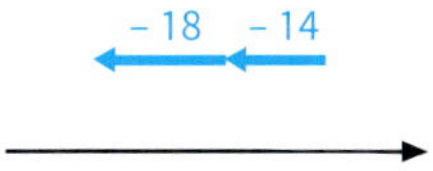

(4)

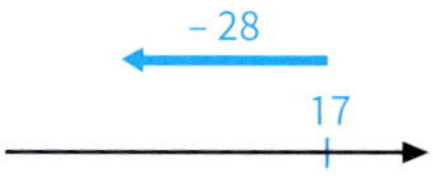

a) Schreibe zu jedem Bild eine Summe und gib den Wert der Summe an.

b) Schreibe zu jedem Bild eine Rechengeschichte. Denke dabei z. B. an Temperaturen, Buchungen, Kontostände, Wasserstände und Höhenangaben.

13. Übertrage in dein Heft und setze für ▢ das passende Zeichen >, < bzw. = ein.

a) $(+17)+(-21)$ ▢ -9
b) $(-11)+(-14)$ ▢ -25
c) $(-9)+(+13)$ ▢ -4
d) $(+11)+(-20)$ ▢ -9
e) $(-3)+(+6)$ ▢ -3
f) $(+7)+(-5)$ ▢ $+2$
g) $(-21)+(+16)$ ▢ $+5$
h) $(+18)+(-24)$ ▢ -8
i) $(+7)+(-16)$ ▢ -9

14. Anna und Sarah haben ihre Hausaufgabe von Felix kontrollieren lassen. Beide haben dasselbe Endergebnis. Dennoch hat Felix eine Aufgabe als falsch durchgestrichen. Warum?

Anna: $(-18)+(-24)+(-19)+(+10)$
$= (-42) + (-19) + (+10)$
$= (-61) + (+10)$
$= -51$

Sarah: ~~$(-18)+(-24)+(-19)+(+10)$~~
~~$= (-42) + (-19)$~~
~~$= (-61) + (+10)$~~
~~$= -51$~~

15. Bei den folgenden Aufgaben kannst du auch in einer anderen Einheit rechnen.

a) Ein Bankkonto weist 216,75 € Guthaben aus. Vom Konto werden 250 € bar abgehoben. Gib den neuen Kontostand an.

b) Eine Firma erhält von einem Lieferanten eine Gutschrift über 325,17 € und eine Rechnung über 721,85 €. Fasse zusammen.

c) Eine Kundin im Supermarkt bekommt einen Pfandbon über 12,18 € und kauft für 22,63 € ein. Wie viel muss sie an der Kasse noch zahlen?

d) Die Rechnung für eine Zimmerrenovierung beträgt 431,70 €. Eine Anzahlung in Höhe von 150 € ist schon erfolgt. Wie hoch ist der Betrag, der noch zu zahlen ist?

e) Nachdem der Wasserstand in der letzten Woche um 1,23 m gefallen war, ist er im Laufe der letzten beiden Tage wieder um 0,36 m gestiegen. Ermittle den neuen Wasserstand.

f) Herr Sauter hat auf seinem Konto 237,13 € Schulden. Nachdem sein Gehalt über 2445,17 € überwiesen wurde, zahlt er noch 545,50 € Miete und 718,75 € für die Autoversicherung. Bestimme den neuen Kontostand.

16. Ist die Behauptung richtig? Begründe die Antwort.

a) Die Summe zweier negativer Zahlen ist kleiner als jeder der Summanden.

b) Damit die Summe positiv ist, muss mindestens ein Summand positiv sein.

c) Wenn keiner der Summanden null ist, kann auch die Summe nicht gleich null sein.

17. a) Berechne: (1) $(+12)+(-16)$ (2) $(-10)+(+6)$

b) Gib weitere Beispiele an, bei denen das Ergebnis mit dem aus Teilaufgabe a) übereinstimmt.

c) Formuliere eine allgemeine Regel, mit der man Aufgaben bilden kann, die das Ergebnis von Teilaufgabe a) haben.

18. Beschreibe, in welchem Bereich null liegen kann.

a) b) c)

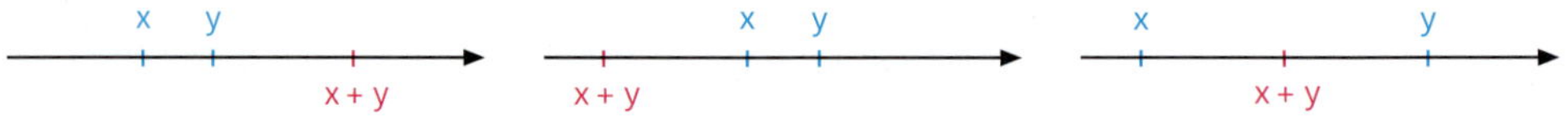

19. Gibt es Zahlen a und b, für die Folgendes gilt? (1) $|a+b| = |a| + |b|$ (2) $|a+b| < |a| + |b|$

Spiel (2 Spieler)

20. Das Bild rechts zeigt zwei verschiedenfarbige Ikosaeder (Zwanzigflächner). Sie stellen positive und negative Zahlen dar.
Die erwürfelten Zahlen werden addiert.
Gewonnen hat, wer zuerst z. B. die Summe −19 schafft.

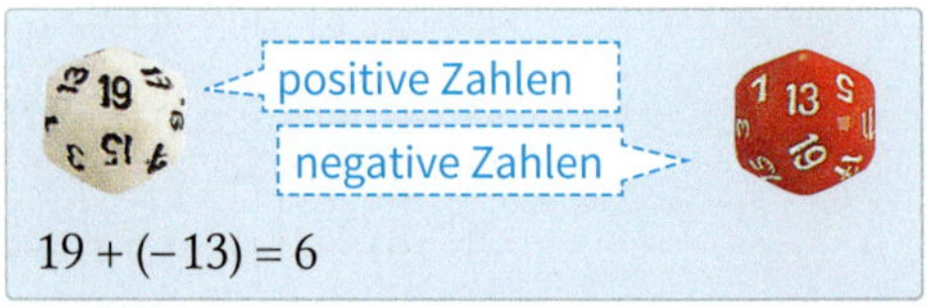

4.4.2 Rechengesetze für die Addition ganzer Zahlen

Einstieg

Hier seht ihr einen Weg zur Berechnung von $(+38) + (-76) + (+22)$. Erläutert, wie vorgegangen wurde.

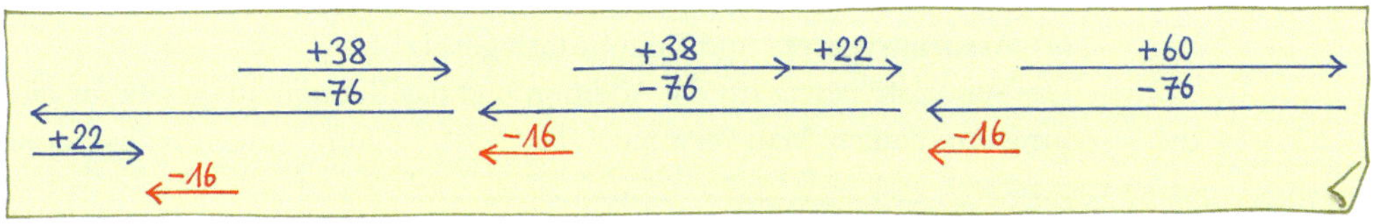

Aufgabe 1

Wie kannst du die Aufgaben rechts vorteilhaft im Kopf lösen?
Welche Rechengesetze verwendest du dabei?

(1) $(-63) + (+48) + (+73)$
(2) $(+129) + (-32) + (-68)$

Lösung

(1) *Vertausche erst den 2. und 3. Summanden*

$(-63) + (+48) + (+73)$
$= (-63) + (+73) + (+48)$
$= +10 + (+48)$
$= +58$

Es wurde das *Kommutativgesetz (Vertauschungsgesetz)* der Addition angewandt.

(2) *Rechne nicht von links nach rechts, sondern verbinde die beiden letzten Summanden*

$(+129) + (-32) + (-68)$
$= (+129) + [(-32) + (-68)]$
$= (+129) + (-100)$
$= +29$

Es wurde das *Assoziativgesetz (Verbindungsgesetz)* der Addition angewandt.

Information

(1) Zahlklammern und Rechenklammern

Bei Termen verwenden wir zwei Arten von Klammern:

- *Zahlklammern*
  Zahlklammern stehen um eine ganze Zahl mit ihrem Vorzeichen. Dadurch folgen nicht mehrere Plus- oder Minuszeichen aufeinander. Man kann dann den Aufbau des Terms klarer erkennen.
- *Rechenklammern*
  Rechenklammern schreiben die Reihenfolge der Rechnung vor.

Rechenklammern
↓ ↓
$(-25) + [(-2) + (-3)]$
↑ ↑ ↑ ↑ ↑ ↑
Zahlklammern

(2) Rechnen mit Klammern

In dem Term $+129 + [(-32) + (-68)]$ sind der zweite und der dritte Summand in (eckige) Klammern gesetzt worden.
Wir erinnern uns: Was in Klammern steht, soll zuerst ausgerechnet werden.
Dass hierbei eckige Klammern verwendet wurden, ist unbedeutend. Sie heben sich nur besser gegenüber den runden Zahlklammern um −32 und −68 ab.

> *Vereinbarung:* Was in (Rechen-) Klammern steht, wird zuerst ausgerechnet.

(3) Einsparen von Zahlklammern bei positiven Zahlen

Wir wissen: Bei einer positiven Zahl darf man das Vorzeichen weglassen. Dann dürfen wir auch die (Zahl-)Klammern um diese Zahl weglassen.

Beispiel: $(+76) + (-45) + (+29) = 76 + (-45) + 29 = 60$

(4) Assoziativgesetz und Kommutativgesetz

Das Assoziativgesetz für die Addition und das Kommutativgesetz für die Addition gelten auch für ganze Zahlen. Man verwendet die Gesetze häufig zum vorteilhaften Rechnen.

assoziativ (lat.) verbindend
kommutativ (lat.) vertauschbar

Kommutativgesetz (Vertauschungsgesetz) für die Addition

In einer Summe darf man die Summanden vertauschen. Dabei ändert sich der Wert der Summe nicht.

Denke dir ganze Zahlen anstelle von a, b. Stets gilt: $\mathbf{a + b = b + a}$

Assoziativgesetz (Verbindungsgesetz) für die Addition

In einer Summe aus drei Summanden darf man Klammern beliebig setzen. Dabei ändert sich der Wert der Summe nicht. Daher kann man die Klammern auch weglassen.

Denke dir ganze Zahlen anstelle von a, b, c. Stets gilt: $\mathbf{(a + b) + c = a + (b + c) = a + b + c}$

Begründung des Kommutativgesetzes (mithilfe eines Sachverhalts)

Wir deuten das Addieren ganzer Zahlen als ein Zusammenfassen von Buchungen auf einem Konto: Wenn zwei Buchungen auf einem Konto hintereinander ausgeführt werden sollen, dann hängt die gesamte Änderung des Kontostandes nicht davon ab, in welcher Reihenfolge die Buchungen ausgeführt werden (Kommutativgesetz).

Übungsaufgaben

2. Rechne vorteilhaft.

a) $(+697) + (-355) + (-197)$
b) $(-499) + (-538) + (-301)$
c) $(-235) + (-984) + (+35)$
d) $(-891) + (+291) + (-453)$
e) $(-195) + (-84) + (-36)$
f) $(-195) + (-84) + (-36)$
g) $(-731) + 658 + (-657)$
h) $(-1\,204) + (-83) + (-796) + (+483)$
i) $(+655) + (-755) + (+226) + (-626)$
j) $(-938) + 571 + (+438) + (-71)$

3. Vereinfache die Schreibweise durch Weglassen von Klammern. Begründe. Berechne dann.

a) $(+2) + (-4) + (+7)$
b) $(-4) + (+2) + (+9)$
c) $(-9) + (-3) + (+11)$
d) $[(-3) + (+2)] + (+5)$
e) $(-5) + [(-3) + (+6)]$
f) $(+9) + [(-3) + (+4)]$
g) $[(-2) + (+3)] + [(+3) + (+2)]$
h) $[(-1) + (+2)] + [(-3) + (+5)]$
i) $[(+7) + (-2) + (-4)] + (+3)$

4.
a) $195 + (-37) + (-63)$
b) $(-571) + (-271) + 571$
c) $47 + (-18) + 68 + (-47)$
d) $-31 + 14 + (-94) + 61$
e) $28 + (-36) + 52 + 16$
f) $-198 + 77 + (-18) + 13$
g) $(-35) + (15 + (-44))$
h) $(204 + (-16)) + (-84)$
i) $(-125) + ((-144) + (-54))$

5. Erst genau hinsehen, dann rechnen. Notiere deinen Rechenweg.

a) $113 + (-425) + 102 + (-830) + (-375) + 498$
b) $67 + 154 + (-100) + 106 + (-167) + (-44)$
c) $(-92) + 413 + (-210) + 100 + (-203) + (-8)$

6. Versuche, das Assoziativgesetz an einem Sachverhalt zu begründen.

4.5 Subtrahieren ganzer Zahlen

4.5.1 Einführung der Subtraktion – Subtraktionsregel

Einstieg

Hier findet ihr drei Blöcke von Subtraktionsaufgaben.

(1)	(2)	(3)
$(+3) - (+2) =$	$(+2) - (+2) =$	$(+2) - (-1) =$
$(+3) - (+1) =$	$(+1) - (+2) =$	$(+1) - (-1) =$
$(+3) - 0 =$	$0 - (+2) =$	$0 - (-1) =$
$(+3) - (-1) =$	$(-1) - (+2) =$	$(-1) - (-1) =$
$(+3) - (-2) =$	$(-2) - (+2) =$	$(-2) - (-1) =$
$(+3) - (-3) =$	$(-3) - (+2) =$	$(-3) - (-1) =$

a) Berechnet zunächst in dem ersten Block die blauen Aufgaben. Welche Gesetzmäßigkeit erkennt ihr von einer Aufgabe zur nächsten? Wendet diese Gesetzmäßigkeit zur Berechnung der roten Aufgaben an. Verfahrt entsprechend bei den anderen Blöcken.

b) Bildet selbst Beispiele für solche Blöcke.

c) Welche Regeln erkennt ihr für das Subtrahieren ganzer Zahlen?

Einführung

Für ein Konto liegt bei einer Bank ein Sammelauftrag aus mehreren Buchungsanweisungen vor. Die letzte Anweisung, eine Lastschrift über 20 €, ist irrtümlich ausgestellt worden. Wie kann man diesen Irrtum bereinigen?

(1) Wenn die Buchung noch nicht ausgeführt ist, wird die Anweisung –20 € einfach von dem Sammelauftrag weggenommen.

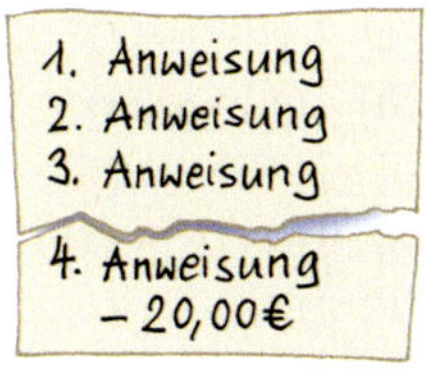

(2) Wenn die Fehlanweisung schon gebucht ist, wird die Gegenanweisung +20 € dem Sammelauftrag noch hinzugefügt.

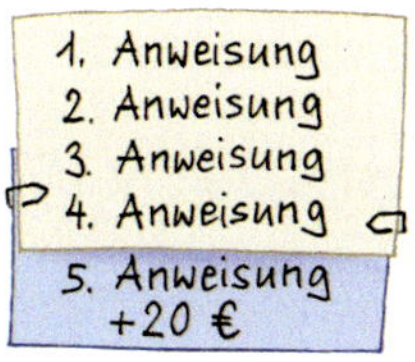

Statt die Anweisung –20 € *wegzunehmen*, kann man die Gegenanweisung +20 € hinzufügen. Das *Wegnehmen* einer Anweisung deuten wir als *Subtrahieren*, das *Hinzufügen* als *Addieren*. Wir erkennen: Das Subtrahieren einer Zahl bewirkt dasselbe wie das Addieren ihrer Gegenzahl.

Aufgabe 1

Ein Sammelauftrag lautet insgesamt auf –83 €. In dem Sammelauftrag ist irrtümlich eine Lastschrift über 30 € enthalten. Wie lautet der neue, berichtigte Sammelauftrag?

Lösung

$(-83) - (-30) = (-83) + (+30) = -53$

Ergebnis: Der berichtigte Sammelauftrag lautet –53 €.

Information

Da das Subtrahieren das Addieren auch für ganze Zahlen rückgangig machen soll, vereinbaren wir:

Subtraktionsregel für ganze Zahlen

Eine ganze Zahl subtrahieren heißt, ihre Gegenzahl addieren.

$(+8) - (+2) = (+8) + (-2) = +6$

$(+3) - (-6) = (+3) + (+6) = +9$

$(-4) - (+7) = (-4) + (-7) = -11$

$(-5) - (-3) = (-5) + (+3) = -2$

Hier kommt das Minuszeichen in doppelter Bedeutung vor:
- als Vorzeichen negativer Zahlen
- als Rechenzeichen für die Subtraktion.

Weiterführende Aufgaben

Zusammenhang zwischen Addition und Subtraktion

2. Beim Rechnen mit natürlichen Zahlen wissen wir:
Das Subtrahieren einer Zahl wird durch das Addieren der Zahl rückgängig gemacht (und umgekehrt).
Prüfe an selbstgewählten Beispielen, ob dies auch für ganze Zahlen und damit auch für negative Zahlen gilt.

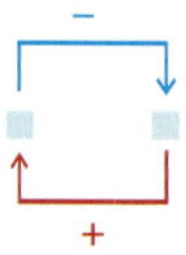

Umwandeln in eine Summe ganzer Zahlen

3. Schreibe als Summe ganzer Zahlen, berechne dann.
a) $12+(-17)-(+38)$
b) $9-(-11)-(+3)$
c) $(-65)-(+42)-(-9)+(-36)$

$3-(-5)-(+4)$
$=3+(+5)+(-4)$ ← Summe ganzer Zahlen
$=8 \quad +(-4)$
$=4$

Ein Term, in dem ganze Zahlen addiert oder subtrahiert werden, kann stets so umgeformt werden, dass nur Additionen vorkommen.
Beispiele: $7+(-4)-(+2)-(-8)=+9$; $1+(-4)+(-2)+(+8)=+3$

Übungsaufgaben

4. Rechne im Kopf.

a) $(-9)-(-3)$	g) $(-8)-(-17)$	m) $(+42)-(+15)$	s) $(+83)-(-25)$
b) $(+6)-(-7)$	h) $(+5)-(+23)$	n) $(-73)-(-25)$	t) $(-43)-(-128)$
c) $(-5)-(+9)$	i) $(-15)-(+9)$	o) $(-58)-(+17)$	u) $(-154)-(+182)$
d) $(-12)-(+3)$	j) $(-17)-(-14)$	p) $(-234)-(+174)$	v) $(+360)-(+150)$
e) $(-19)-(-12)$	k) $(+19)-(+31)$	q) $(-325)-0$	w) $(-451)-(-51)$
f) $(+5)-(+13)$	l) $(-12)-(-29)$	r) $(+218)-(-82)$	x) $(-190)+(-90)$

Erinnere dich: Bei positiven Zahlen kann man das Vorzeichen und die Zahlklammern weglassen.

5. Wende die Subtraktionsregel an.

a) $(+765)-(+235)$	e) $(-73)+(-67)$	i) $(+567)-(-886)$	m) $158-2\,145$
b) $(+254)-(-310)$	f) $(-193)+(+77)$	j) $(-459)-(+954)$	n) $(-306)-(-1\,511)$
c) $(-561)-(+127)$	g) $(+250)-(-73)$	k) $(-162)-(-621)$	o) $-300-(-4\,862)$
d) $(-876)-(-161)$	h) $(+120)-(-210)$	l) $(+302)-(-928)$	p) $4\,385-8\,543$

Storno (lat.)
Rückbuchung
Löschung

6. a) Rechts siehst du bei den ersten beiden Kassenbons zwei Möglichkeiten, einen fehlerhaft eingetippten Betrag zu korrigieren.
Vergleiche die Möglichkeiten.
Schreibe auch jeweils eine Rechenaufgabe für die Korrekturmöglichkeit.
b) Auf dem dritten Kassenbon ist das Rückgeld für Pfand irrtümlich enthalten.
Korrigiere auf zwei Weisen im Heft und schreibe jeweils die Rechenaufgabe.

7. Schreibe die Summe als Differenz.

a) $(+20)+(-14)$	c) $-8+12$	e) $-27+0$
b) $(-11)+(-30)$	d) $-11+9$	f) $0+29$

$(+7)+(-3)=(+7)-(+3)$

8. Subtrahiert man eine natürliche Zahl von einer anderen, so wird diese verkleinert. Prüfe an Zahlenbeispielen, ob das auch bei ganzen Zahlen so ist.

9. Übertrage in dein Heft und vervollständige.

a)

−	− 3	6	3	− 6
− 7	− 4			
7				
− 8				
5				

b)

−	− 4	− 9		3
2			0	
		3		
			− 1	
3				

c)

−				6
		4	− 9	
	2	− 7		
− 8		0		
1				− 5

Spiel

10. Ein Spieler beginnt, indem er eine Zahl nennt, die sich als Differenz oder Summe zweier Zahlen von der Pinnwand rechts bilden lässt. Der Spieler, der die dazu gehörige Aufgabe als Erster findet, erhält einen Punkt und nennt die nächste Zahl.

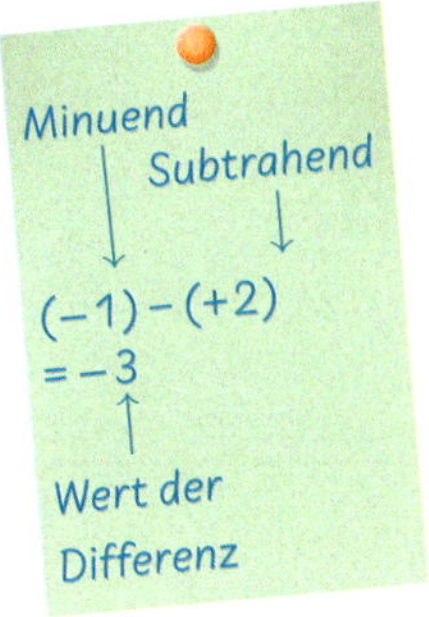

11. a) Der Minuend ist 125; die Differenz hat den Wert 87. Wie lautet der Subtrahend?
b) Der Subtrahend ist 45; die Differenz hat den Wert − 19. Wie lautet der Minuend?
c) Die Summe hat den Wert − 94; der erste Summand ist 49. Wie heißt der zweite?
d) Die Summe ist 0; einer der beiden Summanden ist − 51. Wie heißt der andere?

12. a) Beginne mit der Zahl 36. Wie oft musst du 17 subtrahieren, damit das Ergebnis − 100 ist?
b) Beginne mit der Zahl − 97. Subtrahiere die Zahl − 28 so lange, bis das Ergebnis größer als 0 ist. Gib das Ergebnis an.

13. Schreibe als Summe und berechne.
a) $(-4) - (+12) - (-8)$
b) $25 - (-13) + (-81)$
c) $42 - (-27) - 63 + (-16)$
d) $(-50) - (-25) - 60 - (-70)$

14. a) Übertrage in dein Heft und setze bei den Aufgaben rechts das passende Rechenzeichen + oder − ein.
b) Denke dir dann selbst solche Aufgaben aus und stelle sie deinem Nachbarn.

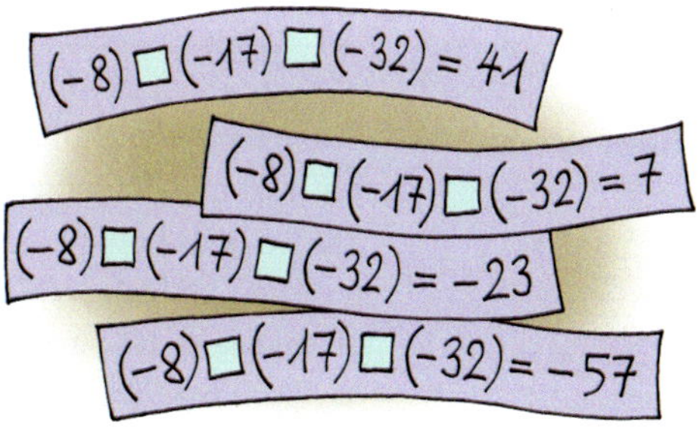

15. Bilde aus zwei der Zahlen links eine Summe
(1) mit möglichst großem Wert,
(2) mit möglichst kleinem Wert.

16. Im Gebirge nimmt die Temperatur im Durchschnitt etwa 1 Grad bei jeweils 200 m Höhenunterschied nach oben hin ab. Der große Arber ist mit 1 456 m über NN der höchste Berg im Bayerischen Wald. Wie kalt ist es etwa auf dem Berggipfel, wenn es in Bodenmais (690 m über NN) am Fuß des Berges 3 °C warm ist?

17. Gibt es Zahlen r und s, für die gilt: a) $|r| - |s| = |r - s|$; b) $|r - s| > |r| - |s|$?

4.5.2 Auflösen von Zahlklammern – Vereinfachen eines Terms

Einstieg

a) Einige der nebenstehenden Terme sind wertgleich. Findest du sie? Kannst du die Wertgleichheit erkennen, ohne die Terme zu berechnen?

b) Diskutiere mit deinem Nachbarn darüber, ob man jeden Term, in dem nur addiert und subtrahiert wird, so umformen kann, dass man ohne Zahlklammern auskommt. Begründet eure Auffassung.

Aufgabe 1

Du weißt: Zahlklammern und Vorzeichen darf man bei positiven Zahlen weglassen (siehe die Beispiele rechts). Dadurch lässt sich ein Term vereinfachen.

$(-7) - (+5) = (-7) - 5$
$(-7) + (+5) = (-7) + 5$

a) Forme die folgenden Terme so um, dass keine Zahlklammer mehr vorkommt, die Zahlklammer also aufgelöst wird: **(1)** $9 - (-5)$; **(2)** $9 + (-5)$. Begründe dein Vorgehen.

b) Versuche eine einfache Regel für das Auflösen einer Zahlklammer aufzustellen.

Lösung

a) (1) $9 - (-5) = 9 + (+5) = 9 + 5$
Begründung: Subtrahieren von –5 bewirkt nach der Subtraktionsregel dasselbe wie das Addieren von +5, also von 5.

(2) $9 + (-5) = 9 - (+5) = 9 - 5$
Begründung: Addieren von –5 bewirkt nach der Subtraktionsregel dasselbe wie das Subtrahieren von +5, also von 5.

b) Aus den Beispielen kann man folgende Regel ablesen:

Regel über das Auflösen einer Zahlklammer
Beim Auflösen einer Zahlklammer setzt man
- ein Pluszeichen, falls gleiche Zeichen nebeneinander stehen, und
- ein Minuszeichen, falls verschiedene Zeichen nebeneinander stehen.

Gleiche Zeichen, also +	Verschiedene Zeichen, also –
$7 + (+4) = 7 + 4$	$7 - (+4) = 7 - 4$
$7 - (-4) = 7 + 4$	$7 + (-4) = 7 - 4$

Information

Einsparen von Zahlklammern
Ein Term, in dem nur addiert und subtrahiert wird, kann man so umschreiben, dass nur positive Zahlen addiert bzw. subtrahiert werden. Dann kann man die Zahlklammern und Vorzeichen der positiven Zahlen weglassen.

Beispiel: $(+70) + (-45) - (+21) - (-86)$
$= (+70) - (+45) - (+21) + (+86)$ ← Nur noch + in den Zahlklammern
$= 70 - 45 - 21 + 86$

Hierbei steht vor einem Betrag jeweils nur eines der Zeichen + oder –.
Das jeweilige Zeichen kann aufgefasst werden als Rechenzeichen vor einer positiven Zahl oder als Vorzeichen einer ganzen Zahl, die addiert wird.
Wir vereinbaren außerdem:
Steht eine negative Zahl am Anfang, so darf man die Klammer um die Zahl weglassen.
Beispiel: $(-80) + (-72) + (+30) = -80 - 72 + 30 = -122$

Weiterführende Aufgaben

Vertauschen von Additions- und Subtraktionsschritten zum vorteilhaften Rechnen

Geschickt rangieren

2. Berechne und vergleiche. Welcher der beiden Rechenwege ist günstiger?

a) (− 12) − (− 9) + (− 8)
(− 12) + (− 8) − (− 9)

b) 43 − 92 − 58 + 67
43 + 67 − 92 − 58

Begründe, warum man die Rechenschritte vertauschen darf. Beachte dazu die Subtraktionsregel für ganze Zahlen. Du kannst die Terme auch als eine Folge von Buchungsanweisungen deuten, die hinzugefügt oder weggenommen werden.

> Aufeinander folgende Additions- und Subtraktionsschritte darf man vertauschen.
> Dabei ändert sich der Wert des Terms nicht.
> Denke dir ganze Zahlen anstelle von a, b und c. Stets gilt:
> **a + b − c = a − c + b** **a − b + c = a + c − b**

Übungsaufgaben

3. Löse die Zahlklammern auf und begründe die Umformung. Berechne dann.

a) 19 − (− 4)
b) − 43 − (− 18)
c) 78 + (− 84)
d) − 20 + (− 31)
e) 12 − (+ 19)
f) − 14 − (− 12) + (− 13)
g) (− 84) + (+ 9) − (− 2)
h) 31 + (− 19) − (+ 24)
i) 28 − (+ 12) + (− 42)

4. Schreibe ausführlich als Summe und berechne.

a) 3 − 5
b) − 11 + 7
c) − 9 − 13
d) − 9 − 13
e) 9 − 13 + 11
f) − 6 − 5 − 13
g) − 9 + 5 − 3
h) − 6 − 5 − 13
i) 11 − 8 + 14
j) 1 − 2 + 3 − 4
k) − 1 + 2 + 3 − 4
l) − 27 − 35 − 19 − 18

5. Vereinfache die Schreibweise und berechne.

a) 36 + (− 19)
b) 24 + (− 70)
c) 11 − (+ 83)
d) − 85 + (− 45)
e) 123 + (− 154)
f) 218 − (+ 281)
g) 44 − (+ 35) − 20
h) 59 + (− 81) + 34
i) − 16 − (− 63) − 17
j) 35 − (− 75) − 141
k) − 82 − (+ 97) + 179
l) 0 + (− 246) + 264

6. Vereinfache.

a) − |+ 2| b) − (− 5) c) − |− 1| d) − |− 0| e) − [− (− 3)] f) − {− [− (− 8)]}

7. Begründe durch Umwandlung in eine Summe: − 8 + 5 − 12 − 13 + 15 = 5 + 15 − 8 − 12 − 13

8. Niklas und Anna kommen zu unterschiedlichen Ergebnissen. Wer hat richtig gerechnet? Erkläre, worin der Fehler besteht.

9. Rechne vorteilhaft.

a) 86 − 39 + 14 − 11
b) − 48 + 35 − 32 + 65
c) 312 − 338 − 452 + 278
d) − 123 + 88 − 56 − 37 + 12 − 44

4.5.3 Vermischte Übungen zum Addieren und Subtrahieren

1. Rechne mit benachbarten Zahlen. Das Ergebnis steht im Feld darüber. Fülle in deinem Heft aus.

a) Addiere.

−224			
	−263		
+88	−49		
−138			+61

b) Subtrahiere.

−85			
−27			
−12		−43	
−24		37	

2. Die Buchstaben bzw. die Symbole □, △ und ○ stehen in den folgenden Aufgaben für eine ganze Zahl. Finde heraus, für welche Zahl die Gleichung stimmt.

a) $48 + \square = 53$ b) $53 + \square = 48$ c) $\triangle - 48 = 53$ d) $\triangle - 53 = 48$ e) $48 - \bigcirc = 53$

f) $48 - \bigcirc = 53$ g) $17 + x = 28$ h) $x - 92 = 14$ i) $345 - x = 39$ j) $x - 242 = 31$

k) $109 + y = 191$ l) $453 - z = 92$ m) $-100 + a = -900$ n) $b - 60 = 140$ o) $-350 + c = -30$

p) $-1\,453 - d = 592$ q) $m - 2\,492 = -6\,381$ r) $-3\,109 + n = -7\,191$ s) $4\,432 - r = -8\,562$ t) $-5\,356 + s = -9\,234$

3. Formuliere eine Frage und beantworte mithilfe einer Aufgabe mit negativen Zahlen.

a) Nachdem der Wasserstand um 1,40 m gefallen war, stieg er wieder um 0,50 m an.

b) Die Tiefsttemperatur nachts betrug −15,5 °C, am Tag war es höchstens um 8 °C wärmer.

c) Heute wurden viele Buchungen auf Herrn Meiers Konto durchgeführt. Insgesamt wurden 367,20 € abgebucht. Dabei ist auch eine Fehlbuchung: eine Lastschrift von 33,10 €.

Umrechnen von °C in °F: Multipliziere mit $\frac{9}{5}$ und addiere dann 32.

4. Welchen Abstand haben die beiden Zahlen auf der Zahlengeraden voneinander?

a) 7 und −5 b) −4 und −8 c) 0 und −3 d) 12 und −12

5. a) $|8 - 12|$; $|-8 - 12|$; $|-8 + 12|$; $|8 + 12|$

b) $|-8| + |-4|$; $|+8| - |+4|$; $|-12| + |17 - 9|$; $|3 - |5 - 7||$

$|7 - 9| = |-2| = 2$

6. Setze die Folge um fünf weitere Zahlen fort.

a) 3; 1; −1; −3; −5; −7; −9 b) −19; −16; −13; −10; −7 c) −7; −6; −4; −1; 3; 8

7. Ist die Behauptung richtig? Begründe deine Antwort.

(1) Die Differenz zweier ganzer Zahlen ist höchstens so groß wie der Minuend.

(2) Die Differenz zweier ganzer Zahlen ist stets kleiner als die Summe dieser Zahlen.

(3) Vertauscht man in einer Differenz ganzer Zahlen Minuend und Subtrahend, so ändert sich das Ergebnis immer.

(4) Die Summe zweier ganzer Zahlen ist immer verschieden von der Differenz dieser Zahlen.

(5) Die Summe zweier ganzer Zahlen ist immer gleich der Differenz aus dem ersten Summanden und der Gegenzahl des zweiten Summanden.

Minuend
– Subtrahend
= Differenz

8. Von einer Summe aus vier Summanden sind nur die Beträge der Summanden bekannt: 8; 4; 2; 1. Die Summe hat den Wert −3. Suche zu jedem Betrag das richtige Vorzeichen.

9. a) Berechne: 1 − 2; 1 − 2 + 3; 1 − 2 + 3 − 4; 1 − 2 + 3 − 4 + 5; … Begründe, welche ganzen Zahlen man als Ergebnis einer solchen Aufgabe erhalten kann.

b) Was ändert sich, wenn man das abwechselnde Addieren und Subtrahieren nicht mit 1, sondern mit 0 beginnt?

Zeitzonen und Zeitverschiebung

Lange Zeit war die Zeit an einem Ort mithilfe der Sonne festgelegt: 12 Uhr mittags war der Zeitpunkt, zu dem die Sonne ihren höchsten Punkt über dem Horizont erreichte. Da die Erde sich aber um sich selbst dreht, hat die Sonne in z. B. in Dresden $\frac{1}{2}$ Stunde vorher ihren höchsten Stand bevor es in Duisburg der Fall ist. Bei dieser Festlegung der Uhrzeit nach dem Sonnenstand wären 12 Uhr mittags in Dresden und 12 Uhr mittags in Duisburg zu verschiedenen Zeitpunkten.

Bis in das 19. Jahrhundert galten in den einzelnen Ländern Deutschlands unterschiedliche Zeiten, zum Beispiel in Bayern die Münchner Zeit, die gegenüber der in ganz Preußen geltenden Berliner Zeit sieben Minuten nachging.
Für Fahrten z. B. mit der Eisenbahn in Deutschland ließ sich so kein einheitlicher Fahrplan festlegen. Daher hat man seit dem 1. April 1893 mit dem sogenannten Zeitgesetz für ganz Deutschland eine einheitliche Zeit vereinbart, die mitteleuropäische Zeit MEZ.

Je weiter östlich ein Ort von Deutschland liegt, desto früher steht dort die Sonne am höchsten. Man kann daher nicht für alle Orte der Erde die gleiche Zeit festlegen, sondern teilt diese in Zeitzonen ein. In Griechenland z. B. gilt die osteuropäische Zeit OEZ, die sich um eine Stunde von unserer unterscheidet. Vielleicht warst du schon einmal im Urlaub in Griechenland und hast gemerkt, dass man bei der Reise dorthin seine Uhr um eine Stunde vorstellen muss. Entsprechend muss man die Uhr bei der Reise zurück wieder um eine Stunde zurückstellen.

1. Wo erreicht die Sonne am frühesten ihren höchsten Stand: in England, in Deutschland oder in Russland?

Oben siehst du: Man hat die Erde insgesamt in 24 Zeitzonen unterteilt, in denen unabhängig vom Sonnenstand die gleiche Zeit festgelegt ist.

2. a) Idealerweise müssten alle 24 Zeitzonen die gleiche Breite von 15 Breitengraden haben. Überlege, woraus sich diese ideale Breite ergibt.

b) In Wirklichkeit sind die Zeitzonen z.T. sogar mit unregelmäßigen Grenzen voneinander getrennt. Überlege, warum man die Unterteilung wohl so getroffen hat.

3. Stelle dir vor, bei uns ist es 12 Uhr mittags:

a) Wo ist es Mitternacht?

b) Wo ist es 6 Uhr morgens?

c) Wo ist es 18 Uhr abends?

4. a) Jakobs Oma lebt in Toronto und möchte ihm an seinem Geburtstag morgens um 7 Uhr anrufen und gratulieren. Um welche Uhrzeit in Kanada muss sie telefonieren?

b) Wenn Tim aus Hannover um 6 Uhr aufsteht, wie spät ist es dann in Mexiko?

c) Sarah fliegt um 17:30 Uhr von New York nach Moskau. Der Flug soll 13 Stunden dauern. Zu welcher Ortszeit kommt sie an?

d) Stellt euch gegenseitig weitere Aufgaben.

5. Notiert für einige Städte die Veränderung gegenüber der MEZ. Schreibt z. B. für Sydney + 9 h und für Denver – 8 h.
Berechnet Zeitdifferenzen zwischen verschiedenen Städten. Schreibt dazu auch Subtraktionsaufgaben. Könnt ihr Regeln entdecken?

4.6 Multiplizieren ganzer Zahlen

4.6.1 Der zweite Faktor ist positiv oder null

Einstieg

Rechts findet ihr zwei Blöcke von Multiplikationsaufgaben.

a) Berechnet zunächst in dem ersten Block die blauen Aufgaben. Welche Gesetzmäßigkeit erkennt ihr von einer Aufgabe zur nächsten? Wendet diese Gesetzmäßigkeit zur Berechnung der roten Aufgaben an.
Verfahrt entsprechend bei dem anderen Block.

b) Bildet selbst Beispiele für solche Blöcke.

c) Welche Regeln erkennt ihr für das Multiplizieren einer negativen mit einer positiven ganzen Zahl? Präsentiert euer Ergebnis.

(1)	(2)
$(+2) \cdot 3 =$	$(+4) \cdot 2 =$
$(+1) \cdot 3 =$	$(+2) \cdot 2 =$
$0 \cdot 3 =$	$0 \cdot 2 =$
$(-1) \cdot 3 =$	$(-2) \cdot 2 =$
$(-2) \cdot 3 =$	$(-4) \cdot 2 =$
$(-3) \cdot 3 =$	$(-6) \cdot 2 =$

Aufgabe 1

Die Spielregel eines Würfelspiels gibt Folgendes an:
Würfle mit den beiden Augen-Würfeln und dem Vorzeichen-Würfel. Ziehe die Spielfigur wie es der braune Würfel anzeigt. Dabei ist die Punktzahl positiv oder negativ, so wie es der Vorzeichen-Würfel anzeigt. Positive Werte geht man vorwärts, negative rückwärts. Ziehe so oft, wie es der grüne Würfel bestimmt.

(1)

(2)

Die Änderungen der Position der Spielfigur auf dem Spielfeld kann in einzelnen Schritten vorgenommen werden. Fasse die Änderungen zu einer Gesamtänderung zusammen.

Lösung

Die Positionsänderungen können wir durch Pfeile darstellen und diese so aneinander legen, dass die nächste Änderung dort beginnt, wo die vorherige endet.

(1) Hier muss man zwei Felder vorwärts ziehen und diesen Zug dreimal nacheinander ausführen. Insgesamt geht man 6 Felder vor:
$(+2) + (+2) + (+2) = +6$
Diese mehrfache Addition ein und derselben Zahl kann man auch als Multiplikationsaufgabe schreiben:
$(+2) + (+2) + (+2) = (+2) \cdot 3 = +6$

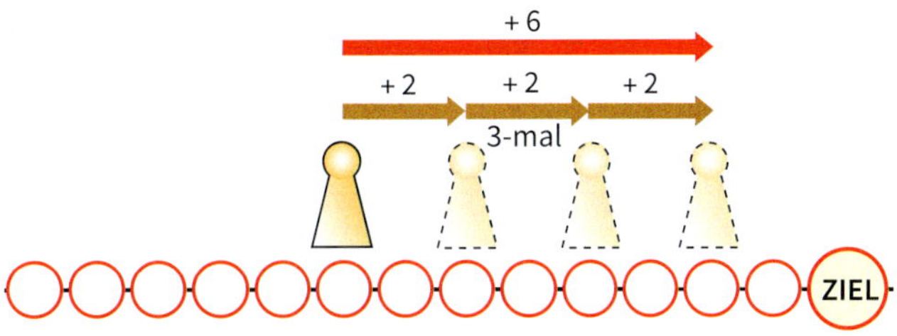

(2) Hier muss man zwei Felder rückwärts ziehen und diesen Zug viermal nacheinander ausführen. Insgesamt geht man 8 Felder zurück:
$(-2) + (-2) + (-2) + (-2) = -8$

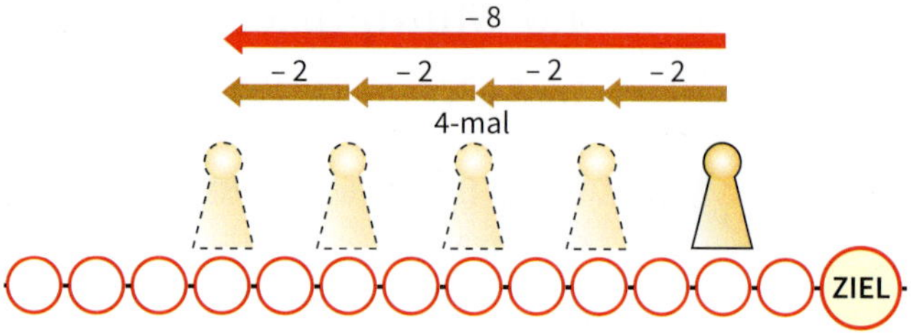

Diese mehrfache Addition ein und derselben Zahl kann man auch als Multiplikationsaufgabe schreiben:
$(-2) + (-2) + (-2) + (-2) = (-2) \cdot 4 = -8$

Information

(1) Anschauliche Deutung des Multiplizierens einer ganzen Zahl a mit einer positiven Zahl

Bei der Lösung der Aufgabe 1 wurde der Pfeil für +2 dreimal aneinander gelegt. Der Ergebnispfeil für +6 ist dreimal so lang wie der Pfeil für +2. Man sagt dafür auch: Der Pfeil für +2 wird mit dem Faktor 3 gestreckt.

Erster Faktor: Pfeil
Zweiter Faktor: Veränderung des Pfeils

Das Multiplizieren einer beliebigen ganzen Zahl a mit einer *positiven ganzen* Zahl b entspricht einem Strecken des Pfeils für a mit der Zahl b.
Beispiel: $(-7) \cdot 3 = -21$

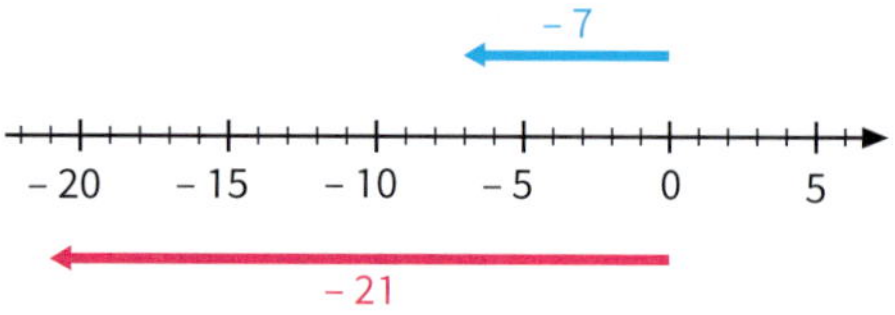

(2) Multiplizieren mit der Zahl 0

Von den natürlichen Zahlen weißt du schon:
Wenn eine positive Zahl oder 0 mit der 0 multipliziert wird, erhält man 0 als Ergebnis.
Das soll auch für negative ganze Zahlen gelten:
$(-3) \cdot 0 = 0$; $(-5) \cdot 0 = 0$

Übungsaufgaben

2. Für die Musikschule werden in jedem Monat 47 € als Beitrag abgebucht. Welcher Betrag ist das im Jahr? Schreibe dazu sowohl eine Additionsaufgabe als auch eine Multiplikationsaufgabe mit negativen Zahlen.

3. Schreibe als Produkt und berechne.
a) $(-4) + (-4) + (-4) + (-4) + (-4) + (-4)$
b) $(-11) + (-11) + (-11) + (-11)$
c) $(-25) + (-25) + (-25) + (-25)$
d) $(-13) + (-13) + (-13) + (-13) + (-13)$
e) $0 + 0 + 0 + 0$
f) $(+29) + (+29) + (+29) + (+29) + (+29) + (+29) + (+29)$

4. Deute an der Zahlengeraden. Rechne auch.
a) $(-1) \cdot 4$
b) $(+3) \cdot 3$
c) $(-4) \cdot 3$
d) $(-5) \cdot 2$
e) $(-3) \cdot 5$
f) $(+2) \cdot 4$
g) $(-5) \cdot 2$
h) $(+6) \cdot 4$

5. Aus dem blauen Pfeil wird der rote Pfeil erzeugt. Schreibe dazu ein Produkt.

a) 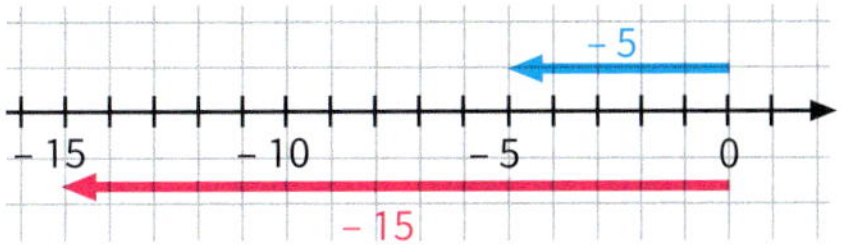

c) 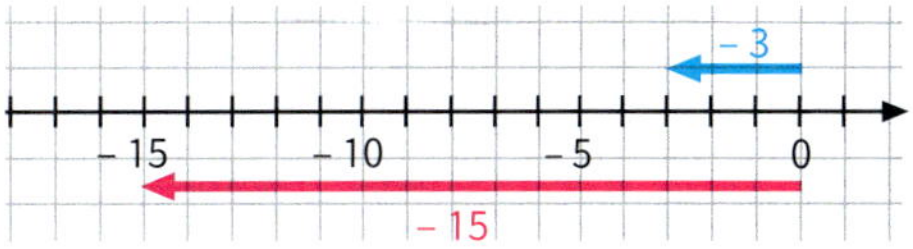

b) 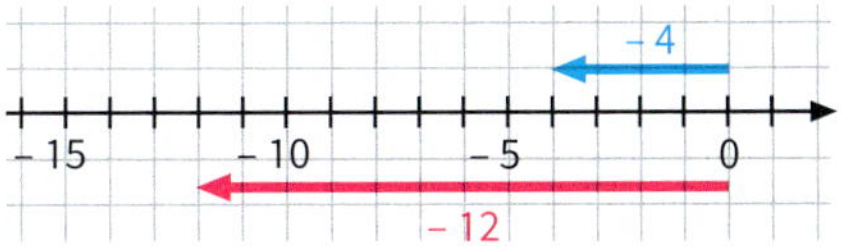

d) 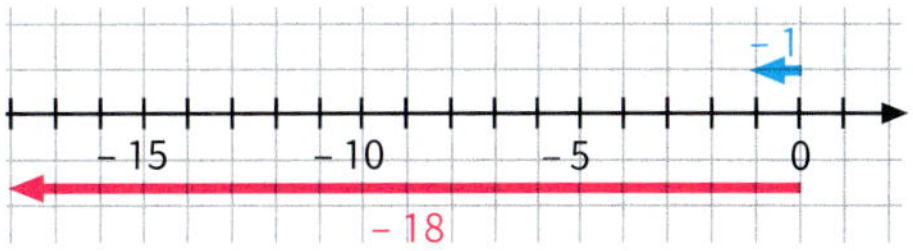

$+7 = 7$

6. Berechne.

a) $(-5)\cdot 7$	**d)** $(-3)\cdot 5$	**g)** $(-15)\cdot(+7)$	**j)** $(-30)\cdot(+3)$
b) $(-8)\cdot 3$	**e)** $(-9)\cdot 4$	**h)** $(-11)\cdot(+8)$	**k)** $(-25)\cdot(+4)$
c) $(-10)\cdot 6$	**f)** $(-7)\cdot 7$	**i)** $(-12)\cdot(+5)$	**l)** $(-50)\cdot(+8)$

4.6.2 Der zweite Faktor ist negativ

Einstieg

Hier sind zwei Blöcke von Multiplikationsaufgaben.

a) Berechnet zunächst in dem ersten Block die blauen Aufgaben. Welche Gesetzmäßigkeit erkennt ihr von einer Aufgabe zur nächsten? Wendet diese Gesetzmäßigkeit zur Berechnung der roten Aufgaben an. Verfahrt entsprechend bei dem anderen Block.

(1)	(2)
$(+2)\cdot(+2) =$	$(+2)\cdot(-3) =$
$(+2)\cdot(+1) =$	$(+1)\cdot(-3) =$
$(+2)\cdot\ 0 =$	$0\cdot(-3) =$
$(+2)\cdot(-1) =$	$(-1)\cdot(-3) =$
$(+2)\cdot(-2) =$	$(-2)\cdot(-3) =$
$(+2)\cdot(-3) =$	$(-3)\cdot(-3) =$

b) Bildet selbst Beispiele für solche Blöcke.

c) Welche Regeln erkennt ihr für das Multiplizieren ganzer Zahlen?

Einführung

Multiplizieren einer positiven Zahl mit einer negativen Zahl

Es gilt: $(-2)\cdot(+3) = -6$. Was aber bedeutet $(+3)\cdot(-2)$?

Dazu vereinbaren wir: Das Kommutativgesetz soll auch für die Multiplikation ganzer Zahlen gelten: $(+3)\cdot(-2) = (-2)\cdot(+3) = -6$.

Auch bei der Multiplikationsaufgabe $(+3)\cdot(-2)$ wollen wir den ersten Faktor $(+3)$ als Pfeil darstellen und den zweiten Faktor (-2) als Veränderung dieses Pfeils.

Wie erhält man dann am Zahlenstrahl aus dem Pfeil für $+3$ den Pfeil für -6?

Das kann auf zwei Weisen geschehen.

Spiegeln am Nullpunkt bedeutet Richtungsumkehr bzw. Vorzeichenwechsel.

1. Weg: Der Pfeil für +3 wird zunächst mit dem Faktor 2 gestreckt und dann am Nullpunkt gespiegelt (umgewendet).

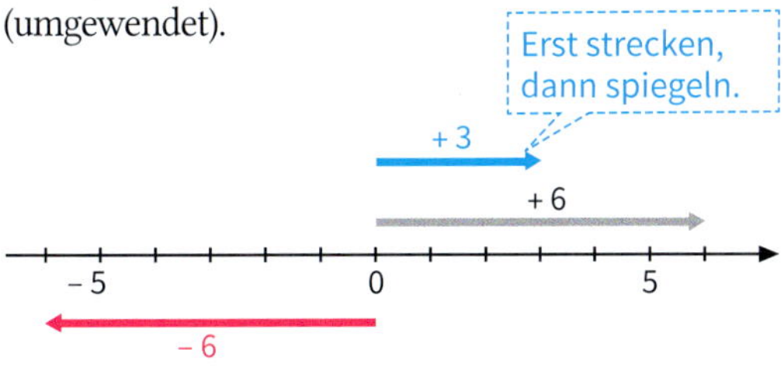

2. Weg: Der Pfeil für +3 wird zunächst am Nullpunkt gespiegelt (umgewendet) und dann mit dem Faktor 2 gestreckt.

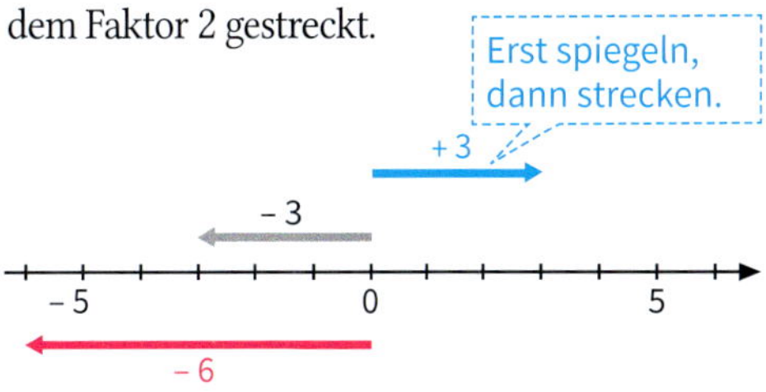

Wir sagen kurz: Es wird ein Strecken am Nullpunkt mit Richtungsumkehr durchgeführt.

Information Wir setzen für das Multiplizieren mit einer negativen Zahl fest:

Anschauliche Deutung des Multiplizierens einer ganzen Zahl mit einer negativen Zahl

Das Multiplizieren einer beliebigen ganzen Zahl a mit einer negativen ganzen Zahl b entspricht einem *Strecken mit Richtungsumkehr* des Pfeils für a.

Beispiel: $(+2)\cdot(-3) = -6$

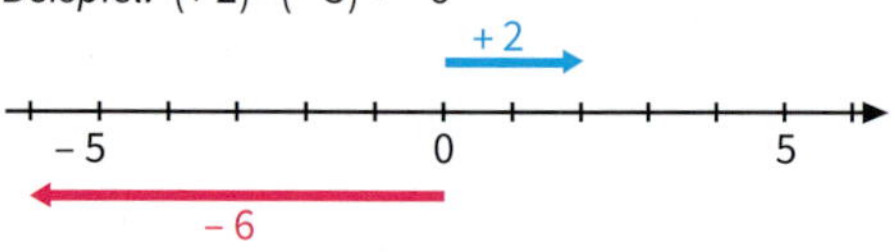

Aufgabe 1 **Multiplizieren zweier negativer Zahlen**

Zeichne zu $(-3)\cdot(-2)$ ein Pfeilbild an der Zahlengeraden. Berechne dann $(-3)\cdot(-2)$.

Lösung

1. Weg:
Strecken mit dem Faktor 2, dann Spiegeln am Nullpunkt.

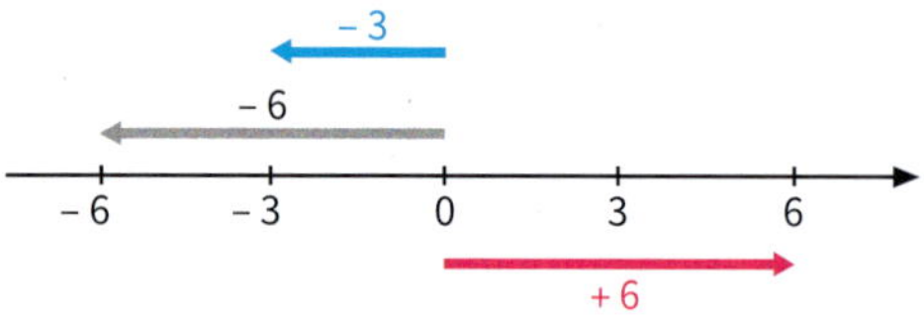

2. Weg:
Spiegeln am Nullpunkt, dann Strecken mit dem Faktor 2.

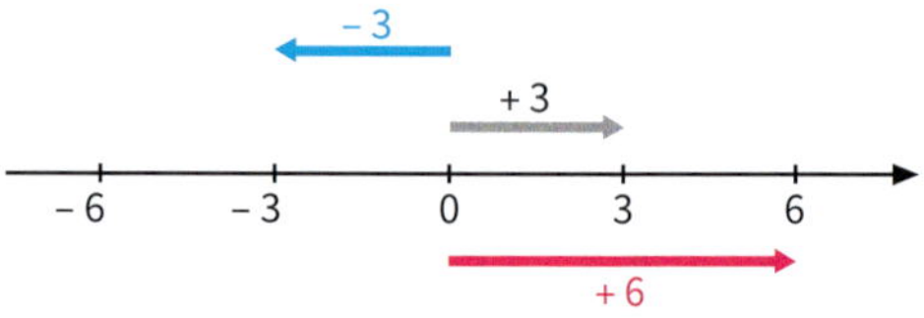

Bei jedem der beiden Wege erhältst du: $(-3)\cdot(-2) = +6$

Information **(1) Regel für das Multiplizieren ganzer Zahlen**

An den bisherigen Beispielen erkennt man, wie man ganze Zahlen multipliziert.

plus mal plus ergibt plus
minus mal minus ergibt plus
plus mal minus ergibt minus
minus mal plus ergibt minus

Regel für das Multiplizieren ganzer Zahlen

Ganze Zahlen multipliziert man folgendermaßen:
- Man multipliziert die Beträge.

Das Vorzeichen bestimmt man so:
- Haben beide Faktoren dasselbe Vorzeichen, ist das Produkt positiv.
- Haben beide Faktoren verschiedene Vorzeichen, ist das Produkt negativ.

Beispiele:
$(+3)\cdot(+4) = +(3\cdot 4) = +12$
$(-3)\cdot(-4) = +(3\cdot 4) = +12$
$(+3)\cdot(-4) = -(3\cdot 4) = -12$
$(-3)\cdot(+4) = -(3\cdot 4) = -12$

Multiplikation mit Null
Denke dir eine beliebige ganze Zahl für a. Stets gilt: $a\cdot 0 = 0;\ 0\cdot a = 0$

(2) Begründung der Vorzeichenregel für die Multiplikation ganzer Zahlen

Aufgrund der anschaulichen Bedeutung der Multiplikation als Streckung (gegebenenfalls mit Richtungsumkehr) ergibt sich:
Ist der zweite Faktor positiv, so findet nur eine Streckung statt. Das Vorzeichen des ersten Faktors bleibt bestehen.
Ist der zweite Faktor negativ, so findet außerdem noch eine Spiegelung am Nullpunkt statt. Das Vorzeichen des ersten Faktors wird geändert.

Weiterführende Aufgaben

Multiplikation mit (– 1)

2. Multipliziere verschiedene ganze Zahlen mit (– 1). Was stellst du fest? Begründe auch.

> Die Multiplikation einer ganzen Zahl mit (– 1) ergibt deren Gegenzahl.

Es ist üblich, die Multiplikation mit (–1) durch ein vorgesetztes Minuszeichen abzukürzen.

Beispiele: $-(-7) = (-1) \cdot (-7) = +7$ ist die Gegenzahl zu -7

$-(+5) = (-1) \cdot (+5) = -5$ ist die Gegenzahl zu $+5$

Potenzen mit ganzen Zahlen als Basis

3. Du weißt: Eine Potenz ist ein Produkt aus gleichen Faktoren. Dabei ist die Basis (die Grundzahl) der mehrfach auftretende Faktor. Der Exponent (die Hochzahl) gibt an, wie oft der gleiche Faktor vorkommt.
Wie für natürliche Zahlen gilt auch für negative Zahlen als Basis:
$(-7)^0 = 1$ $(-7)^1 = -7$

> $(-2)^4 = (-2) \cdot (-2) \cdot (-2) \cdot (-2) = 16$
>
> Potenz $(-2)^4 = 16$
>
> Basis (Grundzahl) — Exponent (Hochzahl) — Wert der Potenz

a) Schreibe als Produkt und berechne.
(1) $(-2)^5$; $(-6)^2$; $(+5)^4$ **(2)** $(-5)^3$; $(-4)^3$; $(-1)^7$ **(3)** $(-1)^6$; 0^4; $(-2)^0$

b) Schreibe als Potenz und berechne.
(1) $(-15) \cdot (-15)$ **(2)** $(-6) \cdot (-6) \cdot (-6)$ **(3)** $(-3) \cdot (-3) \cdot (-3) \cdot (-3) \cdot (-3)$

Übungsaufgaben

4. Deute an der Zahlengeraden. Rechne auch.

a) $(+5) \cdot (-3)$ c) $(-25) \cdot (-4)$ e) $(+4) \cdot (-1)$ g) $(+15) \cdot (-3)$
b) $(+4) \cdot (-5)$ d) $(-7) \cdot (-6)$ f) $(-12) \cdot (-3)$ h) $(+1) \cdot (-1)$

5. Der blaue Pfeil ist in den roten Pfeil übergegangen. Beschreibe die Veränderung. Notiere dazu eine Multiplikationsaufgabe.

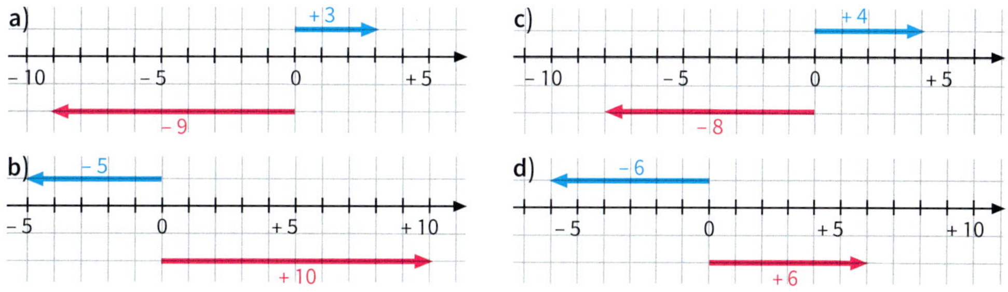

6. a) $(-4) \cdot (+7)$
$(+4) \cdot (-7)$
$(+4) \cdot (+7)$
$(-4) \cdot (-7)$

b) $(-12) \cdot (-9)$
$(+12) \cdot (+9)$
$(-12) \cdot (+9)$
$(+12) \cdot (-9)$

c) $(-17) \cdot (+3)$
$(+17) \cdot (-3)$
$(-17) \cdot (-3)$
$(+17) \cdot (+3)$

d) $(+20) \cdot (+16)$
$(-20) \cdot (+16)$
$(+20) \cdot (-16)$
$(-20) \cdot (-16)$

7. a) $(-5) \cdot (+3)$ d) $(-4) \cdot (-5)$ g) $(+6) \cdot (+7)$ j) $(+12) \cdot (-5)$
b) $(+6) \cdot (-2)$ e) $(+8) \cdot (-7)$ h) $(-10) \cdot (-8)$ k) $(-15) \cdot (-8)$
c) $(+7) \cdot (+8)$ f) $(-9) \cdot (+3)$ i) $(+25) \cdot (-4)$ l) $(+20) \cdot (-9)$

8. Übertrage die Zahlenmauern in dein Heft. Multipliziere nebeneinander stehende Zahlen. Schreibe das Ergebnis in das Feld darüber.

a)

−960			
−5	+2	−2	−3

b)

−96			
+6		−4	
	−2		+4

9. Schreibe die vorgegebene Zahl auf verschiedene Weisen als Produkt ganzer Zahlen.
a) 36 b) 24 c) −12 d) −27 e) 0

10. Richtig oder falsch? Begründe.
a) Ist bei zwei Faktoren einer negativ, so ist das Produkt negativ.
b) Das Produkt zweier negativer ganzer Zahlen ist immer größer als jeder der Faktoren.
c) Ist das Produkt zweier ganzer Zahlen negativ, so ist es kleiner als beide Faktoren.
d) Das Produkt von zwei ganzen Zahlen ist nie null.
e) Das Produkt von drei ganzen Zahlen ist nur dann positiv, wenn alle drei Faktoren gleiches Vorzeichen haben.

Spiel
2 Spieler

11. Würfelt abwechselnd mit zwei verschiedenfarbigen Würfeln und multipliziert die Augenzahlen. Der Partner legt vor jedem Wurf fest, welche Vorzeichen für die Würfel verwendet werden. Addiert die Produkte für 10 Spielrunden. Wer dann näher an null ist, hat gewonnen.

12. Schreibe als Potenz. Berechne auch den Wert der Potenz.
a) $(-1) \cdot (-1) \cdot (-1) \cdot (-1) \cdot (-1) \cdot (-1) \cdot (-1) \cdot (-1)$
b) $(-10) \cdot (-10) \cdot (-10) \cdot (-10) \cdot (-10) \cdot (-10) \cdot (-10)$
c) $(-2) \cdot (-2) \cdot (-2) \cdot (-2) \cdot (-2)$
d) $(-8) \cdot (-8) \cdot (-8)$

13. Anna und Lukas sind verschiedener Meinung. Erklärt beiden, wer Recht hat.

14.
a) $(-3)^4$ b) -3^4 c) $(+7)^3$ d) $(-2)^7$
e) -2^7 f) $(+2)^0$ g) $(-6)^1$ h) 0^{12}
i) $(-20)^5$ j) $(-30)^0$ k) -25^2 l) $(5)^6$
m) $(-50)^3$ n) -50^3 o) $(-50)^2$ p) -50^2

15. Entscheide, ob die Aussage falsch oder richtig ist. Begründe.
a) $(-9)^{75}$ ist negativ
b) -47^{28} ist positiv
c) $(-91)^{21} > 0$
d) $(-276)^{48} < 0$
e) $(-715)^{39} > 0^5$
f) $(-23)^5 < (-34)^5$
g) $(-12)^6 < (-17)^6$
h) $(-15)^4 < (-15)^6$

16. Entscheide, ob falsch oder richtig. Begründe.
a) Eine Potenz mit ungeradem Exponenten ist stets negativ.
b) Eine Potenz mit geradem Exponenten ist stets positiv.
c) Ist eine Potenz negativ, so ist der Exponent ungerade.
d) Ist eine Potenz positiv, so ist der Exponent gerade.
e) Ist eine Potenz null, so ist der Exponent gerade.
f) Ist eine Potenz null, so ist die Basis null.

4.7 Dividieren ganzer Zahlen

Einstieg

a) Bestimmt die Zahl, die Marie sich gedacht hat. Schreibt eine Rechnung dazu auf. Wie könnt ihr euer Ergebnis überprüfen?
b) Denke dir selbst entsprechende Multiplikationsaufgaben aus, schreibe sie auf und stelle sie deinem Partner. Wechselt euch nach jeder Aufgabe ab.
c) Seht euch eure Aufgaben noch einmal gemeinsam an und versucht, eine Regel für die Division ganzer Zahlen zu formulieren.

Aufgabe 1

Regel für das Dividieren ganzer Zahlen

a) Toms Eltern haben eine Tageszeitung für 348 € im Jahr abonniert. Toms Mutter möchte im kommenden Jahr das Abonnement monatlich bezahlen.
Rechne mit negativen Zahlen.
Kontrolliere dein Ergebnis mithilfe der entgegengesetzten Rechenart.

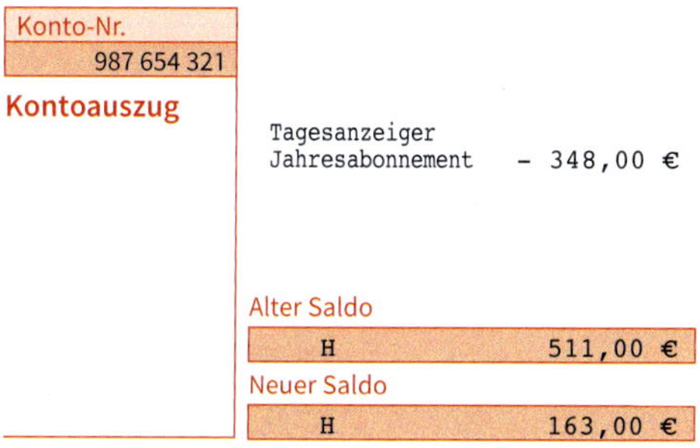
Konto-Nr.
987 654 321
Kontoauszug
Tagesanzeiger
Jahresabonnement - 348,00 €
Alter Saldo
H 511,00 €
Neuer Saldo
H 163,00 €

b) Welche Ergebnisse vermutest du für folgende Aufgaben:
(1) $(+144):(-6)$, (2) $(-98):(-14)$ (3) $(-96):(+12)$?
Kontrolliere jeweils mithilfe der entgegengesetzten Rechenart.

Lösung

a) Der Jahresbetrag ist durch Verzwölffachen des Monatsbetrages entstanden.
Also muss jetzt durch 12 dividiert werden: $(-348):12=-29$
Ergebnis: Monatlich müssen 29 € abgebucht werden.
Kontrolle: Verzwölffacht man die monatliche Abbuchung, so muss sich die jährliche Abbuchung ergeben: $(-29)\cdot 12=-348$

b) (1) $(+144):(-6)=-24$, denn $(-24)\cdot(-6)=+144$
(2) $(-98):(-14)=+7$, denn $(+7)\cdot(-14)=-98$
(3) $(-96):(+12)=-8$, denn $(-8)\cdot(+12)=-96$

Information

(1) Dividieren macht Multiplizieren rückgängig

Bei positiven Zahlen gilt:
Die Division macht rückgängig, was die Multiplikation bewirkt.
Das soll auch bei negativen Zahlen gelten.

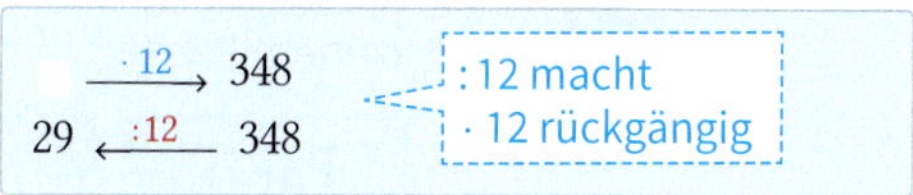

Das Dividieren durch eine von 0 verschiedene ganze Zahl macht rückgängig, was das Multiplizieren mit derselben ganzen Zahl bewirkt hat.

(2) Divisionsregel

Die Kontrolle der Beispiele in der Aufgabe zeigt, dass für das Dividieren die entsprechende Vorzeichenregel wie beim Multiplizieren gelten muss.

Regel für die Division ganzer Zahlen

Man dividiert eine ganze Zahl durch eine von 0 verschiedene ganze Zahl, indem man die Beträge dividiert und das Vorzeichen nach folgender Regel setzt:
Bei gleichen Vorzeichen von Dividend und Divisor ist der Quotient positiv;
bei verschiedenen Vorzeichen von Dividend und Divisor ist der Quotient negativ.

plus durch plus ergibt plus
minus durch minus ergibt plus
plus durch minus ergibt minus
minus durch plus ergibt minus

Beispiele:

$(+21):(+3) = +(21:3) = +7$
$(-21):(-3) = +(21:3) = +7$
$(-21):(+3) = -(21:3) = -7$
$(+21):(-3) = -(21:3) = -7$

Weiterführende Aufgaben

Division durch null

2. Untersuche, ob folgende Aufgaben ein eindeutiges Ergebnis haben.
Mache dazu stets die Kontrolle durch Multiplikation.

a) $0:(-5)$ **b)** $(-5):0$ **c)** $0:0$

Durch 0 kann man nicht dividieren.
$(-3):0$ und $0:0$ bezeichnen keine ganze Zahl.

Übungsaufgaben

3. Berechne die durchschnittliche monatliche Schuldenaufnahme der Gemeinde Neuhausen. Notiere eine Aufgabe mit negativen Zahlen.

Finanzmisere in Neuhausen
Zum Jahresbeginn stand die Gemeinde Neuhausen noch schuldenfrei da. Der Ausbau neuer Wohngebiete erforderte in nur einem Vierteljahr eine Verschuldung von 300 000 €.

4. Von Herrn Lehmanns Konto wird einmal im Jahr 192 € als Familienbeitrag für den Sportverein abgebucht. Man kann den Beitrag auch in monatlichen Raten abbuchen lassen.
Wie hoch wäre die monatliche Abbuchung?
Notiere eine Aufgabe mit negativen Zahlen.

5. Jeder Partner berechnet die angegebenen Quotienten und lässt sich die Ergebnisse von seinem Partner mit der entgegengesetzten Rechenart kontrollieren.

Partner A	Partner B	Partner A	Partner B
$(+32):(-4)$	$(-21):(-3)$	$(-56):(-7)$	$(-72):(+6)$
$(+32):(+4)$	$(+21):(-3)$	$(+56):(-7)$	$(-72):(-6)$
$(-32):(+4)$	$(+21):(+3)$	$(+56):(+7)$	$(+72):(+6)$
$(-32):(-4)$	$(-21):(+3)$	$(-56):(+7)$	$(+72):(-6)$

> Erinnere dich: Bei positiven Zahlen kann man das Vorzeichen und die Zahlklammern weglassen.

6. Berechne.

a) (−45):(−9) e) (−280):(−4) i) (−270):(−90) m) (−96):(−12)
b) (+77):(−7) f) (+360):(+2) j) (−240):(+60) n) (−169):(+13)
c) (−96):(−3) g) (+480):(−8) k) (+480):(−60) o) (+144):(−8)
d) (+54):(+6) h) (−360):(+3) l) (+630):(+70) p) (+121):(+11)

7. Berechne, wenn möglich. Gib den Grund an, wenn du nicht weiterrechnen kannst.

a) 0:(−5) b) (−7):0 c) 0:0 d) 0:(−3) e) (− 3):0

8. Übertrage in dein Heft und vervollständige.

a) [ ] —·(−6)→ [−750] —·3→ [ ] —■→ [−150] —■→ [75] —:(−3)→ [ ]

b) [ ] —:21→ [−8] —■→ [768] —■→ [−16] —:(−4)→ [ ] —■→ [4]

9. Welche Punktstände sind in der nächsten Runde möglich?

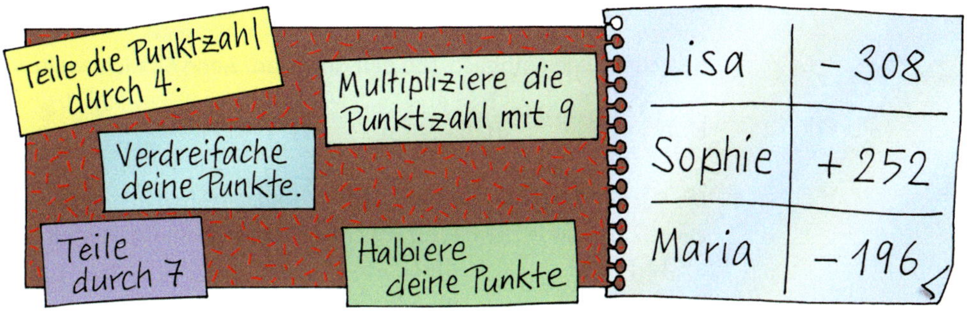

10. Was für eine Zahl erhält man, wenn man eine Zahl durch (−1) dividiert? Erläutere dies an drei Beispielen.

11. Entscheide, ob die Behauptung falsch oder richtig ist. Begründe deine Antwort.

a) Wenn man in einem Quotienten zum Dividenden +1 und zum Divisor −1 addiert, ändert sich der Wert des Quotienten nicht.
b) Wenn man in einem Quotienten den Dividenden mit −1 multipliziert und den Divisor durch −1 dividiert, ändert sich der Wert des Quotienten nicht.
c) Wenn man in einem Quotienten ganzer Zahlen die Vorzeichen von Dividend und Divisor austauscht, ändert sich der Wert des Quotienten nicht.
d) Wenn man in einem Quotienten den Divisor mit −2 multipliziert, verdoppelt sich der Wert des Quotienten und wechselt sein Vorzeichen.
e) Wenn man in einem Quotienten bei Dividend und Divisor die Vorzeichen wechselt, ändert sich der Wert des Quotienten nicht.

> Dividend : Divisor = Quotient

Das kann ich noch!

A) Zeichne einen 45° großen Winkel mit einem Geodreieck.

1) Stelle einen Spiegel senkrecht auf einen Schenkel des Winkels. Zeichne den Winkel, den du siehst, und benenne ihn.
2) Wiederhole die Teilaufgabe 1) mit dem neuen Winkel noch zweimal.
3) Beginne jetzt mit einem Winkel von 40°. Wie oft kann man die Teilaufgabe 1) nun sinnvoll wiederholen? Zeichne.

4.8 Vermischte Übungen zu den Grundrechenarten

1. Berechne im Kopf.

a) $(-48)+(-12)$; $(-48)-(-12)$; $(-48)\cdot(-12)$; $(-48):(-12)$

b) $36+(-9)$; $36-(-9)$; $36\cdot(-9)$; $36:(-9)$

c) $(-21)+7$; $(-21)-7$; $(-21)\cdot 7$; $(-21):7$

d) $(-45)+(-5)$; $(-45)-(-5)$; $(-45)\cdot(-5)$; $(-45):(-5)$

2. Die Buchstaben ergeben in der Reihenfolge der Ergebnisse ein Wort.

a) $5\cdot(-7)$
b) $(-8)\cdot 4$
c) $7+(-5)$
d) $12:(-3)$
e) $(-4)\cdot(-6)$
f) $-7+4$
g) $(-18):3$
h) $-2-14$

3. Berechne möglichst im Kopf.

a) $(-32):8$
b) $(-4)\cdot(-1)$
c) $(+6)+(-6)$
d) $42:(-21)$
e) $36\cdot(-9)$
f) $(-17)\cdot(-9)$
g) $77\cdot(-12)$
h) $(-342)-(-200)$
i) $(-38)+(-38)$
j) $(-1\,044):(-36)$
k) $256:(-16)$
l) $4\,812-(+688)$

4. Berechne, wenn möglich. Gib den Grund an, wenn du nicht weiterrechnen kannst.

a) $0:(-2)$
b) $0\cdot(-42)$
c) $(-3)\cdot 0$
d) $0-(-15)$
e) $0:0$
f) $(-3)+0$
g) $0\cdot 0$
h) $(-72):0$
i) $(-95)-0$
j) $0:45$

5. Die Buchstaben bzw. die Symbole □, △ und ○ stehen in den folgenden Aufgaben für eine ganze Zahl. Finde heraus, für welche Zahl die Gleichung stimmt.

a) $12\cdot\square=48$
b) $(-6)\cdot\square=48$
c) $\triangle:16=5$
d) $\triangle:(-5)=16$
e) $625:\bigcirc=25$
f) $196:\bigcirc=-7$
g) $(-7)\cdot a=-198$
h) $b:(-18)=18$
i) $-(-256):x=-8$
j) $y:(-15)=-25$
k) $(-12)\cdot z=-288$
l) $-624:n=-12$

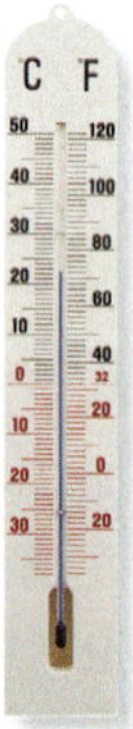

6. Formuliere eine Frage und beantworte mithilfe einer Rechenaufgabe mit negativen Zahlen.

a) Nachdem der Wasserstand um 14 dm gefallen war, stieg er wieder um 5 dm an.

b) Die tiefste Temperatur nachts betrug –15 °C, tagsüber war es höchstens um 8 °C wärmer.

c) Eine Tiefenbohrung beginnt bei Normalnull. Jeden Tag werden 15 m gebohrt. Nach 14 Tagen sollen die Bohrungen beendet sein.

d) Maries Beitrag zum Pferdesportverein wird einmal im Jahr abgebucht: 96 €. Sarah möchte auch in den Verein eintreten, aber vierteljährlich zahlen.

e) Heute wurden viele Buchungen auf Herrn Meiers Konto durchgeführt. Insgesamt wurden 367,20 € abgebucht. Darunter befindet sich eine Fehlbuchung: eine Lastschrift von 33,10 €.

7. a) Addiere zu 75 die Zahl –14. Addiere zu dem Ergebnis wieder –14. Fahre so lange fort, bis das Ergebnis erstmals negativ ist.

b) Multipliziere die Zahl –3 mit –2. Multipliziere das Ergebnis wieder mit –2. Fahre so lange fort, bis das Ergebnis erstmalig größer als 100 ist.

c) Subtrahiere von –100 die Zahl –17. Subtrahiere von dem Ergebnis wieder –17. Fahre so lange fort, bis das Ergebnis erstmalig positiv ist.

d) Dividiere die Zahl 1 024 durch –4. Dividiere das Ergebnis wieder durch –4. Fahre so lange fort, bis das Ergebnis den Betrag 1 hat.

8. Bestimme die fehlende Zahl und notiere in deinem Heft.

a) $-4^{\square}=-64$
b) $(-3)^{\square}=81$
c) $\square^3=-125$
d) $\square^2=100$
e) $6^{\square}=216$

4.9 Rechengesetze – Terme

4.9.1 Rechengesetze der Multiplikation und Division

Einstieg

Ronja und Robin haben eine Aufgabe gelöst. Vergleicht ihre Wege und erläutert ihr Vorgehen.

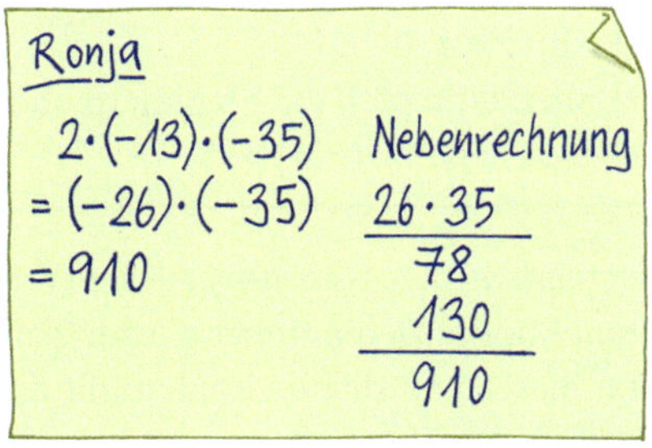

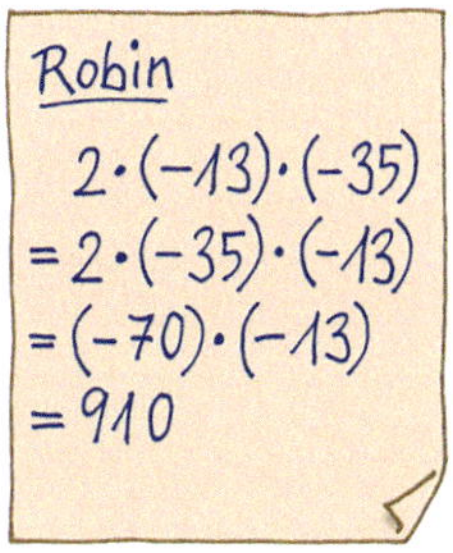

Aufgabe 1

Wie kannst du ohne viel zu rechnen die Aufgaben rechts im Kopf vorteilhaft lösen? Welche Rechengesetze wendest du dabei an?

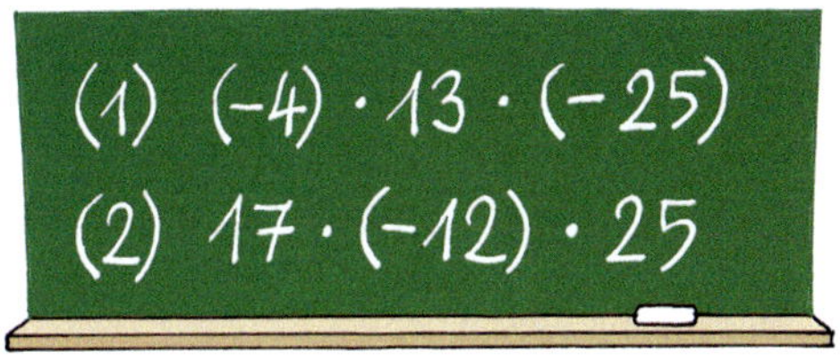

Lösung

Eigentlich müsste man die Terme von links nach rechts berechnen.
Günstiger ist folgendes Vorgehen:

(1) $(-4)\cdot 13\cdot(-25)$
$= (-4)\cdot(-25)\cdot 13$ ← Vertausche den 2. und den 3. Faktor.
$= 100\cdot 13$
$= 1\,300$
Es wurde das Kommutativgesetz (Vertauschungsgesetz) der Multiplikation angewandt.

(2) $17\cdot(-12)\cdot 25$
$= 17\cdot[(-12)\cdot 25]$ ← Rechne nicht von links nach rechts
$= 17\cdot(-300)$
$= -5\,100$
Es wurde das Assoziativgesetz (Verbindungsgesetz) der Multiplikation angewandt.

Information

Kommutativgesetz und Assoziativgesetz der Multiplikation für ganze Zahlen
Diese Gesetze gelten nicht nur für natürliche Zahlen, sondern auch für ganze Zahlen.

Kommutativgesetz (Vertauschungsgesetz) für die Multiplikation
In einem Produkt darf man die Faktoren vertauschen. Der Wert des Produktes ändert sich dabei nicht.
Denke dir ganze Zahlen anstelle von a und b. Stets gilt:
$\mathbf{a\cdot b = b\cdot a}$
Beispiel: $(-4)\cdot(+6) = (+6)\cdot(-4)$

Begründung des Kommutativgesetzes (Vertauschungsgesetzes)
Bei der Multiplikation ganzer Zahlen werden die Beträge multipliziert.
Für das Multiplizieren dieser natürlichen Zahlen gilt das Kommutativgesetz.
Außerdem ändert sich beim Vertauschen das Vorzeichen im Ergebnis nicht.

·	+	−
+	+	−
−	−	+

Assoziativgesetz (Verbindungsgesetz) für die Multiplikation
In einem Produkt aus drei Faktoren darf man Klammern beliebig setzen oder auch weglassen. Der Wert des Produktes ändert sich dabei nicht.
Denke dir ganze Zahlen anstelle von a, b, c. Stets gilt:
$(\mathbf{a} \cdot \mathbf{b}) \cdot \mathbf{c} = \mathbf{a} \cdot (\mathbf{b} \cdot \mathbf{c})$
Daher kann man die Klammern auch weglassen: $\mathbf{a} \cdot \mathbf{b} \cdot \mathbf{c}$
Beispiel: $[(+2) \cdot (-3)] \cdot (+5) = +2 \cdot [(-3) \cdot (+5)] = (+2) \cdot (-3) \cdot (+5)$

Begründung des Assoziativgesetzes (Verbindungsgesetzes)
Beim Multiplizieren dreier ganzer Zahlen werden die Beträge multipliziert. Für die Multiplikation dieser natürlichen Zahlen gilt das Assoziativgesetz. Das Vorzeichen des Produktes hängt nur von den Vorzeichen der Faktoren ab, nicht aber davon, wie die Faktoren durch Klammern verbunden sind.

Übungsaufgaben

2. Berechne möglichst vorteilhaft.

a)	b)	c)
$11 \cdot (-4) \cdot 25$	$12 \cdot 13 \cdot (-15)$	$16 \cdot (-17) \cdot 20$
$(-13) \cdot 25 \cdot (-12)$	$(-8) \cdot 37 \cdot 20$	$(-11) \cdot 16 \cdot (-25)$
$(-125) \cdot (-7) \cdot (-8)$	$5 \cdot (-7) \cdot 10$	$(-45) \cdot 6 \cdot (-4)$

3. Rechne günstig.
a) $7 \cdot (-20) \cdot (-3) \cdot (-5)$
b) $12 \cdot (-25) \cdot (-15) \cdot (-40)$
c) $4 \cdot (-7) \cdot 6 \cdot (-1)$
d) $(-16) \cdot (-25) \cdot (-7) \cdot 30 \cdot (-10)$

4. Kontrolliere Lukas Hausaufgaben. Hat er Fehler gemacht? Finde sie und korrigiere im Heft.
a) $(-25) \cdot 15 \cdot (-4) = (-4) \cdot (-25) \cdot 15$ b) $(-3) \cdot 4 + 5 = (-3) \cdot 5 + 4$

Das kann ich noch!

A) Bestimme, wie viele verschiedene Menüs aus drei Vorspeisen, fünf Hauptgerichten und vier Nachtischen zusammengestellt können.
B) Bestimme, wie viele unterschiedliche vierstellige Geheimnummern (PIN) möglich sind, wenn keine Ziffer doppelt vorkommen soll.
C) Bestimme, wie viele Möglichkeiten es gibt, mit zwei roten und drei grünen Bausteinen einen vier Steine hohen Turm zu bauen.
D) Bei diesen Glücksrädern gewinnst du, wenn Rot erscheint.
Mit welchem Glücksrad würdest du spielen? Begründe deine Entscheidung.

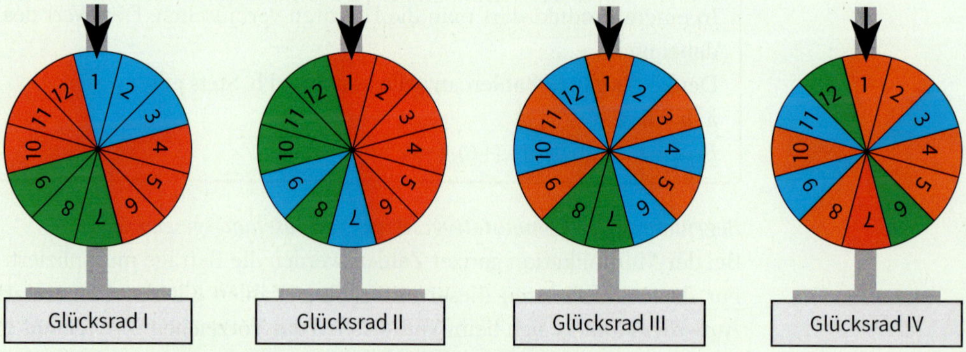

4.9.2 Distributivgesetz

Einstieg

Fabian erhält auf sein Konto monatlich 15 € Taschengeld überwiesen. Er hebt jeden Monat 8 € ab, um sie auszugeben. Den Rest spart er auf dem Konto.
Wie ändert sich sein Kontostand innerhalb eines Jahres?
Gebt mehrere mögliche Terme dazu an.

Aufgabe 1

Distributivgesetz
$a \cdot (b + c)$
$= a \cdot b + a \cdot c$

Multiplizieren einer Summe
Für natürliche Zahlen kennst du schon das Distributivgesetz.
Prüfe, ob dieses Gesetz auch für ganze Zahlen gilt.
Berechne:
$(-3) \cdot [(+5) + (-9)]$ und $(-3) \cdot (+5) + (-3) \cdot (-9)$
Vergleiche anschließend die Ergebnisse.

Lösung

$(-3) \cdot [(+5) + (-9)]$ ← Klammer zuerst
$= (-3) \cdot (-4)$
$= +12$

$(-3) \cdot (+5) + (-3) \cdot (-9)$ ← Punkt- vor Strichrechnung
$= (-15) + (+27)$
$= +12$

Die Ergebnisse stimmen überein.
Also gilt: $(-3) \cdot [(+5) + (-9)] = (-3) \cdot (+5) + (-3) \cdot (-9)$

Information

(1) Distributivgesetz
Die Beispiele aus der obigen Aufgabe zeigen:

Distributivgesetz (Verteilungsgesetz) für die Multiplikation und Addition
Es ist gleichgültig, ob man eine Summe von Zahlen mit einer Zahl multipliziert oder ob man jeden Summanden einzeln mit der Zahl multipliziert und dann die Teilprodukte addiert.
Denke dir ganze Zahlen anstelle von a, b, c. Stets gilt:
$\mathbf{a \cdot (b + c) = a \cdot b + a \cdot c}$
Beispiel: $(-12) \cdot [(+100) + (-5)] = (-12) \cdot (+100) + (-12) \cdot (-5)$

(2) Anschauliche Begründung für das Distributivgesetz
Wir deuten das Addieren als Aneinanderlegen von Pfeilen, das Multiplizieren als Strecken von Pfeilen (gegebenenfalls mit Richtungsumkehr). Hierbei ist es günstiger, die Summe als ersten Faktor zu haben. Das ist nach dem Kommutativgesetz möglich.
Beispiel: $[(+5) + (-3)] \cdot (-2) = (+5) \cdot (-2) + (-3) \cdot (-2)$

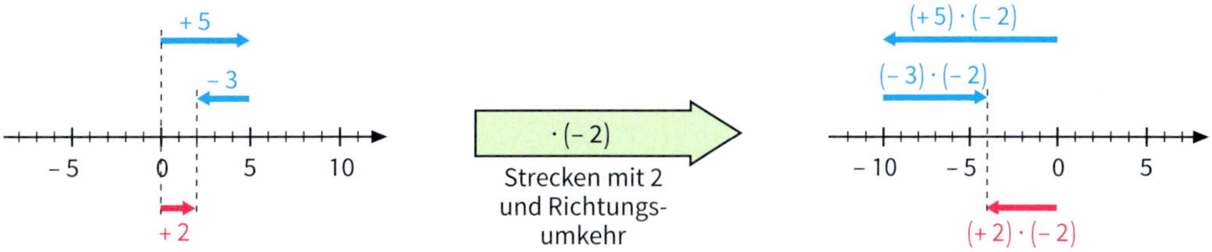

Auch nach dem Strecken und Spiegeln passen die Pfeile genau aneinander. Daher ist es gleichgültig, ob man erst addiert und dann streckt (und gegebenenfalls spiegelt) oder in umgekehrter Reihenfolge vorgeht.

Weiterführende Aufgabe

Weitere Formen des Distributivgesetzes

2. Denke dir ganze Zahlen anstelle von a, b, c. Stets gilt:
$a \cdot (b - c) = a \cdot b - a \cdot c$
$(a + b) : c = a : c + b : c$ falls $c \neq 0$
$(a - b) : c = a : c - b : c$ falls $c \neq 0$

a) Überprüfe die Gültigkeit obiger Distributivgesetze durch Einsetzen:
(1) $a = -12;\ b = 15;\ c = -3$ (2) $a = 24;\ b = -8;\ c = 4$

b) Begründe die Gültigkeit des Distributivgesetzes $a \cdot (b - c)$ an den Beispielen in Teilaufgabe a) durch Zurückführen auf das Distributivgesetz für die Multiplikation und Addition.
Verwende dazu die Subtraktionsregel (Seite 185) für ganze Zahlen.

Übungsaufgaben

3. Rechne und vergleiche.

a) $-25 \cdot (-72 + 172)$
$-25 \cdot (-72) + (-25) \cdot 172$

b) $(22 - 77) : 11$
$22 : 11 - 77 : 11$

c) $(-60 + 30) : (-5)$
$-60 : (-5) + 30 : (-5)$

4. Max und Marie haben eine Aufgabe gelöst. Erläutert und vergleicht ihr Vorgehen.

5. Rechne günstig.

a) $(-100 + 4) \cdot 2$
b) $15 \cdot (-10 - 1)$
c) $(-42 + 7) : 7$
d) $(78 - 18) : (-6)$
e) $-19 \cdot 33 + 19 \cdot 83$
f) $-413 \cdot 9 - 187 \cdot 9$
g) $-114 : 3 + 15 : 3$
h) $-864 : 12 - 324 : 12$
i) $14 \cdot 8 - 14 \cdot 3$
j) $448 : 8 + 112 : 8$
k) $50 \cdot (17 + 100)$
l) $77 \cdot 4 - 37 \cdot 4$

6. Nicks Rechnung ist fehlerhaft. Finde Fehler und korrigiere sie im Heft.
Überprüfe jeweils, ob das Distributivgesetz sinnvoll angewendet wurde.

a) $(390 - 120) : (-30) = -13 - 120 = -133$
b) $(-45 - 35) : (-5) = -9 + 7 = -2$
c) $(-156 + 39) : (+13) = -156 + 3 = -153$
d) $(300 - 125) : (-25) = -12 + 5 = -7$

7. Setze eine Klammer mithilfe eines Distributivgesetzes.
Berechne dann den Wert des Terms.

a) $17 \cdot (-49) - 12 \cdot (-49)$
b) $228 : (-19) + 152 : (-19)$
c) $210 : (-15) - 90 : (-15)$
d) $150 : (-25) - 650 : (-25)$

$(-13) \cdot 81 + (-13) \cdot 19$
$= (-13) \cdot (81 + 19)$
$= (-13) \cdot 100$
$= -1300$

4.9.3 Berechnen und Gliedern von Termen mit ganzen Zahlen

Einstieg

Pumpspeicherwerk

In Pumpspeicherwerken wird nachts mithilfe überschüssiger elektrischer Energie Wasser in ein höheres Becken gepumpt. In der Mittagszeit wird wegen des hohen Bedarfs Wasser zur Stromerzeugung in das untere Becken abgelassen. Dabei wird eine Turbine angetrieben und elektrische Energie in das Stromnetz eingespeist.

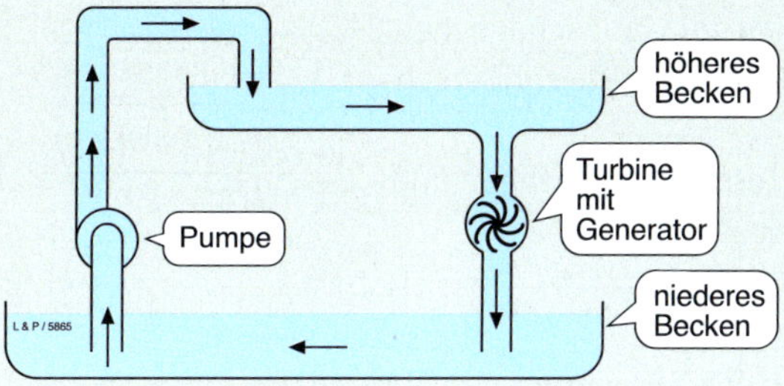

An einem bestimmten Tag betrug der Wasserstand im höheren Becken 18 m über dem Beckenboden. Am folgenden Tag wurde nachts Wasser hochgepumpt, sodass der Wasserstand um 5 m anstieg. Abgelassen wurden tagsüber 7 m. An den nächsten beiden Tagen wurden genau dieselben Veränderungen des Wasserstandes vorgenommen.
Wie hoch war der Wasserstand nach den drei Tagen? Schreibt den Rechenweg als einen Term.

Aufgabe 1 **Punkt- vor Strichrechnung**

Notiere zu den folgenden Wort-Formen eines Terms den Term und berechne seinen Wert. Notiere auch den Gliederungsbaum.

(1) Addiere (–3) und 5 und multipliziere das Ergebnis mit (–2).
(2) Addiere zu –3 das Produkt von 5 und (–2).

Lösung

(1) $[(-3)+5]\cdot(-2) = 2\cdot(-2) = -4$
Damit erst die Summe aus (–3) und 5 gebildet wird, müssen Klammern darum gesetzt werden.

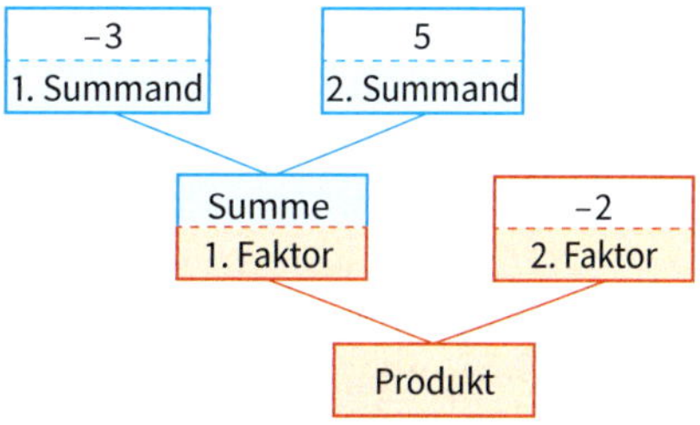

(2) $(-3)+5\cdot(-2) = -3+(-10) = -13$
Bei diesem Term wird erst das Produkt aus 5 und (–2) gebildet, bevor addiert wird. Man könnte daher das Produkt $5\cdot(-2)$ in Klammern setzen. Das ist aber nicht nötig, da man vereinbart hat, dass Punktrechnungen vor Strichrechnungen ausgeführt werden sollen.

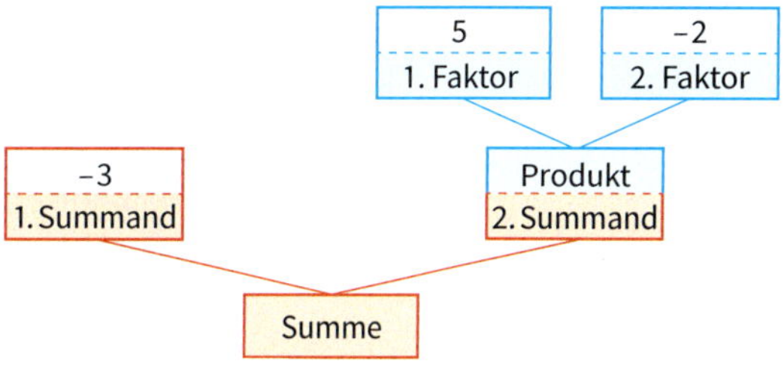

Weiterführende Aufgaben

Terme mit Potenzen, verschachtelten Klammern sowie gleichberechtigten Rechenarten

2. Berechne.

a) $4 - 7 + 8 \cdot (-2)^3$ (Potenz zuerst) **b)** $18 : [-4 - (2 + 3)]$ (innere Klammer zuerst) **c)** $24 : (-4) : (-2)$ (von links nach rechts)

Gliedern eines Terms in Teilterme

3. Die Reihenfolge zur Berechnung eines Terms kann man sich gut veranschaulichen, wenn man ihn in die Teilschritte zur Berechnung gliedert.
Gliedere folgende Terme entsprechend und berechne ihren Wert.

$$-5 - \underbrace{\underbrace{\underbrace{(-4 + 1)}_{\text{Summe}} \cdot 2}_{\text{Produkt}}}_{} = -5 - (-3) \cdot 2 = -5 - (-6) = 1$$

(Summe; Produkt; Differenz: $-5 - (-4+1) \cdot 2$)

a) $-15 - 5 \cdot (-2)$ **b)** $(18 - 21) \cdot (-1)$ **c)** $[5 - (3 - 4)] : 2$

Information

(1) Vorrangregeln für das Berechnen von Termen

Für das Berechnen von Termen mit natürlichen Zahlen hast du Regeln kennengelernt, die auf Vereinbarungen beruhen (z. B. Punktrechnung geht vor Strichrechnung: $12 - 2 \cdot 5 = 12 - 10 = 2$). Diese Vereinbarungen für die Reihenfolge des Berechnens wollen wir auch für das Rechnen mit ganzen Zahlen beibehalten.

Vorrangregeln für das Berechnen von Termen

- Das Innere einer Rechenklammer wird zuerst berechnet.
- Bei verschachtelten Rechenklammern wird die innerste Rechenklammer zuerst berechnet.
- Wo keine Rechenklammer steht, geht Punktrechnung vor Strichrechnung.
- Das Berechnen einer Potenz geht noch vor Punkt- und Strichrechnung.
- Sonst wird von links nach rechts gerechnet.

Terme enthalten somit einen Rechenweg zu ihrer Berechnung, den man auf einen Blick erkennen kann.

(2) Anwenden eines Rechengesetzes zum Berechnen eines Terms

Manchmal ist es vorteilhafter, zur Berechnung eines Terms ein Rechengesetz anzuwenden. Im Beispiel rechts wurde das Distributivgesetz angewendet. Man weicht dann von dem Rechenweg ab, den der Term beschreibt.

Distributivgesetz

$$(-1515 + 45) : 15 = (-1515) : 15 + 45 : 15$$
$$= -101 + 3$$
$$= -98$$

Übungsaufgaben

4. Berechne den Wert des Terms.

a) **(1)** $-8 + (-2) \cdot 3$ **(3)** $320 : [-30 - (25 + 25)]$ **(5)** $4 + 2 \cdot (-3)^2$
(2) $45 - 7 + 8 \cdot (-5)$ **(4)** $(-64) : (-4) : (-2)$ **(6)** $(8 + (-6))^3$

b) Bei der Berechnung der Terme hast du verschiedene Vorrangregeln beachtet. Gib an, welche du an welcher Stelle beachten musstest.

5. Gliedere den Term und berechne seinen Wert.

a) $(-7-3)\cdot(-5)$
b) $(-24):(3-11)$
c) $12+8:(-2)$
d) $9-15\cdot(-6)$
e) $128-24$
f) $-6+(-64)$
g) $14-4\cdot(-32)$
h) $50:(25-27)$
i) $(-12)\cdot(-5)\cdot(-9)\cdot(-1)$
j) $200:(-40):5$
k) $-37+48-100+50-99$
l) $(-12)\cdot(15-2\cdot3)+1$

6. Berechne den Wert des Terms.

a) $-((-23)+(-43))$
b) $-((+27)-(-86))$
c) $-[(-12)\cdot3]$
d) $-[-17\cdot(-4)]$
e) $-[-((-24)+(-17))]$
f) $-(-23)\cdot[(-35)\cdot(-(-14))]$

7. Schreibe als Term und berechne seinen Wert.

a) Addiere zum Produkt der Zahlen 27 und 51 die doppelte Differenz mit dem Minuenden 721 und dem Subtrahenden 1 082.
b) Subtrahiere den Quotienten aus dem Divisor 16 und dem Dividenden 368 von dem Produkt aus 18 und 9.
c) Dividiere die dreifache Summe aus 27 und 81 durch 9.

8. Speiseeis der Temperatur –5 °C wird in vier Schritten jeweils um 3 °C abgekühlt. Erstelle einen Term für die Endtemperatur und berechne diese.

9. Antonias Rechnung ist fehlerhaft. Finde den Fehler und korrigiere die Rechnung im Heft.

a) $36-16:(-4)$
$=20:(-4)$
$=-5$

b) $(27-39):3$
$=27-(39:3)$
$=27-13$
$=14$

c) $(-250):25-5\cdot3$
$=(-250):25-15$
$=(-250):10$
$=-25$

10. Entscheide, welcher der Terme zu dem Gliederungsbaum passt. Begründe.

(1) $[2-7-8\cdot7]\cdot(-4)$
(2) $[-3\cdot2+7-5]\cdot5$
(3) $[9+(-6)+5\cdot(-3)]:3$
(4) $[(7-5)+(-3)\cdot4]:(-2)$

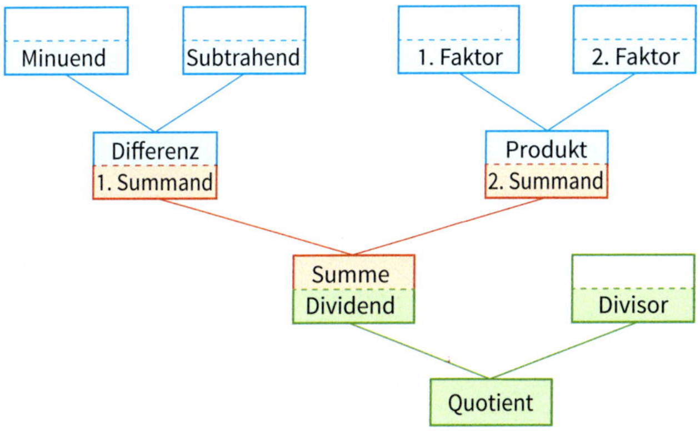

Das kann ich noch!

A) Beschreibe die Lage der Geraden zueinander mit den Zeichen ∥, ∦, ⊥ und ⊥̸.

1)

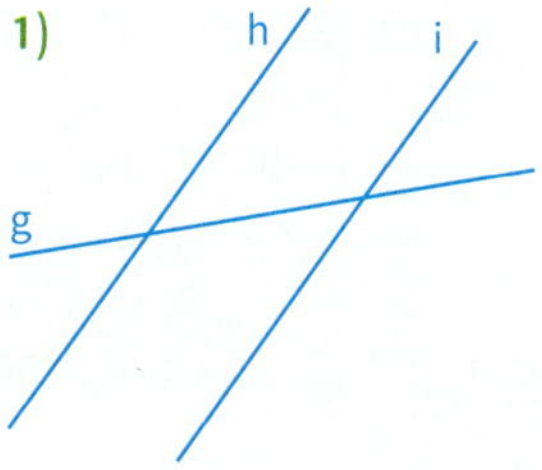

2)

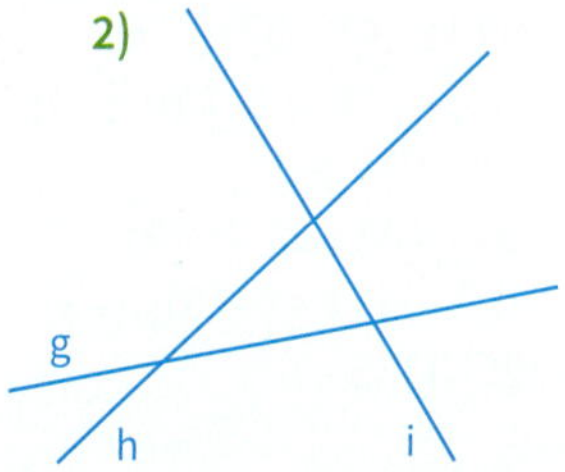

3)

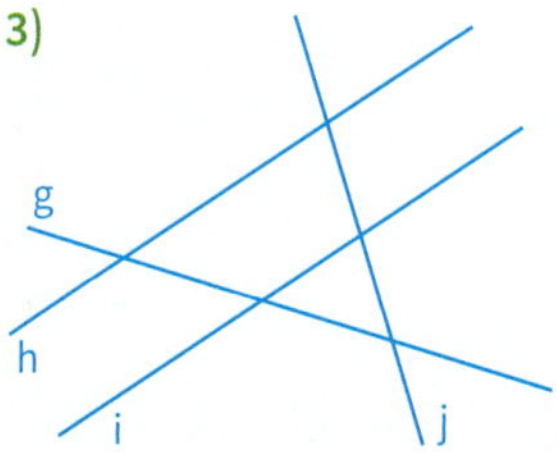

11. Rechne vorteilhaft.

a) $4860:4+4860:4+4860:4+4860:4$

b) $[(938+712):127]\cdot 127$

c) $538\cdot 77+462-1000\cdot 77$

d) $39\cdot 15+(40-1)\cdot 38-112\cdot(35+4)$

12. Gib zu dem Gliederungsbaum den Term an und berechne seinen Wert.

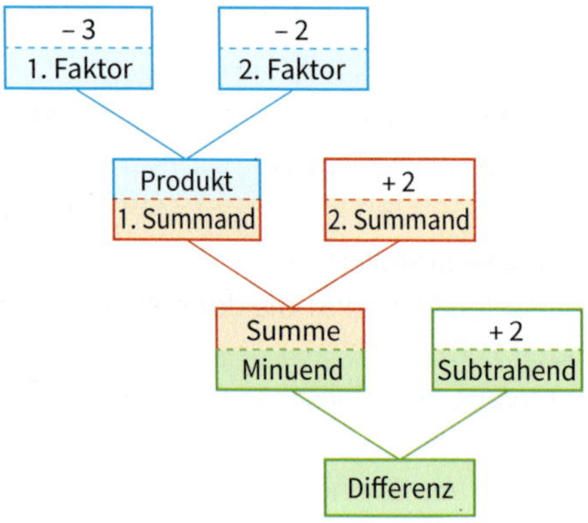

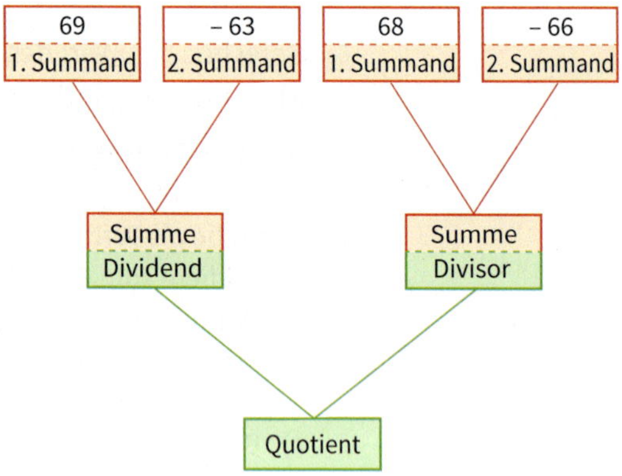

13. Notiere in Wortform und zeichne den Rechenbaum. Berechne auch.

a) $5\cdot(-7)+14$

b) $64-(32+23)$

c) $(13-95):41$

d) $228:(-7+(-5))$

14. Über einen Dauerauftrag überweist Herr Jakob an jedem Monatsanfang automatisch 150 € von seinem Gehalt auf ein Sparkonto. Ende Mai hat Herr Jakob 3 400 € auf seinem Sparkonto. Für eine größere Anschaffung hebt Herr Jakob im Juni, Juli und August jeweils 1 000 € ab. Wie hoch ist das Guthaben auf Herrn Jakobs Sparkonto Ende August? Schreibe den Rechenweg zunächst als einen Term.

Spiel

15. Ein Spieler gibt einen Gliederungsbaum mit Platzhaltern vor. Die übrigen Spieler versuchen, die Lücken so mit den Zahlen unten zu füllen, dass sich ein möglichst
(1) großer; (2) kleiner Wert ergibt.
Der Gewinner erhält einen Punkt und gibt den nächsten Rechenbaum vor.
15; −75; 36; 45; 150; −90; −10; 20

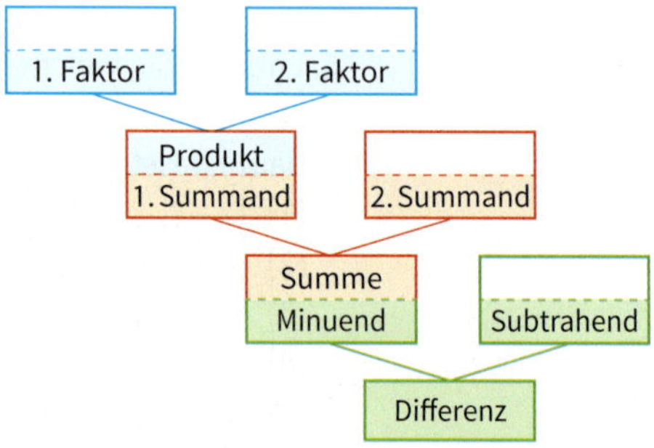

16. Berechne. Führe bei den Teilaufgaben a) bis f) zuerst eine Überschlagrechnung durch.

a) $[96+(-8)]\cdot[(-101)-(-11)]$

b) $(79912-9205)\cdot 110+440\cdot(-5002)$

c) $(421+323)\cdot(12-43)$

d) $104\cdot(-2^3)-(-102)\cdot(-13)$

e) $(6121-10741)\cdot 41-31\cdot(-29)$

f) $(-203)\cdot(-19)-[232+(-24)]\cdot(-9)$

g) $96:(-2)^3-(-101)\cdot(-11)$

h) $(4321-8941):22-21\cdot(-19)$

i) $(-109)\cdot(-3^2)-[112+(-13)]:(-9)$

j) $(3475+125):(115-5^2)$

k) $[97-(-13)]:(-11)-11\cdot(-19)$

l) $[(-120):(-2^2)+26]\cdot(125-8\cdot 3)$

m) $(69-410):(-11)-(-29)\cdot(-31)$

n) $(-315)\cdot(-3)-[157+(-32)]:5$

o) $(97-4^2):(31\cdot 2-5\cdot 13)-13$

p) $[-288+(-42)]:6-3\cdot((-2)^2-9)$

q) $[-196-(-28)]:8+12\cdot(-3-32)$

r) $[-204-(-36)]:8+13\cdot(-4-32)$

s) $-7-(-5)-132+(-12)^2$

t) $[(-120):(-4)-56]\cdot[-235-8\cdot(-12)]$

Mindmaps

Übersichtliches kann man besser lernen

Kevin stöhnt: „Jetzt haben wir schon so vieles über ganze Zahlen gelernt. Das soll man sich alles merken und nicht durcheinander bringen. Wie kann man da nur den Überblick behalten?" Seine große Schwester Lina entgegnet: „Ich ordne meine Gedanken immer mit einer Mindmap – das ist so etwas wie eine Gedächtnis-Landkarte. Da werden Zusammenhänge deutlich – und wenn ich mir ein bisschen Mühe gebe, sieht es so gut aus, dass ich mich sofort über das Aussehen an die Inhalte erinnere." Gemeinsam entwickeln sie eine solche Mindmap:

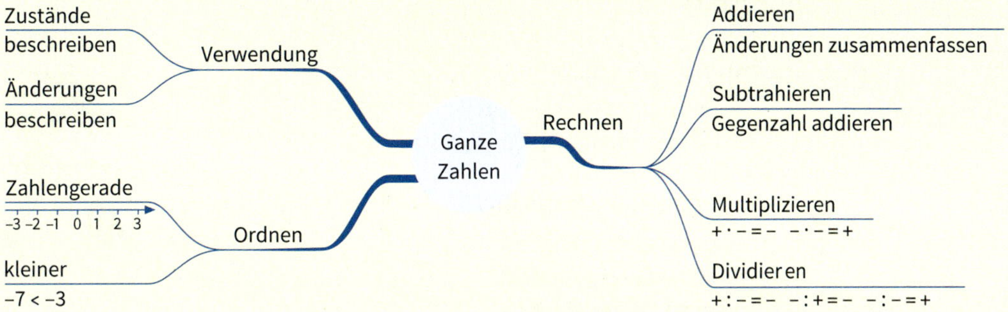

Mindmaps
Mindmaps können helfen, Ideen zu sammeln und Wissen strukturiert zusammenzufassen.

Regeln für das Anfertigen einer Mindmap:
1. Verwende ein weißes Blatt im Querformat.
2. Schreibe in die Mitte das Thema oder das Problem in einen Kreis, eine Wolke o. ä.
3. Von diesem Kreis führen Linien (Hauptäste) ab, auf denen jeweils ein Begriff in Druckbuchstaben notiert wird.
4. Von diesen Hauptästen können Nebenäste abzweigen.
5. Farben, Symbole und Bilder können die Struktur optisch unterstützen.

1. Vergleiche die folgende Mindmap mit der obigen:
Wäge Vor- und Nachteile gegeneinander ab.

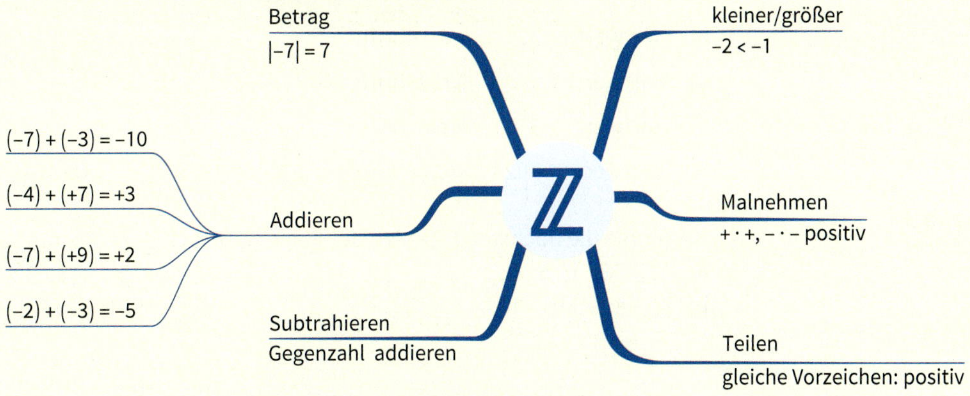

4.10 Aufgaben zur Vertiefung

Leonhard Euler
(1707–1783)

1. Der Mathematiker Leonhard Euler hat in seiner 1770 erschienenen „Vollständigen Anleitung zur Algebra“ den Umgang mit negativen Zahlen beschrieben. Lies seinen Text rechts. (Thl. ist die Abkürzung für Thaler.) Was bedeutet: „Negative Zahlen sind weniger als nichts“?

> Da nun die negativen Zahlen als Schulden betrachtet werden können, in so fern die positiven Zahlen den wirklichen Besitz angeben, so kann man sagen, daß die negativen Zahlen weniger sind als nichts; also wenn Jemand Nichts im Vermögen hat, und noch dazu noch 50 Thl. schuldig ist, so hat er wirklich 50 Thl. weniger als Nichts; denn, wenn man ihm 50 Thl. schenken würde, um seine Schulden zu bezahlen, so würde er alsdann erst Nichts haben, während er doch jetzt mehr hat als vorher.

2. **a)** Das Quadrat rechts ist ein *magisches Quadrat* (Zauberquadrat). Du weißt, wenn man die Zahlen einer Zeile oder Spalte oder Diagonalen addiert, so erhält man immer dieselbe Summe. Prüfe das nach.

8	−5	−6	5
−3	2	3	0
1	−2	−1	4
−4	7	6	−7

b) Übertrage in dein Heft. Ergänze die begonnenen magischen Quadrate.

(1)

	0	4	−7
−6	3		6
−5	2	−2	
8	−3	1	−4

(2)

6	3		−4
		2	7
	5		−2
	−6	8	1

(3)

−4	1		
7	−2	2	−5
	−1		−6
			5

c) Zeichne in dein Heft ein Quadrat mit 9 Feldern. Trage die Zahlen −4, −3, −2, −1, 0, 1, 2, 3, 4 so in das Quadrat ein, dass sich in jeder Zeile, jeder Spalte und jeder Diagonalen die Summe 0 ergibt.

3. Berechne die nächsten 10 Zahlen der Folge.

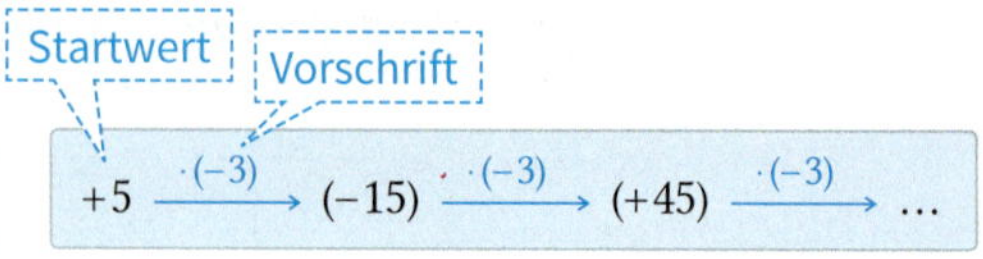

a) Startwert: −32 Vorschrift: $\xrightarrow{+6}$

b) Startwert: 5 Vorschrift: $\xrightarrow{-3}$

c) Startwert: −3 Vorschrift: $\xrightarrow{\cdot(-2)}$

d) Startwert: −1024 Vorschrift: $\xrightarrow{:2}$

4. Bestimme die nächsten 5 Zahlen der Folge. Gib auch die Vorschrift an.

a) −7; −3; 1; 5; 9; …

b) 3; −4; −11; −18; −25; …

c) −4; 8; −16; 32; −64; …

d) −6561; +2187; −729; +243; …

Das Wichtigste auf einen Blick

Ganze Zahlen

Die **Menge der ganzen Zahlen**
$\mathbb{Z} = \{...; -3; -2; -1; 0; +1; +2; +3; ...\}$
besteht aus **positiven** und **negativen** Zahlen und 0.
Auf der nach rechts gerichteten **Zahlengeraden** liegt die kleinere zweier ganzer Zahlen links von der größeren.

Beispiel:

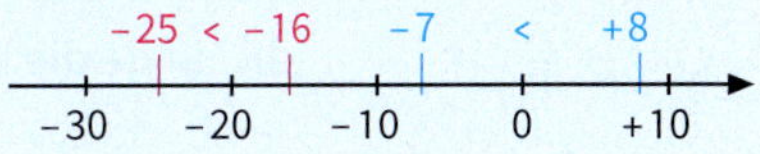

Gegenzahl und Betrag

Ändert man das Vorzeichen einer Zahl, so erhält man die **Gegenzahl**. Der Abstand einer Zahl a von 0 heißt **Betrag** dieser Zahl. Man schreibt $|a|$.

Beispiele:
Zahl: −5, Gegenzahl: +5
$|-5| = |+5| = 5$

Addieren

(1) Gleiche Vorzeichen der Summanden: Setze das gemeinsame Vorzeichen und addiere die Beträge der Zahlen.
(2) Verschiedene Vorzeichen: Setze das Vorzeichen der betragsmäßig größeren Zahl und subtrahiere den kleineren Betrag vom größeren.

Beispiele:
$(+6) + (+8) = +14$
$(-5) + (-7) = -12$
$(+5) + (-7) = -2$
$(+9) + (-4) = +5$

Subtrahieren

Eine ganze Zahl wird *subtrahiert*, indem man ihre *Gegenzahl addiert*.

Beispiele:
$(+6) - (-3) = (+6) + (+3) = 9$
$(-3) - (+8) = (-3) + (-8) = -11$

Multiplizieren

Multipliziere die Beträge der Faktoren.
Haben beide Faktoren
- *gleiche* Vorzeichen, so ist das Produkt *positiv*;
- *verschiedene* Vorzeichen, so ist das Produkt *negativ*.

Beispiele:
$(+4) \cdot (+5) = +20;\ (-3) \cdot (-7) = +21$
$(+4) \cdot (-5) = -20;\ (-3) \cdot (+7) = -21$
$(-3) \cdot 0 = 0;\ 0 \cdot (-5) = 0$

Dividieren

Dividiere die Beträge. Haben Dividend und Divisor
- *gleiche* Vorzeichen, so ist der Quotient *positiv*;
- *verschiedene* Vorzeichen, so ist der Quotient *negativ*.

Beachte: Durch 0 kann man nicht *dividieren*.

Beispiele:
$(+20) : (+5) = +4;\ (-21) : (-7) = +3$
$(+20) : (-5) = -4;\ (-21) : (+7) = -3$

Rechengesetze

Kommutativgesetze
$a + b = b + a \qquad a \cdot b = b \cdot a$
Assoziativgesetze
$(a + b) + c = a + (b + c) \qquad (a \cdot b) \cdot c = a \cdot (b \cdot c)$
Distributivgesetz
$a \cdot (b + c) = a \cdot b + a \cdot c$

Beispiele:
$(+6) + (-4) = (-4) + (+6)$
$[(-3) \cdot (-2)] \cdot (+4) = (-3) \cdot [(-2) \cdot (+4)]$
$(-6) \cdot [(-3) + (+8)]$
$= (-6) \cdot (-3) + (-6) \cdot (+8)$

Berechnen von Termwerten

Berechne zuerst, was in Klammern steht. Sind Klammern ineinander verschachtelt, berechne zunächst die innere.
Ohne Klammern geht Punkt- vor Strichrechnung.
Potenzieren geht vor Punkt- und Strichrechnung.
Sonst rechne von links nach rechts.

Beispiel:
$\underbrace{\underbrace{[(-31)-(-7)]}_{\text{Differenz}} : \underbrace{2^3}_{\text{Potenz}}}_{\text{Quotient}}$

$[(-31)-(-7)] : 2^3$
$= (-24) : 8$
$= -3$

Bist du fit?

1. a) Ordne die Zahlen nach der Größe. Beginne mit der kleinsten.
-35; $+28$; -1; -32; 13; -9; 0; -34
b) Bilde die Beträge der Zahlen aus Teilaufgabe a), ordne erneut und vergleiche.

2. Zeichne in ein Koordinatensystem mit der Einheit 1 cm die Punkte A(−3|−3), B(6|6), C(2|7), D(1|5), E(−5|4) und verbinde sie zum Fünfeck ABCDE. Spiegele das Fünfeck an der Geraden AB und gib die Bildpunkte durch ihre Koordinaten an.

3.

a) $(-36)+(-12)$	e) $19-(-16)$	i) $(-35)+(-15)$	m) $-23+81$	q) $(-8797)+(-19)$
b) $(-36)-(-12)$	f) $(-4)\cdot(-15)$	j) $(-47)\cdot 0$	n) $0:(-42)$	r) $(-8797)-(-19)$
c) $(-36)\cdot(-12)$	g) $(-49):(-7)$	k) $(-85)-(-85)$	o) $(-11)^2$	s) $(-8\,797)\cdot(-19)$
d) $(-36):(-12)$	h) $(-49):7$	l) $(-1)\cdot(-74)$	p) $(-5)^3$	t) $(-8\,797):(-19)$

4. Beantworte die Frage; notiere dazu eine Aufgabe mit negativen Zahlen.
a) Nachdem die Temperatur in der Nacht um 7 Grad gefallen war, stieg sie tagsüber wieder um 4 Grad an. Wie hoch ist die Temperaturänderung insgesamt?
b) In den letzten drei Stunden ist der Wasserstand um 12 dm gesunken.
Um wie viel ist er durchschnittlich pro Stunde gesunken?
c) Von Herrn Knechts Konto wurden insgesamt 791 € abgebucht. Darunter war eine irrtümliche Lastschrift von 92 €. Welche Buchung hätte eigentlich erfolgen müssen?

5. Ermittle die fehlenden Zahlen. Einmal gibt es mehrere Lösungen.
a) $65-x=-13$ b) $84:x=-7$ c) $4\cdot x-8=-32$ d) $x^2-170=-26$

6. a) Gliedere den Term $12-12\cdot 34-65$ und berechne seinen Wert.
b) Setze im Term aus Teilaufgabe a) zwei [vier] Klammern so, dass sich der Termwert ändert. Ermittle alle Möglichkeiten dafür. Berechne anschließend seinen Wert.

7. a) $21\cdot(-5)-8\cdot(-6)$
b) $[(-25)+(-63)]:(-4)$
c) $[-303-(-57)]:6+13\cdot(-4-3^2)$
d) $(-8)\cdot(-7)-16^2+(-15)^2$

8. Gliedere den Term und berechne seinen Wert. $(116-6^2):(11\cdot 7-6\cdot 12)-25$

9. a) Multipliziere die Summe aus −2 und 8 mit der Differenz aus −16 und −12.
b) Dividiere die Summe aus 17 und −81 durch −8.

10. Führe in a), b) und c) zuerst eine Überschlagsrechnung durch. Gliedere die Terme in d), e) und f). Berechne alle Termwerte und nutze dabei Rechenvorteile.
a) $(-25)\cdot(-33)\cdot 8$
b) $(-1957)+(+34891)+(+2957)$
c) $(1\,304-1\,598)\cdot(41\cdot 19-1\,045)$
d) $(-6)\cdot[(-12)+(-18)]$
e) $[(-11)+55]:11$
f) $(-35):7+(-1365):7$

11. Entscheide, ob die Aussage wahr oder falsch ist. Begründe.
a) Ist der Wert eines Quotienten positiv, so müssen Dividend und Divisor positiv sein.
b) Die Summe zweier ganzer Zahlen ist immer größer als ihre Differenz.

5. Flächeninhalte

Beim Planen, Bauen und Renovieren benötigt man oft Größen von z. B. Terrassen, Zimmern und Gebäuden.

Familie Wieblitz möchte ihre Terrasse neu mit Fliesen auslegen. Die Terrasse ist 4 m lang und 3 m breit.

- Wie viele der rechteckigen Fliesen benötigt die Familie mindestens, wenn die ganze Terrasse damit gefliest werden soll?
- Wie viele der quadratischen Fliesen benötigt die Familie mindestens, wenn die ganze Terrasse damit gefliest werden soll?
- Man könnte auch rechteckige und quadratische Fliesen kombinieren. Finde dafür eine Möglichkeit.

In diesem Kapitel …

lernst du, wie man die Größe von Flächen misst und berechnet.

Lernfeld: Wie groß ist ...?

Wie umläuft man eine möglichst große Fläche?

In der Erzählung „Wie viel Erde braucht der Mensch?“ des russischen Schriftstellers Leo Tolstoi erhält der Bauer Pachom für 1000 Rubel so viel Land, wie er von Sonnenaufgang bis Sonnenuntergang umlaufen kann.

Desjatine, altes russisches Maß für Flächen Ein Quadrat mit der Seitenlänge 104,5 m ist 1 Desjatine groß.

»Nun, ich habe nichts dagegen. Nimm dir Land, wo du willst; wir haben genug.« […]
»Und welchen Preis verlangt ihr dafür?« fragte Pachom.
»Wir haben nur einen Preis: tausend Rubel für den Tag.«
Pachom verstand es nicht.
»Was ist denn der Tag für ein Maß? Wieviel Desjatinen sind es?«
»Wir verstehen so nicht zu rechnen«, erwiderte der Älteste.
»Wir verkaufen so: Wieviel Land du an einem Tage umgehen kannst, soviel gehört dir. Und ein Tag kostet tausend Rubel.«
Pachom wunderte sich.
»In einem Tage«, sagte er, »kann man ja ein sehr großes Stück Land umgehen.«
Der Älteste lachte: »Ja, und alles das soll dir gehören!
Wir machen aber noch eine Bedingung aus: Wenn du am gleichen Tage nicht an die Stelle zurückkommst, von der du ausgegangen bist, ist dein Geld verfallen.« […]
Pachom geht also auf den Hügel zu, und das Gehen fällt ihm immer schwerer: er schwitzt, die bloßen Füße sind zerschunden und wollen ihm nicht mehr gehorchen. Er will gern ein wenig ausruhen, darf es aber nicht mehr, sonst kann er vor Sonnenuntergang nicht zurück sein. Die Sonne wartet nicht und sinkt immer tiefer.
»Habe ich nicht doch einen Fehler gemacht und mir zuviel Land vorgenommen? Wenn ich nur nicht zu spät komme!«
Er blickt bald auf den Hügel, bald auf die Sonne: bis zum Ziel ist es noch weit, die Sonne steht aber schon dicht über dem Steppenrand. Pachom geht mit großer Mühe und beschleunigt dennoch seine Schritte immer mehr. Er geht und geht, die Entfernung bleibt aber immer die gleiche; nun fängt er an zu laufen […]

→ Nehmen wir einmal an, du könntest am Tag 24 km gehen. Zeichne in verkleinertem Maßstab auf kariertem Papier verschiedene Wege so auf, dass ein rechteckiges Feld umlaufen wird. Wie kannst du die Größe der Felder vergleichen? Welches Feld ist das größte?

→ Suche zu Hause oder in einer Bücherei oder im Internet nach der Erzählung von Tolstoi und lies, wie die Geschichte ausgeht.

→ Beurteile die Art der Größenangabe für das Land, das Pachom erhält.

Größenvergleich mit dem Geobrett

Unten siehst du verschiedene Figuren, die auf einem Geobrett gespannt wurden. Wenn du kein Geobrett zur Verfügung hast, kannst du es relativ leicht herstellen. Man braucht z.B. weiches Sperrholz (20 cm lang, 20 cm breit, 0,8 cm dick) und Holzschrauben (20 mm lang, 3 mm dick, mit Halbrundkopf). Mit Gummiringen können dann verschiedene Figuren umspannt werden.

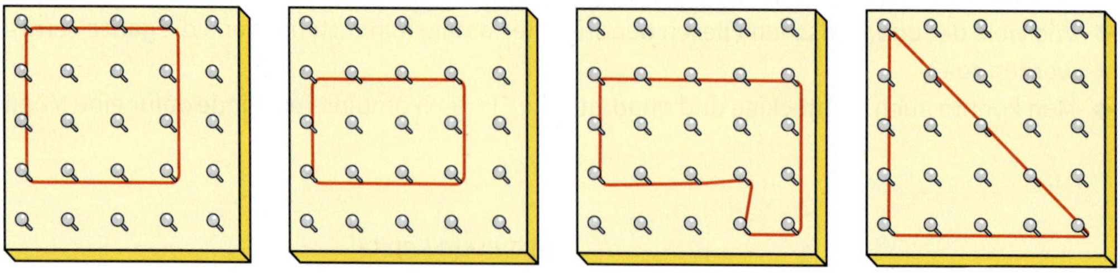

→ Vergleiche die Größe der Figuren.

→ Lege verschiedene Figuren und vergleiche ihre Größe. Du kannst die Beispiele auch abzeichnen und anderen Gruppen als Aufgabe stellen.

5.1 Flächenvergleich – Messen von Flächeninhalten

5.1.1 Größenvergleich von Flächen – Begriff des Flächeninhalts

Einstieg

Zerschneide ein Rechteck längs einer Diagonalen in zwei Teile. Lege diese Teile zu einer neuen Figur zusammen.
Findest du mehrere Möglichkeiten?
Was haben die unterschiedlichen Figuren gemeinsam, worin unterscheiden sie sich?

Aufgabe 1

Flächeninhalt

Auf dem Teppichboden ist ein großer Fleck entstanden. Tanja und ihr Vater wollen den Teppichboden ausbessern. Es ist noch ein Reststück vorhanden, das beim Verlegen übrig geblieben ist. Der Fleck ist jedoch zu breit. Wie können sie sich helfen?

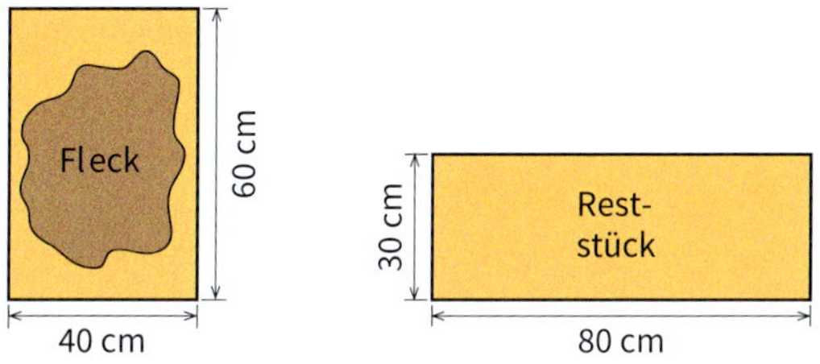

Lösung

Tanja und ihr Vater schneiden aus dem Teppichboden ein Rechteck mit den Seitenlängen 40 cm und 60 cm heraus. Wenn das Reststück in der Mitte zerschnitten wird, passt es genau in die Lücke.

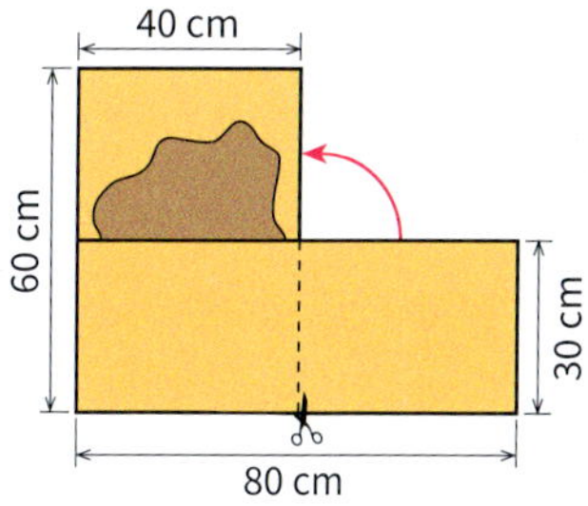

Information

Flächeninhalt

Reststück und Lücke aus Aufgabe 1 sind Rechtecke. Sie haben zwar verschiedene Maße, sie haben aber dennoch dieselbe Größe. In der Mathematik sagt man: Sie haben denselben *Flächeninhalt*.

> Flächen, die man so zerlegen kann, dass sie in ihren Teilflächen übereinstimmen, haben denselben **Flächeninhalt**.
>
> Der Flächeninhalt ist ein Maß für die Größe einer Fläche.

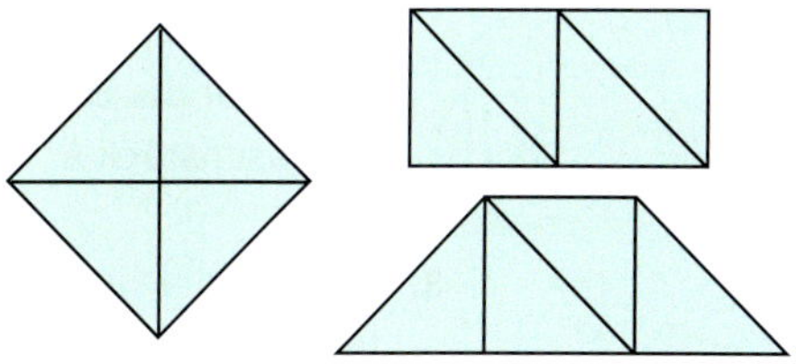

Weiterführende Aufgabe

Unterscheidung von Flächeninhalt und Umfang

2. Das Rechteck und die Teppichlücke von Aufgabe 1 haben denselben Flächeninhalt. Bestimme und vergleiche ihre Umfänge.

> Flächen mit demselben Flächeninhalt können unterschiedlichen Umfang haben.

Übungsaufgaben

3. Haben die beiden Flächen denselben Flächeninhalt? Wenn nein, welcher Flächeninhalt ist größer?

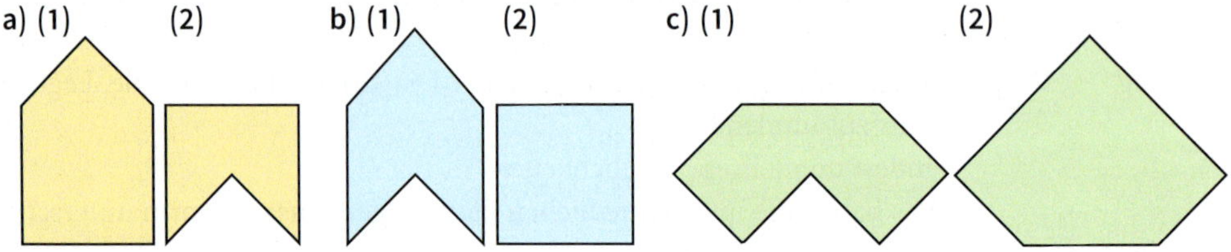

4. Zeichne zwei unterschiedliche Figuren, die denselben Flächeninhalt haben.

5. Ein Balkon soll gefliest werden. Es stehen zwei verschiedene Fliesensorten zur Auswahl.
Welche Fliese ist größer? Zeichne, schneide aus und versuche aufeinanderzulegen.

6. Entscheide, ob die angegebenen Flächen den gleichen Flächeninhalt haben. Zeichne dazu ab, schneide aus und zerlege. Begründe.

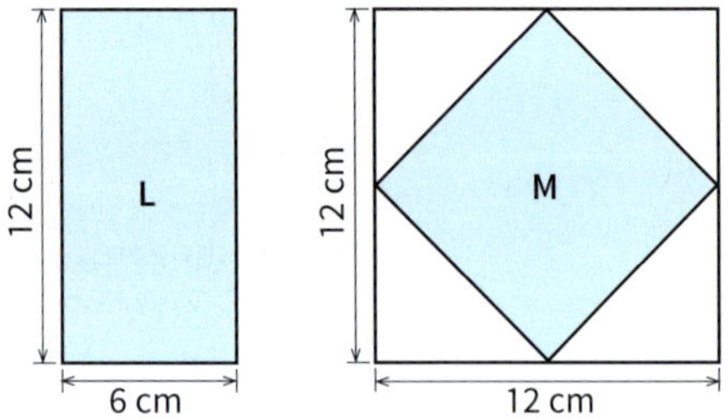

7. a) Verschiedene Rasenstücke in einem Park sollen neu eingesät werden. Vergleiche die Rasenstücke. Benötigt man für eines mehr Rasensamen als für ein anderes? Begründe.

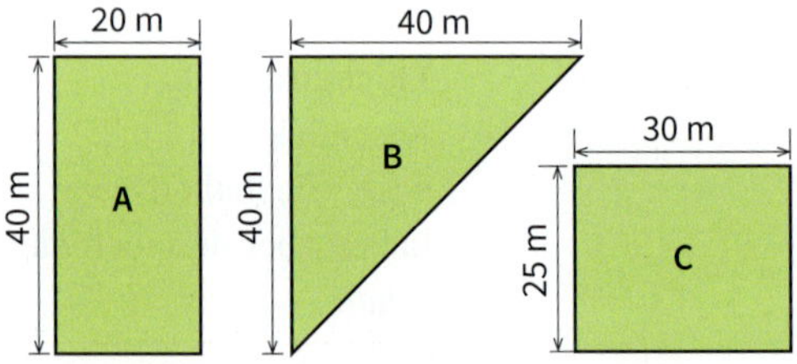

b) Die Rasenfläche soll mit Randsteinen von 1 m Länge umgeben werden.
Lukas sagt: „Für die Begrenzung des Rasenstücks B braucht man mehr Randsteine als für die Begrenzung des Rasenstücks A. Also ist das Rasenstück B größer als das Rasenstück A.“ Stimmt die Überlegung von Lukas? Begründe.

8. Zeichne die Figur rechts in dein Heft. Zeichne dann ein Rechteck, das denselben Flächeninhalt wie diese Figur hat. Begründe.

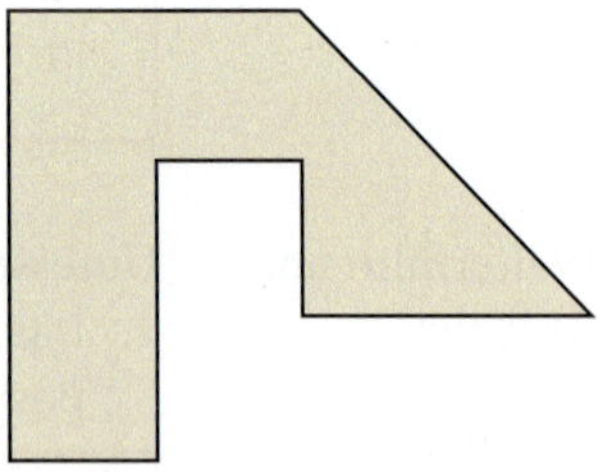

9. Zeichne ein Quadrat. Zeichne nun ein weiteres Quadrat, dessen Flächeninhalt doppelt so groß ist.
Tipp: Zerlege das kleine Quadrat geeignet.

Spiel

10. *Tangram*

Das Tangramspiel ist ein altes chinesisches Legepuzzle, das aus 7 einfachen Teilen besteht (siehe Zeichnung rechts). In China wird es auch Ch'i Ch'a pan (d. h. Siebenschlau) genannt. Obwohl es nur aus wenigen Figuren besteht, lassen sich mit ihm eine Vielzahl von Bildern legen. Übertragt das Tangram auf Karopapier und schneidet es aus.
Legt mit den Teilen schöne Figuren.
Vergleicht deren Flächeninhalt.

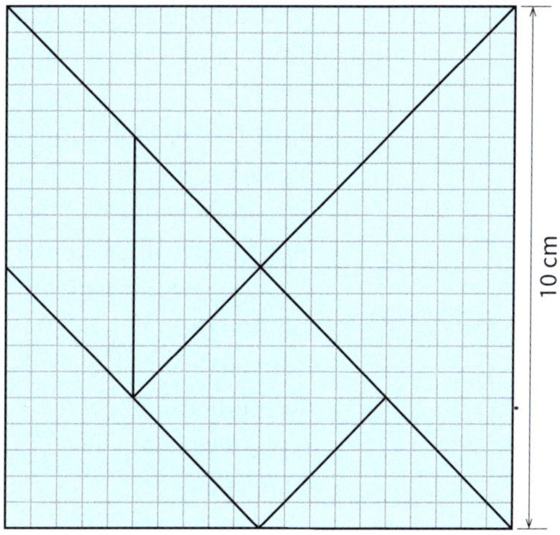

5.1.2 Angabe eines Flächeninhalts durch Maßzahl und Einheit – Die Einheit Quadratzentimeter

Einstieg

Bestimmt näherungsweise in der Einheit H (Heftgröße) den Flächeninhalt (die Größe) von Tischflächen. Legt dazu die Flächen mit gleich großen Heften aus.
Findet im Klassenraum kleinere und größere Flächen, deren Größe ihr mithilfe von Heften ermittelt.

Aufgabe 1

Tim will drei Mosaike aus quadratischen Steinchen herstellen. Er hat dazu geometrische Muster entworfen (siehe unten). Mit seinem Freund Sebastian diskutiert er darüber, welches Mosaik am größten und welches am kleinsten ist.
Wie kann man die Größe der Mosaike vergleichen? Welche Einheit bietet sich dazu an?

(1)

(2)

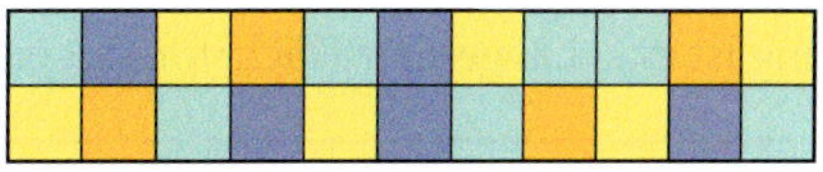

(3)

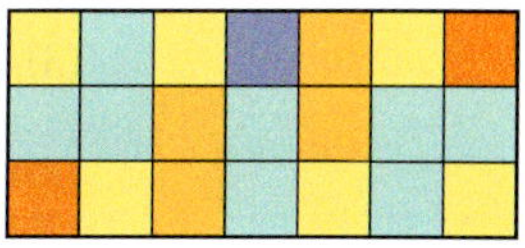

Lösung

Um die Größe der Mosaike zu bestimmen, kann man jeweils die Anzahl der Steine bestimmen.
Das Mosaik (1) besteht aus 4 Reihen zu je 5 Steinen.
Das Mosaik (1) besteht somit aus $5 \cdot 4$, also 20 Steinen.
Das Mosaik (2) besteht aus $2 \cdot 11$, also 22 Steinen und
das Mosaik (3) aus $3 \cdot 7$, also 21 Steinen.
Das Mosaik (2) ist am größten, das Mosaik (1) am kleinsten.
Als Maßeinheit wurde die Größe eines Steins verwandt.

Information

(1) Bestimmen des Flächeninhalts durch Auslegen der Flächen

Das Mosaik (1) aus Aufgabe 1 besteht aus 20 Steinchen. Man kann daher sagen:
Der Flächeninhalt des Mosaiks (1) beträgt 20 Steinchengrößen, kurz: 20 S.
Entsprechend gilt für den Flächeninhalt des Mosaiks (2) dann 22 S und für den Flächeninhalt des Mosaiks (3) schließlich 21 S.
S (= Steinchengröße) ist die Einheit, in der der Flächeninhalt des Mosaiks gemessen wird. Sie ist eine frei gewählte Einheit, die hier praktisch ist.

Die Größe von Terrassen oder von Gartenwegen kann man in der Einheit *Plattengröße* angeben. Bei gefliesten Flächen, z. B. im Bad, bietet sich die Einheit *Fliesengröße* an. Journalisten geben große Flächen gelegentlich in der Einheit *Fußballfeld* an.

(2) Messen des Flächeninhalts in der Einheit Quadratzentimeter

Die frei gewählten Einheiten für den Flächeninhalt (z. B. Flächeninhalt einer Fliese oder einer Kachel) können unterschiedlich groß sein. Eine Angabe wie „10 Fliesen groß" kann Flächen unterschiedlicher Größe beschreiben und ist deshalb für den Alltag unpraktisch. Man hat sich daher auf Einheiten für den Flächeninhalt geeinigt, die auf der ganzen Welt verwendet werden.
Dabei greift man zurück auf Flächeninhalte von Quadraten, deren Seitenlängen die Längeneinheiten mm, cm, dm, m, km haben. Wir betrachten zunächst die Einheit $1\,cm^2$ (gelesen: *1 Quadratzentimeter*).

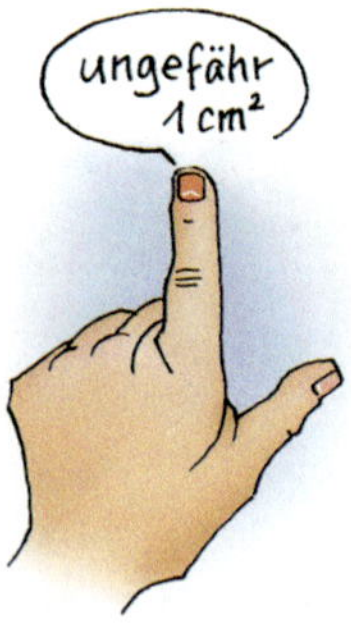

(1) Ein Quadrat mit der Seitenlänge 1 cm hat den Flächeninhalt $\mathbf{1\,cm^2}$ (gelesen: *1 Quadratzentimeter*).
Alle anderen Figuren, die man durch Zerschneiden und erneutes Zusammensetzen eines Quadrats mit 1 cm Seitenlänge erhält, haben auch den Flächeninhalt $1\,cm^2$.

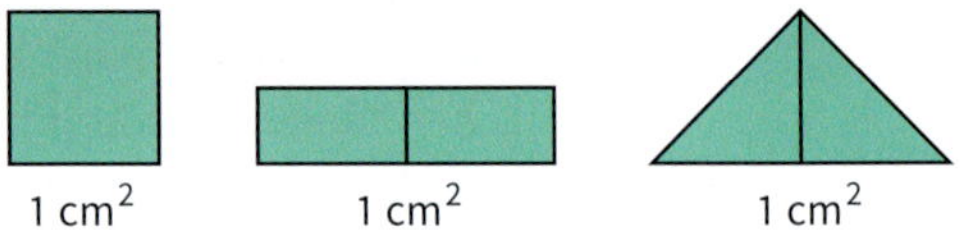

(2) In die Fläche rechts passen 4 Quadrate von 1 cm Seitenlänge.
Die Fläche hat den Flächeninhalt $A = 4\,cm^2$.
Der Flächeninhalt einer Fläche wird meist mit A bezeichnet.

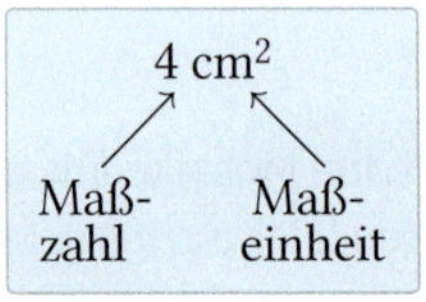

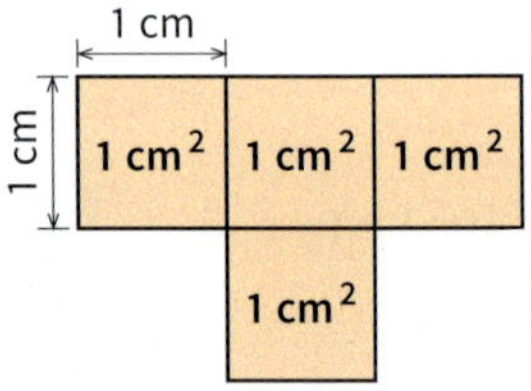

area (lat./engl.)
Fläche

(3) Unterscheidung von Flächeninhalt und Umfang

Der Umfang ist eine Länge. Der Flächeninhalt darf nicht mit dem Umfang verwechselt werden.

Abkürzungen:
A: Flächeninhalt
U: Umfang

Flächen mit demselben Flächeninhalt können unterschiedlichen Umfang haben.
Beispiele:

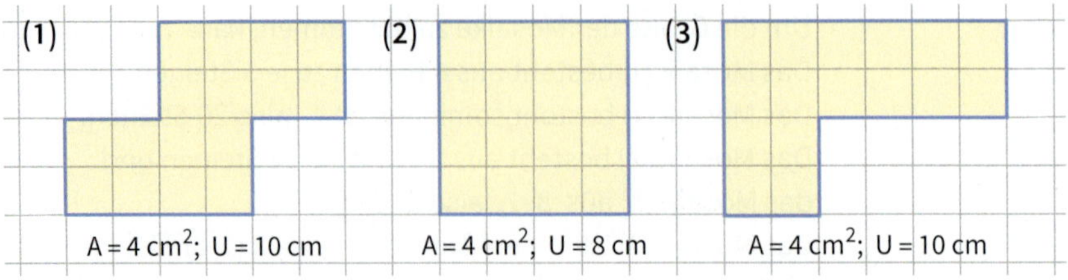

Übungsaufgaben

2. In einer Zeitschrift findet man verschiedene Vorschläge für eine Terrassengestaltung.
Gib den Flächeninhalt der Terrassen in der Einheit P (= Plattengröße) an.
Welche Flächen haben gleichen Flächeninhalt?

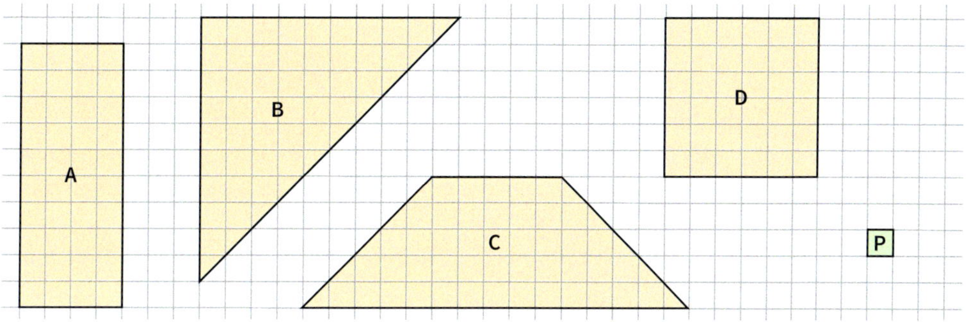

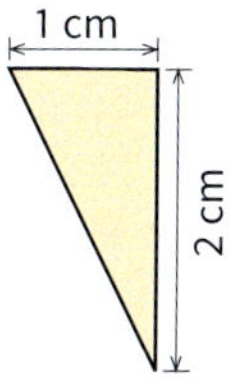

Maßeinheit

3. Der Flächeninhalt der Fläche soll bestimmt werden. Als Maßeinheit soll der Flächeninhalt des Dreiecks links verwendet werden. Du kannst zeichnen und ausschneiden.

a)

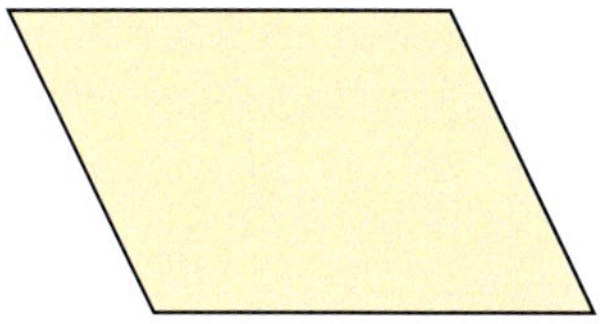

b)

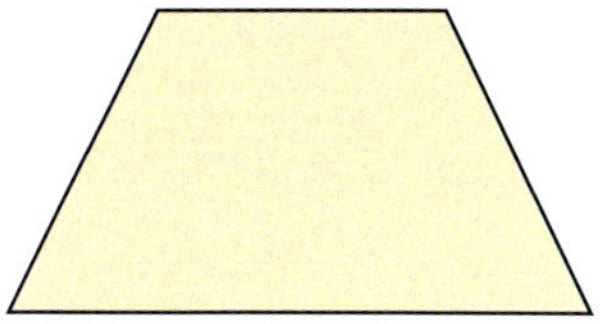

4.

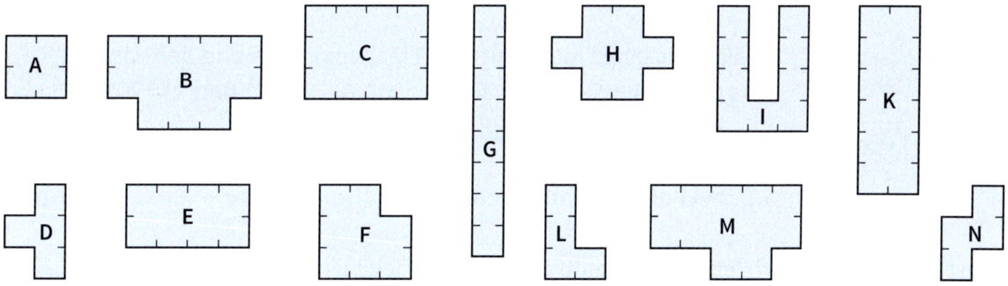

a) Gib den Flächeninhalt der Flächen in der Einheit *Kästchengröße* (KG) an.
b) Gib den Umfang der Flächen in der Einheit *Kästchenlänge* (KL) an.
c) Gib die Flächen an, die denselben Umfang, aber verschiedene Flächeninhalte haben.
d) Gib die Flächen an, die verschiedene Umfänge, aber denselben Flächeninhalt haben.

Das kann ich noch!

A) Verwende jede der Ziffern 4, 5, 6, 7, 8 und 9 einmal.
1) Bilde die kleinste Zahl aus den Ziffern und lies sie vor.
2) Bilde die größte Zahl aus den Ziffern und lies sie vor.
3) Bilde aus den Ziffern die Zahl, die einer halben Million am nächsten ist.
4) Bilde aus den Ziffern die Zahl, die 900 000 am nächsten ist.

B) Runde die folgenden Zahlen jeweils auf Millionen (Mio), Tausender (T), Hunderter (H) und Zehner (Z).
1) 123 456 789 2) 9 876 789 3) 9 999 999 999 4) 9 090 909

5. **a)** Bestimme den Flächeninhalt in cm^2.

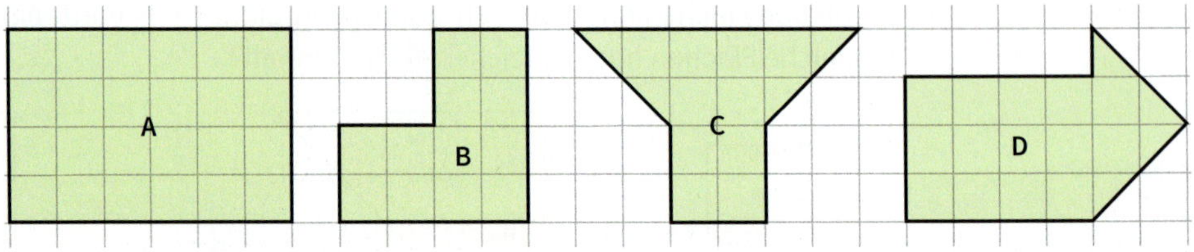

b) Zeichne Figur A von Teilaufgabe a) ab und schneide sie aus. Zerschneide die Teile und lege sie neu zu einer anderen Fläche zusammen. Welchen Flächeninhalt hat die neue Fläche?
Miss den Umfang auf Millimeter genau und vergleiche mit dem Umfang von Fläche A.

6. Lest die Zeitungsnotiz rechts.
Um eine Vorstellung von der Größe des Hautstücks zu bekommen, zeichnet auf Karopapier mehrere Flächen (nicht nur Rechtecke) mit dem Flächeninhalt $A = 5\,cm^2$.
Bestimmt auch den Umfang U der Flächen.

> Bei Verbrennungen 3. Grades wird meistens eine Hauttransplantation durchgeführt. Dazu züchtet man aus einem Hautstück ein größeres Stück. Das ist sehr teuer: $5\,cm^2$ der gezüchteten Haut kosten 75 €.

7. Zeichne jeweils drei Flächen mit dem folgenden Flächeninhalt. Gib auch den Umfang an.
a) $7\,cm^2$ **b)** $80\,cm^2$ **c)** $10\,cm^2$ **d)** $120\,cm^2$

8. Zeichne eine Fläche mit dem Flächeninhalt A und dem Umfang U.
a) $A = 16\,cm^2$ und $U = 16\,cm$ **b)** $A = 16\,cm^2$ und $U = 20\,cm$ **c)** $U = 12\,cm$ und $A = 9\,cm^2$

5.1.3 Weitere Einheiten für Flächeninhalte – Zusammenhänge

Einstieg

Im letzten Abschnitt hast du die Flächeneinheit $1\,cm^2$ kennengelernt. Bei sehr großen oder sehr kleinen Flächen verwendet man andere Flächeneinheiten, z.B. $1\,m^2$, $1\,dm^2$ oder $1\,mm^2$.

a) Das Glückskleeblatt rechts soll vergoldet werden. Der Preis dafür richtet sich nach der Größe. Wie groß ist das Kleeblatt ungefähr?
b) Zeichne auf Millimeterpapier Quadrate mit der Seitenlänge 1 mm, 1 cm, 1 dm und vergleiche deren Flächeninhalte.

Einführung

(1) Die Einheit Quadratmillimeter
Das Quadrat rechts hat den Flächeninhalt $1\,cm^2$. Es ist unterteilt in kleine Quadrate mit der Seitenlänge 1 mm. Jedes dieser Quadrate ist $1\,mm^2$ groß. Wie viele $1\,mm^2$ große Quadrate sind in einem $1\,cm^2$ großen Quadrat enthalten?

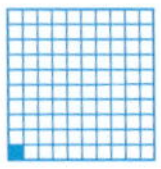

Um ein Quadrat der Seitenlänge 1 cm zu erhalten, muss man 10 Quadrate der Seitenlänge 1 mm in einer Reihe nebeneinander legen und 10 von diesen Reihen übereinander. Man benötigt folglich $10 \cdot 10$, also 100, kleine Quadrate.

Es gilt somit: $1\,cm^2 = 100\,mm^2$

(2) Die Einheit Quadratdezimeter

Ist deine Handfläche 1 dm^2 groß? Prüfe durch Auflegen auf das Quadrat.

Das Quadrat hat die Seitenlänge 1 dm.
Es hat den Flächeninhalt 1 dm^2.
Im Kunstunterricht soll es mit bunten Quadraten des Flächeninhalts 1 cm^2 beklebt werden, sodass ein schönes Mosaik entsteht.
Wie viele kleine Quadrate benötigt man?
Um ein Quadrat der Seitenlänge 1 dm zu erhalten, muss man 10 Quadrate der Seitenlänge 1 cm nebeneinander legen und 10 von diesen Reihen übereinander.
Man benötigt folglich $10 \cdot 10$, also 100 kleine Quadrate.

Es gilt also für den Zusammenhang zwischen den Einheiten dm^2 und cm^2: $1\,dm^2 = 100\,cm^2$

(3) Die Einheit Quadratmeter

! m^2 und m sind Einheiten für verschiedene Größen!

Die Tafelfläche links im Bild ist ein Quadrat mit 1 m Seitenlänge. Der Flächeninhalt des Quadrats ist 1 m^2.

Auf die Wandtafel ist ein Gitternetz gezeichnet.
Wie viele kleine Quadrate mit 1 dm Seitenlänge entstehen?
Es entstehen $10 \cdot 10$, also 100 solcher Quadrate mit dem Flächeninhalt 1 dm^2.

Es gilt somit für den Zusammenhang zwischen den Einheiten m^2 und dm^2: $1\,m^2 = 100\,dm^2$

Information

Überblick über alle Einheiten des Flächeninhalts

Weitere Maßeinheiten für den Flächeninhalt sind: Ar (a), Hektar (ha), Quadratkilometer (km^2).
Die folgende Tabelle gibt einen Überblick über alle Flächeninhaltseinheiten.

Quadrat mit der Seitenlänge	Flächeninhalt des Quadrats	gelesen
1 mm	1 mm^2	1 Quadratmillimeter
1 cm	1 cm^2	1 Quadratzentimeter
1 dm	1 dm^2	1 Quadratdezimeter
1 m	1 m^2	1 Quadratmeter
10 m	1 a	1 Ar
100 m	1 ha	1 Hektar
1 km	1 km^2	1 Quadratkilometer

Beispiele:

Judomatte: 1 a

Fußballfeld: 1 ha

Fläche eines Dorfes: 1 km^2

Weiterführende Aufgaben

Zusammenhang zwischen m^2, a, ha und km^2

1. a) Legt auf dem Schulhof mit einem Seil ein Quadrat mit der Seitenlänge 10 m fest. Dieses Quadrat hat den Flächeninhalt 1 a. Wie viele Quadrate mit der Seitenlänge 1 m braucht man, um ein Quadrat mit dem Flächeninhalt 1 a auszulegen?
Füllt im Heft aus: 1 a = ▒ m^2

b) Erklärt, weshalb gilt
(1) 1 ha = 100 a;
(2) 1 km^2 = 100 ha?

Messen des Flächeninhalts in geeigneten Einheiten

2. Ähnlich wie man kleine Flächen in der Flächeninhaltseinheit cm^2 angibt, kann man große Flächen wie Zimmerflächen, Ackerflächen usw. in größeren Einheiten angeben.

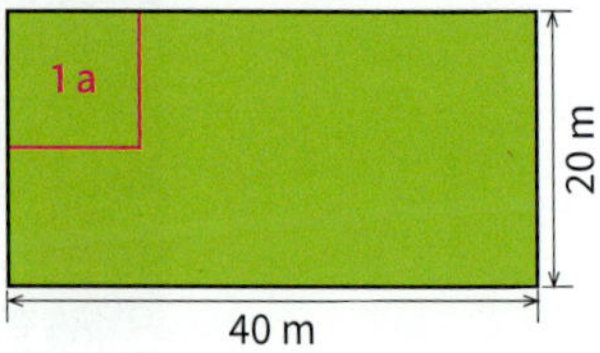

a) Wie groß ist die nebenstehende Grundstücksfläche? Gib das Ergebnis in verschiedenen Einheiten an.

b) In welchen Einheiten misst man sinnvoll folgende Flächen:
Zimmerdecke, Segel, Querschnittsfläche eines Drahtes, Brett, Äcker, Baugrundstücke, Gärten, Bauernhöfe, Staaten (Länder), große Seen, Inseln, Erdteile?

Information

$1\,\text{km}^2 \underset{\cdot 100}{\overset{:100}{\rightleftarrows}} 1\,\text{ha} \underset{\cdot 100}{\overset{:100}{\rightleftarrows}} 1\,\text{a} \underset{\cdot 100}{\overset{:100}{\rightleftarrows}} 1\,\text{m}^2 \underset{\cdot 100}{\overset{:100}{\rightleftarrows}} 1\,\text{dm}^2 \underset{\cdot 100}{\overset{:100}{\rightleftarrows}} 1\,\text{cm}^2 \underset{\cdot 100}{\overset{:100}{\rightleftarrows}} 1\,\text{mm}^2$

$1\,\text{km}^2 = 100\,\text{ha}$

$1\,\text{ha} = 100\,\text{a}$

$1\,\text{a} = 100\,\text{m}^2$

$1\,\text{m}^2 = 100\,\text{dm}^2$

$1\,\text{dm}^2 = 100\,\text{cm}^2$

$1\,\text{cm}^2 = 100\,\text{mm}^2$

Beim Flächeninhalt: Umwandlungszahl 100

Übungsaufgaben

3. Bestimmt den Flächeninhalt eines DIN-A4-Blattes folgendermaßen:
Stellt euch mehrere Quadrate mit dem Flächeninhalt 1 dm² her und legt damit ein DIN-A4-Blatt (großes Schulheft) aus.

4. **a)** Gib die Größe der rechts abgebildeten Kellerfläche in m² an.
b) Zeichne ebenso verkleinert Zimmerflächen
(1) mit dem Flächeninhalt 30 m²;
(2) mit dem Flächeninhalt 17 m².

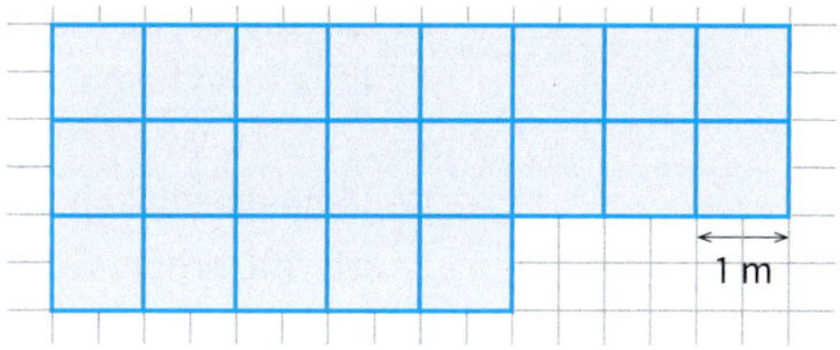

5. **a)** Gib die Größe der Wiese an.
b) Gib die Größe des Ackers an.
c) Wie lang wäre ein Zaun um die Wiese, wie lang um den Acker?
d) Zeichne ähnlich einen 9 a großen Bolzplatz.
e) Zeichne verkleinert eine 6 ha große Waldfläche und einen 6 km² großen Park.

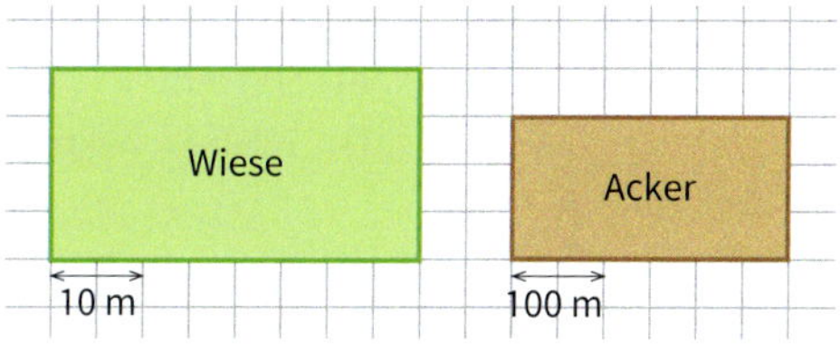

6. Gib den Flächeninhalt und den Umfang an.

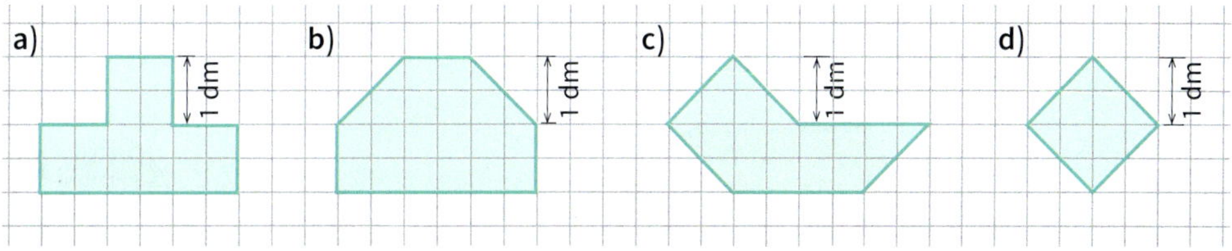

7. Schlage in einem Lexikon oder im Internet die Größe folgender Seen nach:
(1) Chiemsee
(2) Bodensee
(3) Großer Brombachsee
(4) Viktoriasee
Wie viele 1 ha große Fußballfelder würden hineinpassen?
Ordne die Seen der Größe nach.

8. Zeichne ein 1 dm großes Quadrat in dein Heft. Verdeutliche daran den Zusammenhang zwischen den Größen dm² und cm².

9. Gib in der in Klammern angegebenen Einheit an.

$1\,cm^2 =$	$100\,mm^2$
$57\,cm^2 =$	$5\,700\,mm^2$

a) $8\,dm^2$ (cm^2)
b) $15\,dm^2$ (cm^2)
c) $5\,m^2$ (dm^2)
d) $27\,m^2$ (dm^2)
e) $8\,a$ (m^2)
f) $75\,a$ (m^2)
g) $8\,cm^2$ (mm^2)
h) $18\,cm^2$ (mm^2)
i) $2\,ha$ (a)
j) $31\,ha$ (a)
k) $3\,km^2$ (ha)
l) $43\,km^2$ (m^2)

10. Drücke in der in Klammern angegebenen Einheit aus.

a) $3\,800\,cm^2$ (dm^2)
b) $4\,000\,cm^2$ (dm^2)
c) $5\,900\,dm^2$ (m^2)
d) $8\,000\,dm^2$ (m^2)
e) $400\,m^2$ (a)
f) $1\,400\,m^2$ (a)
g) $3\,000\,a$ (ha)
h) $1\,700\,a$ (ha)
i) $8\,000\,ha$ (km^2)
j) $400\,ha$ (km^2)
k) $300\,mm^2$ (cm^2)
l) $16\,000\,mm^2$ (cm^2)
m) $470\,000\,cm^2$ (m^2)
n) $520\,000\,cm^2$ (m^2)
o) $230\,000\,m^2$ (ha)
p) $100\,000\,m^2$ (ha)

11. Gib die Größe des Industriegebietes auch in m^2 und ha an.

12. Fülle die Lücken in deinem Heft aus.

a) $400\,dm^2 = \square\,cm^2$
b) $200\,m^2 = \square\,dm^2$
c) $100\,km^2 = \square\,a$
d) $300\,dm^2 = \square\,m^2$
e) $500\,mm^2 = \square\,cm^2$
f) $700\,ha = \square\,km^2$
g) $1\,000\,a = \square\,ha$
h) $817\,m^2 = \square\,dm^2$
i) $655\,cm^2 = \square\,mm^2$
j) $1\,900\,cm^2 = \square\,dm^2$
k) $7\,ha = \square\,m^2$
l) $3\,m^2 = \square\,cm^2$

13. a) Wie viele Personen können auf $1\,m^2$ stehen? Schätze zuerst und probiert dann aus.
b) Patrik behauptet: „$1\,m^2$ Fläche reicht mir, um ganz bequem zu liegen." Was meinst du?

14. Welcher Flächeninhalt gehört zu welchem Gegenstand?

$4\,m^2$ | $4\,a$ | $150\,m^2$ | $6\,cm^2$ | $10\,ha$ | $2\,cm^2$ | $310\,km^2$ | $7\,dm^2$ | $600\,m^2$ | $208\,mm^2$

5.1.4 Umwandeln in andere Einheiten

Einstieg

Gib den Flächeninhalt der Briefmarke auf verschiedene Weisen an.

Aufgabe 1

Ein Grundbuch ist ein öffentliches Verzeichnis der Grundstücke eines bestimmten Gebietes, z.B. einer Gemeinde. Es wird beim Amtsgericht geführt.
In ihm sind unter anderem der Eigentümer des Grundstücks sowie Wirtschaftsart, Lage und Größe des Grundstücks eingetragen. Hier siehst du einen Auszug aus einem Grundbuch.

Nr. der Grundstücke	Eigentümer	Karte		Wirtschaftsart und Lage	Größe		
		Flur	Flurstück		ha	a	m^2
1	Müller, Hans	2	16/1	Wiese; Helmeweg		3	47
2	Müller, Anne	2	16/2	Acker; Am Morgenhang	37	05	

In Grundbüchern wird die Größe eines Grundstücks mit gemischten Einheiten angegeben.
Wandle die Größenangaben der beiden Grundstücke in m^2 um.

Lösung

Um 3 a 47 m^2 insgesamt in m^2 anzugeben, müssen wir 3 a in m^2 umwandeln. 1 a ist genauso groß wie 100 m^2, 3 a so groß wie 300 m^2.
Damit ist das Grundstück insgesamt 347 m^2 groß:
3 a 47 m^2 = 347 m^2
Entsprechend findest du:
37 ha 05 a = 3 705 a = 370 500 m^2

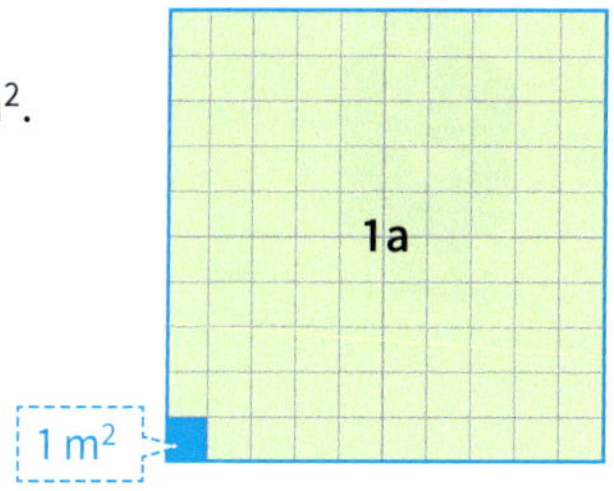

Information

(1) Einheitentabelle

Das Grundbuch oben enthält eine *Einheitentabelle* mit ha, a und m^2. Diese kann man um die übrigen Flächeninhaltseinheiten ergänzen. An dieser großen Einheitentabelle kann man leicht verschiedene Schreibweisen für denselben Flächeninhalt ablesen. Sie ist eine Hilfe beim Umwandeln in andere Einheiten.
Da die Umwandlungszahl 100 ist, hat jede Einheit zwei Stellen: Zehner (Z) und Einer (E).

	km^2			ha		a		m^2		dm^2		cm^2		mm^2		zwei verschiedene Schreibweisen für denselben Flächeninhalt
	H	Z	E	Z	E	Z	E	Z	E	Z	E	Z	E	Z	E	
							7	2	3							7 a 23 m^2 = 723 m^2
		2	2		5											22 km^2 5 ha = 2 205 ha
					3	7	0									3 ha 70 a = 370 a
									0	4	7					0 m^2 47 dm^2 = 47 dm^2

(2) Kommaschreibweise

Die Größe von Grundstück Nr. 2 des Grundbuches ist in einer Einheitentabelle angegeben: 3 a 47 m^2. Diese Angabe schreibt man auch mit Komma: 3,47 a = 3 a 47 m^2

Die Kommaschreibweise ist also nur eine Abkürzung für eine Schreibweise mit gemischten Einheiten.

Vor dem Komma		Nach dem Komma	
a		m^2	
Z	E	Z	E
	3	4	7

Beispiele: Schreibe mit gemischten Einheiten: 8,49 km^2; 37,05 ha; 2,4 m^2

km^2 ha: 8,49 km^2 = 8 km^2 49 ha

ha a: 37,05 ha = 37 ha 5 a

m^2 dm^2: 2,4 m^2 = 2 m^2 40 dm^2

Übungsaufgaben

2. Gib in der kleineren Einheit an.

4 a 25 m^2 = 425 m^2
7 m^2 4 dm^2 = 704 dm^2

a) 8 a 37 m^2 e) 4 km^2 15 ha i) 15 a 9 m^2
b) 4 a 7 m^2 f) 1 km^2 4 ha j) 26 a 35 m^2
c) 3 ha 18 a g) 4 m^2 12 dm^2 k) 8 ha 9 a m) 3 km^2 2 ha o) 18 cm^2 25 mm^2
d) 24 ha 48 a h) 9 m^2 75 dm^2 l) 24 ha 3 a n) 43 km^2 11 ha p) 8 dm^2 3 cm^2

3. Drücke in gemischten Einheiten aus.

340 a = 3 ha 40 a

a) 260 ha e) 4 823 m^2 i) 846 ha
b) 4 821 ha f) 204 m^2 j) 1 024 ha
c) 3 250 a g) 803 a k) 5 020 m^2 m) 3 437 cm^2 o) 372 dm^2
d) 4 635 a h) 4 024 a l) 305 m^2 n) 809 cm^2 p) 5 056 dm^2

4. Kontrolliere Tims Hausaufgaben. Wo stecken Fehler? Erkläre und berichtige im Heft.

a) 8 m^2 = 800 cm^2 *d) 4 a 7 m^2 = 47 m^2* *g) 4 m = 40 000 cm*
b) 900 mm^2 = 90 cm^2 *e) 500 m = 5 km* *h) 70 000 m^2 = 700 ha*
c) 300 m^2 = 3 ha *f) 24 ha = 2 ha 4 a* *i) 2 km^2 = 2 000 m^2*

5. Gib in gemischten Einheiten an. Verwandle dann in die kleinere Einheit. Die Einheitentabelle kann dir helfen.

8,35 a = 8 a 35 m^2 = 835 m^2

a) 2,49 km^2 e) 0,54 m^2 i) 2,54 dm^2 m) 4,7 cm^2 q) 7,65 a u) 4,37 ha
b) 37,53 km^2 f) 2,04 m^2 j) 59,09 dm^2 n) 0,04 cm^2 r) 98,23 a v) 8,05 ha
c) 8,06 km^2 g) 2,4 m^2 k) 3,5 dm^2 o) 0,4 cm^2 s) 0,42 a w) 78,05 ha
d) 30,03 km^2 h) 9,31 m^2 l) 0,35 dm^2 p) 3,08 cm^2 t) 10,04 a x) 90,37 ha

6. Schreibe in gemischten Einheiten.

4,2 ha = 4 ha 20 a

a) 2,97 ha e) 5,2 km^2 i) 3,05 m^2 m) 3,04 km^2
b) 18,52 a f) 7,6 km^2 j) 2,4 ha n) 0,75 a
c) 37,36 ha g) 4,7 m^2 k) 1,97 ha o) 0,33 ha q) 7,53 ha s) 3,7 cm^2
d) 84,28 m^2 h) 4,9 a l) 0,09 km^2 p) 23,7 ha r) 6,72 a t) 4,02 dm^2

7. Schreibe mit einem Komma.

a) 7 m^2 12 dm^2 e) 5 ha 43 a i) 4 dm^2 6 cm^2 m) 53 m^2 72 dm^2
b) 5 dm^2 16 cm^2 f) 3 cm^2 54 mm^2 j) 8 km^2 7 ha n) 27 dm^2 32 cm^2
c) 12 a 16 m^2 g) 27 ha 32 a k) 14 a 9 m^2 o) 2 a 9 m^2
d) 84 ha 13 a h) 2 km^2 97 ha l) 7 m^2 2 dm^2 p) 5 cm^2 8 mm^2

8. a) Lest die Zeitungsanzeige rechts. Was bedeutet die Angabe qm? Äußert euch zu den Größenangaben.
b) Sucht ähnliche Angaben im Alltag.

9. Auch Flächeninhalte rundet man.

a) Runde auf volle m^2:
(1) $3\,761\,dm^2$ (2) $1\,748\,dm^2$ (3) $12\,465\,cm^2$ (4) $725\,335\,cm^2$ (5) $9\,735\,cm^2$ (6) $4\,550\,dm^2$

b) Runde auf volle ha:
(1) 547 a (2) 2 467 a (3) $653\,786\,m^2$ (4) $176\,819\,m^2$ (5) $37\,195\,m^2$ (6) $8\,614\,m^2$

c) Runde auf volle km^2:
(1) 923 ha (2) 6 451 ha (3) 472 ha (4) 98 ha (5) 45 392 ha (6) 1 213 485 ha

10. a) Maries Zimmer ist $12\,m^2$ groß. Diese Angabe ist auf volle m^2 gerundet. Gib an, wie groß das Zimmer tatsächlich sein kann.
b) Daniels Onkel besitzt ein 7 ha großes Waldstück. Die Angabe ist auf volle ha gerundet. Gib an, wie groß das Waldstück tatsächlich sein kann.

11. a) Ein Landwirt will einen 32 a großen Acker mit Rasen einsäen. Für je $1\,m^2$ Fläche benötigt man 25 g Rasensamen. Berechne, wie viel Rasensamen er kaufen muss.
b) Eine Landwirtin baut auf einer 7 ha großen Fläche Roggen an. Für je $100\,m^2$ Fläche rechnet man 1,1 kg Saatgut. Ermittle, wie viel Roggen-Saatgut sie kaufen muss.

12. Berechne, wie teuer das Baugrundstück rechts ist.

13. *Alte Maßeinheiten*

Früher gab man die Größe (den Flächeninhalt) einer Ackerfläche in *Morgen* an. Hierbei war 1 Morgen die Größe einer Fläche, die man an einem Morgen (Vormittag) pflügen konnte.
Ein *Joch* war die Größe einer Ackerfläche, die man mit einem Joch Ochsen (2 Ochsen) an einem Tag umpflügen konnte.

a) Warum sind solche Maßeinheiten für genaue Angaben unbrauchbar?

b) Später hat man in bestimmten Regionen Deutschlands festgesetzt:
1 Morgen = 25 a; 1 Joch = 50 a
Gib in der in Klammern angegebenen Maßeinheit an.

(1) 8 ha (Morgen); 12 ha (Morgen); 500 a (Morgen)
(2) 8 Morgen (ha); 12 Morgen (ha); 20 Morgen (ha)
(3) 700 Morgen (Joch); 450 Joch (Morgen); 800 Joch (ha)
(4) 300 a (Morgen); 14 Morgen (a); 200 ha (Joch)

c) Informiert euch im Internet oder in einem Lexikon über „alte Flächeneinheiten". Gestaltet dazu ein Plakat und hängt es im Klassenzimmer aus.

5.2 Formeln für Flächeninhalt und Umfang eines Rechtecks

Einstieg

Nimm Stellung zu dem Gespräch über das Zimmer.

Aufgabe 1

Flächeninhalt eines Rechtecks

Ein Rechteck hat die Seitenlängen $a = 5\,cm$ und $b = 3\,cm$. Bestimme den Flächeninhalt des Rechtecks und erkläre, wie man aus den Seitenlängen den Flächeninhalt A des Rechtecks berechnen kann.

Lösung

Wir legen das Rechteck vollständig mit $1\,cm^2$ großen Quadraten aus. Zunächst legen wir 5 Quadrate nebeneinander in eine Reihe, da die eine Seite 5 cm lang ist. 3 solcher Reihen passen dann übereinander, da die andere Seite 3 cm lang ist.
Insgesamt kann man das Rechteck mit $5 \cdot 3$ Quadraten der Größe $1\,cm^2$ auslegen. Also:
$A = (5 \cdot 3)\,cm^2 = 15\,cm^2$

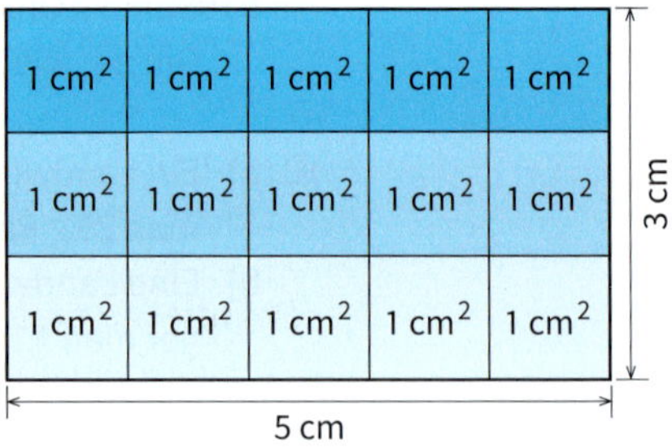

Information

Formel für den Flächeninhalt eines Rechtecks

Die Größe eines rechteckigen Teppichs gibt man üblicherweise durch das Produkt der Seitenlängen an, z. B. $200\,cm \times 300\,cm$, gelesen: *200 cm mal 300 cm.*
Du kennst sicherlich bei Fotos die Größenangabe $10\,cm \times 15\,cm$ (kurz 10×15).
Auch bei einem Rechteck mit den Seitenlängen 5 cm und 3 cm wollen wir für den Flächeninhalt A schreiben:
$A = 5\,cm \cdot 3\,cm$
Wie man den Flächeninhalt dieses Rechtecks berechnet, hast du oben erfahren. Diese Produktschreibweise ermöglicht uns, für den Flächeninhalt des Rechtecks eine Formel zu notieren:

Achte auf gleiche Einheiten!

Für den **Flächeninhalt A eines Rechtecks** mit den Seitenlängen a und b gilt:
$\mathbf{A = a \cdot b}$

Beispiel: $a = 6\,cm;\ b = 4\,cm$
$A = 6\,cm \cdot 4\,cm = (6 \cdot 4)\,cm^2 = 24\,cm^2$

Flächeninhalt eines Rechtecks = Länge mal Breite

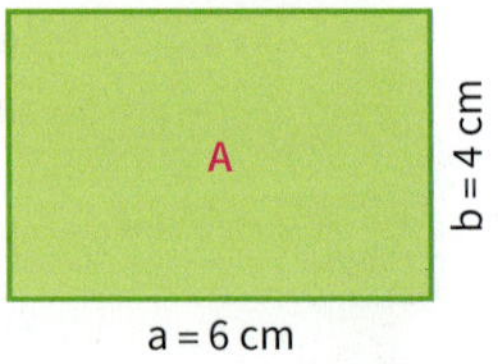

Bei der Multiplikation $6\,cm \cdot 4\,cm$ in der Formel handelt es sich um eine neue Multiplikation zwischen Längen (hier 6 cm und 4 cm). Das Ergebnis dieser Multiplikation ist ein Flächeninhalt, nämlich $24\,cm^2$.

Weiterführende Aufgaben

Formel für den Umfang eines Rechtecks

2. In der Information hast du eine Formel zum Berechnen des Flächeninhalts eines Rechtecks kennengelernt. Betrachte als Beispiel ein Rechteck mit den Seitenlängen $a = 4\,cm$ und $b = 3\,cm$ und erstelle damit eine Formel für den Umfang des Rechtecks.

Für den **Umfang eines Rechtecks** mit den Seitenlängen a und b gilt:
$$U = 2 \cdot a + 2 \cdot b = 2 \cdot (a + b)$$

Beispiel: $a = 34\,m$; $b = 57\,m$

$U = 2 \cdot 34\,m + 2 \cdot 57\,m$ *oder:* $U = 2 \cdot (34\,m + 57\,m)$

$= 68\,m + 114\,m$ $\quad$ $= 2 \cdot 91\,m$

$= 182\,m$ $\quad$ $= 182\,m$

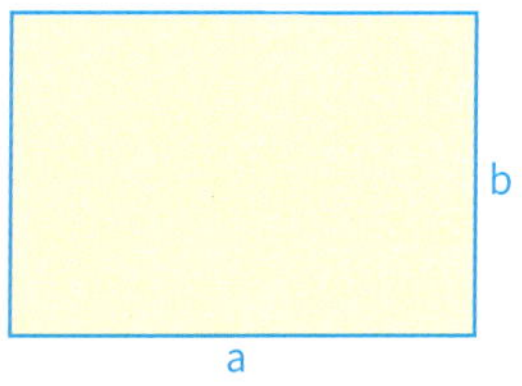

Formeln für Flächeninhalt und Umfang eines Quadrats

3. Gegeben ist ein Quadrat mit der Seitenlänge a.

a) Gib eine Formel an für
(1) den Flächeninhalt des Quadrats; (2) den Umfang des Quadrats.

b) Berechne mithilfe der Formeln den Flächeninhalt und den Umfang des Quadrats mit den Seitenlängen
(1) $a = 7\,cm$; (2) $a = 25\,m$.

Berechnen einer Seitenlänge aus dem Flächeninhalt

4. Ein Rechteck ist $36\,cm^2$ groß. Eine Seite ist 2 cm lang. Wie lang ist die andere Seite?

Dividieren eines Flächeninhalts durch eine Länge

Zum Bestimmen einer Länge eines Rechtecks mit vorgegebenem Flächeninhalt muss man den Flächeninhalt durch die gegebene Seitenlänge dividieren.

Beispiel:
Gegeben: $A = 600\,cm^2$; $a = 75\,cm$
Gleichung: $75\,cm \cdot b = 600\,cm^2$
$b = 600\,cm^2 : 75\,cm$ ← $cm \cdot cm = cm^2$
$= 8\,cm$

Übungsaufgaben

5. Gib den Flächeninhalt A und den Umfang U des Rechtecks mit den Seitenlängen a und b an.

	a)	b)	c)	d)	e)	f)	g)
Seite a	7 cm	4 m	64 mm	40 cm	70 dm	8 cm	5 m 8 dm
Seite b	8 cm	6 m	89 mm	6 dm	8 m	2,5 dm	4,4 m

6. Max und Emre diskutieren über die Größe einer 40 cm breiten und 2 m hohen Schranktür. Max behauptet: „Der Flächeninhalt der äußeren Seite der Tür beträgt $80\,cm^2$." Emre dagegen meint: „Das sind nur $0{,}8\,m^2$." Wer hat Recht? Begründe.

7. Ein Holzpaneel zum Verkleiden einer Zimmerdecke ist 4 m lang und 23 cm breit.

a) Berechne, wie groß die Fläche ist, die man damit bedecken kann.

b) Ermittle, wie viele Paneele man braucht, um eine $9\,m^2$ große Zimmerdecke zu verkleiden.

8. Ein Grundstück ist 60 m lang und 20 m breit. Berechne die Größe in Ar.
Das Grundstück soll eingezäunt werden. Ermittle, wie viel m Zaun benötigt werden.

9. Schätzt zunächst die Größe eures Klassenraumes und berechnet dann genau.

10. a) Der Flächeninhalt eines Rechtecks beträgt **(1)** $24\,cm^2$ **(2)** $48\,cm^2$.
Wie groß könnten die Seitenlängen des Rechtecks sein?
Gib alle Möglichkeiten mit ganzzahligen Zahlenwerten in der Maßeinheit cm an.

b) Der Starnberger See ist $58\,km^2$ groß. Gib Rechtecke an, die denselben Flächeninhalt haben.

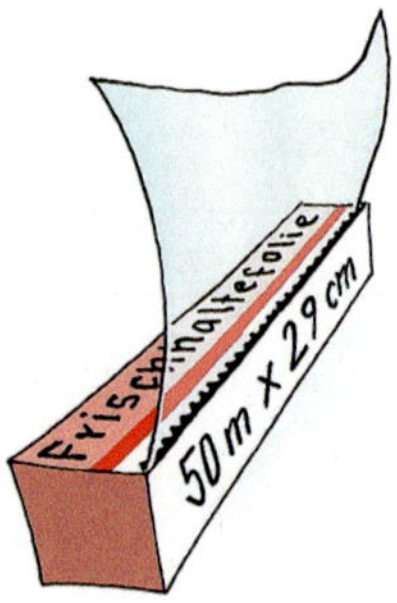

11. Berechne die fehlenden Größen eines Rechtecks mit den Seitenlängen a und b, dem Flächeninhalt A und dem Umfang U.

a	6 cm		10 m	11 dm		18 cm	8 cm	
b	5 cm	9 mm			18 cm	1,2 m		2 km
A				$88\,dm^2$	$306\,cm^2$			24 ha
u		36 mm	28 m				3,6 dm	

12. Eine Verpackung für Frischhaltefolie trägt die Aufschrift: 50 m × 29 cm. Stelle eine geeignete Frage und beantworte sie.

13. Sucht in Zeitschriften, Zeitungen oder Katalogen nach Größenangaben für rechteckige Gegenstände, die als Produkt angegeben werden.
Gestaltet damit ein Plakat und hängt es im Klassenraum aus.

14. Zeichne das Rechteck ABCD mit A (1 | −2), B (2 | 0), C (−2 | −2), D (−3 | 0) in ein Koordinatensystem mit der Einheit 1 cm. Berechne seinen Flächeninhalt.

15. Ein Quadrat hat die Seitenlänge a, den Flächeninhalt A und den Umfang U. Vervollständige die Tabelle im Heft.

a	6 cm		13 m		2,4 cm			
A				$9\,cm^2$		$64\,mm^2$	$144\,m^2$	
u		36 mm						10 m	0,6 m

16. Die Fußleiste eines Zimmers soll erneuert werden. Das Zimmer ist 4,50 m breit und 5,20 m lang. Die Tür ist 1,20 m breit. Bestimme, wie lang die Fußleiste ist.

17. Ein 47 m langes und 22 m breites Baugrundstück soll verkauft werden. Der Quadratmeterpreis beträgt 105 €. Ermittle, wie teuer das Grundstück ist.

Das kann ich noch!

A) Das Diagramm rechts zeigt die Höhe einiger bayerischer Berge.

1) Was kannst du dem Diagramm sofort auf einen Blick entnehmen?

2) Lies die Höhen der Berge ab.

3) Welche Rundung wurde vorgenommen?

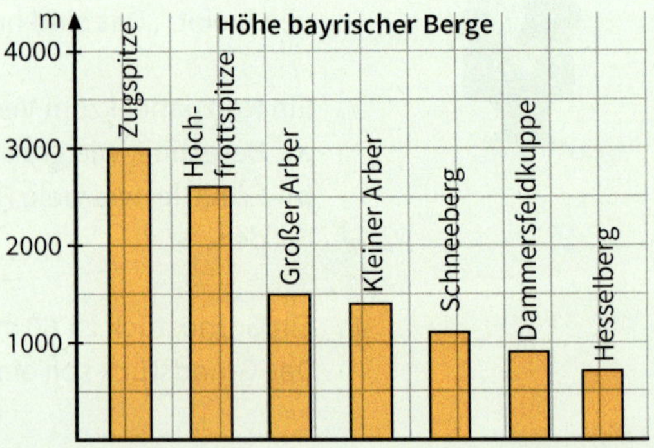

18. Fußballfelder können unterschiedlich groß sein.

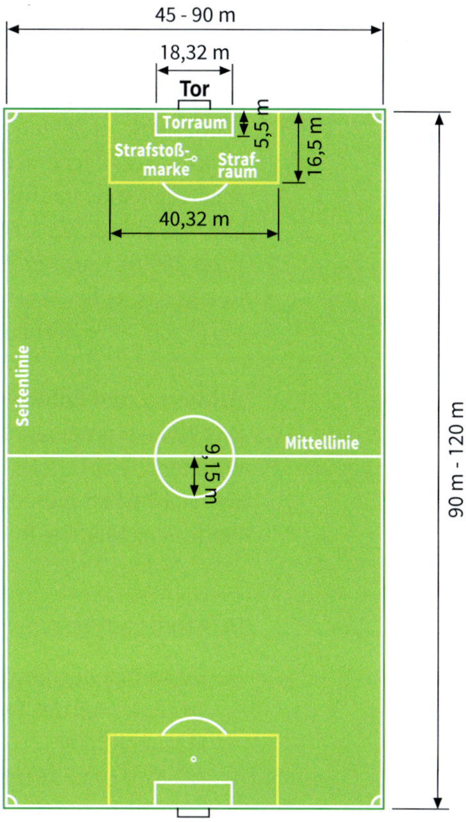

a) Lars und Tim gehören verschiedenen Sportvereinen an. Sie streiten, welcher Verein das größere Fußballfeld hat. Beurteile, wer Recht hat.
b) Beurteile, wie groß der Strafraum ist.
c) Stelle selbst geeignete Aufgaben und lass sie deinen Partner lösen.

19. Bringt verschiedene Konservendosen mit und bestimmt die Größe der Etiketten.

20. Denke dir ein Rechteck, das ungefähr so groß ist wie der Ammersee. Bestimme damit einen Schätzwert für die Größe des Ammersees.

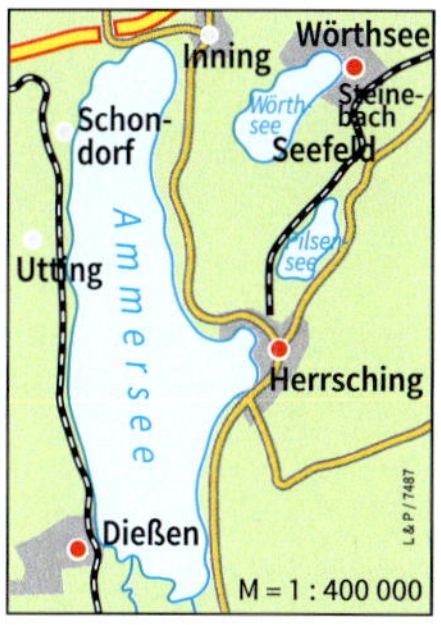

21. Eine rechteckige landwirtschaftliche Fläche ist 640 m lang und 120 m breit. Es soll Weizen angebaut werden. Dazu werden 1,6 kg Saatgut je Ar benötigt.
Berechne, wie viel kg Weizen zum Säen benötigt werden.

22. Eine Wiese ist 110 m lang und 42 m breit.
Gib den Flächeninhalt in m^2 und in Ar an.
Die Wiese soll eingezäunt werden. Bestimme, wie lang der Zaun ist.

23. Nora und Ruben besichtigen die neue Wohnung, in die sie umziehen wollen. Ruben misst die beiden Kinderzimmer aus: Das erste ist 5 m lang und 4 m breit, das zweite 6 m lang und 3 m breit. Nora sagt: „Beide Zimmer sind gleich groß, denn $5 + 4$ ist 9 und $6 + 3$ ist auch 9.“ Was meinst du?

24. Ein rechteckiger Garten ist 11 m breit und 87 m lang. Er wird an einer schmalen Seite durch eine Mauer mit einer Pforte begrenzt. An den übrigen Seiten des Gartens steht ein Zaun.
a) Bestimme, wie lang dieser Zaun ist.
b) Die Hälfte des Gartens ist Rasen. Ermittle, wie groß dieser Rasen ist.

25. Der Umfang eines Rechtecks beträgt 24 cm, seine Breite 4 cm. Untersuche, wie groß der Flächeninhalt des Rechtecks ist.

5.3 Rechnen mit Flächeninhalten

Einstieg

Am Waldrand soll ein Schülercamp mit 5 Blockhütten und einem Kletterpark errichtet werden. Für jede Blockhütte ist eine Grundstücksfläche von etwa $420\,m^2$ vorgesehen. Das Wirtschaftsgebäude mit Information und Küche soll eine Grundfläche von mindestens $60\,m^2$ haben. Für den Kletterpark sollen rund $2\,500\,m^2$ zur Verfügung stehen.
Reicht das rechts abgebildete Grundstück aus?
Vergleicht eure Rechenwege.

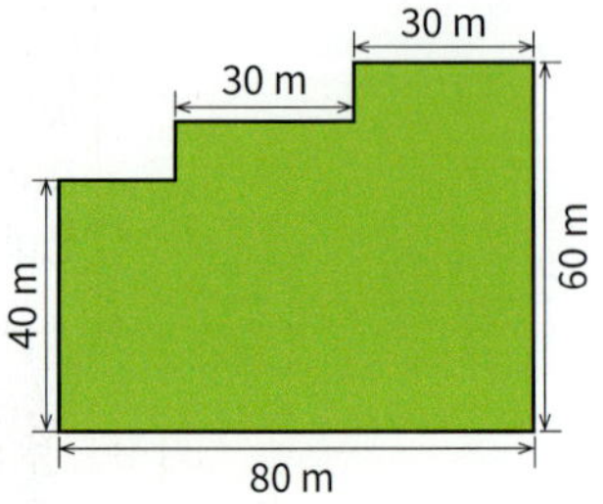

Aufgabe 1

Addieren und Subtrahieren von Flächeninhalten
Das Wohnzimmer rechts soll einen neuen Parkettboden erhalten.
Wie viel Parkett muss bestellt werden?
Finde verschiedene Rechenwege und erkläre sie.

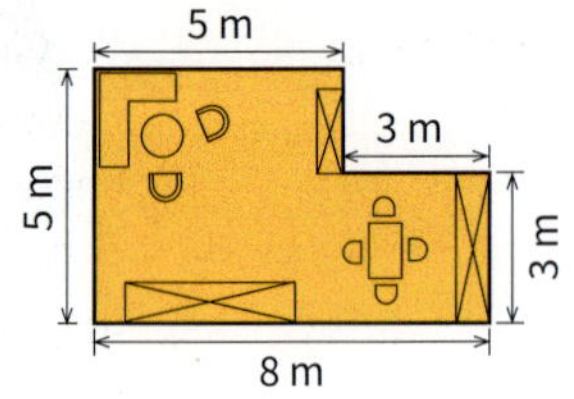

Lösung

Du kannst auf verschiedene Weise vorgehen:

(1) Du kannst den Essplatz abtrennen.
Der linke Teil des Wohnzimmers ist ein Rechteck mit dem Flächeninhalt:
$A_l = 5\,m \cdot 5\,m = 25\,m^2$
Der rechte Teil (Essplatz) hat den Flächeninhalt:
$A_r = 3\,m \cdot 3\,m = 9\,m^2$
Der Flächeninhalt A des gesamten Wohnzimmers ist dann die Summe dieser beiden Flächeninhalte:
$A = A_l + A_r = 25\,m^2 + 9\,m^2 = 34\,m^2$

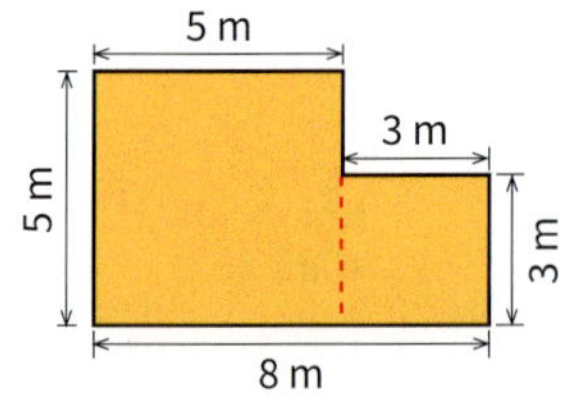

(2) Du kannst das Wohnzimmer auch in zwei andere Rechtecke zerlegen. Für das obere Rechteck gilt:
$A_o = 5\,m \cdot 2\,m = 10\,m^2$
Für das untere Rechteck gilt:
$A_U = 8\,m \cdot 3\,m = 24\,m^2$
Auch hier ist der Flächeninhalt A des gesamten Wohnzimmers die Summe der beiden Flächeninhalte:
$A = A_o + A_U = 10\,m^2 + 24\,m^2 = 34\,m^2$

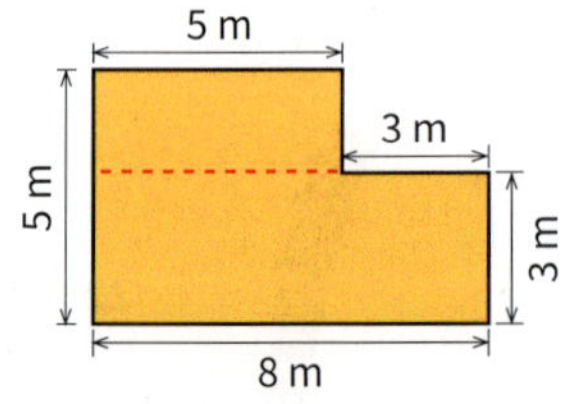

(3) Du kannst die Fläche des Wohnzimmers zu einem großen Rechteck ergänzen. Dieses hat den Flächeninhalt:
$A_g = 8\,m \cdot 5\,m = 40\,m^2$
Ergänzt wurde dabei ein Rechteck mit dem Flächeninhalt:
$A_e = 2\,m \cdot 3\,m = 6\,m^2$
Dieser Flächeninhalt wurde zu viel berechnet, muss also subtrahiert werden. Der Flächeninhalt A des gesamten Wohnzimmers ist die Differenz der beiden Flächeninhalte:
$A = A_g - A_e = 40\,m^2 - 6\,m^2 = 34\,m^2$

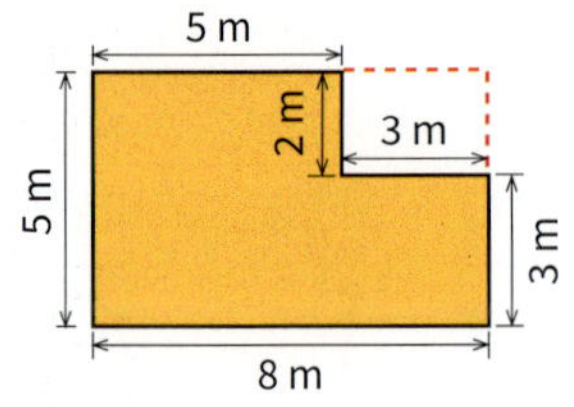

Auf allen drei Wegen erhältst du, dass $34\,m^2$ Parkettboden bestellt werden müssen.

Information

Strategien zum Berechnen des Flächeninhalts zusammengesetzter Flächen

1. Strategie: Zerlegen

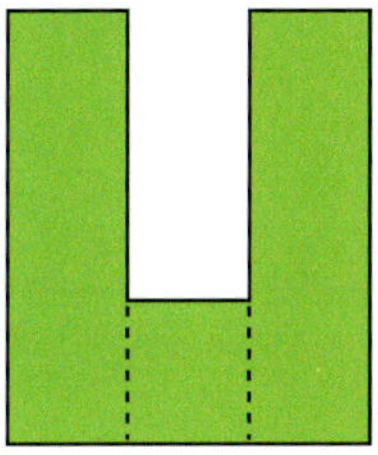

Man zerlegt die Figur in geeignete Teilflächen, berechnet deren Flächeninhalte und addiert diese.

2. Strategie: Ergänzen

Man ergänzt die Figur geeignet. Dann berechnet man den Flächeninhalt der gesamten Figur und subtrahiert davon den Flächeninhalt der ergänzten Fläche.

Aufgabe 2

Vervielfachen und Dividieren von Flächeninhalten

Ein Gartenverein erhält von der Gemeinde 5 nebeneinander liegende Grundstücke. Jedes Grundstück ist 30 m lang und 15 m breit.

a) Wie groß ist die neue Fläche insgesamt?

b) Es ist geplant, dass die neue Fläche in 250 m^2 große Gärten aufgeteilt wird. Wie viele Gärten erhält man?

c) Da sich jedoch nur 6 Familien für einen neuen Garten angemeldet haben, wird das Grundstück gleichmäßig an sie verteilt. Wie groß wird dann jeder Garten?

Lösung

a) Jedes der 30 m langen und 15 m breiten Grundstücke hat den Flächeninhalt:
$A_G = 30\,m \cdot 15\,m = 450\,m^2$
Den Flächeninhalt der neuen Fläche erhält man durch Multiplizieren mit 5:
$A = 5 \cdot 450\,m^2 = 2\,250\,m^2$
Ergebnis: Die neue Fläche ist 2 250 m^2 groß.

b) Da die neue Fläche in gleich große Flächen zu je 250 m^2 zerlegt wird, dividieren wir die Gesamtfläche durch 250 m^2:
$A = 2\,250\,m^2 : 250\,m^2 = 9$
Ergebnis: Man erhält 9 Gärten.

Zerlegen in gleich große Flächen mit vorgegebenem Flächeninhalt, also durch den Flächeninhalt dividieren.

c) Da die neue Fläche in 6 gleich große Teile zerlegt werden soll, dividieren wir die Gesamtfläche durch 6:
$2\,250\,m^2 : 6 = 375\,m^2$
Ergebnis: Jeder Garten ist 375 m^2 groß.

Zerlegen einer Fläche in eine bestimmte Anzahl gleich großer Flächen, also Flächeninhalt durch Zahl dividieren.

Information

Dividieren von Flächeninhalten

Insgesamt kennst du jetzt drei Fälle zum Dividieren bei Flächeninhalten:

(1) Zum Zerlegen einer Fläche in gleich große Flächen mit vorgegebenem Flächeninhalt dividiert man den Gesamtflächeninhalt durch den vorgegebenen Flächeninhalt. Man erhält als Ergebnis eine Zahl. *Beispiel:* $600\,m^2 : 50\,m^2 = 12$

(2) Zum Zerlegen einer Fläche in eine vorgegebene Anzahl von gleich großen Teilflächen dividiert man den Gesamtflächeninhalt durch die Anzahl der Teilflächen. Man erhält als Ergebnis einen Flächeninhalt. *Beispiel:* $480\,m^2 : 20 = 24\,m^2$

(3) Von einem Rechteck sind der Flächeninhalt und eine Seitenlänge bekannt. Zum Bestimmen der anderen Seitenlänge dividiert man den Flächeninhalt durch die bekannte Seitenlänge. Man erhält als Ergebnis eine Seitenlänge. *Beispiel:* $96\,m^2 : 24\,m = 4\,m$

Übungsaufgaben

3. Rechts siehst du den Grundriss eines Wohnzimmers. Berechne den Flächeninhalt auf drei verschiedene Weisen. Erläutere, welcher Rechenweg dir am günstigsten erscheint.

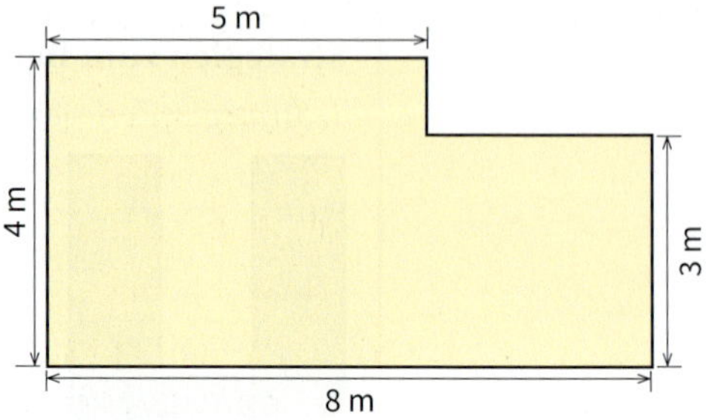

4. Einer Gemeinde gehört eine Fläche von 2 735 ha. Davon sind 681 ha Weideland, 810 ha Ackerland, 618 ha Wald und 22 ha Wohngebiete. 12 ha entfallen auf Straßen und Wege. Der Rest ist Ödland. Berechne deren Größe.

5. An einer Straße sollen 18 Garagen gebaut werden. Jede soll 17 m² groß sein. Bestimme, wie groß das Grundstück mindestens sein muss, auf dem die Garagen gebaut werden sollen.

6. An einer Straße stehen 126 m² für 9 Parkplätze zur Verfügung. Berechne deren Größe.

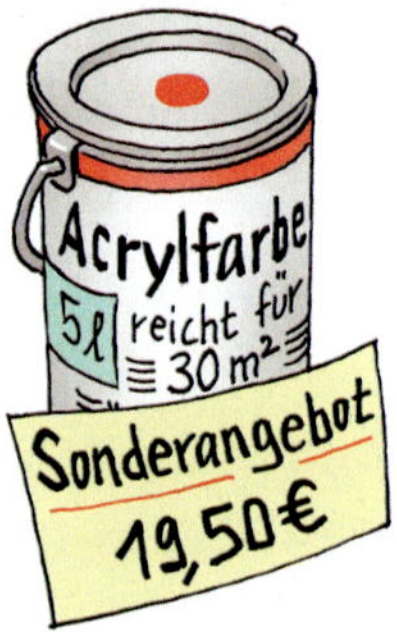

7. Herr Kerner will den Fußboden in seinem Keller mit einer Acrylfarbe streichen. Er misst: Heizungskeller 3 m × 3 m; Vorratskeller 3 m × 5 m; Hobbyraum 6 m × 8 m; Vorratsraum 3 m × 4 m. Ermittle, wie viele Eimer er kaufen und wie viel er bezahlen muss.

8. Frau Reichle verkauft Bauplätze. Der erste Bauplatz ist 750 m², der zweite 675 m², der dritte 775 m² und der vierte 650 m² groß. Ein Quadratmeter kostet 210 €. Stelle geeignete Fragen und beantworte sie.

9. Frau Sorp kauft den Rasendünger im Bild rechts. Die Rasenfläche ist 8 m lang und 3 m breit. Stelle geeignete Fragen und beantworte sie.

10. Die Cheopspyramide in Ägypten hat ein Quadrat mit der Seitenlänge 230 m als Grundfläche.
Wie viele Fußballfelder der Größe 105 m × 80 m passen mindestens in diese Grundfläche? Schätze zuerst.

11. a) Berechne Flächeninhalt und Umfang eines DIN-A4-Blatts.

b) Clara behauptet: „Ein DIN-A3-Blatt ist doppelt so groß wie ein DIN-A4-Blatt. Flächeninhalt und Umfang eines DIN-A3-Blatts sind also doppelt so groß wie beim DIN-A4-Blatt.“ Was meinst du dazu?

c) Eine Packung Druckerpapier enthält 500 DIN-A4-Blätter. Frank meint, dass eine solche Packung genügt, um mit den Blättern den Schulhof auszulegen.
Überprüfe Franks Behauptung.

d) Ihr bekommt im Unterricht etliche Fotokopien. Schätzt, ob man mit den Fotokopien, die ihr in einem Schuljahr erhaltet, euren Klassenraum tapezieren könnte.

12. Erfinde eine Rechengeschichte.

a) $380\,cm^2 + 750\,cm^2$
b) $240\,cm^2 - 48\,cm^2$
c) $6 \cdot 18\,m^2$
d) $40\,m^2 : 5\,m$
e) $720\,m^2 : 12\,m^2$
f) $135\,m^2 : 15$
g) $120\,m^2 + 30\,m^2$
h) $5\,ha - 2\,a$

Aufgabe: $1420\,m^2 - 350\,m^2$
Rechengeschichte: Frau Blum besitzt eine $1420\,m^2$ große Wiese. Sie verkauft davon einen $350\,m^2$ großen Teil. Wie groß ist ihre Wiese noch?

13. Ein Wohnzimmer mit Essplatz soll mit Parkettboden ausgelegt werden.

a) Wie viel m^2 müssen bestellt werden? Berechne unabhängig vom Partner.

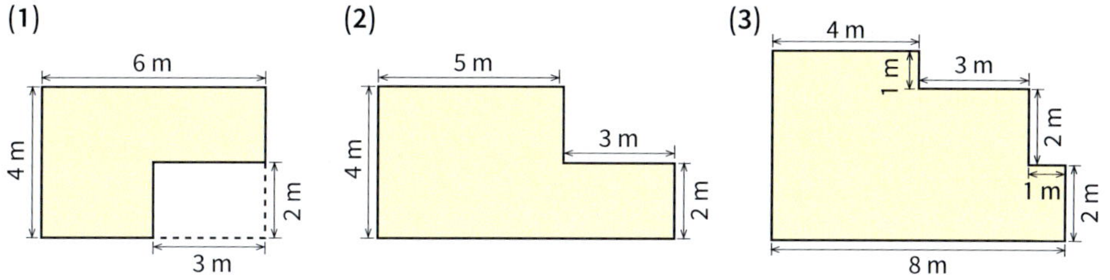

b) Erläutere deinem Partner, wie du vorgegangen bist und warum du dich für deinen Lösungsweg entschieden hast. Vergleicht eure Vorgehensweisen und beurteilt sie.

14. Berechne die Masse der Blechplatten (Maße in cm). $1\,cm^2$ Blech hat eine Masse von 3 g.

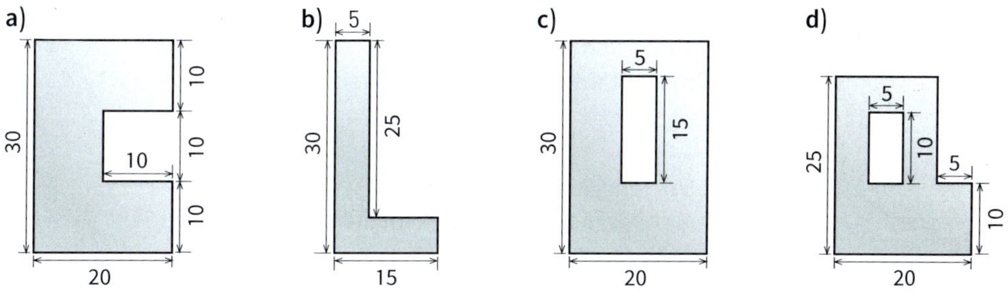

15. Ein $30\,cm \times 20\,cm$ großes Bild soll aufgehängt werden. Dazu wird es auf eine weiße Pappe mit den Seitenlängen 50 cm und 40 cm geklebt.
Vergleiche die Bildfläche mit der weißen Fläche.

16. Eine Tageszeitung erscheint an allen Wochentagen in einer Auflage von 200 000 Exemplaren. Die Anzahl der Seiten ist an den einzelnen Wochentagen unterschiedlich. Durchschnittlich erscheinen wöchentlich pro Exemplar 200 Seiten, das sind 50 Blätter in jeder Woche. Damit kann man eine Fläche von ungefähr $30\,m^2$ bedecken. Stellt euch vor, man würde alle Exemplare dieser Tageszeitung ausbreiten. Welche Fläche wäre dann bedeckt? Gebt die Fläche auch an für eine Woche, für ein Jahr, für 10 Jahre.
Die Bundesrepublik Deutschland ist ungefähr $360\,000\,km^2$ groß. Vergleicht.

17. Peter sagt: „Beim Format 10×15 bekommt man bei diesem Angebot am meisten Foto für sein Geld!“
Beurteile Peters Behauptung.

Format	Preis für 10 Stück
10 x 15	0,60 €
20 x 30	5,00 €
30 x 45	29,90 €
40 x 60	59,50 €

18. Für das Titelbild des Jahresberichts deiner Schule soll ein Foto mit allen Schülerinnen und Schülern darauf aufgenommen werden.
Der Fotograf hat auf dem Schulhof eine rechteckige Fläche mit 15 m und 20 m Seitenlänge gekennzeichnet, in das sich alle Schülerinnen und Schüler stellen sollen, damit er sie vom Schuldach aus fotografieren kann. Passen alle Schülerinnen und Schüler in das Rechteck?

19. Rechts siehst du einen Zeitungsartikel zur Frankfurter Buchmesse. Die Größe der Ausstellungsfläche kannst du dir nur schwer vorstellen. Gib die Seitenlängen eines Rechtecks an, das ungefähr denselben Flächeninhalt hat.

Frankfurter Buchmesse

Die Frankfurter Buchmesse ist die weltweit größte Messe im Buch- und Medienbereich. Ihre Anfänge reichen bis in das 16. Jahrhundert zurück. Damals fand die Messe in der Buchgasse statt.
Vom 7. bis zum 12. Oktober 2014 zeigten 7 275 Aussteller aus 100 Ländern auf einer Ausstellungsfläche von 171 791 Quadratmetern rund 400 000 Publikationen. Die Anzahl der Besucher betrug 275 000.

Im Rahmen der Buchmesse wird in der Frankfurter Paulskirche der Friedenspreis des deutschen Buchhandels verliehen.

20. Eine Weide der Größe 240 m × 720 m soll durch einen Elektrozaun in 8 gleich große Rechtecke geteilt werden, in die dann nacheinander das Vieh getrieben wird.
Wie groß ist jeder Teil?
Gib verschiedene Möglichkeiten für Länge und Breite der Rechtecke an.

21. Die vordere Fassade der Fabrik rechts soll gestrichen werden.
Ermittle, mit welchen Kosten man rechnen muss.

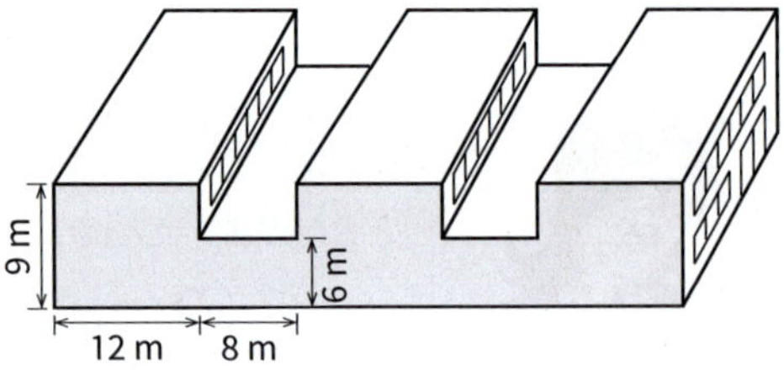

22. Eine 5 m lange und 3,5 m breite Terrasse soll mit Platten belegt werden. Die Platten sind 50 cm mal 50 cm groß.
Bestimme, wie viele Platten zu bestellen sind.

23. In einem Neubaugebiet beträgt der Grundstückspreis 110 € pro m^2. Berechne die Preise für die Grundstücke rechts.

Bauland AG

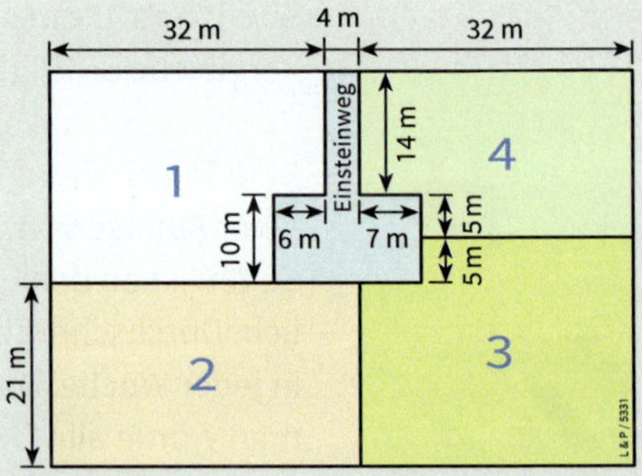

Neubaugebiet am Einsteinweg

24. a) Eine Seite eines Rechtecks wird um 1 m verlängert. Wie musst du die andere Seitenlänge verändern, damit der Umfang sich nicht ändert? Formuliere eine allgemeine Regel.

b) Die Länge einer Seite eines Rechtecks wird verdoppelt [verdreifacht, vervierfacht]. Wie musst du die andere Seitenlänge ändern, damit der Flächeninhalt sich nicht ändert?

25. Leonie behauptet: „Um den Flächeninhalt eines Quadrats zu vervierfachen, muss man die Seitenlänge vervierfachen." Hat Leonie Recht? Begründe.

Flächeninhalt nicht rechteckiger Figuren

„Deutschland hat eine Fläche von 357 376 km²", lesen Ronja und Kevin in ihrem Geographiebuch. Kevin überlegt: „Den Flächeninhalt von Rechtecken kann man leicht bestimmen. Aber wie geht man bei einer krummlinig begrenzten Figur vor?"
„Wir könnten ja die Größe zunächst ungefähr bestimmen", meint Ronja.

Ronja zeichnet ein Rechteck, das auf jeden Fall größer als Deutschland ist: „Wie groß die Fläche Deutschlands höchstens ist, können wir aus der Fläche des Rechtecks in der Zeichnung berechnen."

„Das Rechteck ist aber viel zu groß. An den Ecken des Rechtecks können wir noch kleinere Rechtecke einzeichnen. Dann erhalten wir eine Figur, die fast wie die Umrisse von Deutschland aussieht...", schlägt Kevin vor.

1. a) Übertrage die Zeichnung auf Papier. Zeichne Rechtecke in den Ecken des großen Rechtecks so ein, dass du nicht über die Umrisse von Deutschland hinausgehst.
Berechne den Flächeninhalt dieser Figur. Vergleiche dein Ergebnis mit deinem Nachbarn.

b) Rechne aus, wie groß Deutschland höchstens ist. Beachte dabei, dass 1 cm auf deiner Zeichnung 60 km in der Wirklichkeit entsprechen.

„Jetzt wissen wir, wie groß Deutschland höchstens ist. Können wir genau so leicht feststellen, wie groß Deutschland mindestens ist?", möchte Kevin noch wissen.

Ronja überlegt kurz, dann schlägt sie vor: „Zeichnen wir doch Rechtecke, die ganz in den Umrissen von Deutschland liegen. Mit einem Rechteck kommen wir dabei sicherlich nicht aus. Aber wenn wir mehrere nehmen und sie aneinander legen, können wir die Zeichnung fast abdecken. Wir müssen aber darauf achten, dass wir in den Umrissen Deutschlands bleiben. Mit ihrem Flächeninhalt zusammen bekommen wir dann eine Angabe über die Mindestfläche Deutschlands."

2. Zeichne Rechtecke so, wie Ronja es vorschlägt.
Was kannst du jetzt über den Flächeninhalt von Deutschland aussagen?

Als Ronja und Kevin gerade die letzten Rechtecke einzeichnen, kommt ihr Freund Felix dazu. „Das ist mir zu umständlich und zu ungenau. Warum zeichnet ihr die Karte denn nicht auf kariertes Papier. Dann braucht ihr doch nur Karos zu zählen."

3. a) Bestimme zunächst, welchen Flächeninhalt das zu einem Karo in der Wirklichkeit gehörende Quadrat hat.
b) Ermittle dann einen Wert für die Größe von Deutschland, der zu groß ist.
c) Ermittle auch einen zu kleinen Wert für die Größe von Deutschland.

4. Bestimme einen noch genaueren Wert für die Größe von Deutschland, indem du angeschnittene Karos geeignet berücksichtigst.

5. Mithilfe von Millimeterpapier kannst du den Wert für die Größe von Deutschland noch weiter verbessern. Wie nahe kommst du dem Wert aus dem Geographiebuch?

Auf die hier beschriebene Art kannst du den Flächeninhalt jeder Figur angenähert bestimmen. Du musst dazu Quadrate so nebeneinander legen, dass sie die Figur ganz überdecken. Dann weißt du, wie groß der Flächeninhalt höchstens ist. Durch Auslegen mit Quadraten kannst du dann andererseits auch berechnen, wie groß die Fläche mindestens ist. Dabei werden deine Ergebnisse immer genauer, je kleiner die Seiten der Quadrate sind, mit denen du die Figur überdeckst bzw. ausfüllst.

5.4 Netz, Schrägbild und Oberflächeninhalt von Quadern

5.4.1 Netz von Quader und Würfel – Schrägbild

Einstieg

Besorgt euch mehrere quaderförmige und würfelförmige Schachteln. Schneidet sie längs so vieler Kanten auf, dass man die Begrenzungsflächen in die Ebene klappen kann. Es entstehen *Netze*. Welche Gemeinsamkeiten, welche Unterschiede weisen diese Netze auf?

Aufgabe 1

Netz eines Quaders

Für ein Theaterstück werden ein Goldbarren und ein goldener Würfel benötigt. Matties will daher einen Spielzeugklotz mit Goldpapier vollständig bekleben. Er schneidet sechs Rechtecke aus. Beim Bekleben stören jedoch die Kanten, an denen man erkennt, dass er kein massiver Goldbarren ist.
Sein Freund Fabian schlägt vor: Mache es doch so wie ich mit meinem Würfel.
Bastele ein solches Flächenmodell eines Quaders mit den Kantenlängen 1,5 cm, 2,3 cm und 3,0 cm.
Denke dir dazu einen Karton zerschnitten und dann aufgeklappt. Zeichne anschließend auf dickeres Papier einen Bauplan, bei dem die einzelnen Flächen zusammenhängen. Schneide ihn dann aus und klebe ihn an den Kanten zusammen.

In der Praxis benutzt man häufig Klebelaschen.

Lösung

Der Bauplan (ohne Klebelaschen) besteht aus sechs Rechtecken, von denen jeweils zwei genau aufeinander passen.

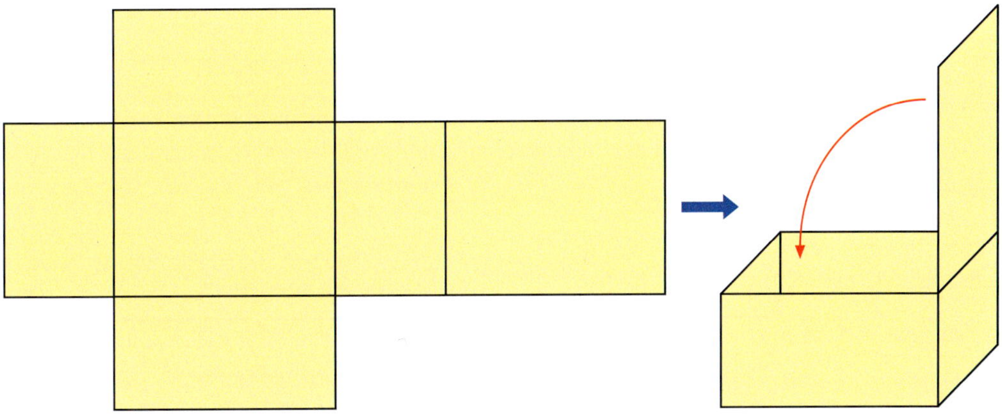

Information

(1) Quader als besonderer Körper, Würfel als besonderer Quader

(a) Jeder Körper, der von sechs rechteckigen Flächen begrenzt wird, heißt **Quader**.

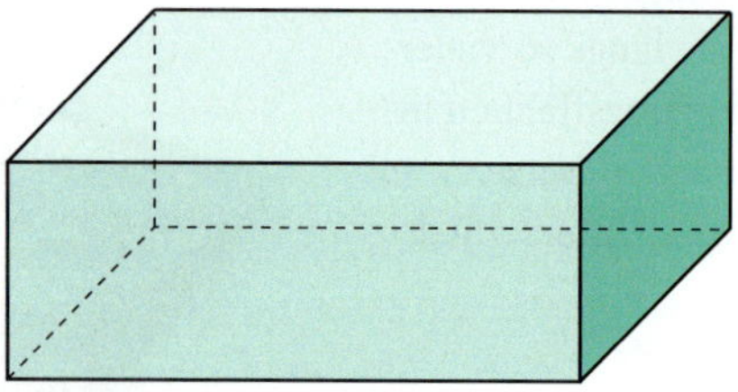

(b) Die besonderen Quader, die von sechs quadratischen Flächen begrenzt werden, heißen **Würfel**.

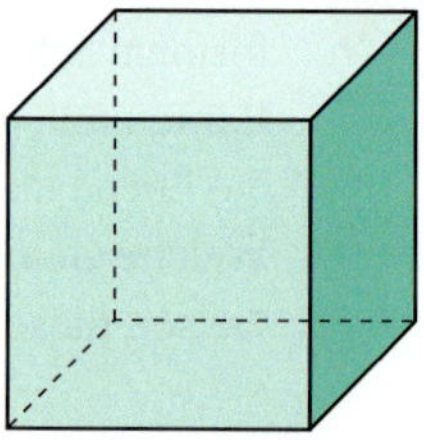

(2) Schrägbild eines Quaders

Fabian hält ein Kantenmodell eines Quaders in der Hand und beobachtet dessen Schatten an der Wand. Je nachdem, wie er das Modell in das Sonnenlicht hält, bekommt er einen mehr oder weniger guten Eindruck von der räumlichen Gestalt des Quaders. Auch in einer günstigen Stellung ist aber im Schattenbild nicht zu entscheiden, ob eine Kante vorne oder hinten liegt.

Zeichnen des Schrägbildes eines Quaders

1. Schritt:

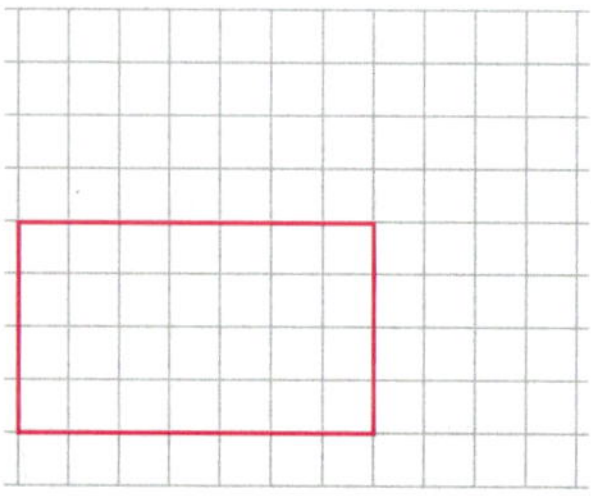

Zeichne zunächst die Vorderfläche mit den richtigen Maßen.

2. Schritt:

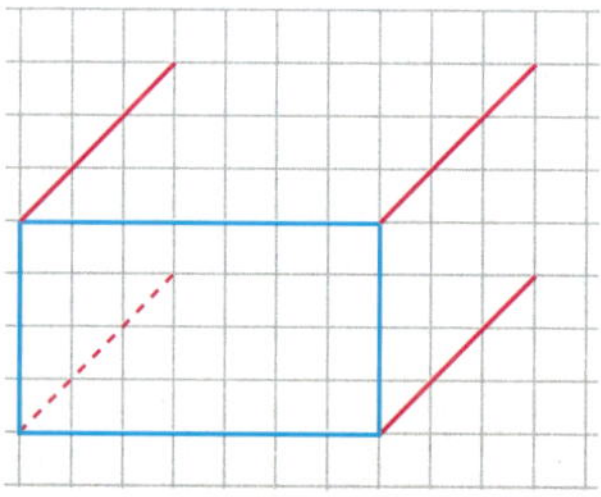

Zeichne die nach hinten laufenden Seitenkanten diagonal und verkürzt (für 1 cm jeweils 1 Kästchendiagonale). Nicht sichtbare Kanten werden nur gestrichelt gezeichnet.

3. Schritt:

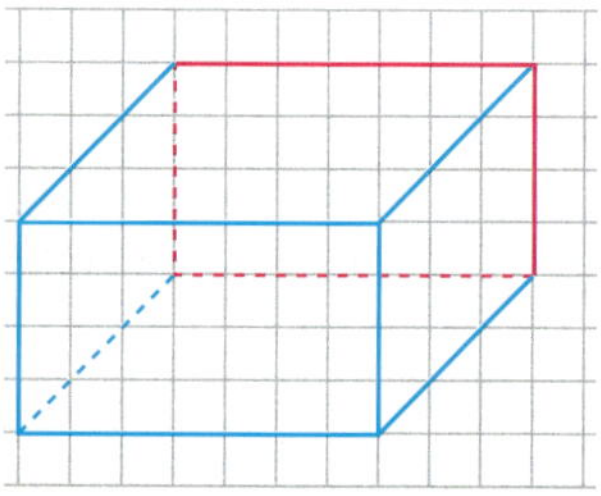

Zeichne die Rückfläche. Auch hier werden nicht sichtbare Kanten nur gestrichelt gezeichnet.

(3) Netz von Quader und Würfel

Die Begrenzungsflächen von Quadern und damit auch von Würfeln lassen sich aus ebenen **Netzen** herstellen.

Quadernetz

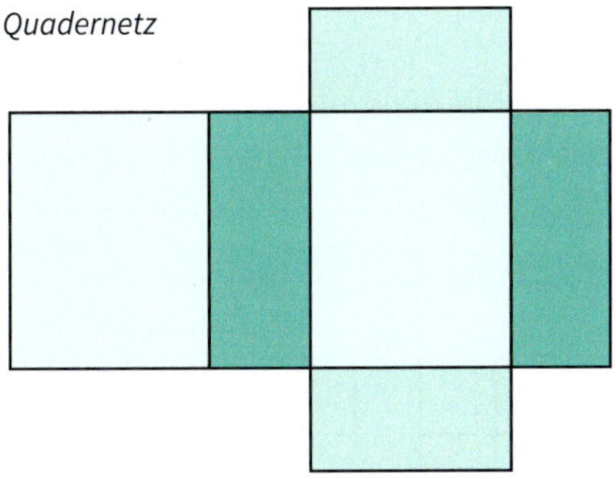

Würfelnetz

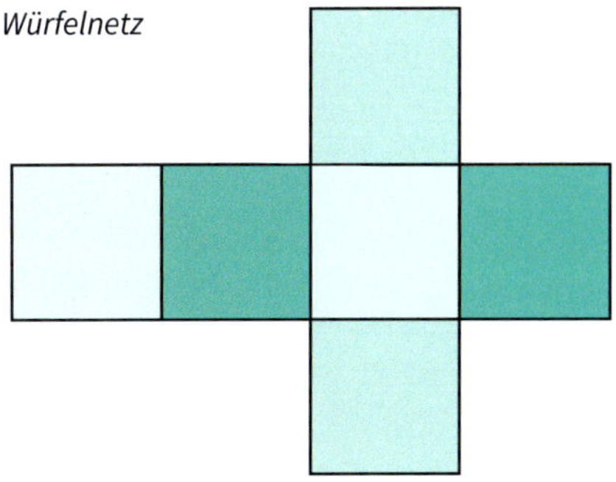

Weiterführende Aufgabe

Eigenschaften von Quadern

2. Rechts siehst du ein Kantenmodell einer Schachtel. Baue ein solches Modell aus Strohhalmen, Knetgummi oder Pfeifenputzern. Beschreibe, worauf du beim Zuschneiden und Zusammenbauen achten musst.

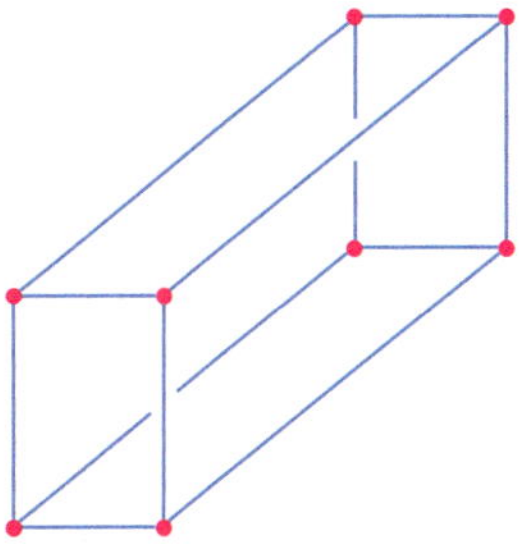

Eigenschaften von Quadern

(1) Ein Quader hat 8 Ecken.

(2) Ein Quader hat 12 Kanten.
Zueinander parallele Kanten sind gleich lang, benachbarte Kanten sind senkrecht zueinander.

(3) Ein Quader wird von 6 Rechtecken begrenzt.
Gegenüberliegende Rechtecke passen genau aufeinander und sind parallel zueinander.

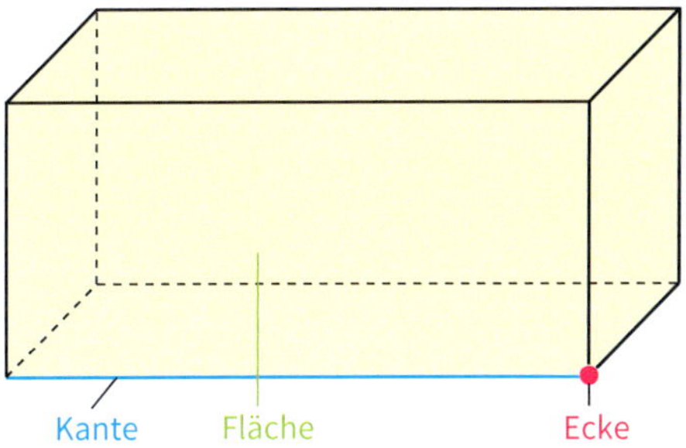

Übungsaufgaben

3. a) Welche der abgebildeten Körper sind Quader?

b) Nenne Beispiele für Würfel aus dem Alltag.

c) Tim meint, ein Stück Würfelzucker hat die Form eines Würfels. Was meinst du dazu?

4. Janina behauptet: „Ein Quader hat 24 Kanten und zwar 4 unten, 4 oben, 4 rechts, 4 links, 4 vorn und 4 hinten." Finde den Fehler und beschreibe ihn.

5. **a)** Zeichne auf dünnen Karton das Netz eines Würfels mit der Kantenlänge 6 cm. Schneide es aus und falte es zu einem Würfel zusammen.

b) Verfahre ebenso mit dem Netz eines Quaders, der 4 cm lang, 3 cm breit und 6 cm hoch ist.

6. **a)** Zeichne 3 verschiedene Netze eines Würfels mit der Kantenlänge 2 cm.

b) Zeichne 3 verschiedene Netze eines Quaders mit den Kantenlängen 2 cm, 3 cm, 4 cm.

7. (1) (2) (3) (4)

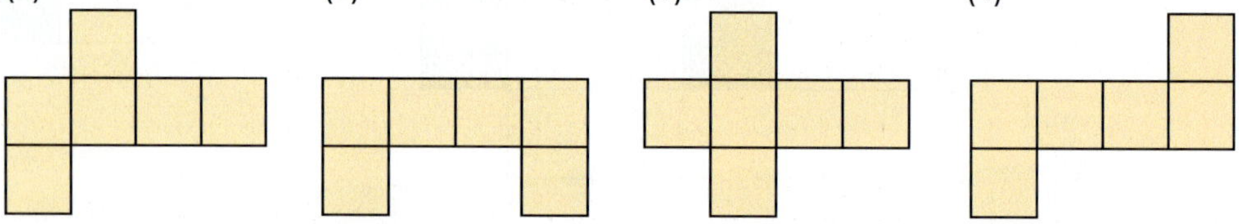

a) In welchen Fällen liegt ein Würfelnetz vor?

b) Wähle ein Würfelnetz aus, zeichne es in dein Heft. Denke es dir zu einem Würfel gefaltet. Färbe mit gleicher Farbe die Flächen, die dann einander gegenüberliegen.

c) Wähle ein Würfelnetz aus. Färbe mit der gleichen Farbe die Kanten, die beim Falten zu einem Würfel aneinander stoßen.

8. **a)** In welchen Fällen liegt ein Quadernetz vor?

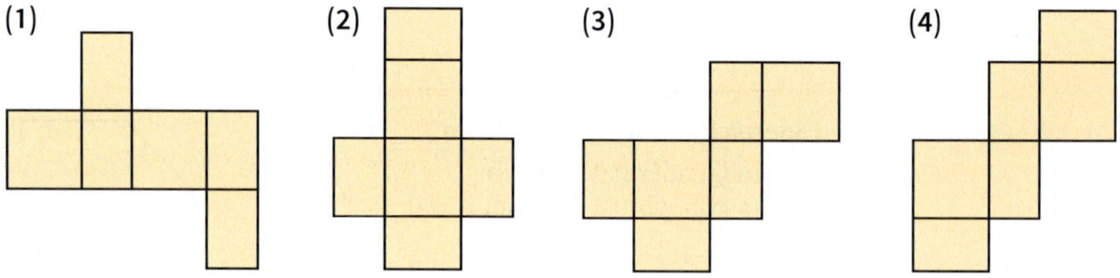

b) Wähle ein Quadernetz aus und zeichne es ab. Denke es dir zu einem Quader gefaltet.
(1) Färbe im Netz die Flächen mit derselben Farbe, die beim Quader gegenüber liegen.
(2) Färbe im Netz die Kanten mit derselben Farbe, die beim Falten aneinander stoßen.

9. **a)** Übertrage die Netze auf ein Blatt Papier. Stelle dir vor, ein Quader würde daraus hergestellt. Kennzeichne aufeinander fallende Kanten im Netz mit der gleichen Farbe.

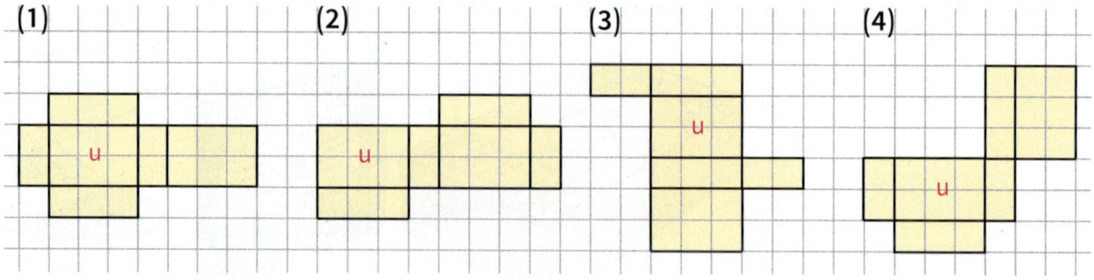

b) Der Buchstabe u in den Netzen von Teilaufgabe a) bedeutet: Die Fläche ist unten, z. B. auf der Tischplatte.
Welche Fläche ist rechts (r), links (l), oben (o), vorn (v), hinten (h)?
Schreibe die Buchstaben in die zugehörigen Flächen.

10. Die vier „Würfelnetze“ rechts sind unvollständig. Zeichne sie auf Karopapier und ergänze sie zu einem vollständigen Würfelnetz.
Hinweis: Es gibt zum Teil mehrere Lösungen.

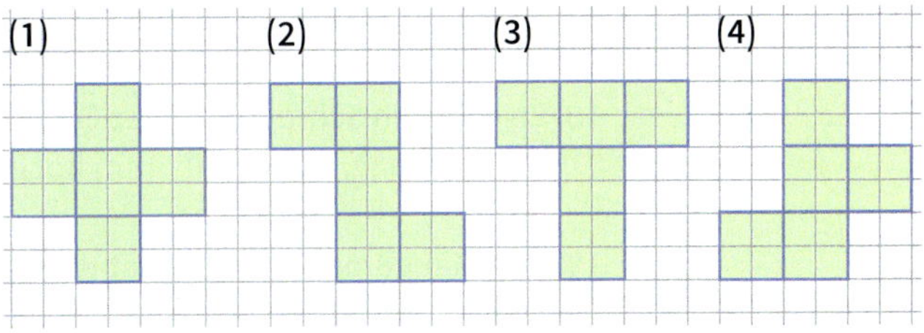

11. Findet möglichst viele verschiedene Netze für einen Würfel mit der Kantenlänge 1 cm.

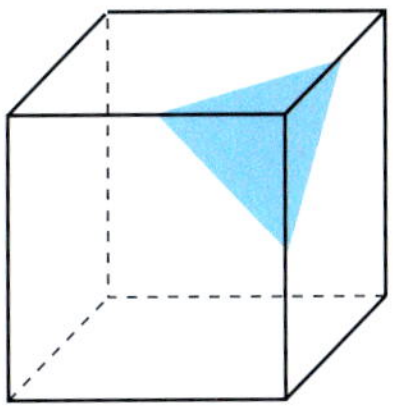

12. Eine Ecke eines Würfels ist blau gefärbt. Übertrage die gezeichneten Netze in dein Heft. Markiere dann alle Quadratecken, die beim Zusammenfalten die blaue Ecke ergeben.

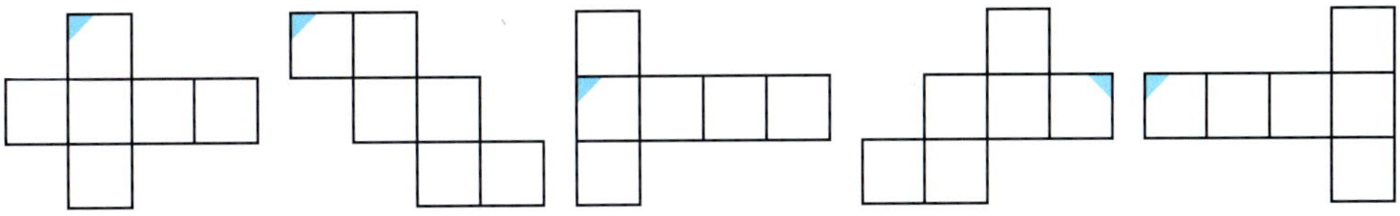

13. Ein Kantenmodell des Quaders soll aus Draht gebaut werden.

a) Wie viele Drahtstücke müssen hergestellt werden? Gibt es Ecken, an denen gleich lange Kanten zusammenstoßen? Erkläre.
b) Wie viele Drahtstücke müssen 6 cm, wie viele 4 cm, wie viele 2 cm lang sein?
c) Wie lang muss der benötigte Draht insgesamt sein?

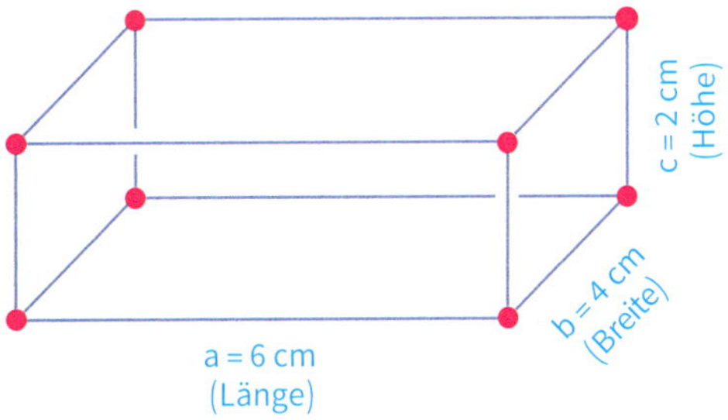

14. Ein Kantenmodell eines Würfels soll aus Draht gebaut werden.

a) Eine Kante soll (1) 7 cm; (2) 4,5 cm lang werden. Wie viel Draht benötigt man?
b) Ein Draht ist (1) 72 cm; (2) 960 mm lang. Welche Kantenlänge hat der Würfel?

15. Aus 60 cm Draht wird das Kantenmodell eines Quaders hergestellt.

a) Der Quader ist 0,4 dm lang und 3 cm breit. Wie hoch ist er?
b) Der Quader ist 3 cm lang und 5 cm hoch. Wie breit ist er?
c) Der Quader ist 4 cm breit und hat die gleiche Höhe und Länge. Wie lang ist er?
d) Der Quader soll würfelförmig sein. Wie groß ist seine Kantenlänge?

16. Aus 32 cm Draht soll das Kantenmodell eines Quaders hergestellt werden. Gib fünf verschiedene Möglichkeiten an.

Das kann ich noch!

A) Berechne. Überlege dir dann jeweils eine Situation, die zur Rechnung passt.

1) 5,65 m + 25 cm
2) 12 kg : 500 g
3) 45 min · 6
4) 86,4 km : 4
5) 12 t − 3 500 kg
6) 210 mm · 200

17. Zeichne das Schrägbild eines Würfels mit der Kantenlänge 3 cm [4 cm; 35 mm; 5 cm].

18. Zeichne ein Schrägbild eines Quaders mit den Seitenlängen:
a) 5 cm lang, 6 cm breit, 4 cm hoch **b)** 4 cm lang, 8 cm breit, 1 cm hoch

19. Eine Kaugummipackung hat die Kantenlängen 7 cm, 2 cm und 1 cm. Zeichne Schrägbilder von ihr, wähle drei verschiedene Flächen als Standflächen aus.

20. Das Schrägbild des Quaders ist unvollständig. Vervollständige es im Heft.

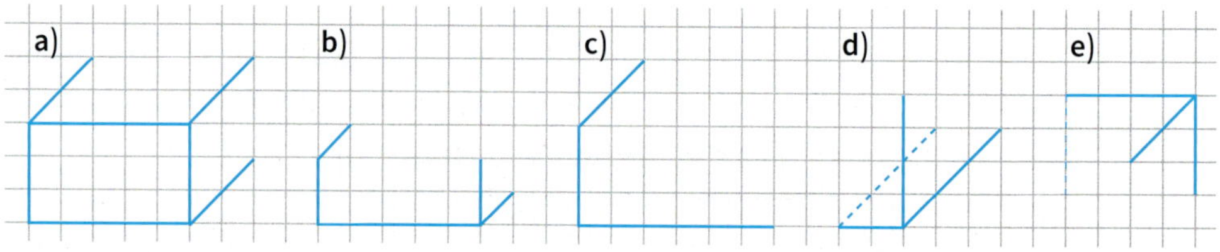

21. Untersuche folgende Fragestellung für Quader und antworte ausführlich.
a) Sind zueinander senkrechte Kanten auch im Schrägbild senkrecht zueinander?
b) Sind zueinander parallele Kanten auch im Schrägbild parallel zueinander?

22. Ein Quader wird von sechs Rechtecken begrenzt. Wie viele Rechtecke weist sein Schrägbild auf? Wie werden die anderen Rechtecke im Schrägbild gezeichnet?

<u>23.</u> Ein Quader ist 4 cm hoch, 3 cm breit und 1 cm tief.
a) Zeichne ein Schrägbild.
b) Aus dem Quader wird ein 3 cm hoher, 2 cm breiter und 1 cm tiefer Quader herausgeschnitten, sodass ein L-förmiger Körper entsteht.
Zeichne für diesen das Schrägbild.

<u>24.</u> Jan hat aus 16 Würfeln eine „Würfelburg" gebaut und ihre Ansicht von oben und von rechts gezeichnet.
Zeichne ein passendes Schrägbild.
Findest du mehrere Möglichkeiten?

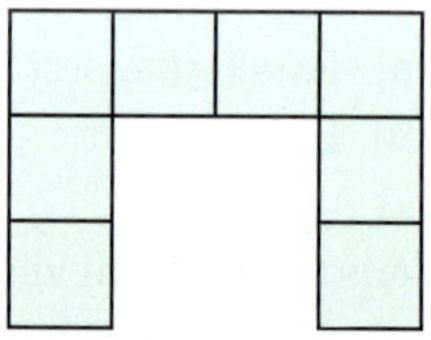
Ansicht von oben

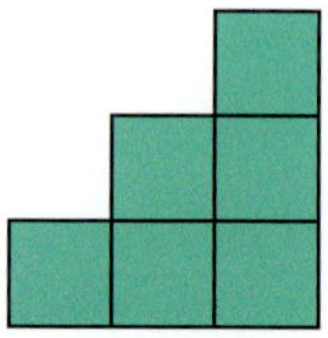
Ansicht von rechts

<u>25.</u> Auf dem Quader im Bild rechts ist der Weg einer Spinne eingezeichnet. Sie kriecht geradlinig von A nach B, dann von B nach C, von C nach D und von D nach E.
Zeichne drei verschiedene Netze des Quaders. Trage den Weg der Spinne jeweils in das Netz ein.

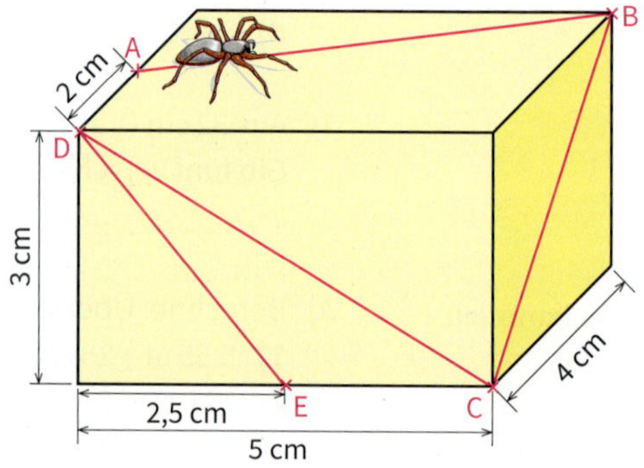

26. Bei dem Schrägbild des Quaders sind einige Kanten rot gezeichnet. Zeichne das Netz, das sich ergibt, wenn man den Quader längs dieser Kanten aufschneidet. Übernimm auch die Eckpunktbezeichnungen des Netzes.

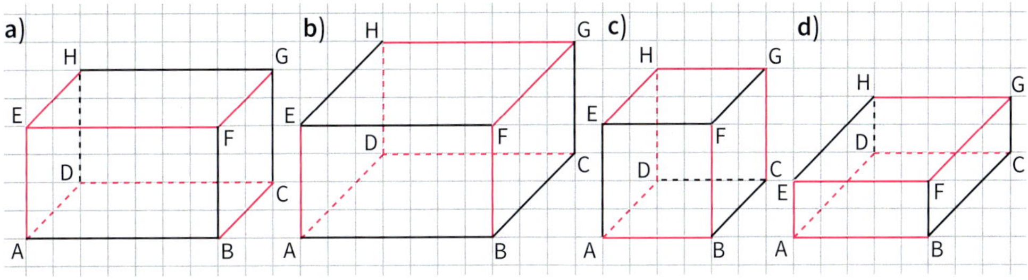

27. Im Schrägbild sieht manches anders aus als es in Wirklichkeit am Würfel ist. Untersuche
(1) die Form der Begrenzungsflächen;
(2) die Länge der Kanten;
(3) die Lage von Kanten zueinander.

28. Es ist jeweils das Schrägbild oder das Netz eines Quaders vorgegeben, der teilweise gefärbt ist. Skizziere jeweils Netz und Schrägbild in dein Heft und übernimm die Färbung in beide.

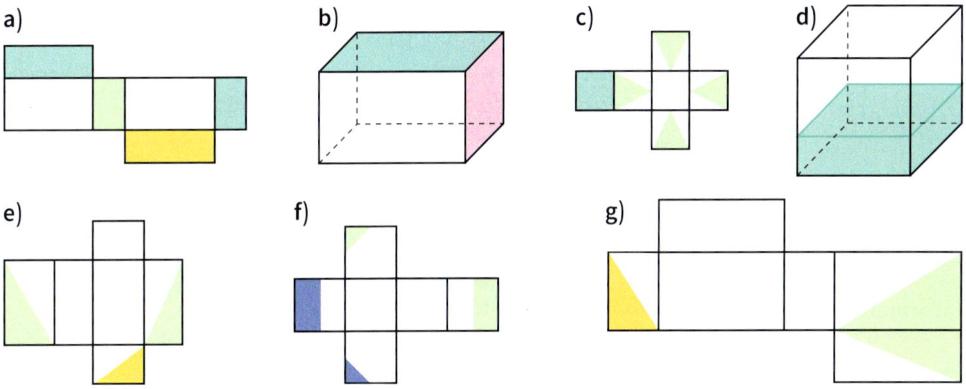

29. Die Würfel werden durch Eintauchen in Farbe wie angegeben eingefärbt. Zeichne jeweils ein Netz des gefärbten Würfels.

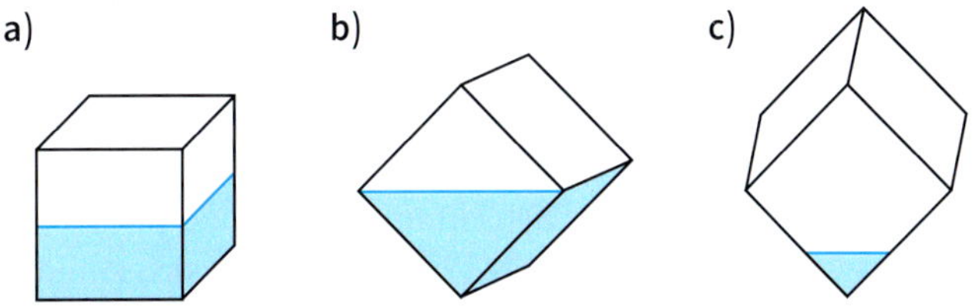

30. Gegeben ist ein oben offener Würfel der Kantenlänge 2 cm.
Gib möglichst viele verschiedene Netze dieses Würfels an.
Anleitung: Beginne mit einer Seitenfläche, füge eine weitere hinzu, überlege dann, wie viele Möglichkeiten es gibt, die dritte anzugeben.

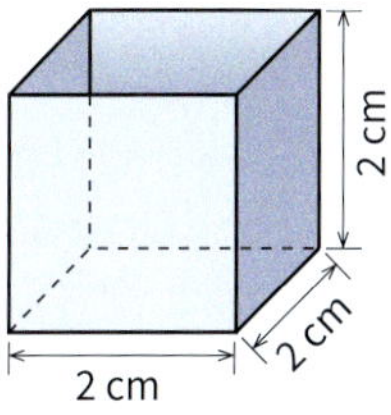

5.4.2 Oberflächeninhalt eines Quaders

Einstieg

Laura hat Ohrschmuck als Geburtstagsgeschenk für ihre Freundin gebastelt. Sie möchte diesen schön verpacken. Dazu will sie eine Streichholzschachtel verwenden. Sie plant, die Schachtel mit Silberpapier zu bekleben.
Wie viel cm^2 Papier benötigt sie?

Aufgabe 1

Für eine Schaufensterdekoration sollen verschiedenfarbige Quader mit den Seitenlängen 40 cm, 20 cm und 10 cm hergestellt werden.
Wie viel Pappe wird für einen solchen Quader benötigt?

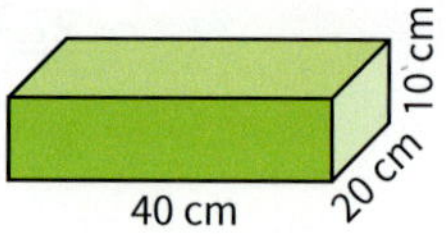

Lösung

Ein Quader wird aus seinem Netz hergestellt. Dabei vernachlässigen wir die zum Zusammenbauen nötigen Klebelaschen. Das Netz des Quaders besteht aus 6 Rechtecken, von denen jeweils zwei genau aufeinander passen, also gleich groß sind.
Für den Pappbedarf gilt damit:

$O = 2 \cdot 40\,cm \cdot 20\,cm + 2 \cdot 40\,cm \cdot 10\,cm + 2 \cdot 20\,cm \cdot 10\,cm$
$= 1\,600\,cm^2 + 800\,cm^2 + 400\,cm^2$
$= 2\,800\,cm^2$

Ergebnis: Für den Quader werden $2\,800\,cm^2$ Pappe benötigt.

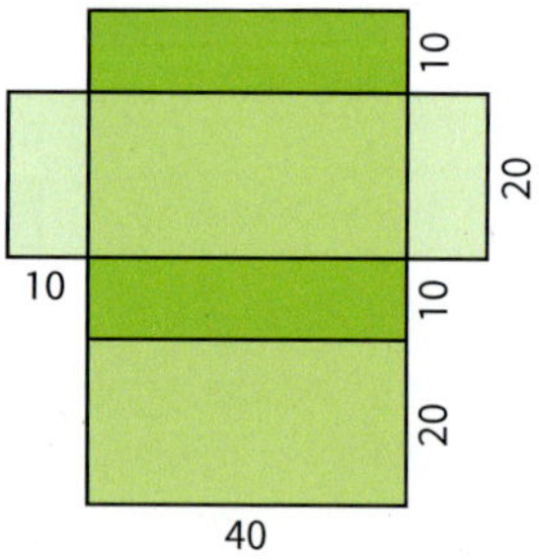

Information

Oberflächeninhalt eines Quaders

Die 6 Rechtecke, die zum Netz eines Quaders gehören, bilden die Oberfläche des Quaders.

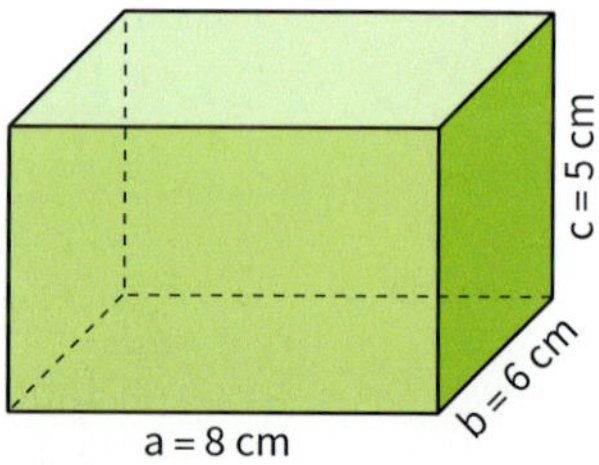

Zur Berechnung der Größe der Oberfläche muss man die Flächeninhalte dieser 6 Rechtecke addieren. Dabei kann man sich zunutze machen, dass je zwei dieser Rechtecke gleich groß sind.

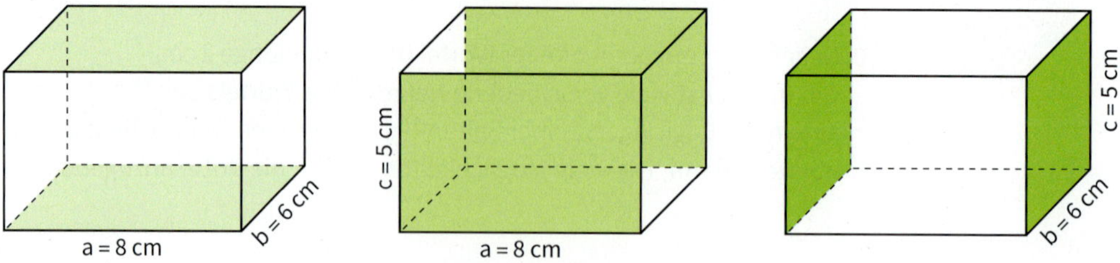

$O = 2 \cdot 8\,cm \cdot 6\,cm \quad + \quad 2 \cdot 8\,cm \cdot 5\,cm \quad + \quad 2 \cdot 6\,cm \cdot 5\,cm = 236\,cm^2$

Oberfläche eines Quaders

Alle sechs Flächen, die zum Netz eines Quaders gehören, bilden zusammen die Oberfläche des Quaders.

Für den **Oberflächeninhalt O eines Quaders** mit den Kantenlängen a, b und c gilt:

$\mathbf{O = 2 \cdot a \cdot b + 2 \cdot a \cdot c + 2 \cdot b \cdot c}$

Beispiel: a = 4 cm, b = 2 cm, c = 3 cm

$O = 2 \cdot 4\,cm \cdot 2\,cm + 2 \cdot 4\,cm \cdot 3\,cm + 2 \cdot 2\,cm \cdot 3\,cm$
$= 2 \cdot 8\,cm^2 + 2 \cdot 12\,cm^2 + 2 \cdot 6\,cm^2$
$= 16\,cm^2 + 24\,cm^2 + 12\,cm^2$
$= 52\,cm^2$

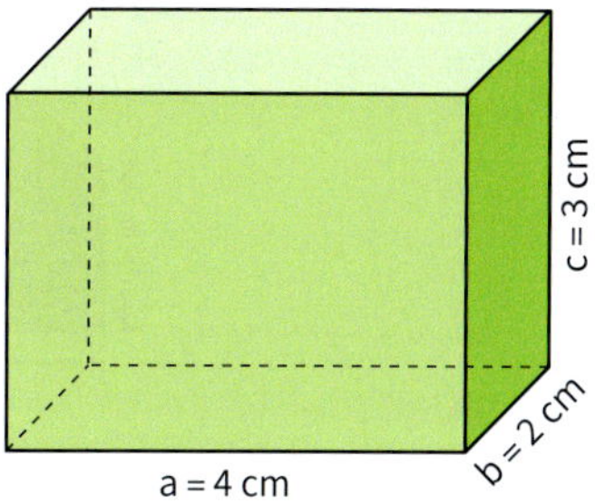

Die Formel für den Oberflächeninhalt eines Quaders kann man auch folgendermaßen notieren: $\mathbf{O = 2 \cdot (a \cdot b + a \cdot c + b \cdot c)}$

Weiterführende Aufgabe

Oberflächeninhalt eines Würfels

2. a) Berechne den Oberflächeninhalt eines Würfels mit der Kantenlänge 3 cm.
b) Begründe folgende Formel für den Oberflächeninhalt eines Würfels.

Für den **Oberflächeninhalt O eines Würfels** mit der Kantenlänge a gilt:

$\mathbf{O = 6 \cdot a \cdot a = 6 \cdot a^2}$

Beispiel: a = 1 cm

$O = 6 \cdot 1\,cm \cdot 1\,cm = 6 \cdot 1\,cm^2 = 6\,cm^2$

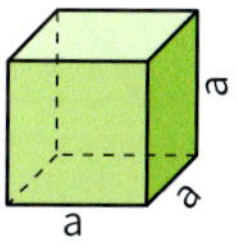

Übungsaufgaben

3. Berechne den Oberflächeninhalt O des Quaders.

a)
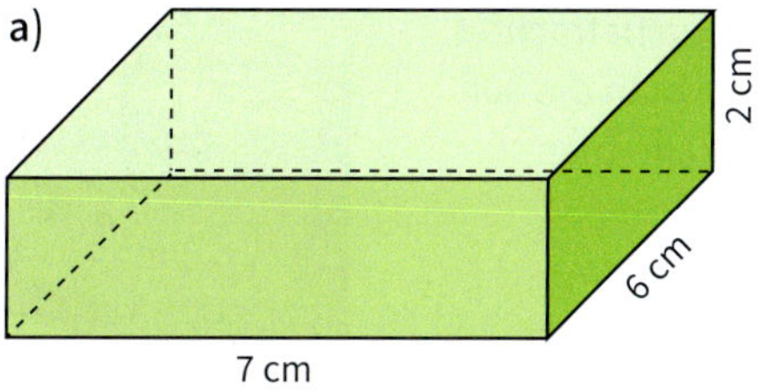

b)
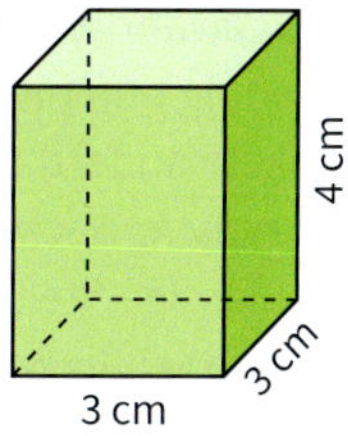

c)
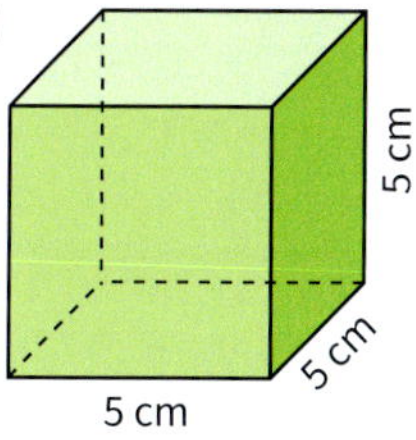

4. Felix hat den Oberflächeninhalt berechnet. Beurteile, ob er richtig gerechnet hat.

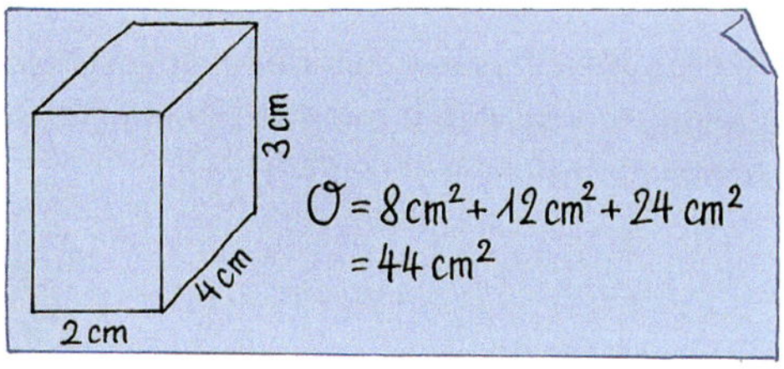

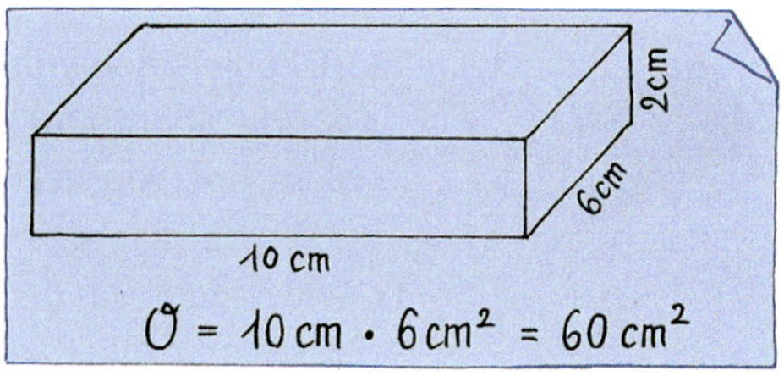

5. Berechne den Oberflächeninhalt O des Quaders. Verwandle erst in die kleinere Einheit.

a) a = 7 cm; b = 3 cm 5 mm; c = 92 mm
b) a = 44 mm; b = 1 dm 2 cm; c = 8 dm
c) a = 4 cm; b = 5 dm; c = 85 cm
d) a = 15 cm; b = 1,5 cm; c = 1,2 cm

6. Ermittle, wie viel Geschenkpapier man mindestens benötigt.

a)

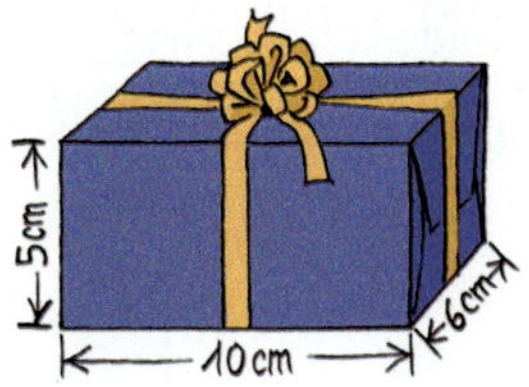

b)

c)

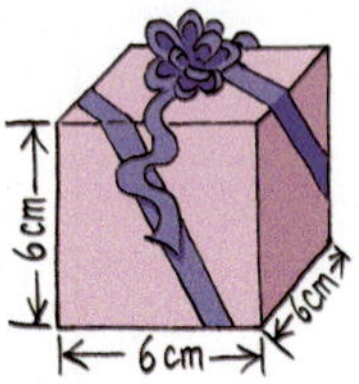

7. Tims Mutter hat für ihren Garten einen Behälter anfertigen lassen, in welchem sie Regenwasser sammelt. Der Behälter ist 2,40 m lang, 1,80 m breit und 90 cm hoch. Berechne, aus wie viel m² Metall er besteht.

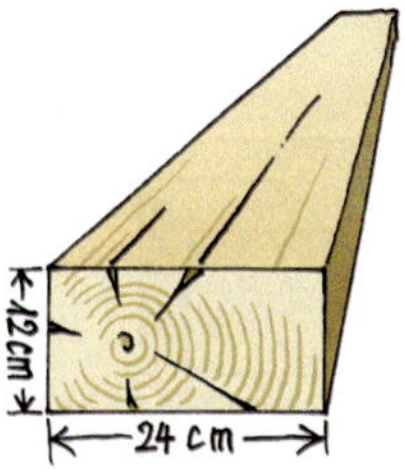

8. Gregor will ein 50 cm langes, 40 cm breites und 30 cm hohes Aquarium bauen. Wie viel cm² Glas benötigt er dazu? Begründe.

9. Das Bild zeigt einen 12 m langen Balken. Die Oberfläche des Balkens soll durch Hobeln geglättet werden. Berechne deren Größe.

<u>10.</u> Ein Quader mit einer quadratischen Grundfläche ist doppelt so hoch wie breit. Berechne, welche Kantenlängen der Quader hat, wenn sein Oberflächeninhalt 90 cm² beträgt.

11. 500 g Kaffee wird oft in Doppelpackungen abgefüllt, damit beim Verbrauch längere Frische gewährleistet wird. Maria betrachtet die Packung und meint: „Wenn man die beiden Pakete anders anordnet, kann man Papier zum Verpacken sparen.“ Vernachlässige Stellen, an denen das Papier doppelt liegt, und bestimme, wie viel Papier bei der verkauften Anordnung benötigt wird. Kontrolliere dann, ob Maria Recht hat und wie viel Papier man ggf. noch sparen könnte (Maße in cm).

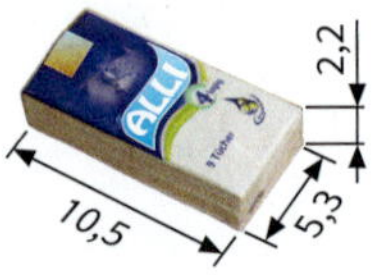

12. 30 Papiertaschentuch-Pakete sollen in eine Plastikfolie eingeschweißt werden. Überlege, welche Anordnung am günstigsten ist, damit möglichst wenig Plastikfolie benötigt wird. Berechne, wie viel Plastikfolie benötigt wird (Maße in cm).

13. Wie ändert sich der Oberflächeninhalt eines Quaders, wenn man alle Kantenlängen verdoppelt?
Anleitung: Denke dir im Netz die Kanten verdoppelt.

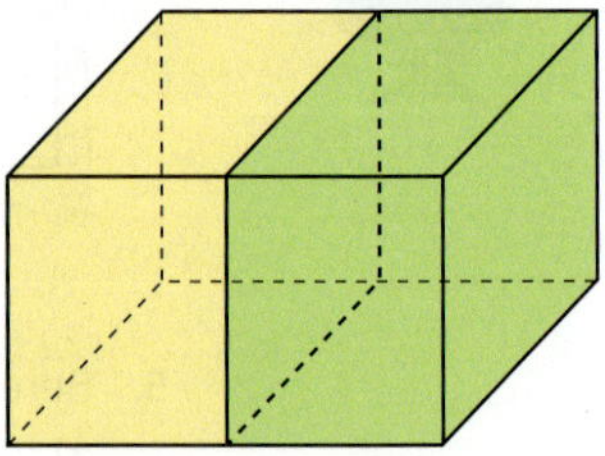

Eine Kantenlänge wird verdoppelt.

5.5 Oberflächeninhalt von zusammengesetzten Körpern

Ziel

Im Alltag gibt es viele Gegenstände, die nicht quaderförmig sind.
Hier lernst du, wie man den Oberflächeninhalt von Gegenständen bestimmt, die aus Quadern zusammengesetzt sind.

Zum Erarbeiten

Der Holzbaustein soll lackiert werden. Berechne den Oberflächeninhalt des Holzbausteins (Maße in cm).

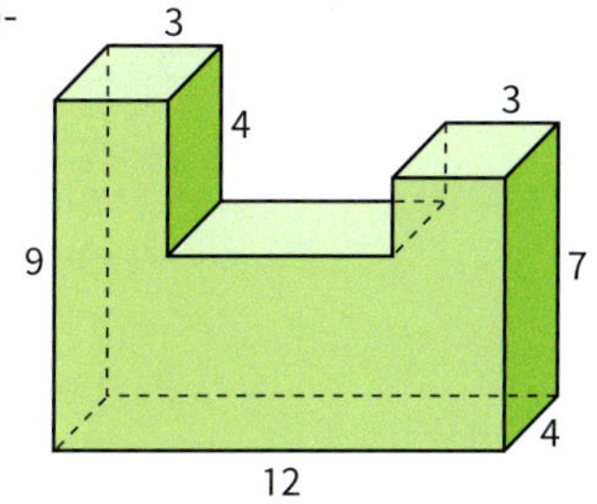

Zerlege die Oberfläche in einzelne Flächen.
Berechne zunächst die oberen und die unteren Teilflächen. Sie sind jeweils rechteckig. Da die drei oben liegenden Teilflächen zusammen genauso groß sind wie die unten liegende Teilfläche, kannst du den Flächeninhalt wie folgt berechnen:

$A_1 = 12\,\text{cm} \cdot 4\,\text{cm} = 48\,\text{cm}^2$

$A_2 + A_3 + A_4 = A_1 = 48\,\text{cm}^2$

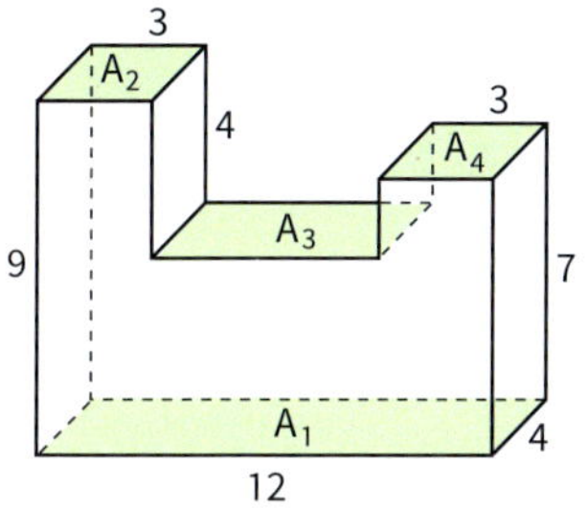

Auch die beiden äußeren und die beiden inneren Seitenflächen sind rechteckig:

$A_5 = 9\,\text{cm} \cdot 4\,\text{cm} = 36\,\text{cm}^2$

$A_6 = 4\,\text{cm} \cdot 4\,\text{cm} = 16\,\text{cm}^2$

$A_7 = 2\,\text{cm} \cdot 4\,\text{cm} = 8\,\text{cm}^2$

$A_8 = 7\,\text{cm} \cdot 4\,\text{cm} = 28\,\text{cm}^2$

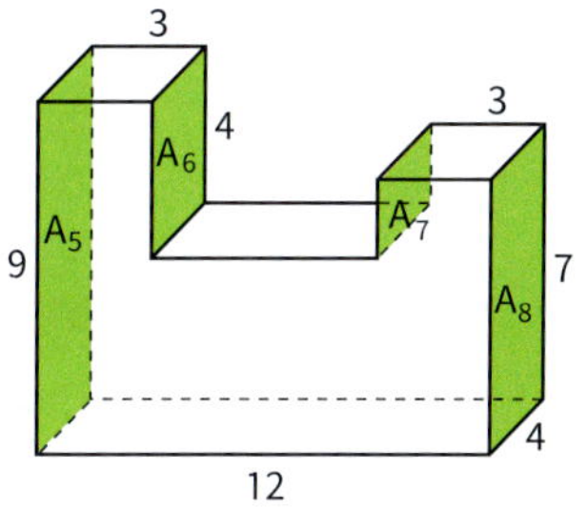

Die vordere Teilfläche lässt sich in rechteckige Teilflächen zerlegen:

$A_9 = 3\,\text{cm} \cdot 9\,\text{cm} + 6\,\text{cm} \cdot 5\,\text{cm} + 3\,\text{cm} \cdot 7\,\text{cm}$
$\quad = 78\,\text{cm}^2$

Die hintere Teilfläche A_{10} ist im Bild nicht farblich gekennzeichnet. Sie ist genauso groß wie die vordere Teilfläche A_9:

$A_{10} = A_9 = 78\,\text{cm}^2$

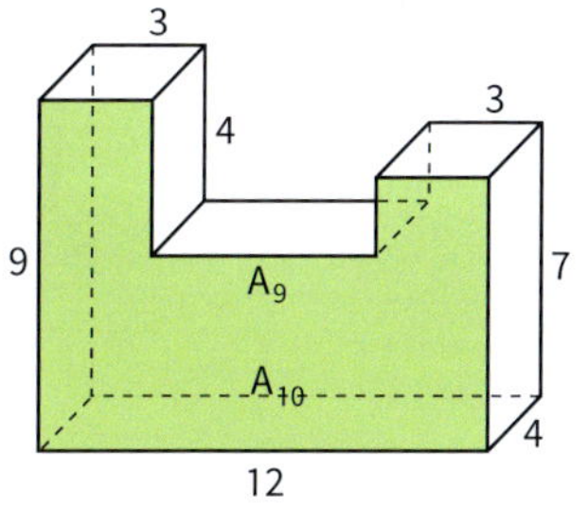

Den gesamten Oberflächeninhalt erhält man, indem man die Flächeninhalte der Teilflächen addiert:

$O = A_1 + A_2 + A_3 + A_4 + A_5 + A_6 + A_7 + A_8 + A_9 + A_{10}$
$\quad = A_1 + A_1 + A_5 + A_6 + A_7 + A_8 + A_9 + A_9$
$\quad = 48\,\text{cm}^2 + 48\,\text{cm}^2 + 36\,\text{cm}^2 + 16\,\text{cm}^2 + 8\,\text{cm}^2 + 28\,\text{cm}^2 + 78\,\text{cm}^2 + 78\,\text{cm}^2$
$\quad = 340\,\text{cm}^2$

Ergebnis: Die Oberfläche des Holzbausteins ist 340 cm^2 groß.

Information

Beim Berechnen des Oberflächeninhalts eines aus Quadern zusammengesetzten Körpers berechnet man die Flächeninhalte der Teilflächen einzeln und addiert sie.

Zum Üben

1. Bestimme den Oberflächeninhalt der aus Würfeln zusammengesetzten Körper rechts.

(1)

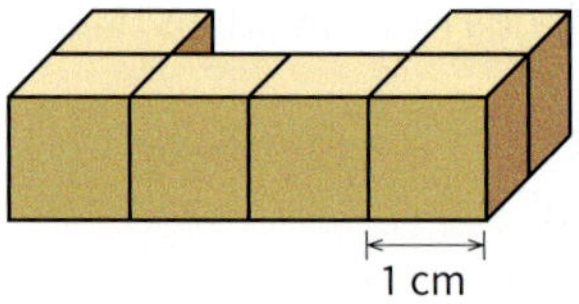

(2)

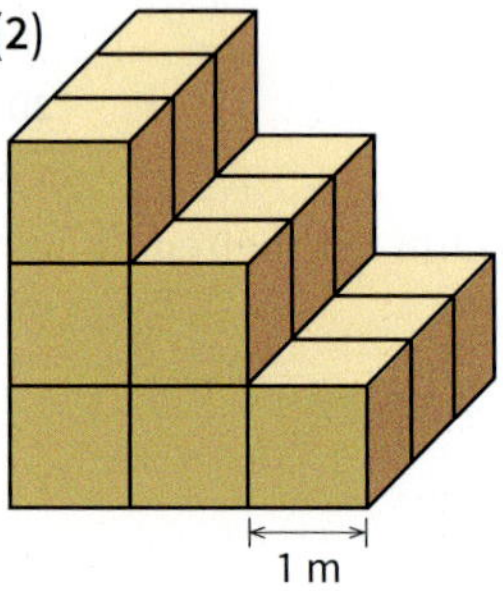

2. Zeichne einen Körper, der aus Würfeln mit der Kantenlänge 1 cm zusammengesetzt ist und dessen Oberflächeninhalt 30 cm^2 beträgt.

3. Bestimme den Oberflächeninhalt des Körpers.

a)

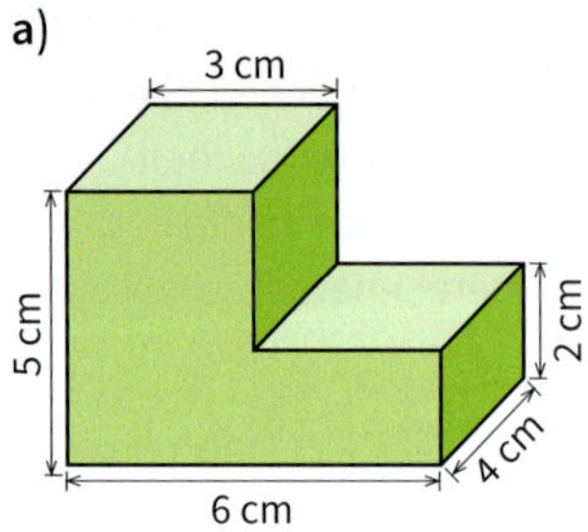

b)

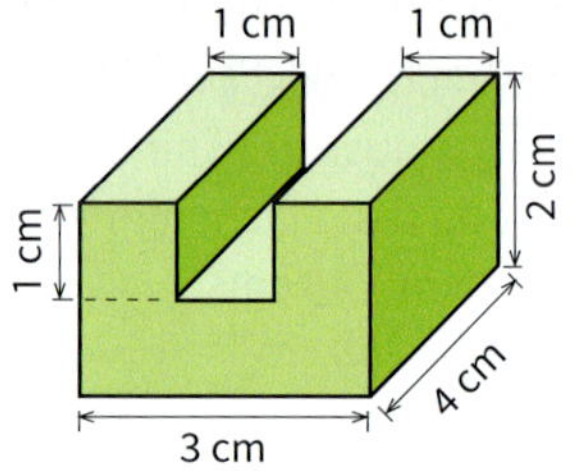

c)

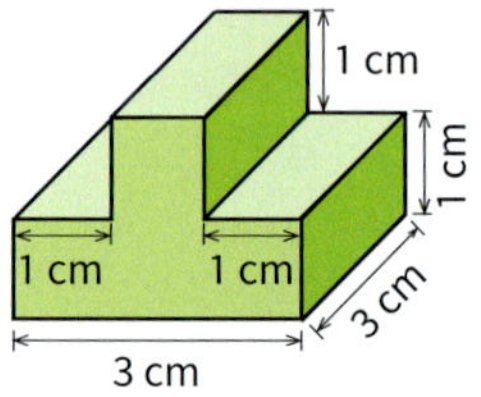

4. a) Herr Meier hat aus Beton einen Blumenkübel gegossen, den er nun innen und außen mit einer Spezialfarbe streichen möchte (linkes Bild).
Wie viel m^2 Betonfläche muss Herr Meier streichen (Maße in cm)?
b) Der Sessel ist rundum mit Stoff bezogen (rechtes Bild). Wie viel m^2 Stoff waren dazu nötig (Maße in cm)? Beurteile dein Ergebnis kritisch.

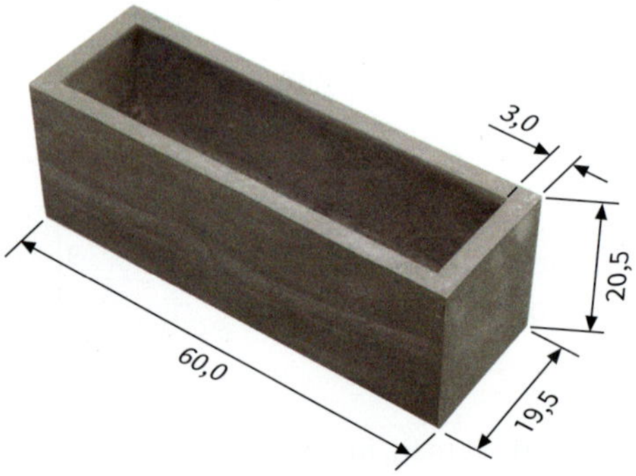

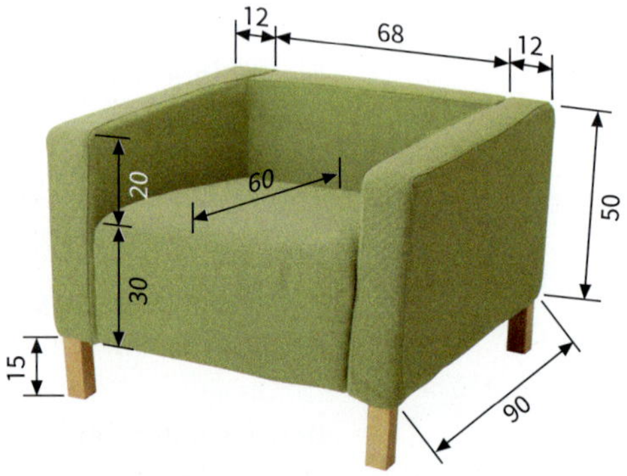

Das kann ich noch!

A) Berechne und beachte dabei Rechenvorteile.
1) $2 \cdot 9 \cdot 5 \cdot 9$
2) $25 \cdot 337 \cdot 40$
3) $67 + 59 + 33 + 21$
4) $66 + 222 + 34 + 278$
5) $236 + 89 + 64 - 45$
6) $117 + 66 + 83 + 34 - 50$

B) Berechne schriftlich.
1) $8353 - 6587$
2) $14882 + 8574$
3) $234 : 3$
4) $12 \cdot 571$
5) $888 + 1233$
6) $8225 - 2547$

Das Wichtigste auf einen Blick

Flächeninhalt

Der **Flächeninhalt** ist ein Maß für die Größe einer Fläche. Einheiten des Flächeninhalts sind:

$$1\,\text{km}^2 \underset{\cdot 100}{\overset{:100}{\rightleftarrows}} 1\,\text{ha} \underset{\cdot 100}{\overset{:100}{\rightleftarrows}} 1\,\text{a} \underset{\cdot 100}{\overset{:100}{\rightleftarrows}} 1\,\text{m}^2$$

$$1\,\text{m}^2 \underset{\cdot 100}{\overset{:100}{\rightleftarrows}} 1\,\text{dm}^2 \underset{\cdot 100}{\overset{:100}{\rightleftarrows}} 1\,\text{cm}^2 \underset{\cdot 100}{\overset{:100}{\rightleftarrows}} 1\,\text{mm}^2$$

Beispiele:
$700\,\text{mm}^2 = 7\,\text{cm}^2$
$1865\,\text{dm}^2 = 18\,\text{m}^2\ 65\,\text{dm}^2$
$14\,\text{ha} = 1400\,\text{a} = 140\,000\,\text{m}^2$
$6\,\text{km}^2 = 600\ \text{ha}$

Formeln für Flächeninhalt und Umfang eines Rechtecks

Für ein **Rechteck** mit den Seitenlängen a und b gilt:
$\mathbf{A = a \cdot b}$
$\mathbf{U = 2 \cdot a + 2 \cdot b = 2 \cdot (a + b)}$

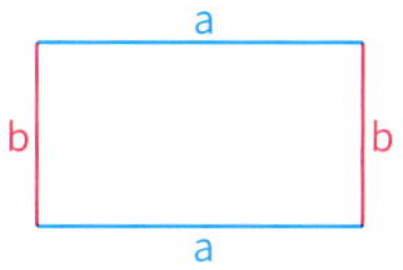

Beispiele:
$a = 52\,\text{mm}, \; b = 45\,\text{mm}$
$A = 52\,\text{mm} \cdot 45\,\text{mm} = 2340\,\text{mm}^2$
$U = 2 \cdot (52\,\text{mm} + 45\,\text{mm}) = 194\,\text{mm}$

Zusammengesetzte Flächen

Den Flächeninhalt zusammengesetzter Flächen kann man durch geschicktes *Zerlegen* oder *Ergänzen* leichter ermitteln.

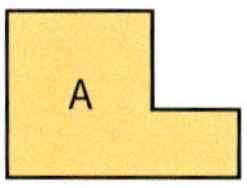

Beispiele:

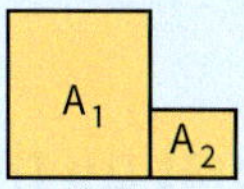

$A = A_1 + A_2$

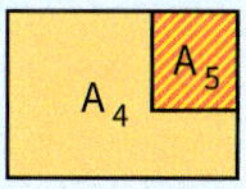

$A = A_4 - A_5$

Quader und Würfel

Ein Quader wird von 6 Rechtecken begrenzt.

Ein Würfel ist ein besonderer Quader, der von 6 Quadraten begrenzt wird.

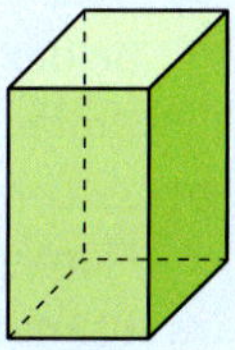
Quader

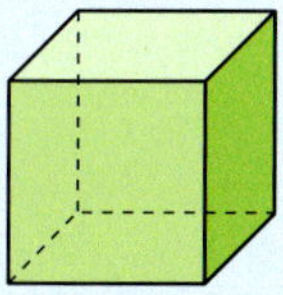
Würfel

Schrägbild eines Quaders

Zeichne die Vorderfläche mit den richtigen Maßen.

Zeichne dann die nach hinten verlaufenden Seitenkanten diagonal und verkürzt: für 1cm jeweils eine Kästchendiagonale.

Verbinde die Endpunkte der nach hinten verlaufenden Kanten so, dass alle Kanten gezeichnet sind. Dabei werden nicht sichtbare Kanten nur gestrichelt gezeichnet.

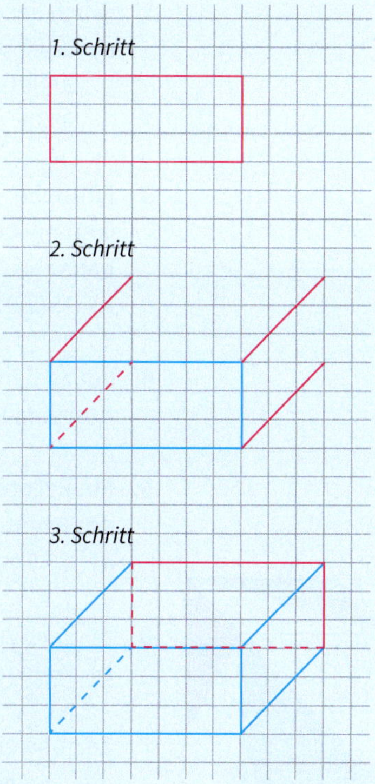

Oberflächeninhalt eines Quaders

Die **Oberfläche eines Quaders** setzt sich aus allen sechs Rechtecken zusammen, die zum Netz des Quaders gehören.

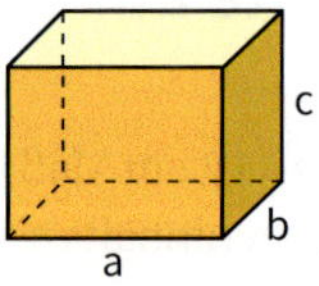

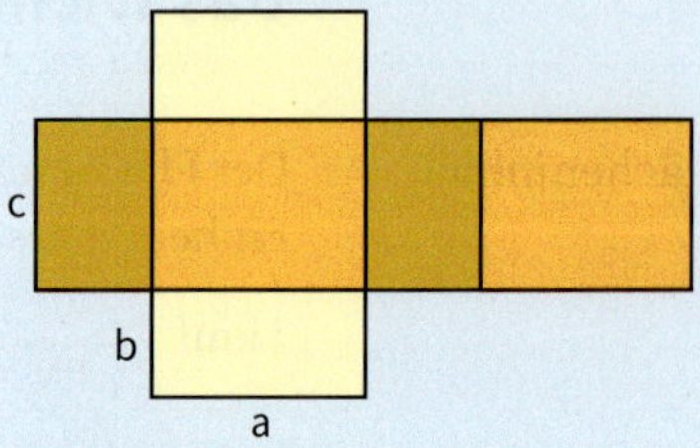

Für den **Oberflächeninhalt O eines Quaders** mit den Kantenlängen a, b und c gilt:

$\mathbf{O = 2 \cdot a \cdot b + 2 \cdot a \cdot c + 2 \cdot b \cdot c}$

$\mathbf{O = 2 \cdot (a \cdot b + a \cdot c + b \cdot c)}$

Für den Oberflächeninhalt O eines Würfels mit der Kantenlänge a gilt:

$O = 6a^2$

Beispiel:

$a = 6\,m, \quad b = 3\,m, \quad c = 2\,m$

$O = 2 \cdot (6\,m \cdot 3\,m + 6\,m \cdot 2\,m + 3\,m \cdot 2\,m)$
$\quad = 72\,m^2$

$a = 4\,cm$

$O = 6 \cdot (4\,cm)^2$
$\quad = 6 \cdot 16\,cm^2 = 96\,cm^2$

Bist du fit?

1. a) Bestimme den Flächeninhalt beider Flächen. Miss auch den Umfang (auf mm genau).
b) Zeichne eine Fläche mit dem Flächeninhalt $18\,cm^2$ [$21\,cm^2$; $125\,mm^2$].

(1)
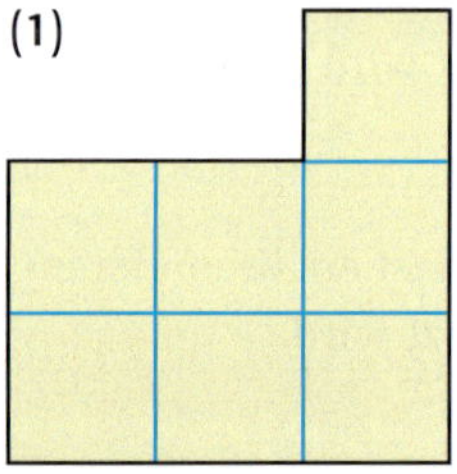

(2)
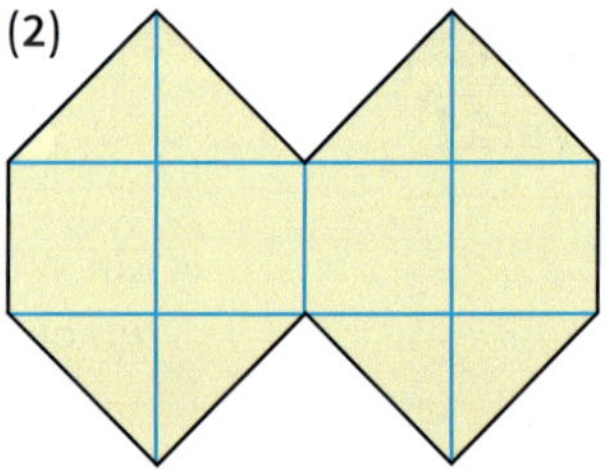

2. Gib in der in Klammern angegebenen Einheit an.

a) $2\,400\,m^2$ (a)	b) $29\,km^2$ (a)	c) 7 ha 75 a (a)	d) $6{,}8\,m^2$ (dm^2)
3 600 ha (km^2)	$30\,000\,m^2$ (ha)	$3\,km^2$ 50 ha (ha)	17 a (km^2)
900 a (m^2)	$4\,cm^2$ (mm^2)	$8\,dm^2\,2\,mm^2$ (mm^2)	0,065 ha (m^2)

3. Formuliere zu jedem der folgenden Terme eine Sachaufgabe, die mithilfe des Terms gelöst werden kann. Berechne jeweils den Termwert und schreibe eine Antwort zu deiner Sachaufgabe.

a) $18\,000\,m^2 : 60$ b) $180\,a : 500\,m^2$ c) $3{,}5\,m \cdot 90\,cm$

4. Julian behauptet, dass alle Rechtecke mit dem Flächeninhalt $12\,cm^2$ den gleichen Umfang besitzen. Entscheide, ob er Recht hat und begründe anhand von Zeichnungen.

5. Ein Rechteck hat die Seitenlängen a und b. Bestimme den Flächeninhalt und den Umfang des Rechtecks.

a) $a = 9\,cm$; $b = 7\,cm$ b) $a = 7{,}2\,cm$; $b = 5\,dm$ c) $a = 240\,cm$; $b = 7\,dm$

6. a) Zeichne Netz und Schrägbild eines Quaders mit den Seitenlängen 6 cm, 8 cm und 5 cm.
b) Welche besonderen Vierecke zeigt das Schrägbild?

7. Zeichne ein Netz des rechts abgebildeten Würfels, in das du die angegebene Färbung überträgst.

8. Eine Streichholzschachtel hat die Kantenlängen 5 cm, 3 cm und 1 cm.
Zeichne Schrägbilder von ihr, wähle drei verschiedene Flächen als Standflächen aus.

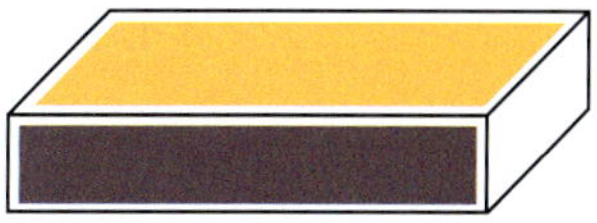

9. a) Ein Quader ist 6 cm lang, 25 mm breit und 2 cm hoch.
(1) Zeichne ein Netz des Quaders und erkläre daran, wie man den Oberflächeninhalt des Quaders berechnen kann.
(2) Bestimme den Oberflächeninhalt des Quaders.
b) Ein Würfel hat die Kantenlänge 4 cm. Bestimme den Oberflächeninhalt des Würfels.

10. Die Wand einer Fabrikhalle ist 69 m lang und 6 m hoch. Sie soll gestrichen werden.
Ein Eimer Farbe reicht für 60 m^2.
Der Anstrich soll zweimal erfolgen. Berechne, wie viele Eimer benötigt werden.

11. Im Bild rechts siehst du ein Hallenhandballfeld mit den empfohlenen Maßen. In Vereinsturnhallen gibt es auch kleinere Felder. Sie sind bis zu 2 m schmaler und bis zu 3 m kürzer.
Um wie viel m^2 unterscheidet sich das kleinste Feld von dem empfohlenen Feld?

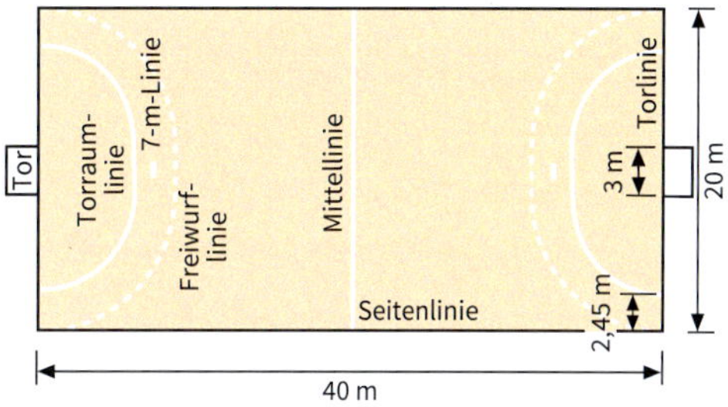

12. Ein 2,5 km langer und 2 m breiter Waldweg soll befestigt werden. Die Kosten betragen 37 € pro Quadratmeter. Wie teuer wird die Befestigung?

13. Der Betonstein rechts soll einen Schutzanstrich erhalten.
Berechne dazu die Größe der Oberfläche (Maße in cm).

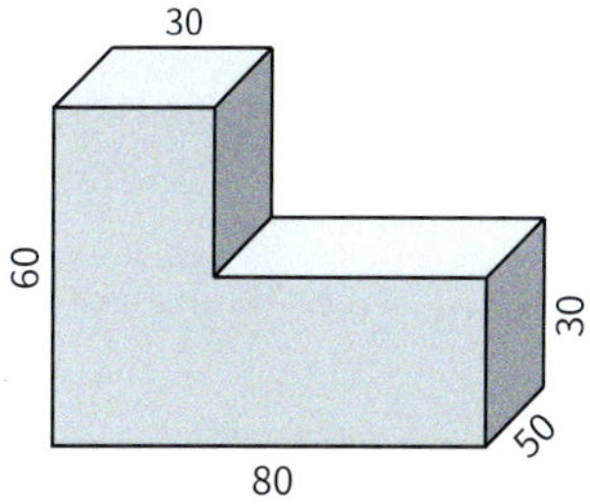

14. Zeichne ein Quadrat, bei dem die Maßzahl des Flächeninhalts mit der Maßzahl
a) der Seitenlänge übereinstimmt;
b) des Umfangs übereinstimmt.

15. Berechne den Oberflächeninhalt des Körpers (Maße in cm).

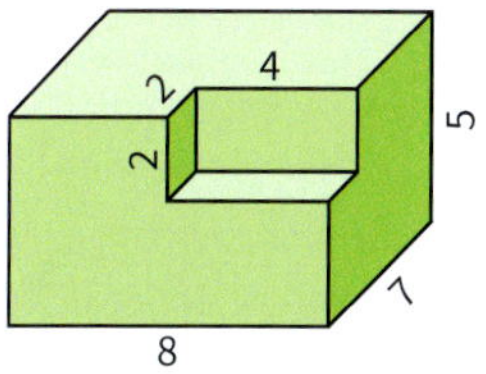

16. Herr Steinberger möchte seinen rechteckigen Swimmingpool der Länge 9 m und der Breite 8 m mit einem 2 m breiten Streifen rahmenförmig mit Platten umlegen. Er will dazu quadratische Platten der Länge 50 cm verwenden und am Rand jeweils auch einen Teil einer Platte verlegen, falls es nötig ist. Diese werden allerdings nur in 10-Stück-Paketen verkauft.
Berechne, wie viele Pakete zu je 10 Platten Herr Steinberger erwerben muss, wenn er noch 16 Stück als Reserve haben möchte, falls eine zu Bruch geht.

Lösungen zu Bist du fit?

Seite 48

1. a) (1) Vorgänger: 999 998; Nachfolger: 1 000 000
   (2) Vorgänger: 1 019 899; Nachfolger: 1 019 901
   b) Die 1 gehört zur Menge der natürlichen Zahlen, die 0 nicht. Die 1 ist also das kleinste Element dieser Menge. Betrachtet man die natürlichen Zahlen auf dem Zahlenstrahl, so gibt es zu jeder Zahl eine nächstgrößere rechts dieser Zahl. Es gibt also kein größtes Element.

2. Zwei Billionen zweiundsechzig Milliarden neunhundertdreißig Millionen dreihundertsechsundsiebzigtausend-vierhundertneunundsechzig
   einhundertfünfundsechzig
   fünfundzwanzigtausendzweihundertachtundzwanzig

3. a) $6\,776 > 6\,767$ b) $432\,719 < 432\,723$

4. a) 10; 50; 85; 107; 118
   b)

5. a) (1) 29 400 (2) 35 000 (3) 830 000
   b) (1) 3 350; 3 449 (2) 28 500; 29 499 (3) 16 500 000; 17 499 999

6. a) 44 b) 345

7. a) Falsch. Null ist kein Element der natürlichen Zahlen; das kleinste Element ist die Eins.
   b) Richtig. Zu jeder natürlichen Zahl findet man eine nächstgrößere Zahl.

8. a) 11 000 m; 2,3 m b) 93 000 g; 4,23 € c) 17 000 kg; 0,030 kg d) 50 m; 4 000 000 mg e) 720 min; 9 mm

9. a) 14 h 15 min b) 23 h 23 min c) 12 h 2 min d) 3 h 45 min

10. a) 6 km; 17,4 km; b) 3 cm; 5,4 cm
    c) 1 cm in der Karte entspricht etwa 0,5 km. Der Maßstab ist also 1 : 50 000.

Seite 115

1. a) $3\,300 + 2\,900 = 6\,200$
   $3\,278 + 2\,948 = 6\,226$
   b) $5\,300 - 4\,700 = 600$
   $5\,314 - 4\,685 = 629$
   c) $38\,000 + 2\,500\,000 = 2\,538\,000$
   $38\,179 + 2\,503\,804 = 2\,541\,983$
   d) $4\,100 + 5\,900 + 1\,100 = 11\,100$
   $4\,088 + 5\,907 + 1\,116 = 11\,111$
   e) $8\,800 - 1\,000 = 7\,800$
   $8\,816 - 975 = 7\,841$
   f) $2\,000\,000 - 1\,800\,000 = 200\,000$
   $2\,035\,812 - 1\,817\,925 = 217\,887$
   g) $6\,500 + 1\,200 + 600 + 2\,200 = 10\,500$
   $6\,480 + 1\,246 + 597 + 2\,217 = 10\,540$
   h) $2\,300\,000 - 900\,000 = 1\,400\,000$
   $2\,258\,245 - 894\,912 = 1\,363\,333$
   i) $2\,800\,000 - 1\,000\,000 = 1\,800\,000$
   $2\,813\,914 - 975\,839 = 1\,838\,075$

2. a) $384 + 616 = 1\,000$ b) $93\,215 - 83\,216 = 9\,999$

3. 11 700 l − 3 800 l − 4 400 l − 2 900 l = 600 l   11 650 l − 3 785 l − 4 360 l − 2 875 l = 630 l

4. a) 5 555; 12 345 b) 44 844; 97 779 c) 7 654; 8 888 d) 99 990 000; 9 876 543 e) 7 777; 2 345

5. a) 305 d) 166 g) 25 j) Durch 0 kann man nicht dividieren.
   b) 737 e) 14 h) 0 k) 0
   c) 595 f) 2 727 i) Alle natürlichen Zahlen. l) 0

6. a) $300 \cdot 7 + 20 \cdot 7 + 1 \cdot 7 = 2\,100 + 140 + 7 = 2\,247$
   b) $(140 + 14) : 7 = 140 : 7 + 14 : 7 = 20 + 2 = 22$
   c) $(810 + 81) : 9 = 810 : 9 + 81 : 9 = 90 + 9 = 99$
   d) $(13\,000 + 26) : 13 = 13\,000 : 13 + 26 : 13 = 1\,000 + 2 = 1\,002$
   Bei allen Teilaufgaben wird jeweils das Distributivgesetz angewendet.

7. a) (1200 m + 12 m) · 165 m = 1 212 m · 165 m = 199 980 m
   b) (1 030 kg − 580,2 kg) + 12 000 kg = 449,8 kg + 12 000 kg = 12 499,8 kg
   c) (289 cm + 111 cm − 210 cm) : 0,5 cm = 190 cm : 0,5 cm = 380

8. 1 912 : 86 = 22 Rest 20   Das Schiff muss 23 Rettungsboote mitführen.

Seite 115

9. $712 \cdot 65 = 46\,280$ Das Vorhaben kostet 46 280 €. Der Betrag reicht.
$50\,000 - 46\,280 = 3\,720$ Es bleiben 3 720 € übrig.

10. $54 \cdot 23 = 1\,242$ Es sind 1 242 Sitzplätze vorhanden. $1\,242 + 95 = 1\,337$ Es waren 1 337 Zuschauer.

11. möglichst groß: $3\,829 - (827 - 214 - 47) = 3\,263$ möglichst klein: $3\,829 - 827 - 214 - 47 = 2\,741$

12. a) Er wird kleiner, da der Subtrahend größer wird.
b) Der Minuend in der Klammer muss um 6 erhöht werden: $(648 - 421)$
c) Da die Subtraktion in der Klammer durch eine gleichmäßige Erhöhung von Minuend und Subtrahend gleich bleibt, ändert sich der Wert des Terms nicht.

Seite 116

13. $\frac{1}{2}$ kg = 500 g
a) $500 : 4 = 125$ Ein halbes Kilogramm reicht für 125 Tassen.
b) 500 g = 500 000 mg; 3,5 g = 3 500 mg $500\,000 : 3\,500 = 142$ Rest 3 000 Sie erhält 142 Tassen.
c) 500 g = 500 000 mg; $500\,000 : 200 = 2\,500$ Man darf 2 500 mg, also 2,5 g für eine Tasse nehmen.

14. a) $179 + 21 + 268 = 200 + 268 = 468$ (Kommutativgesetz)
b) $5 \cdot 20 \cdot 51 = 100 \cdot 51 = 5\,100$ (Kommutativgesetz)
c) $4 \cdot 25 \cdot 73 = 100 \cdot 73 = 7\,300$ (Assoziativgesetz)
d) $12 \cdot 25 \cdot 5 \cdot 4 \cdot 7 = 300 \cdot 20 \cdot 7 = 6\,000 \cdot 7 = 42\,000$ (Assoziativgesetz)

15. a) $5 \cdot 10^3 = 5 \cdot 1\,000 = 5\,000$
b) $461 + (53 + 21) = 461 + 74 = 535$
c) $840 + (75 - 24) = 840 + 51 = 891$
d) $625 - (104 + 17) = 625 - 121 = 504$
e) $374 - (216 - 86) = 374 - 130 = 244$
f) $491 - [196 + (97 - 41)] = 491 - [196 + 56] = 491 - 252 = 239$
g) $[263 - (81 + 42)] - (26 + 13) = [263 - 123] - 39 = 140 - 39 = 101$
h) $(263 - 81 : 9) : 2 - 26 : 13 = (263 - 9) : 2 - 2 = 254 : 2 - 2 = 127 - 2 = 125$
i) $5 \cdot 2^3 - 2 = 5 \cdot 8 - 2 = 40 - 2 = 38$

16. a) $14 - 3^2 = 5$
Potenz
Differenz

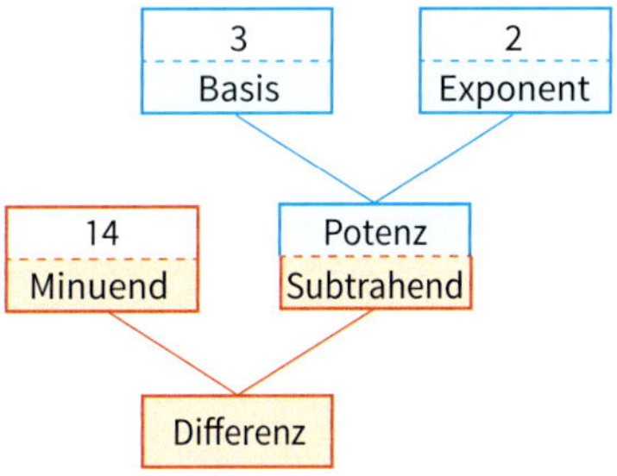

b) $(640 - 30) : (31 - 3 \cdot 7) = 61$
Differenz Produkt
Differenz
Quotient

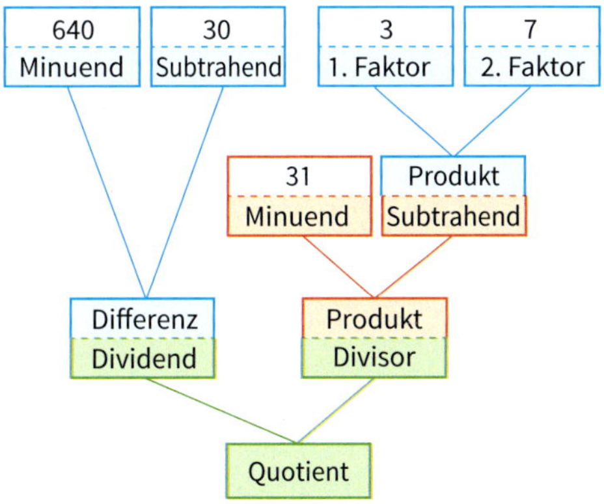

c) $[(280 : 4 - 3 \cdot 10) : 5] \cdot 2 = 16$
Quotient Produkt
Differenz
Quotient
Produkt

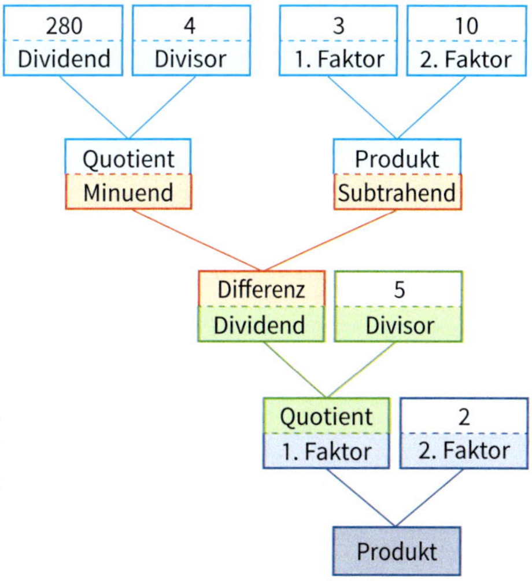

Seite 116

17. a) $(47\,536 - 38\,215) + (32\,814 + 76\,543) = 118\,678$
b) $(98\,472 - 39\,604) - (18\,421 + 23\,470) = 16\,977$
c) $(100 : 25) + 5 \cdot 12 = 64$
d) $(924 : 84) \cdot (937 - 842) = 1\,045$

18. a) $40 = 2 \cdot 2 \cdot 2 \cdot 5 = 2^3 \cdot 5$
b) $84 = 2 \cdot 2 \cdot 3 \cdot 7 = 2^2 \cdot 3 \cdot 7$
c) $148 = 2 \cdot 2 \cdot 37 = 2^2 \cdot 37$
d) $6\,200 = 2 \cdot 2 \cdot 2 \cdot 5 \cdot 5 \cdot 31 = 2^3 \cdot 5^2 \cdot 31$

19. a) Hugos Ausgaben:
83,50 € + (7 · 19,60 €) + 89,00 € + 32,78 € = 83,50 € + 137,20 € + 121,78 € = 342,48 €
342,48 € – 297 € = 45,48 €
Hugo muss sich noch 45,48 € leihen.
b) 60 · 1,12 € = 67,2 € Das sind 67,20 €.

20. a) Falsch, denn 0 ist keine natürliche Zahl, also auch nicht die kleinste natürliche Zahl.
b) Falsch, zu jeder natürlichen Zahl gibt es einen Nachfolger, also eine weitere natürliche Zahl.
c) Falsch; alle geraden Zahlen sind durch 2 teilbar; können jedoch auch weitere Teiler haben (16 zum Beispiel ist ebenfalls auch durch 4 und 8 teilbar).
d) Richtig.
e) Falsch; Gegenbeispiel: $3 + 5 = 8$
f) Falsch, denn zum Beispiel liegt zwischen 2 und 3 keine natürliche Zahl.

21. a) 4 Stunden: $400 \cdot 2^2 = 1\,600$
6 Stunden: $400 \cdot 2^3 = 3\,200$
12 Stunden: $400 \cdot 2^6 = 25\,600$
24 Stunden: $400 \cdot 2^{12} = 1\,638\,400$
b) mehr als eine Million: $400 \cdot 2^{12} = 1\,638\,400$
mehr als eine Milliarde: $400 \cdot 2^{22} = 1\,677\,721\,600$

22. Es gibt $2 \cdot 3 \cdot 5 = 30$ Möglichkeiten.

Seite 161

Vorbemerkung: Alle Zeichnungen sind verkleinert gezeichnet.

1. a)

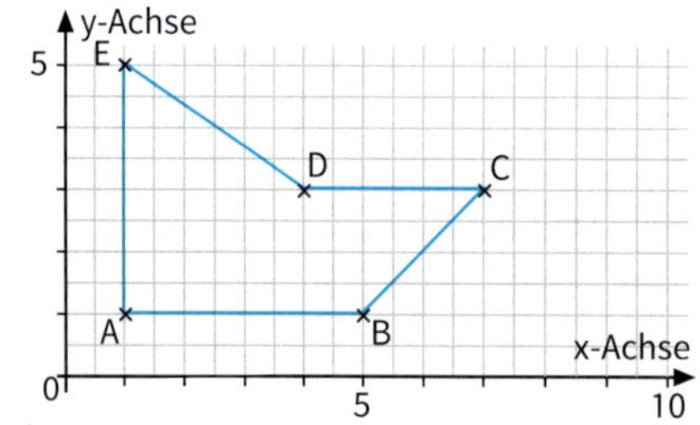

c)

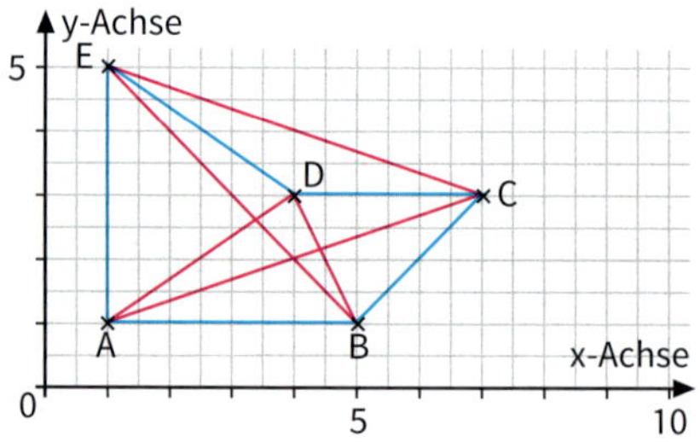

b) 4,0 cm + 2,8 cm + 3,0 cm + 3,6 cm + 4,0 cm = 17,4 cm

2.

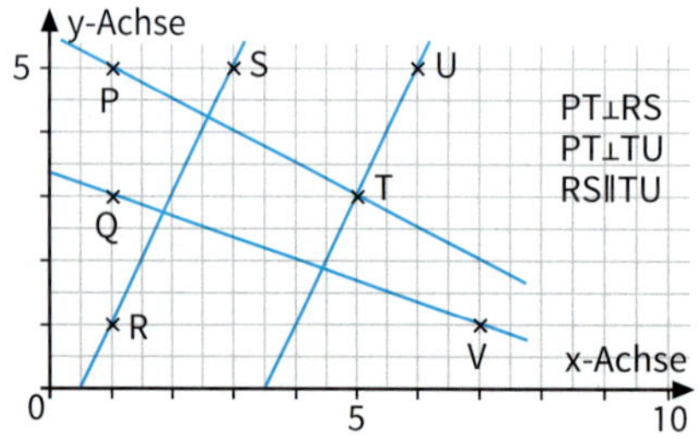

3. a) Die Gerade geht durch die Punkte P (3 | 6) und C (6 | 3).
b) Die Gerade geht durch die Punkte P (3 | 6) und D (0 | 3).
c) 4,2 cm

Seite 162

4. Der Abstand von P zu AB beträgt 2 cm, zu BC ungefähr 1,3 cm und zu AC ungefähr 1,8 cm. P hat also zu BC den kleinsten Abstand.

5. a)

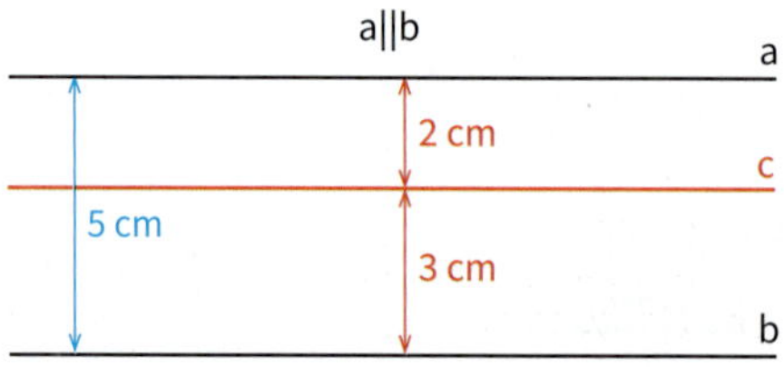

b)

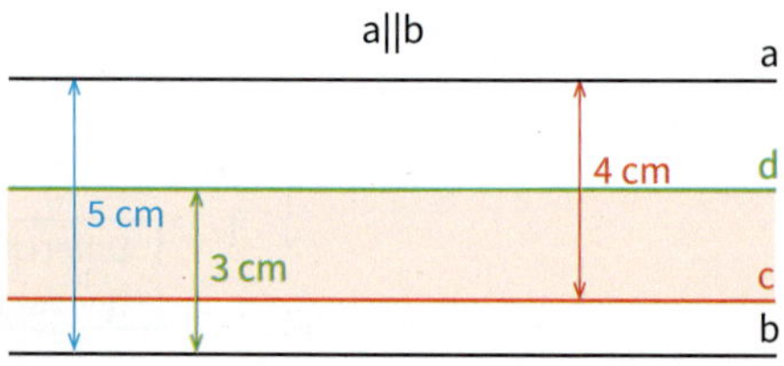

6. Quadrat mit den Eckpunkten P (3 | 3), Q (4 | 6), A (1 | 7), B (0 | 4) oder
Quadrat mit den Eckpunkten C (6 | 2), D (7 | 5), Q (4 | 6), P (3 | 3).

7. a) Parallelogramm, Raute, Rechteck, Quadrat
b) Rechteck, Raute, Quadrat
c) Drachenviereck, Raute, Quadrat
d) Raute

Seite 162

8. Das Quadrat erfüllt alle Eigenschaften von Parallelogramm (gegenüberliegende Seiten sind parallel), Raute (alle Seiten zusätzlich gleich lang) und Rechteck (alle vier Winke sind zusätzlich 90° groß).

9. An den Orten B, D und G hat man Empfang. Die Orte A, C, E und F liegen alle außerhalb eines Kreises um S mit dem Radius 35 km (7 Kästchen). Die Punkte B, D und G liegen innerhalb des Kreises. Der Punkt H liegt fast auf dem Kreis, bei genauem Zeichnen aber doch etwas außerhalb. An Punkt H kann es aufgrund der Bedingung also mitunter zu Empfangsstörungen kommen.

10. (1) Zeichne die Senkrechte zu g durch den Mittelpunkt M; P ist der Schnittpunkt mit g.
(2) Zeichne den Kreis um M durch P mit dem Radius $r_2 = |\overline{MP}|$.
Die Gerade g ist die Tangente an den Kreis $k(M; r_2)$.

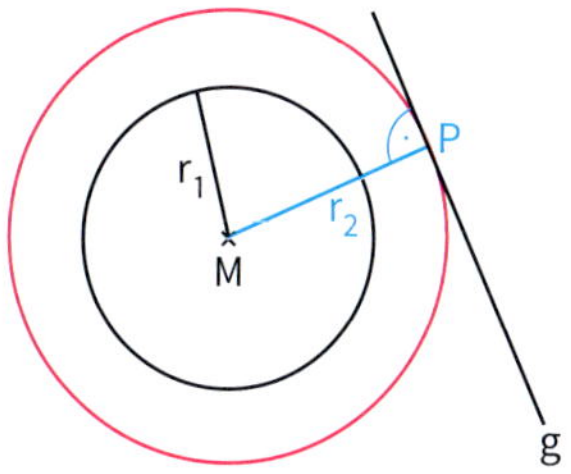

11. (1) r = 2 cm oder r = 6 cm
(2) r > 2 cm und r < 6 cm
(3) r < 2 cm oder r > 6 cm

12. –

13. Winkel mit den Schenkeln $\overleftrightarrow{OA}$ und $\overleftrightarrow{OB}$: 43°; Winkel mit den Schenkeln $\overleftrightarrow{QP}$ und $\overleftrightarrow{QR}$: 129°

Seite 214

1. a) $-35 < -34 < -32 < -9 < -1 < 0 < 13 < +28$
b) $|-35| = 35$; $|+28| = 28$; $|-1| = 1$; $|-32| = 32$; $|13| = 13$; $|-9| = 9$; $|0| = 0$; $|-34| = 34$
$0 < 1 < 9 < 13 < 28 < 32 < 34 < 35$, also $|0| < |-1| < |-9| < |13| < |+28| < |-32| < |-34| < |-35|$

2.

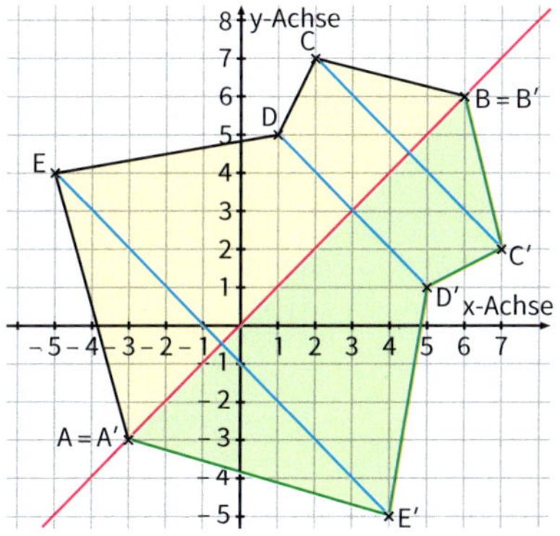

A'(−3|−3), B'(6|6), C'(7|2), D'(5|1), E'(4|−5)

3.

a) −48	h) −7	o) 121
b) −24	i) −50	p) −125
c) 432	j) 0	q) −8 816
d) 3	k) 0	r) −8 778
e) 35	l) 74	s) 167 143
f) 60	m) 58	t) 463
g) 7	n) 0	

4. a) $(-7) + (+4) = -3$
Es ist 3 Grad kälter geworden.
b) $(-12) : 3 = -4$
Der Wasserstand ist durchschnittlich um 4 dm pro Stunde gesunken.
c) $(-791) - (-92) = -699$
Korrekt hätten 699 € abgebucht werden müssen.

5. a) $65 + 13 = x$
$x = 78$
b) $84 : (-7) = x$
$x = -12$
c) $(-32 + 8) : 4 = x$
$x = -6$
d) $-26 + 170 = x^2$
$x = 12$ oder $x = -12$

6. a) $12 - 12 \cdot 34 - 65 = -461$
Produkt
Differenz
Differenz

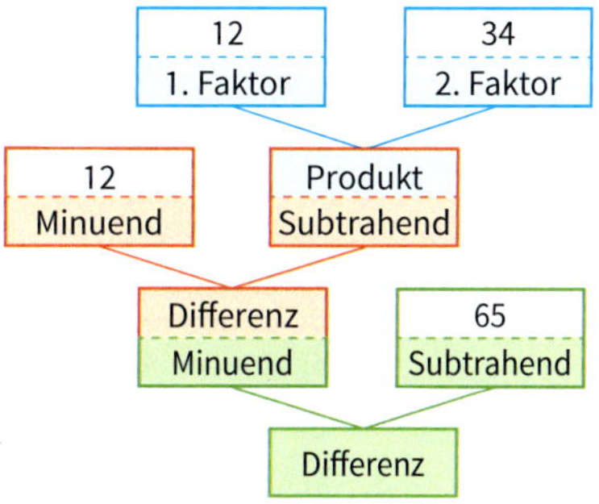

b) (1) $(12 - 12) \cdot 34 - 65 = -65$
[1] $(12 - 12) \cdot (34 - 65) = 0$
(2) $12 - (12 \cdot 34 - 65) = -331$
(3) $12 - 12 \cdot (34 - 65) = 384$

7. a) $21 \cdot (-5) - 8 \cdot (-6) = -105 - (-48) = -57$
b) $[(-25) + (-63)] : (-4) = (-88) : (-4) = 22$
c) $[-303 - (-57)] : 6 + 13 \cdot (-4 - 3^2) = (-246) : 6 + 13 \cdot (-13) = (-41) + (-169) = -210$
d) $(-8) \cdot (-7) - 16^2 + (-15)^2 = 56 - 256 + 225 = 25$

Seite 214

8. $\underbrace{\underbrace{(116 - \underbrace{6^2}_{\text{Potenz}})}_{\text{Differenz}} : \underbrace{(\underbrace{11 \cdot 7}_{\text{Produkt}} - \underbrace{6 \cdot 12}_{\text{Produkt}})}_{\text{Differenz}}}_{\text{Quotient}} - 25 = -9$ (insgesamt: Differenz)

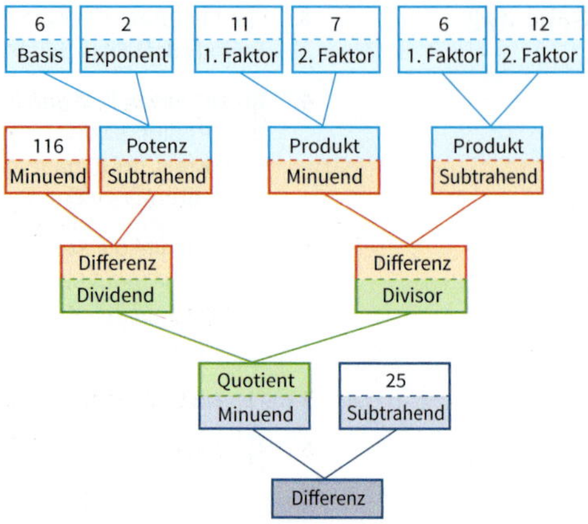

9. **a)** $[(-2)+8] \cdot [(-16)-(-12)] = (+6) \cdot (-4) = -24$
b) $[17+(-81)] : (-8) = (-64) : (-8) = 8$

10. **a)** Überschlag: $(-25) \cdot 8 \cdot (-30) = 6\,000$
$(-25) \cdot (-33) \cdot 8 = (-25) \cdot 8 \cdot (-33)$
$= (-200) \cdot (-33) = 6\,600$

b) Überschlag: $(-2\,000) + 35\,000 + 3\,000) = 36\,000$
$(-1\,957) + (+34\,891) + (+2\,957)$
$= (-1\,957) + (+2\,957) + (+34\,891)$
$= 1\,000 + 34\,891 = 35\,891$

c) Überschlag: $(1\,300 - 1\,600) \cdot (40 \cdot 20 - 1\,000) = 60\,000$
$(1\,304 - 1\,598) \cdot (41 \cdot 19 - 1045) = (-294) \cdot (779 - 1045) = (-294) \cdot (-266) = 78\,204$

d) $\underbrace{(-6) \cdot \underbrace{[(-12)+(-18)]}_{\text{Summe}}}_{\text{Produkt}} = (-6) \cdot (-30) = 180$

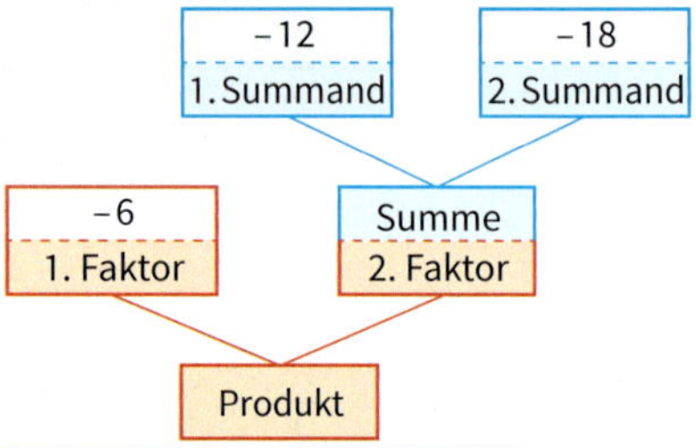

e) $\underbrace{\underbrace{[(-11)+55]}_{\text{Summe}} : 11}_{\text{Quotient}} = (-11) : 11 + 55 : 11 = (-1) + 5 = 4$

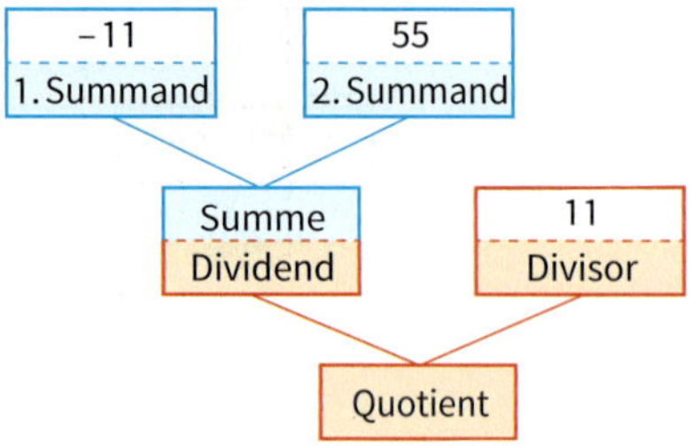

f) $\underbrace{\underbrace{(-35) : 7}_{\text{Quotient}} + \underbrace{(-1\,365) : 7}_{\text{Quotient}}}_{\text{Summe}} = [(-35) + (-1\,365)] : 7 = (-1\,400) : 7 = -200$

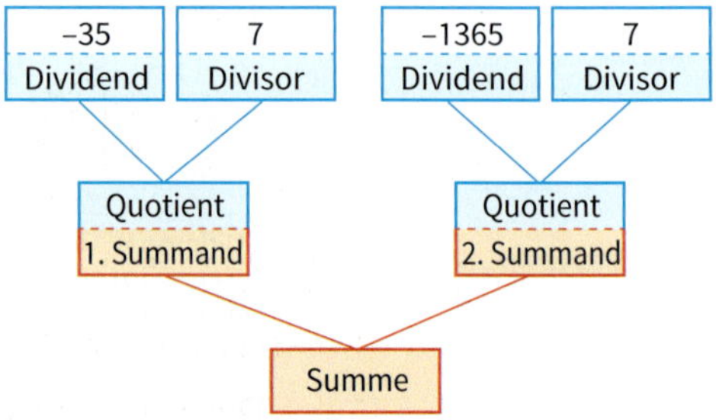

11. **a)** Die Aussage stimmt nicht. Damit der Wert eines Quotienten positiv ist, müssen Dividend und Divisor das gleiche Vorzeichen haben. Z.B. hat $(-3) \cdot (-3) = 9$ ein positives Ergebnis, obwohl Dividend und Divisor beide nicht positiv sind.
b) Die Behauptung ist falsch, denn zum Beispiel ist $(+3) + (-4) = -1$ und $(+3) - (-4) = +7$.

Seite 254

1. **a)** **(1)** $A = 7\,\text{cm}^2$; $U = 12\,\text{cm}$ **(2)** $A = 8\,\text{cm}^2$; $U = 2 \cdot 10\,\text{mm} + 8 \cdot 14\,\text{mm} = 132\,\text{mm} = 13{,}2\,\text{cm}$
b) Zum Beispiel Rechtecke mit den Seitenlängen: 6 cm und 3 cm [7 cm und 3 cm; 25 mm und 5 mm]

2.

a)	b)	c)	d)
24 a	290 000 a	775 a	680 dm^2
36 km^2	3 ha	350 a	0,0017 km^2
90 000 m^2	400 mm^2	80 002 mm^2	650 m^2

3. **a)** Auf einem 18 000 m^2 großen Landstück sollen 60 gleichgroße Baugrundstücke abgetrennt werden. Wie groß ist jedes? $18\,000\,\text{m}^2 : 60 = 300\,\text{m}^2$. Jedes ist 300 m^2 groß.
b) Bauer Karl schafft bei der Kartoffelernte 500 m^2 in einer halben Stunde. Wie lange benötigt er für sein 180 a großes Feld? $180\,\text{a} : 500\,\text{m}^2 = 36$. Er benötigt 18 Stunden.

Seite 254

3. c) Ein 3,5 m langer und 90 cm breiter Flur soll mit Teppich ausgelegt werden. Wie viel m^2 werden benötigt?
$3{,}5\,m \cdot 0{,}9\,m = 3{,}15\,m^2$. Es werden $3{,}15\,m^2$ benötigt.

4. Die Grafik zeigt, dass Rechtecke mit dem Flächeninhalt $A = 12\,cm^2$ verschiedene Umfänge haben können.

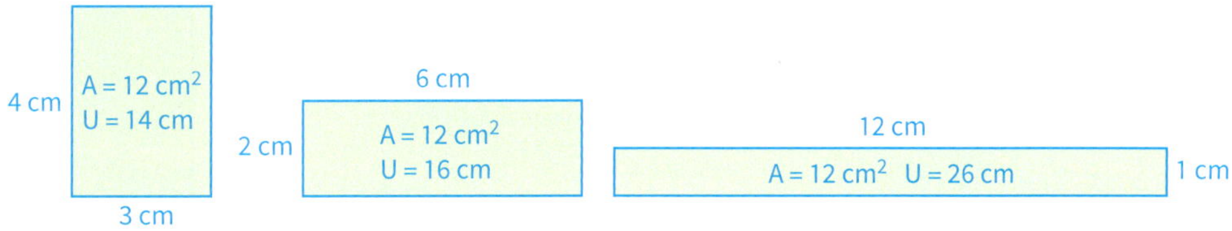

5. a) $A = 63\,cm^2$; $U = 32\,cm$ b) $A = 360\,cm^2$; $U = 114{,}4\,cm$ c) $A = 168\,dm^2$; $U = 62\,dm$

6. a) *Netz:*

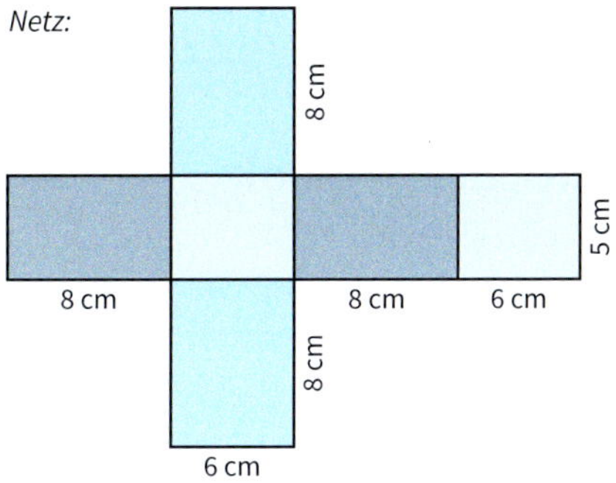

Schrägbild:

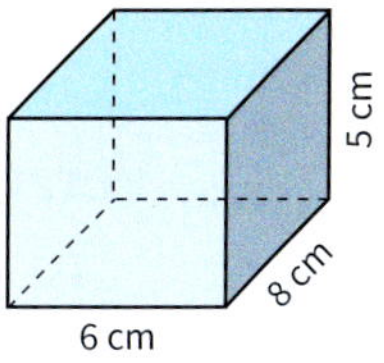

b) Rechtecke und Parallelogramme

Seite 255

7.

8.

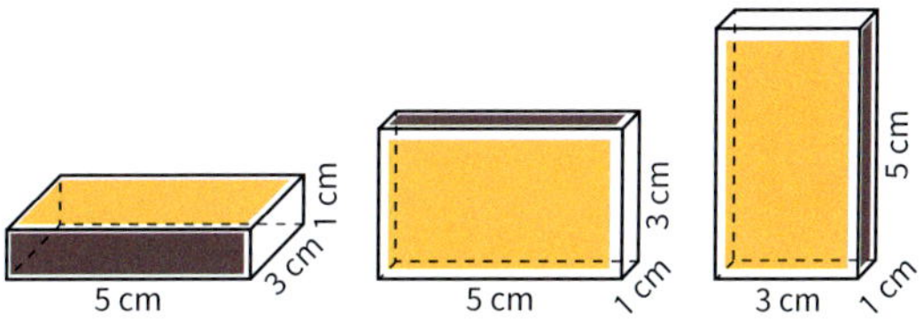

9. a) (1)

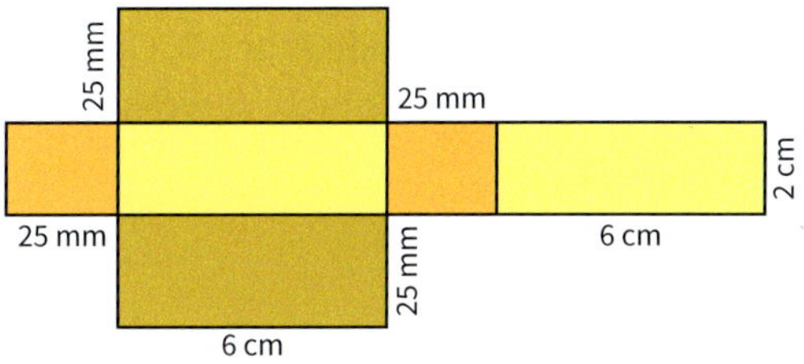

(2) $O = 6400\,mm^2 = 64\,cm^2$

b) $O = 6 \cdot 4\,cm \cdot 4\,cm = 96\,cm^2$

10. $A = 69\,m \cdot 6\,m = 414\,m^2$; $414\,m^2 \cdot 2 = 828\,m^2$; $828 : 60 = 13$ Rest 48 Man benötigt 14 Eimer Farbe.

11. $A_1 = 40\,m \cdot 20\,m = 800\,m^2$; $A_2 = 37\,m \cdot 18\,m = 666\,m^2$; $800\,m^2 - 666\,m^2 = 134\,m^2$
Das Feld ist $134\,m^2$ kleiner als ein normales Handballfeld.

12. $2{,}5\,km = 2500\,m$; $A = 2500\,m \cdot 2\,m = 5000\,m^2$; $5000 \cdot 37\,€ = 185\,000\,€$. Die Befestigung kostet 185 000 €.

13. $O = 2 \cdot \big((80\,cm \cdot 60\,cm - 50\,cm \cdot 30\,cm) + 50\,cm \cdot 60\,cm + 50\,cm \cdot 80\,cm\big)$
$= 20\,600\,cm^2 = 206\,dm^2 = 2{,}06\,m^2$

14. a) Zum Beispiel ein Quadrat mit der Seitenlänge 1 cm hat den Flächeninhalt $1\,cm^2$.
b) Zum Beispiel ein Quadrat mit der Seitenlänge 4 cm hat den Flächeninhalt $16\,cm^2$ und den Umfang 16 cm.

15. $O = 2 \cdot (8\,cm \cdot 7\,cm + 7\,cm \cdot 5\,cm + 8\,cm \cdot 5\,cm) = 262\,cm^2$

Seite 255

16. Auf den 2 m breiten Streifen passen 4 Platten nebeneinander.
Der Pool hat einen Umfang von
$U = 2 \cdot 8\,m + 2 \cdot 9\,m = 34\,m$.
In die Ecken passen jeweils $4 \cdot 4 = 16$ Platten. Also werden $34 \cdot 2 \cdot 4 + 16 \cdot 4 = 336$ Platten benötigt. Mit Reserve sind es $336 + 16 = 352$ Platten. Das macht dann $352 : 10 = 35{,}2$, also 36 Pakete mit 10 Platten.

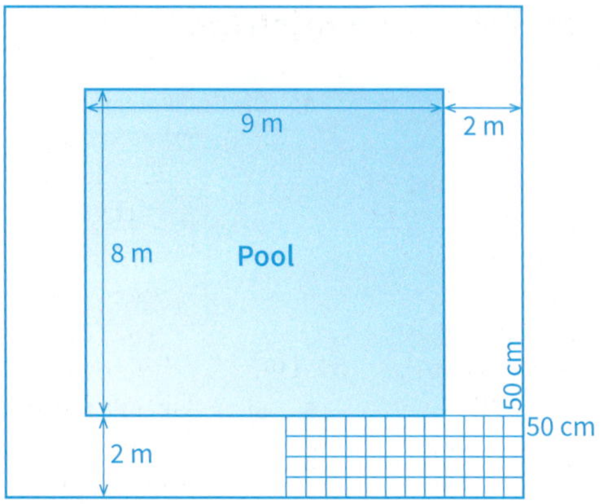

Verzeichnis mathematischer Symbole

$a = b$	a gleich b
$a \neq b$	a ist ungleich b
$a < b$	a ist kleiner als b
$a > b$	a ist größer als b
$a \approx b$	a ist ungefähr gleich b
$a + b$	a plus b; Summe aus a und b
$a - b$	a minus b; Differenz aus a und b
$a \cdot b$	a mal b; Produkt aus a und b
$a : b$	a geteilt durch b; Quotient aus a und b
a^n	a hoch n; Potenz aus Basis (Grundzahl) a und Exponent (Hochzahl) n
$\{1; 5; 8\}$	Menge mit den Elementen 1, 5, 8
$\mathbb{N}$	Menge der natürlichen Zahlen: $\mathbb{N} = \{1; 2; 3; \ldots\}$
$\mathbb{N}_0$	Menge der natürlichen Zahlen einschließlich 0: $\mathbb{N}_0 = \{0; 1; 2; 3; \ldots\}$
$\mathbb{Z}$	Menge der ganzen Zahlen: $\mathbb{Z} = \{\ldots; -3; -2; -1; 0; 1; 2; 3; \ldots\}$
AB	Verbindungsgerade durch die Punkte A und B; Gerade durch A und B
$\overline{AB}$	Verbindungsstrecke der Punkte A und B; Strecke mit den Endpunkten A und B
$\lvert\overline{AB}\rvert$	Länge der Strecke $\overline{AB}$
$g \parallel h$	g ist parallel zu h
$g \nparallel h$	g ist nicht parallel zu h
$g \perp h$	g ist senkrecht zu h
$g \not\perp h$	g ist nicht senkrecht zu h
ABC	Dreieck mit den Eckpunkten A, B und C
ABCD	Viereck mit den Eckpunkten A, B, C und D
$A(a \mid b)$	Punkt mit dem x-Wert a und dem y-Wert b. a ist die x-Koordinate, b die y-Koordinate von A.

Griechisches Alphabet

Α, α	Alpha	Η, η	Eta	Ν, ν	Ny	Τ, τ	Tau
Β, β	Beta	Θ, θ	Theta	Ξ, ξ	Xi	Υ, υ	Ypsilon
Γ, γ	Gamma	Ι, ι	Iota	Ο, ο	Omikron	Φ, φ	Phi
Δ, δ	Delta	Κ, κ	Kappa	Π, π	Pi	Χ, χ	Chi
Ε, ε	Epsilon	Λ, λ	Lambda	Ρ, ρ	Rho	Ψ, ψ	Psi
Ζ, ζ	Zeta	Μ, μ	My	Σ, σ	Sigma	Ω, ω	Omega

Stichwortverzeichnis

Bildquellenverzeichnis

Titel: iStockphoto.com, Calgary (italianestero); 3.1, 9.1: Visum, Hannover (Markus Hanke); 3.2, 49.1: Thinkstock, Sandyford/Dublin (Johan Swanepoel); 4.1, 117.1: 123RF.com, Hong Kong (Jordan McCullough); 4.2, 163.1: Thinkstock, Sandyford/Dublin; 5.1, 215.1, 10.1-2: Michael Fabian, Hannover; 8.1ff.: Getty Images, München (iStockvectors/Tom Nulens); 11.1: mauritius images, Mittenwald (Evolve/Photoshot); 11.2: mauritius images, Mittenwald (Phototake); 11.3: eisele photos, Walchensee; 14.1: Friedrich Suhr, Lüneburg; 15.1: Michael Fabian, Hannover; 16.1: ullstein bild, Berlin (Klöckner); 16.2: ASTERIX®- OBELIX®/© 2016 LES EDITIONS ALBERT RENE/GOSCINNY - UDERZO, Vanves Cedex; 17.1: iStockphoto.com, Calgary (Peter Austin); 17.2: Michael Fabian, Hannover; 18.1ff.: Getty Images, München (Dorling Kindersley); 19.1: Caro, Berlin (Oberhaeuser); 22.1: dreamstime.com, Brentwood (Pavel Shlykov); 23.1: Visum, Hannover (Gustavo Alabiso); 25.1: Michael Fabian, Hannover; 25.2: Dietmar Griese, Laatzen; 25.3: Michael Fabian, Hannover; 26.1: Deutsches Museum, München; 26.2-4: Michael Fabian, Hannover; 27.1: fotolia.com, New York (Hubertus Griesche); 27.2: fotolia.com, New York (Daniel Nimmervoll); 27.3: iStockphoto.com, Calgary (Miroslaw Kijewski); 27.4: fotolia.com, New York (Kletr); 27.5: Imago, Berlin (blickwinkel); 28.1: mauritius images, Mittenwald (Steve Vidler); 29.1: Shutterstock.com, New York (smuay); 29.2: Okapia, Frankfurt (Danny Frank/RHPL); 29.3: fotolia.com, New York (UnitedIllustrators); 29.4: picture-alliance, Frankfurt (dpa); 29.5: picture-alliance, Frankfurt (Gladys Chai von der Laage); 30.1-2: Michael Fabian, Hannover; 31.1: Physikalisch-Technische Bundesanstalt (PTB), Braunschweig; 32.1: mauritius images, Mittenwald (Alamy); 32.2: plainpicture, Hamburg (NaturePL); 32.3: Blickwinkel, Witten (M. Woike); 32.4: Okapia, Frankfurt (Dr. Rainer Herzog); 32.5: Friedrich Haun, Borken; 32.6: Keystone, Hamburg (Horst Jegen); 33.1: iStockphoto.com, Calgary (ollo); 34.1: Germanisches Nationalmuseum, Nürnberg; 35.1: akg-images, Berlin; 35.2: The Art Archive, Berlin (Alfredo Dagli Orti); 35.3: Getty Images, München (Underwood & Underwood); 35.4: akg-images, Berlin; 38.1, 39.1: Michael Fabian, Hannover; 39.2: allesalltag, Hamburg; 39.3: Floramedia Deutschland, Fellbach; 41.1: Michael Fabian, Hannover; 41.2: Langner & Partner, Hemmingen; 43: Picture-Alliance, Frankfurt (dpa-Zentralbild/euroluftbild.de); 44.1: LOOK-foto, München (Konrad Wothe); 44.2: Mathias Popko, Meine; 45.1: Langner & Partner, Hemmingen; 46.1: Astrofoto, Sörth; 48.1: vario images, Bonn; 49.2: vario images, Bonn (Helmut Meyer zur Capellen/imageBROKER); 50.1-5: Michael Fabian, Hannover; 53.1: mauritius images, Mittenwald; 56.1-2: akg-images, Berlin; 59.1: F1online, Frankfurt (Staudt); 62.1: Ingo Wandmacher, Bad Schwartau; 64.1: Michael Fabian, Hannover; 67.1: Getty Images, München (AFP); 67.2: alimdi.net, Deisenhofen (Alexander Trocha); 69.1: vario images, Bonn; 71.1: LOOK-foto, München (Florian Werner); 71.2: Biosphoto, Berlin; 72.1: Keystone, Hamburg (Volkmar Schulz); 75.1: Andrea Soppke, Walsrode; 76.1: Bildagentur Geduldig, Maulbronn; 77.1-2: Michael Fabian, Hannover; 77.3: mauritius images, Mittenwald (age fotostock); 77.4: TopicMedia Service, Mehring-Öd (Norbert Pelka); 77.5: Michael Fabian, Hannover; 77.6: Blickwinkel, Witten (W. Holzenbecher); 85.1: Xinhua, Berlin; 90.1: akg-images, Berlin; 96.1: Astrofoto, Sörth (Shigemi Numazawa); 97.1: imagetrust, Koblenz (Markus Dlouhy); 101.1: mauritius images, Mittenwald (O'Brian); 101.2: Matthias Lüdecke, Berlin; 101.3: vario images, Bonn; 101.4: Annika Ritterhaus, London; 101.5: mauritius images, Mittenwald (O'Brian); 101.6, 102.1-2: Michael Fabian, Hannover; 103.1: Torsten Warmuth, Berlin; 104.1: Magdalena Tooren-Wolff, Hannover; 112.1-2: akg-images, Berlin (British Library); 113.1: Frank Vinken | dwb, Düsseldorf (für das Zentrum für Internationale Lichtkunst Unna); 113.2: Picture-Alliance, Frankfurt (maxppp); 118.1: TopicMedia Service, Mehring-Öd (Lothar Lenz); 121.1-4: Friedrich Suhr, Lüneburg; 122.1: Anke Frantzke, Kirchdorf an der Amper; 123.1: SeaTops, Neumagen-Dhron (Thierry Eidenweil); 126.1: Michael Fabian, Hannover; 128.1: Siegfried Kuttig, Lüneburg; 129.1-3, 130.1, 131.1: Michael Fabian, Hannover; 132.1: Torsten Warmuth, Berlin; 135.1: plainpicture, Hamburg (Bias); 135.2: Michael Fabian, Hannover; 138.1: Torsten Warmuth, Berlin; 141.1: Picture-Alliance, Frankfurt (dpa); 141.2-3: Torsten Warmuth, Berlin; 144.1: mauritius images, Mittenwald (Muth); 145.1: Schapowalow, Hamburg (Boelter); 145.2: Imago, Berlin (Imagebroker); 145.3: mauritius images, Mittenwald (Christian Bäck); 146.1: Imago, Berlin (Mc Photo/Ingo Schulz); 146.2: Thomas Semmler, Lünen; 147.1-2, 149.1: Michael Fabian, Hannover; 152.1: Friedrich Suhr, Lüneburg; 155.1: Picture-Alliance, Frankfurt (dpa/lbn/Rainer Jensen); 155.2: LAV Elstertal Bad Köstritz e.V; 156.1: Michael Fabian, Hannover; 156.2: iStockphoto.com, Calgary (Dan Barnes); 158.1-3: Anke Frantzke, Kirchdorf an der Amper; 164.1-4: Langner & Partner, Hemmingen; 168.1ff.: Getty Images, München (iStockvectors); 168.2: Zoonar.com, Hamburg (Ingo Schulz); 174.1: Torsten Warmuth, Berlin; 176.1: vario images, Bonn (Dr. Wilfried Bahnmueller/imageBROKER); 182.1-2: Michael Fabian, Hannover; 191.1: TopicMedia Service, Mehring-Öd (Carsten Leuzinger); 192.1: TopicMedia Service, Mehring-Öd (Andreas Rose); 194.1, 198.1, 202.1: Michael Fabian, Hannover; 207.1: Gerhard Launer WFL, Würzburg; 212.1: akg-images, Berlin; 216.1: Imago, Berlin (imagebroker); 219.1, 220.1, 223.1: Michael Fabian, Hannover; 224.1: Sven Simon, Mülheim an der Ruhr; 224.2: Imago, Berlin (Hans Blossey); 224.3: Landesamt für Digitalisierung, Breitband und Vermessung, München (Geobasisdaten © Bayerische Vermessungsverwaltung); 224.4: Jürgen Purschke, Kassel; 225.1: Blickwinkel, Witten (euroluftbild.de/Gerhard Launer); 236.1: alimdi.net, Deisenhofen (AR); 237.1: fotolia.com, New York (Martin Schlecht); 237.2: Michael Fabian, Hannover; 239.1, 240.1: Peter Güttler - Freier Redaktions-Dienst, Berlin; 241.1: Torsten Warmuth, Berlin; 242.1, 245.1, 250.1: Michael Fabian, Hannover; 252.1-2: Langner & Partner, Hemmingen; 255.1: Imago, Berlin (mika).

Es war nicht in allen Fällen möglich, die Inhaber der Bildrechte ausfindig zu machen und um Abdruckgenehmigung zu bitten. Berechtigte Ansprüche werden selbstverständlich im Rahmen der üblichen Konditionen abgegolten.